이번엔
강원도

이번엔 강원도

지은이 강석균
펴낸이 임상진
펴낸곳 (주)넥서스

초판 1쇄 발행 2013년 3월 30일
3판 9쇄 발행 2019년 9월 25일

4판 1쇄 발행 2020년 8월 10일
4판 2쇄 발행 2020년 8월 14일

출판신고 1992년 4월 3일 제311-2002-2호
10880 경기도 파주시 지목로 5
Tel (02)330-5500 Fax (02)330-5555

ISBN 979-11-90927-32-1 13980

www.nexusbook.com

ENJOY 국내여행

—

1

이번엔
강원도

—

강석균 지음

넥서스BOOKS

봄 향기 취해 떠난 길

강원도 취재를 떠난 것은 이른 봄이었다. 며칠 날씨가 좋아 취재 중반부터 부지런한 봄꽃을 카메라에 담을 수 있을 것이라 생각했다. 하지만 이내 날씨는 봄에서 겨울로 되돌아가 스쿠터를 타고 달리는 동안 고스란히 함박눈을 맞아야 했다. 달리면서 맞는 눈은 보통의 부드러운 눈이 아닌 살을 파고드는 모래 눈이었다. 다행히 봄눈이라 도로에 떨어지는 눈이 쌓이지 않고 바로 녹았다. 시간이 지나고 강원도의 길과 스쿠터 운행에 익숙해질 때쯤 급커브 길에서 미끄러져 넘어졌다. 도로에 차가 없었고 속도가 빠르지 않아 다친 곳은 없었지만 아찔한 순간이었다. 그 뒤로 한 번 더 넘어졌다. 한번은 비 내리는 구룡령 정상에서 오가는 차도 없는데 기름이 바닥나 고립이 되기도 했다. 이렇듯 여행은 여유로움 속에 항상 조심하라 나에게 말한다.

강원도의 아름다움을 찾아서

예전부터 자주 찾은 강원도! 누구보다도 강원도의 아름다움을 잘 안다고 생각한 나! 그래서 취재를 하며 오만하게 강원도의 아름다움을 순위 매기려 했다. 강원도의 아름다움을 나열해 볼까? 강원도의 아름다운 산은 설악산, 오대산, 두타산, 태백산, 치악산, 팔봉산, 오봉산, 삼악산, 아름다운 계곡은 철원 순담 계곡, 화천 용담 계곡, 횡성 병지방 계곡, 원주 구룡사 계곡, 인제 진동 계곡과 미산 계곡, 백담사 계곡, 평창 뇌운 계곡, 양양 미천골 계곡과 어수전 계곡, 강릉 소금강 계곡, 동해 무릉 계곡, 아름다운 강은 철원 한탄강, 춘천 북한강과 소양강, 인제 내린천, 홍천 홍천강, 원주 섬강, 영월 동강, 양양 오십천, 아름다운 해변은 고성 송지호 해변, 속초 해변, 양양 낙산과 하조대 해변, 강릉 경포대와 주문진 해변, 정동진 해변, 동해 망상 해변, 삼척 맹방 해변… 이렇듯 강원도에는 이미 명성이 자자한 아름다운 곳이 많다. 여기에 아직 잘 알려지지 않는 강원도의 작은 산, 계곡, 강과 하천, 해변을 둘러보니 강원도의 아름다움을 순위 매긴다는 자체가 의미가 없어졌다. 유명한 곳은 유명한 대로, 알려지지 않은 곳은 알려지지 않는 대로 아름다운 곳이 바로 강원도였다.

● 길에서 강원도 감자바우를 만나다

    감자바우는 강원도 출신 또는 강원도 토박이를 일컫는 말이다. 강원도 산골에서 키운 감자는 너무 달지도 너무 퍽퍽하지도 않은 순박한 맛을 지니고 있어 강원도 사람의 순수함을 나타내기 충분하다. 하지만 강원도가 도시화되고 유명 관광지가 늘어나면서 진정한 감자바우를 만나기 어려워졌다. 이럴 때 강원도에서 한 겹만 안으로 들어가면 아직 순수함을 잃지 않은 강원도 감자바우를 만나게 된다. 유명 관광지가 아닌 시골 버스정류장에서, 재래시장 노점에서, 해변 좌판과 산길에서 진짜 감자바우를 만나 강원도의 따스한 인간미를 느껴 보자. 비 내리던 구룡령 정상에서 고립된 나를 도와준 사람도 길을 지나던 마음 따스한 강원도 분들이었다.

    끝으로 강원도 여행길에서 인정을 나누고 많은 도움을 주신 강원도 분들, 일부 사진 협조를 해주신 강원도 각 지역의 시·군청, 윤영국님, 재단법인 나라, 엘리시안강촌, 대명비발디파크, 힐리언스선마을, 웰리힐리파크, 한솔오크밸리, 알펜시아리조트, 하이원리조트, 용평리조트, 오투리조트, 한화리조트, 델피노리조트 등 강원도 소재 리조트와 관광지 관계자분들께 감사하고, 아울러 일부 지자체, 관광지, 펜션 등의 홈페이지도 참고하였음을 밝혀 둔다. 이 책의 기획과 편집을 담당하신 넥서스 관계자분들께도 감사함을 전한다.

강석균

미리 만나는 강원도

산 좋고 물 좋고 유서 깊은 역사와 맛있는 음식, 따뜻한 인심이 있는 보물섬과 같은 곳 강원도의 18개 시군을 대표하는 볼거리, 즐길거리, 먹거리, 살거리를 미리 만나 본다. 사계절이 다채로운 강원도의 축제 정보까지 한눈에 살펴보자.

추천 코스

강원도를 효율적으로 둘러보는 코스를 소개한다. 연인과 함께, 친구나 가족과 함께, 또는 혼자여도 좋은 강원도 최고의 여행지를 살펴보고, 자신에게 맞는 최적의 일정을 세워 보자.

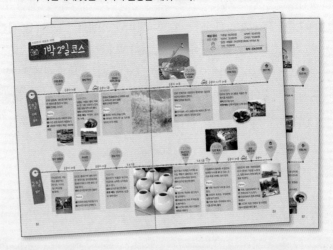

지역 여행 수도권과의 인접성을 기준으로 서부, 중부, 동부로 나눈 강원도 18개 시군의 다양한 매력을 즐길 수 있는 대표적인 관광지를 소개하고, 관련 정보를 담았다. 유명한 관광지와 구석구석 숨어 있는 알짜 여행지까지 꼼꼼히 살펴본다.

맛집 · 숙소 여행에서 빠질 수 없는 것이 바로 식당과 숙소이다. 잘 먹고 잘 자야 몸과 마음이 행복한 여행이 된다. 지역의 특색이 고스란히 담긴 먹거리가 있는 식당과 편안한 잠자리를 소개한다.

베스트 투어

강원도 각 지역별로, 이동 경로를 고려한 베스트 코스를 추천한다.

테마 여행

산과 바다, 계곡, 강을 모두 지닌 강원도는 사계절 내내 즐길 것들이 많다. 산을 오르고, 계곡을 따라 트레킹을 하고, 산수 좋은 곳에서 캠핑을 하면서 강원도 곳곳을 살펴볼 수 있는 테마 여행을 소개한다.

여행 정보

강원도의 기본 정보와 여행 전 준비할 사항들, 강원도로 가는 교통과 현지 대중교통까지 여행 전 알아 두면 좋을 정보와 편리하게 주요 여행지를 돌아보는 방법, 시티투어에 대한 정보를 담았다.

사진 협조 : 강릉 · 동해 · 삼척 · 원주 · 춘천 · 태백 시청, 고성 · 양구 · 양양 · 영월 · 인제 · 정선 · 철원 · 평창 · 화천 · 홍천 · 횡성 군청, 재단법인 나라

미리 만나는 강원도

추천 코스

지역 여행

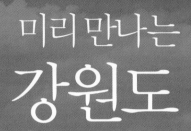

미리 만나는
강원도

어서오시우야~

강원도 볼거리 BEST 18

강원도는 산과 바다, 강, 계곡 , 천연 동굴까지 자연의 신비로움을 그대로 만날 수 있는 보물섬과도 같은 곳이다. 잘 알려진 관광지뿐만 아니라 구석구석 숨은 명소로 가득한 강원도에서도 그냥 지나쳐선 안 될 대표적인 명소를 미리 만나 보자.

양구 두타연

쉽게 갈 수 없는 민통선 내에 있어 자연 그대로의 생태계를 만날 수 있는 곳이다. 호쾌하게 떨어지는 두타 폭포가 시원하고, 거울처럼 맑은 두타연이 사람의 마음을 흔든다.

평창 대관령 삼양 목장

평창 대관령 자락에 위치한 대관령 삼양 목장. 동해 전망대에서 아스라이 동해 바다가 보이고 대관령 능선에 세워진 풍력 발전 단지가 멋지다. 넓은 초지에서 노니는 젖소와 건초를 받아먹는 양떼의 모습이 한가로운 곳

철원 한탄강

철원을 북에서 남으로 관통하는 한탄강에는 계곡이 잘 발달되어 있고, 여름이면 래프팅하는 사람들로 넘쳐난다. 임꺽정의 전설이 서린 고석정에도 들를 만하다.

춘천 소양강댐

소양강 상류에 위치한 소양강댐에서 바라보는 소양호의 그윽한 풍경과 여객선을 타고 소양호를 건너 청평사로 가는 길이 낭만적이다.

홍천 삼봉 약수

홍천의 삼봉 약수는 내린천 상류에 해당하는데, 한적한 곳에서 자연과 벗 삼아 즐거운 시간을 보내기 좋다. 삼봉 약수의 물맛은 강원도 최강!

인제 내린천

인제를 가로지르는 내린천에는 여름이면 각종 레포츠를 즐기는 사람들이 많다. 내린천과 연결된 진동 계곡은 때 묻지 않은 오지의 풍경을 선보인다.

고성 통일전망대

강원도 동북쪽 최북단에 위치한
고성 통일전망대에서 북녘 땅과
금강산을 바라보면 분단된 현실
을 실감하게 된다.

강릉 경포호 주위로 경포대, 경포
해변, 선교장, 오죽헌 등 명소가 많
아 돌아보기 좋다. 그 중 경포 해
변은 수심이 낮고 백사장이 넓어
강원도 대표 해변이라 할 만하다.

강릉 경포 해변

영월을 가로지르는 동강은 굽
이굽이 오랜 세월 흘러왔다.
여름이면 급류에 래프팅을 하
는 사람들이 즐겨 찾는다. 자
동차를 타고 동강가를 드라이
브해도 좋다.

영월 동강

동해 추암

동해 바닷가의 작은 바위 지대인 추암은 애국가 배경 화면으로 자주 등장하는 일출 명소이다. 이른 새벽 떠오르는 태양을 바라보며 소원을 빌어보자.

구절리역에서 흘러내린 송천과 삼척 중봉산에서 발원한 골지천이 어우러진다 하여 아우라지라고 한다. 이곳에서 정선 아리랑이 탄생했다. 구절리역에서 아우라지역까지는 레일바이크가 운행되어 철로를 달리며 낭만을 만끽할 수 있다.

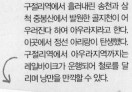

정선 아우라지

삼척 대이리 동굴 지대

삼척 대이리 군립공원 내에 위치한 동굴 지대로 산중턱에 입구가 있어 모노레일을 타고 간다. 대표적인 동굴인 대금굴과 환선굴은 석회석 동굴의 모습을 잘 보존하고 있다.

화천강과 북한강이 흐르고 파로호가 있어 물의 나라라 불리는 화천에는 강원도 계곡 중 제일의 풍경을 자랑하는 용담 계곡이 있다. 유유히 흐르는 북한강의 정취도 놓치면 아쉽다.

화천 용담 계곡

강원도의 명산인 설악산은 언제 보아도 멋지다. 정상에 오를 수 없다면 케이블카를 타고 권금성으로 가자. 권금성에서 보면 울산바위와 신흥사의 풍경이 한 폭의 그림처럼 펼쳐진다.

속초 설악산

태백 바람의 언덕

매봉산 풍력 발전 단지 능선을 바람의 언덕이라 하는데 주위에 고랭지 채소 재배 단지가 있어 수확철이 되면 녹색의 카펫을 깔아 놓은 듯하다.

양양 낙산사

거대한 해수관음상, 의
상대, 홍련암 등 낙산사
에는 가 볼 곳이 많고,
사찰 옆 낙산 해변은 여
름철 물놀이 장소로 인
기가 높다.

원주의 상징인 치악산에 올라 사방을
둘러보고, 한적한 구룡사에서 명상에
잠긴다. 구렁이와 까치의 전설이 서린
상원사를 방문하여도 좋다.

원주 치악산

울창한 자작나무 숲을 걸으며
산책을 하거나 갤러리에서 그림
을 감상하여도 즐겁다. 미술관
내 찻집에서 차를 마시며 책을
읽는 것도 운치가 있다

횡성 미술관 자작나무 숲

강원도 즐길거리 BEST 18

강원도는 사계절이 다채로운 곳이다. 계절마다 색다른 멋을 간직하고 있기 때문에 보고 체험할 것들이 많다. 지역의 각종 축제부터 자연의 매력을 몸소 체험할 수 있는 다양한 레포츠까지 여행의 재미를 더하는 흥미로운 즐길거리로 가득하다.

한겨울 화천의 산천어 축제에서는 맨손으로 산천어를 잡거나 빙판에서 얼음낚시로 산천어를 낚을 수 있다. 잡은 산천어는 그 자리에서 바로 구워 먹을 수도 있다.

화천 산천어 축제

철원 한탄강 래프팅

한탄강은 수도권에서 가깝고 물살이 거세 래프팅을 즐기기 좋은 곳으로, 여름이면 한탄강을 찾는 사람들이 많다.

홍천 살둔 계곡 트레킹

오지 중의 오지, 살둔 계곡을 걷다 보면 속세의 일은 까마득히 잊게 된다.
MTB에 소질이 있는 사람은 자갈길을 MTB로 누벼도 좋다.

춘천 수상 스포츠와 레포츠

춘천 송암동, 강촌, 남이
섬 등에서 카누, 수상 스
키, 보트 등 수상 스포츠
와 자전거, MTB, ATV
같은 레포츠를 즐길 수
있다.

횡성 참숯가마 체험

참숯가마에서 참숯을 만든 뒤에 큰 타월
을 두르고 들어가 찜질하는 것이 인기. 황
토로 만든 가마에서 나오는 원적외선과
독소를 빨아들이는 참숯의 효능을 체험해
보자.

원주 박경리 문학 산책

원주에 내려와 대하소설 〈토지〉를 마무리한 박경리 선
생의 집필실과 문학관, 문학 공원 등을 돌아본다. 시간
여유가 되면 원주 토지문화관에 들러도 좋다.

인제 래프팅과 레포츠

래프팅과 레포츠 천국, 인제에서 내린천 래프팅을 체험
하고 번지점프 집트랙 같은 레포츠도 즐겨 본다.

대한민국의 정중앙 양구에 위치한
국토 정중앙 천문대에서 태양과
천체 관측을 해 보고 천문대에서
조금 떨어진 국토 정중앙에서 대
지의 기를 느껴 본다.

양구 천체 관측

평창 남동쪽에 위치한
백룡 동굴은 생태 체험
학습장으로 운영되어 체
험복에 헬멧을 쓰고 동
굴 탐험을 할 수 있다. 비
좁은 동굴을 통과하는
스릴이 있고, 석순, 석주
등 석화석 동굴의 풍경
이 신비롭다.

평창 동굴 탐험

정선 레일바이크

지금은 기차가 다니지 않는 구절리역과 아우라지역 사이를 레일바이크를 타고 달려 본다. 레일바이크를 타면서 정선의 산하를 감상할 수 있어 가족, 연인에게 인기가 많다.

래프팅의 원조격인 동강 래프팅은 굽이굽이 흐르는 물살에 몸을 맡기고 앞으로 나아가다 보면 어느새 종착지에 다다르게 된다.

영월 동강 래프팅

태백 두문동재 트레킹

태백과 정선의 경계인 두문동재에서 출발해 금대봉과 대덕산을 거쳐 구룡소로 내려오는 코스로, 아름다운 야생화를 감상할 수 있어 즐겁다.

설악동 소공원에서 비선대, 양폭, 소청
봉을 지나면 정상인 대청봉에 이를 수
있다. 소공원에서 케이블카를 타고 권
금성에 올라도 좋다.

양양 주전골 트레킹

오색 약수로 유명한 오색골에서 가을 단풍이 아
름답기로 소문난 주전골에서 트레킹을 해 본다.
코스가 잘 정비되어 남녀노소 누구나 편안히 걸
을 수 있어 좋다.

속초 설악산 등반

고성 왕곡 마을에는 'ㄱ'자로 지어진 고택이 눈길을 끌고 마을 입구 저잣거리
에서는 떡메치기, 두부 만들기, 한과 만들기 등을 체험할 수 있다.

고성 왕곡 마을 고택 탐방

강릉 커피 여행

커피의 명소로 자리 잡은 강릉으로 카페 순례를 떠나는 것
도 즐거운 일이다. 커피 박물관에서 시작해 카페 보헤미안,
카페 테라로사를 거쳐 안목 해변 커피거리로 마무리한다.

삼척 동굴 탐험

삼척 대이리 군립공원 내 대금굴과 환선
굴은 강원도 최고의 석회석 동굴이라고
할 수 있다. 석순, 석주 등 신비한 석회석
동굴의 풍경을 만끽하기 좋은 곳

동해 계곡 여행

두타산과 청옥산 사이의 계
곡을 무릉계곡이라고 한다.
계곡 입구에서 조금 떨어진
곳에 위치한 한적한 삼화사
에 들러 잠시 명상에 잠기고
계곡을 따라 쌍폭포, 용추 폭
포까지 걸어본다.

강원도 먹거리

BEST 18

강원도 하면 가장 먼저 떠오르는 먹거리는 바로 '한우'. 강원도를 여행하다 보면 강원도의 청정 지역에서 정성껏 기른 한우를 어렵지 않게 맛볼 수 있다. 한우 외에도 춘천 닭갈비, 양구 막국수, 자연의 향취가 담뿍 담긴 영월의 곤드레밥까지 맘껏 즐겨 보자.

철원 쿨포크

일교차가 크고 자연이 오염되지 않은 철원 지역에서 생산된 돼지고기 브랜드로 육질이 단단하고 고소해 맛이 좋다.

춘천 닭갈비

잘 손질된 닭고기에 양배추, 파, 고구마, 떡 등을 넣고 고추장 양념으로 철판에서 볶은 것이 춘천의 명물 닭갈비. 매콤한 닭갈비를 맛보며 톡 쏘는 탄산음료를 마시는 기분이 끝내준다.

원주 묵밥

메밀 하면 봉평이지만 원주 흥업에서도 메밀로 만든 묵밥을 맛볼 수 있다. 고소한 묵에 젓갈을 쓰지 않은 김치를 곁들여 먹으면 이보다 좋을 수 없다.

홍천

홍천 양지말에 형성된 화로구이촌에서는 양념 돼지고기 굽는 연기가 끊이지 않는다. 누구든 고기 굽는 맛있는 냄새를 그냥 지나칠 수 없는 곳!

횡성 한우

횡성의 청정 지역에서 정성껏 기른 한우는 횡성의 대표 먹거리로, 한우 프라자에서 비교적 저렴한 비용으로 한우를 맛볼 수 있다.

화천

오리훈제찜은 오리구이에 비해 기름이 튀지 않아 깔끔하게 먹을 수 있다.

인제 황태 정식

황태의 고장, 인제 용대리에서
맛보는 황태는 쫄깃하여 맛이
좋고, 황태 해장국은 주당들의
아침 속풀이에도 그만이다.

양구 막국수

강원도 중북부 산골 양구에서 강원도 전
통 막국수를 맛보는 것도 즐거운 일이다.
매콤한 맛을 원하면 비빔 막국수, 시원한
맛을 원하면 물 막국수를 선택한다.

평창 산채 백반

청정한 평창의 산골에서 채
취된 산나물을 이용한 산채
백반이 별미다. 집에서 담근
된장으로 끓인 된장찌개도
군침이 돈다.

영월 곤드레밥

정식 명칭이 '고려 엉겅퀴'인 곤드레는 700m 이상의 고지에서 자라 맛이 담백하고 특유의 향이 있으며 영양가도 많다. 곤드레를 넣고 잘 지은 밥은 반찬이 따로 필요 없을 정도.

정선 콧등치기 국수

진한 육수에 감자 옹심이와 메밀국수를 넣어 끓인 음식으로, 면발이 탄력이 있어서 먹을 때 콧등을 때린다고 하여 콧등치기 국수라 한다.

태백 태백산 한우

태백산 고원에서 잘 키운 태백산 한우는 육질이 단단하고 맛이 좋기로 소문이 자자하다. 연탄불에 잘 구워 먹으면 힘이 불끈 솟는 느낌

고성 명태지리국

양념을 거의 넣지 않고 끓인 지리는 명태 고유의 향과 맛을 음미할 수 있다. 명태지리국과 함께 나오는 가자미식해, 오징어무침, 동태찜 같은 반찬도 맛이 있다.

속초 순대국밥

실향민이 모여 사는 청호동 아바이 마을에서 맛보는 순대 국밥은 진한 국물이 담백하고 순대와 수육이 쫄깃하다.

양양 물회

고추장을 풀고 활어를 썰어 넣은 동해안의 명물. 물회의 맛을 잊을 수 없다. 함께 나오는 소라, 고둥, 고구마 튀김 같은 반찬도 별미!

동해 산채비빔밥

두타산과 청옥산 사이 무릉계
곡에서 맛보는 산채비빔밥은
어느 곳에서 먹던 것보다 맛이
있다. 산채비빔밥을 먹은 것이
아니고 무릉계곡의 풍경을 맛
보아서 그런 것일까.

강릉 삼숙이탕

삼숙이는 강원도 강릉과 속초 부근에서
잡히는 못생긴 물고기로 예전에는 그냥
버리던 것이었으나 탕으로 끓이니 그
맛이 시원하고 구수하다. 아침 해장으로
도 그만이다.

삼척 곰치국

곰치는 뱀장어를 닮은 물고기
로 예전에는 잘 먹지 않던 것
이었으나 이를 탕으로 끓이
니 국물이 시원하고 담백하며,
고기도 한없이 부드러워 동해
안의 별미가 되었다.

강원도 살거리 BEST 18

여행에서 되돌아오는 길 빈손은 왠지 허전하다. 여행지를 대표하는 지역 특산품이나 먹거리를 구경하고, 지인들을 위해 구입도 해보자. 품목에 따라 오일장이나 전통 시장을 이용하면 저렴한 비용으로 알찬 쇼핑을 할 수 있다.

춘천 옥 장신구

춘천에는 국내 유일의 옥 광산이 있다. 연녹색의 신비한 빛을 내는 옥은 예부터 여인네의 가락지나 비녀 등으로 이용되었다.

철원 오대미

철원 비무장 지대 부근의 깨끗한 물과 기름진 토양에서 재배되는 오대미는 밥맛이 좋기로 유명하다. 오대미는 쌀 품종 중 하나.

홍천 잣

홍천의 산하에서 재배하고 채취한 잣은 예부터 임금의 수라상에 진상되었다고 한다. 잣은 뇌 기능에 좋은 올레산과 리놀레산을 함유하고 있어 수험생이 먹으면 좋다.

화천 토마토

청정 자연을 자랑하는 사내면 시창리 일대에서 재배된 빨간 토마토가 싱싱하고 맛이 좋다. 토마토는 생으로 먹어도 좋고 음식으로 조리해 먹어도 그만이다.

원주 토토미

토토미는 원주에서 생산되는 쌀의 통합 브랜드로 품질 향상을 위해 우수 품종 재배 확대 및 맞춤형 비료 공급 등의 노력을 기울이고 있다.

고성 피망

고성 진부령 흘리마을에서 생산되는 피망은 청정 고랭지에서 재배되어 최고의 품질을 자랑한다.

양구 곰취 찐빵

양구의 대표 산나물 곰취를 이용해 만든 찐빵으로, 곰취 특유의 향이 살아 있고 식이섬유가 많아 변비에도 효과가 있다고 한다.

평창 메밀국수와 메밀전병

이효석의 〈메밀꽃 필 무렵〉으로 유명한 봉평에서 생산된 메밀로 만든 메밀국수와 메밀전병은 입맛을 돋우는 별미 음식이다.

영월 고추장과 된장

영월에서 재배된 고추와 콩으로 만든 고추장과 된장이 유명하다. 고추장에는 청양 고추장, 보리 고추장, 벌꿀 고추장 등 다양한 종류가 있다.

정선 약초와 산나물
강원도 대표 산골 지역인 정선에서 재배하여 채취된 황기 같은 약초와 곰취, 곤드레, 취나물 같은 산나물은 품질이 좋은 것으로 널리 알려져 있다.

속초 젓갈
동해 바다에서 잡은 해산물을 이용한 명란젓, 창난젓, 오징어젓 가자미식해 등 다양한 젓갈은 맛이 좋아 속초 하면 빠질 수 없는 먹거리다.

인제 황태
황태 덕장이 많아 황태의 고장이라 불리는 인제 용대리는 일교차가 크고 추운 겨울이 지속되어 질 좋은 황태를 생산하기에 최적의 조건을 갖추고 있다.

횡성 한우
살과 지방이 적당히 섞인 환상의 마블링을 자랑하는 횡성 한우의 맛은 절대 놓칠 수 없다.

삼척 포도즙
삼척의 도계 지역에서 재배한 포도와 그 포도로 만든 포도즙이 인기를 끌고 있다.

강릉 커피

커피의 명소가 된 강릉에서 생두, 원두커피, 스페셜 커피, 커피용품 등 다양한 커피 관련 제품을 구입할 수 있어 즐겁다. 강릉 카페거리에서 커피를 주문해 맛보자.

동해 한과

한과는 한국 고유의 과자로 쌀과 밀가루, 견과류를 꿀이나 설탕에 반죽하여 기름에 튀겨 만든다. 다양한 모양과 색만큼이나 맛도 훌륭하다.

양양 송이버섯

양양의 첩첩산중에서 캐낸 자연산 송이는 그 맛이 좋기로 유명하다. 송이 축제에 참여해 송이버섯도 구경하고 좋은 가격에 구입도 해 보자.

태백 산나물

청정 자연을 자랑하는 태백에서 채취한 곰취, 취나물, 곤드레 같은 산나물은 맛이 있고 건강에도 좋다

강원도 축제

강원도에서는 계절마다 색다른 축제가 벌어져 여행의 즐거움을 더한다. 축제의 종류는 역사 문화 축제, 계절 축제, 먹거리 축제, 특산물 축제, 문화 예술 축제 등 다양하다. 대표적인 축제로는 봄의 영월 단종 문화제, 춘천 마임 축제, 양구 곰취 축제, 여름의 강릉 단오제, 고한 함백산 야생화 축제, 춘천 인형극제, 가을의 정선 아리랑제, 횡성 한우 축제, 영월 김삿갓문화제, 겨울의 화천 산천어 축제, 태백산 눈 축제 등이 있다.

1월 January

화천 산천어 축제

한겨울 차가운 계곡 바람과 깨끗한 물이 만나 가장 빨리, 두껍게 얼음이 언다는 화천에서 벌어지는 대한민국 대표 축제로, 축제를 열기에 부적합한 겨울에 가장 뜨거운 열기를 자랑하는 축제로 성공시켰다. 산천어 축제를 대표하는 산천어 낚시, 산천어 잡기 등 산천어 체험은 남녀노소 누구나 좋아하는 히트 상품이고, 얼음 축구, 스케이트 타기도 해볼 만하다.
위치 화천군 화천읍 화천천 산천어 축제장 및 5개 읍면
교통 화천읍에서 도보 5분
전화 1688-3005
홈페이지 www.narafestival.com

인제 빙어 축제

한겨울 인제 남쪽 소양호 상류에서 벌어지는 축제로 축제가 열리는 소양호 빙판의 넓이가 300만 평에 이른다. 빙판에 구멍을 내고 산란기를 맞아 몰려드는 빙어를 낚는 것은 잊지 못할 추억이 된다. 빙어 낚시, 빙어 시식, 축하 공연 등을 즐길 수 있다.
위치 인제군 남전리 인제대교
교통 승용차로 인제에서 44번 국도 이용, 인제대교 방향
전화 033-461-0373~6
홈페이지 www.injefestival.co.kr

평창 대관령 눈꽃 축제

평창 북동쪽 횡계 대관령 일대에서 벌어지는 축제로 평창 산골의 겨울 생활을 엿볼 수 있다. 축제에서는 황병산 사냥놀이, 소발구 퍼레이드, 앉은뱅이 썰매타기, 설상 축구대회, 축하 공연, 눈조각 경연대회 등이 다채롭게 펼쳐진다.
위치 평창군 대관령면 횡계리 340-1 (도암 중학교 앞)
교통 ❶ 평창 횡계에서 도보 5분 ❷ 승용차로 평창에서 31번 국도 이용, 장평 방향. 장평에서 6번 국도 이용, 진부 방향. 진부면에서 59번 국도 이용, 월정사 방향. 월정 삼거리에서 456번 지방도 이용, 횡계 방향
전화 033-336-6112
홈페이지 www.yes-pc.net

태백산 눈 축제

태백산과 태백시 일대에서 벌어지는 축제로 축제 기간 중 국제 눈조각 전시회, 눈사람 페스티벌, 태백산 등반대회, 개 썰매 타기 등 여러 행사가 열린다. 겨울 풍경이 아름다운 태백산, 태백 일대에서 한겨울의 낭만을 즐길 수 있어 더욱 좋다.
위치 태백산, 태백시 일대
교통 ❶ 태백에서 7, 8번 시내버스 이용, 태백산 당골 종점 하차. 또는 태백에서 3, 6, 8번 시내버스 이용, 백단사 입구·유일사 입구 하차. ❷ 승용차로 태백에서 35번 국도 이용, 상장삼거리에서 31번 국도 이용, 태백산 방향. 당골·백단사 입구·유일사 입구 도착
전화 033-550-2741
홈페이지 tour.taebaek.go.kr

동해 해맞이 축제

동해시 망상 해변과 추암 해변에서 펼쳐지는 축제로, 가는 해를 보내고 오는 해를 맞자는 의미를 갖고 있다. 풍물패 길놀이, 불꽃놀이, 축시 낭송, 축하 공연 등의 행사가 열린다. 일출 명소인 망상 해변과 추암 해변에서 새해 첫 해를 바라보는 것도 뜻있는 일이 될 듯.
위치 동해시 망상 및 추암 해변 특설무대
교통 동해에서 시내버스 또는 승용차 이용
전화 033-530-2479
홈페이지 www.dhtour.go.kr

2월 February

양구 국토정중앙 달맞이 축제

정월 대보름을 맞이해 관광객과 군민의 건강과 소망을 기원하는 축제로, 한반도 국토의 정중앙점에서 열리는 것이 의미가 있다. 주요 행사로는 달집 태우기, 소원 빌기, 민속 경연과 체험 등이 있다.
위치 양구군 국토 정중앙점, 종합운동장, 야구장 등
교통 양구에서 시내버스 또는 승용차 이용
전화 033-480-2386
홈페이지 www.ygtour.kr

삼척 정월 대보름 축제

삼척에서 정월 대보름에 실시되었던 기줄다리기를 재현하고 천신·해신·농신에게 복을 빌고 풍년 풍어를 기원하는 삼원제가 열리는 축제. 기줄다리기는 오십천을 중심으로 지역을 나눠 선수를 뽑은 뒤 서로의 힘을 가리던 놀이이다.
위치 성남동 엑스포타운 및 진주로
교통 삼척 시내에서 도보 또는 시내버스, 택시 이용
전화 033-573-2882, 033-570-3224
홈페이지 tour.samcheok.go.kr

3월 March

인제 고로쇠 축제

인제 남쪽 상남면 미산1리 고로쇠 마을에서 열리는 축제로 고로쇠나무에서 나오는, 몸에 좋은 수액을 마셔 볼 수 있다. 고로쇠 물과 함께 청정 산중에서 채취한 산나물과 토종꿀 등을 저렴한 가격에 구입할 수도 있어 즐겁다.
위치 인제군 상남면 미산1리 고로쇠 마을
교통 인제군에서 승용차 이용
전화 011-364-4649, 010-5528-4203
홈페이지 www.misan1.org

4월 April

영월 단종문화제

단종문화제는 비운의 왕, 단종이 잠든 장릉에서 제향을 올리는 것으로 시작된다. 행사로는 단종 복위 논의 때 시작된 칡줄다리기, 장릉을 지키는 도깨비를 위로하는 능말 도깨비놀이 등이 있다. 이 밖에 사진 콘테스트, 유등 띄우기, 조선시대 형벌 체험 등이 펼쳐진다.

위치 영월군 영월읍 장릉, 청령포, 관풍헌, 동강 일대
교통 영월에서 농어촌 버스 또는 승용차 이용
전화 1577-0545
홈페이지 www.ywtour.com

강릉 경포대 벚꽃 축제

봄이면 강릉 경포호 주변에의 벚꽃이 만개해 장관을 이루고 축제 기간에는 벚꽃을 구경하러 오는 사람들이 많다.

가족 또는 연인과 경포호 벚꽃 길을 걸어도 좋고 축제 기간 마련된 야시장에 들러 맛있는 음식을 맛보아도 즐겁다.

위치 강릉시 경포대 일대
교통 강릉에서 시내버스 또는 택시 이용
전화 033-640-5807
홈페이지 www.gntour.go.kr

삼척 맹방 유채꽃 축제

삼척 남동쪽 근덕면 상맹방리 일대에서 벌어지는 유채꽃 축제로, 바닷가 주변 7.2ha의 광대한 땅이 노란 물결로 넘실댄다. 유채꽃과 벚꽃 길 따라 걷기, 유채꽃밭 라디엔테어링, 유채 풍경 아마추어 사진 콘테스트, 조랑말 타기, 유채꽃 인절미 만들기 등의 다채로운 행사가 펼쳐진다.

위치 삼척시 근덕면 상맹방리 유채밭 일대
교통 ❶ 삼척에서 20, 21, 22, 23번 시내버스 이용, 상맹방리 하차. 상맹방 해변까지 도보 5분 ❷ 승용차로 삼척에서 7번 국도 이용, 상맹방 해변 방향
전화 033-570-3372
홈페이지 tour.samcheok.go.kr

5월 May

춘천 마임 축제

춘천의 자연과 마임이라는 예술, 축제

라는 난장을 잘 조화시킨 즐거운 놀이판이다. 마임(Mime)은 그리스와 로마 시대부터 시작된 몸짓과 표정으로 하는 연기를 말한다. 행사로는 아수라장, 미친 금요일이라 부르는 난장과 1등급 고기, 장난감 연구실 같은 극장 공연, 야외 공연 공모작, 아시아 몸짓 찾기 같은 기획 프로젝트가 있다.

위치 춘천문화예술회관, 축제 극장 몸짓 춘천교육대학교 석우홀 등
전화 033-242-0585
홈페이지 www.mimefestival.com

양구 곰취 축제

강원도 청정 지역인 양구의 특산물 곰취 나물을 홍보하고 판매를 촉진하며 주민 화합을 도모하기 위한 축제로 매년 5월 동면 팔랑리 팔랑계곡 일원에서 펼쳐진다. 곰취는 쌍떡잎식물 초롱꽃목 국화과의 여러해살이풀로 고원이나 깊은 산의 습지에서 자란다. 주로 어린잎을 나물로 먹고, 뿌리는 천식·요통·관절통·타박상 등에 좋아 한약재로 쓰인다. 곰취 경매, 곰취 시식, 곰취 찐빵 시식, 곰취 채취 체험, 축하 공연 등의 행사가 있다.

위치 양구군 동면 팔랑리 팔랑계곡 일원
교통 ❶ 양구에서 팔랑리행 농어촌 버스 이용, 팔랑 1리 마을회관 하차. 도보 1분 ❷ 승용차로 양구에서 3번 국도 이용, 동면사무소 지나 팔랑리 방향

전화 033-480-2622, 033-480-2675
홈페이지 www.ygtour.kr

인제 황태 축제

황태의 고장, 인제 용대리에서 벌어지는 축제로 전국 황태 요리 경연, 용대리 황태 삶의 체험, 황태 도전 골든벨 축하 공연 등 다채로운 행사가 펼쳐진다. 한겨울 용대리 300여 개의 덕장에서는 100만 마리 이상의 황태가 생산된다.
위치 인제군 용대 삼거리 황태마을 대형 주차장 부지
교통 ❶ 동서울종합터미널 또는 인제, 원통에서 속초행 시외버스 이용. 용대 삼거리 하차 ❷ 승용차로 인제에서 44번 국도 이용, 한계리 방향. 용대 삼거리 도착
전화 033-460-2082
홈페이지 www.yongdaeri.com

6월 June

강릉 단오제

강릉 노암동 남대천 단오장 일대에서 벌어지는 단오 축제로, 대관령 국사성

황, 대관령 국사여성황, 대관령 산신에 대한 제사를 지내는 향토신제 성격을 띠고 있다. 단오제 기간 중에 부정굿, 하회동참굿 등 여러 굿과 관노가면극, 학산 오독떼기 등 여러 민속 공연이 열린다.
위치 강릉시 노암동 남대천 단오장 일대
교통 ❶ 강릉에서 210, 211, 227-1번 시내버스 이용, 단오문화관 하차 ❷ 승용차로 강릉에서 남대천 건너 단오문화관 방향
전화 033-641-1593, 033-640-5584
홈페이지 www.danojefestival.or.kr

양양 현산문화제

양양 현산문화제는 1007년 고려 목종 10년에 양양읍 일대에 양주성을 쌓고 풍년을 비는 성황제를 올린 것에 기원을 두고 있다. 근년에는 축제 기간 중 장군성황제, 신석기 가장행렬, 불교 제등행렬, 양주방어사 행차 등의 행사가 열린다.
위치 양양군 남대천 둔치 및 부대 행사장
교통 양양 시내에서 도보 또는 택시

이용
전화 033-670-2728
홈페이지 hyunsan.yangyang.go.kr

7월 July

화천 쪽배 축제

예전에 소금을 실어 나르던 소금배와 강을 건너 다니던 쪽배의 전통과 문화를 되살리고자 기획된 축제. 북한강에 소금배와 쪽배가 떠다니는 풍경은 북한강과 화천강, 파로호에 접해 있는 물의 나라 화천과 잘 어울린다. 축제에서는 물 축구, 카누 체험, 쪽배 제작 체험 등 다양한 물놀이와 함께하는 하루를 보낼 수 있다.
위치 화천군 화천읍 화천생활체육공원, 붕어섬
교통 ❶ 화천읍에서 도보 15분 ❷ 승용차로 화천읍에서 행사장 5분
전화 1688-3005
홈페이지 www.narafestival.com

정선 고한 함백산 야생화 축제

정선 함백산 만항재, 고한 일대에서 벌어지는 야생화 축제로 함백산 산신제,

함백산 야생화 사진전, 장승과 솟대 전시, 축하 공연 등 여러 행사가 펼쳐진다. 만항재와 야생화 공원 등에서 은방울꽃, 벌노랑이, 나도잠자리난 등 다양한 야생화를 보는 것만으로도 즐거운 시간을 보낼 수 있다.

위치 정선군 고한읍 고한리 함백산 만항재, 고한 일대

교통 승용차로 정선에서 59번 국도 이용, 덕우리 방향. 남면에서 38번 국도 이용, 민둥산 거쳐 고한, 사북 방향. 고한 지나 상갈래 교차로에서 414번 지방도 이용, 정암사 지나 만항재 도착

전화 033-592-2810

춘천 인형극제

1989년 시작된 축제로 국내외 인형 극단과 인형극인들이 모이는 세계적인 인형극 축제로 성장했다. 2012년 축제에서는 해외 8개, 국내 39개 극단이 펼치는 인형극 공연, 33개 아마추어 인형극단이 공연하는 아마추어 인형극 경연대회 등이 열려 아이들은 물론 어른들도 즐기는 축제가 되었다.

위치 춘천인형극장_대극장, 하늘극장, 코코극장, 바우극장, 꼭두각시극장, 춘천시 청소년 여행의 집_마루극장

전화 033-242-8450

홈페이지 festival.cocobau.com

춘천 닭갈비&막국수 축제

춘천 하면 가장 먼저 떠오르는 먹거리인 닭갈비와 막국수를 알리는 축제. 행사로는 춘천 향토음식 전국 경연대회, 세계음식전, 막국수·닭갈비 무료 시식, 춘천 닭갈비·막국수 전시 등이 있다. 이 밖에 씨름대회, 라틴·살사 댄스대회, 호반 불꽃놀이 등의 행사는 축제의 흥을 돋우기에 충분하다.

위치 춘천 송암 스포츠타운, 춘천시

전역

전화 033-250-4347, 4348

홈페이지 www.mdfestival.com

홍천 찰옥수수 축제

찰옥수수는 홍천을 대표하는 명물 중 하나로, 축제를 통해 굽거나 찐 잘 익은 찰옥수수를 맛보며 고향의 추억을 되살리기 좋다. 주요 행사로는 찰옥수수 요리 경연대회, 농산물 판매, 축하 공연 등이 펼쳐진다.

위치 홍천군 남산교와 화양교 사이 강변

교통 홍천 시내에서 도보

전화 033-435-4350, 033-430-2258

홈페이지 cornfestival.co.kr

고성 왕곡마을 민속체험 축제

고성 남쪽 왕곡마을에서 벌어지는 민속체험 축제로 왕곡마을의 전통 가옥 체험, 정미소 체험, 함씨와 최씨의 깃대싸움 놀이, 상여 외나무다리 건너기 놀이 등의 행사가 열린다. 왕곡마을 저

태백 쿨시네마 페스티벌

한여름 전국이 무더위로 시달릴 때 고산에 위치해 시원한 태백에서 벌어지는 영화 축제다. 오투리조트 야외 인조잔디 구장에서 다양한 영화를 즐길 수 있다. 영화와 함께 벨리 댄스, 오카리나 연주, 축하 공연 등 다채로운 행사도 열린다.

위치 태백시 오투리조트, 중앙로 일대

교통 태백 시내에서 택시 또는 승용차 이용

전화 033-550-2085

홈페이지 festival.taebaek.go.kr

8월 August

잣거리에서는 국밥, 부침, 막국수 등의 먹거리도 즐길 수 있다.

위치 고성군 죽왕면 오봉리 504, 왕곡마을, 송지호 일대

교통 ❶ 고성(간성) 또는 공현진에서 왕곡마을행 시내버스 이용, 왕곡마을 입구 하차 ❷ 승용차로 고성 또는 속초에서 7번 국도 이용, 송지호 방향. 송지호 해변 공원 부근에서 왕곡마을 방향

전화 033-631-2120

홈페이지 www.wanggok.kr

삼척 이사부 역사문화 축제

삼척 서쪽 삼척항 이사부 광장에서 벌어지는 축제로 울릉도, 독도의 우산국을 복속한 이사부를 기리는 행사다. 이사부 장군이 우산국 정벌에서 앞세웠다는 나무 사자 깎기 대회, 시내 퍼레이드, 이사부 장군 선발 서바이벌, 이사부 장군 복식 체험 등이 펼쳐진다.

위치 삼척시 정하동 48, 삼척항 이사부 광장

교통 ❶ 삼척에서 10, 15번 시내버스 이용, 삼척항 하차 ❷ 승용차로 삼척에서 삼척항 방향

전화 033-570-3841

홈페이지 tour.samcheok.go.kr

9월 September

평창 효석문화제

〈메밀꽃 필 무렵〉의 소설가 이효석을

기리는 축제로 그의 생가와 문학관이 있는 봉평에서 열린다. 축제에서는 전국 효석 백일장, 전국 사물놀이대회, 마당놀이 〈메밀꽃 필 무렵〉 공연, 거리 행진, 축하 공연 등 다채로운 행사가 펼쳐진다.

위치 평창군 봉평면 원길리 764-1, 평창 북쪽

교통 ❶ 평창군 봉평면사무소에서 도보 15분 ❷ 승용차로 평창에서 31번 국도 이용, 봉평 방향. 장평에서 6번 국도 이용, 봉평면 방향. 봉평면에서 이효석길 이용

전화 033-335-2323

홈페이지 www.hyoseok.com

동해 오징어 축제

동해 묵호항에서 열리는 해양 축제로 동해 대표 어종인 오징어를 주제로 한다. 행사로는 거리 행진, 맨손 물고기 잡기, 어촌 음식 체험, 오징어 낚시 체험 등이 있다. 바다와 싸우며 물고기를 잡아온 어촌의 일상을 느낄 수 있어 들릴 만하다.

위치 묵호항, 수변 공원, 묵호 등대 일대

교통 동해에서 시내버스나 승용차 이용

전화 033-531-1020

홈페이지 www.dhtour.go.kr

10월 October

철원 태봉제

태봉은 901년 신라 말 궁예가 철원에 세운 국가 이름으로, 918년까지 존속하였다. 궁예는 강원도, 경기도, 황해도와 평안도, 충청도의 일부를 차지하여 당시 신라나 후백제보다 땅이 넓었다. 태봉제는 이러한 태봉국의 위엄을 되새기고 군민의 화합을 위해 마련한 축제로 철원 공설운동장과 그 일원에서 열리며 태봉 제례, 문화 행사, 민속 경기 등 다양한 문화행사가 펼쳐진다.

위치 철원군 철원 공설운동장

교통 신철원에서 시내버스 또는 택시 이용

전화 033-450-5365

홈페이지 tour.cwg.go.kr

춘천 소양강문화제

1966년 개나리문화제로 시작된 춘천의 향토 축제로 줄다리기, 그네뛰기, 씨름, 투호 같은 민속놀이와 민속 공연, 문화 행사, 축하 공연 등의 다양한 행사가 열리는 종합 문화 축제이다. 축제를 즐기고 인근 중도를 찾아 산책을 해도 좋다.

위치 춘천시 삼천동 시민 공원(중도 선착장)

교통 춘천 시내에서 시내버스 또는 택시 이용

전화 033-254-5105

홈페이지 tour.chuncheon.go.kr

횡성 한우 축제

횡성은 예부터 4대 우시장 중의 하나

일 만큼 한우를 많이 키워온 고장이다. 한우의 고장 횡성을 알리고자 마련된 축제로 축제 기간 중에 횡성 한우 전시 및 판매·시식, 횡성 한우 달구지 타기, 횡성 세시 풍속, 추억의 시골 장터, 거리 퍼레이드 등 여러 행사가 펼쳐진다.

위치 횡성군 횡성읍 종합운동장 부근 섬강 일대

교통 ❶ 횡성읍에서 종합운동장행 2번 시내버스 또는 횡성 순환버스 이용, 종합운동장 하차. 도보 5분 ❷ 승용차로 횡성에서 종합운동장 방향

전화 033-342-1731~2

홈페이지 hshanu.or.kr

원주 한지문화제

한국 고유의 종이인 한지의 우수성과 한지의 고장, 원주를 홍보하기 위한 축제로 축제 기간 중 한지 패션쇼, 닥종이 인형 만들기, 한지 공예품 경진대회, 전통 한지 뜨기 시연 등 다채로운 한지 전시·체험 행사가 열린다.

위치 원주시 무실동 16, 한지테마파크

교통 ❶ 원주에서 7번 시내버스 이용, 원주 무실8차아파트 하차. 도보 5분 ❷ 승용차로 원주에서 한지테마파크 방향

전화 033-734-4739, 4740

홈페이지 www.hanjipark.com

원주 강원감영문화제

1971년 원주 군도제로 시작해 원주 치악제를 거쳐 2005년 강원감영제, 2009년 강원감영문화제로 이름을 바

꿔 진행 중인 전통 문화 축제. 행사로는 치악산 산신께 국태민안을 비는 동악제를 시작으로 관찰사 거리 행진, 수문병 교대식, 한복 페스티벌 등이 있다.

위치 원주시 일산동 54-2, 강원감영 및 문화의 거리

교통 ❶ 원주에서 1, 2, 2-1, 21번 등 시내버스 이용, KBS 하차. 도보 5분 ❷ 승용차로 원주에서 강원감영 방향

전화 033-766-1838

홈페이지 www.gamyeong.com

정선 아리랑제

아리랑의 고장, 정선에서 벌어지는 향토 축제. 축제 기간 동안 풍성하기로 소문난 정선 오일장이 열려 약초와 산나물을 구입하거나 정선의 먹거리를 맛볼 수 있다.

위치 정선군 정선읍 봉양리 일대(정선 시내)

교통 정선에서 도보 5분

전화 033-563-2646

홈페이지 www.arirangfestival.kr

영월 김삿갓문화제

방랑 시인 김삿갓을 기리는 축제로 그의 묘와 문학관이 있는 김삿갓면 와석리 일대에서 펼쳐진다. 각종 추모 행사와 전국 한시 백일장, 전국 휘호대회, 서화 전시 등의 행사가 열린다.

위치 영월군 김삿갓면 와석리, 김삿갓 문학관 일대

교통 ❶ 영월에서 김삿갓면행 농어촌버스 이용, 문학관 종점 하차 ❷ 승용차로 영월에서 88번 지방도 이용, 고씨굴 방향. 고씨굴 지나 와석리 방향

전화 1577-0545

홈페이지 www.ywtour.com

고성 명태축제

명태의 고장, 고성 거진항에서 벌어지는 축제로 축제 기간 중 명태를 싸리나무에 꿰는 관태 체험, 명태 구이 마당, 명태 요리 체험, 맨손 활어 잡기, 낚시 체험 등 여러 행사가 열린다.

위치 고성군 거진읍 148, 거진항 일대

교통 ❶ 고성(간성)에서 거진항행 버스 이용, 거진 시외버스터미널 하차. 도보 5분 ❷ 승용차로 고성에서 7번 국도 이용, 거진항 방향

전화 033-682-8008~9

홈페이지 www.myeongtae.com

양양 송이 축제

강원도 송이의 고장, 양양에서 벌어지는 축제로 축제 기간 중 송이 채취 체험, 송이 생태 견학, 송이 보물찾기, 송이 요리 시식회 등의 행사가 열린다. 송이는 적송 아래 잔뿌리에서 자라는 버섯으로 소나무 향이 나며 천하일미를 가진 것으로 알려져 있다.
위치 양양군 남대천 둔치(송이조각공원), 양양시장 등
교통 양양 시내에서 도보 30분, 또는 택시 이용
전화 033-670-2723, 033-1330
홈페이지 song-i.yangyang.go.kr

양양 연어 축제

강원도에서 연어가 많이 회귀하는 양양 남대천 일대에서 벌어지는 축제. 연어 맨손잡이, 연어 탁본 뜨기, 연어 연구센터 견학, 연어와 함께 사진 찍기, 연어 시식을 즐길 수 있다. 평소 보기 힘든 연어의 생태를 살펴보고 맛있는 연어까지 맛볼 수 있어 가족과의 즐거운 시간이 된다.
위치 양양군 남대천 둔치(송이조각공원), 부대행사장
교통 양양 시내에서 도보 30분, 또는 택시 이용
전화 033-670-2207, 033-1330
홈페이지 salmon.yangyang.go.kr

강릉 커피축제

언제부터인가 강릉이 커피의 명소로 알려지며 독특한 커피숍들이 생겨나기 시작했고 어느덧 대한민국을 대표하는 커피 축제를 개최하기에 이르렀다. 주요 행사로는 한국 커피의 역사전, 커피 원두 볶기 체험, 세계 각국의 커피 시음, 커피를 재료로 한 비누와 아로마 용품 전시 등이 있다.
위치 강릉시 강원문화예술관 및 강릉항(안목항) 일대
교통 강릉에서 시내버스 또는 택시 이용
전화 033-647-6802
홈페이지 www.coffeefestival.net

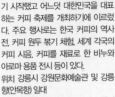

동해 무릉제

동해시를 대표하는 종합 문화 축제로 산신제, 풍년제 등 민속행사, 줄다리기, 씨름 등 민속 경기, 무릉 사생·휘호대회, 무릉 백일장 등 문화 행사, 수석 전시, 난 전시 등의 전시회가 다양하게 열린다. 여기에 전통 음식 체험, 민속 체험 등도 할 수 있어 즐겁다.
위치 동해시 동해웰빙레포츠타운(종합경기장) 일원
교통 동해 시내에서 시내버스 또는 택시 이용
전화 033-530-2631
홈페이지 www.dhtour.go.kr

11월 November

양구 DMZ 펀치볼 시래기 축제

비무장 지대 DMZ와 인접해 청정 자연을 자랑하는 양구에서 재배된 시래기를 주제로 한 축제다. 시래기 길게 엮기, 무 껍질 깎기, 감자 많이 들기, 고추 빨리 먹기 등 펀치볼 청정 올림픽이 열리고 시래기 떡메치기, 펀치볼 둘레길 걷기 등을 체험할 수 있다.
위치 양구군 해안면 해안휴게소 광장 일대
교통 양구에서 시내버스 또는 승용차 이용
전화 033-480-2675
홈페이지 www.ygtour.kr

12월 December

경포 해돋이 축제

동해안 일출 명소 중의 하나인 경포 해변에서 벌어지는 해돋이 축제로 매년 12월 31일에 실시된다. 한 해를 보내고 새해를 맞이하는 뜻 깊은 축제여서 추운 날씨에도 불구하고 많은 사람이 찾는 축제이다.
위치 경포 해변
교통 강릉에서 시내버스 또는 승용차 이용
전화 033-640-5132
홈페이지 www.gntour.go.kr

강원도 여행 캘린더

사계절이 다채로운 강원도

📷 볼거리　🐾 즐길거리　⛷ 축제

📷 강촌 구곡 폭포, 삼봉 자연휴양림, 삼봉 약수, 정동진, 태백산

🐾 춘천 명동, 안목 해변 커피거리

⛷ 동해 해맞이 축제, 화천 산천어 축제, 인제 빙어 축제, 평창 대관령 눈꽃 축제, 태백산 눈 축제

1월

📷 백담사, 청호동 아바이마을

🐾 카페 보헤미안, 카페 테라로사

⛷ 삼척 정월 대보름 축제, 양구 국토정중앙 달맞이 축제

2월

📷 고석정, 철원 평화전망대, 수타사, 팔봉산

🐾 감성마을 이외수 문학관, 안흥찐빵마을

⛷ 인제 고로쇠 축제, 속초 봄맞이 응골딸기축제

3월

📷 아우라지, 정선 오일장, 만항재

🐾 붕어섬, 정선 레일바이크, 화암 동굴, 석탄 유물 종합전시관

⛷ 양구 국토정중앙 배꼽 축제, 태백 쿨시네마 페스티벌, 화천 쪽배 축제, 정선 고한 함백산 야생화 축제

7월

📷 소금강, 낙산사, 낙산 해변, 경포 해변, 망상 해변, 권금성, 설악산

🐾 별마로 천문대, 고씨굴, 래프팅(동강, 내린천, 홍천강, 한탄강)

⛷ 춘천 인형극제, 춘천 닭갈비·막국수 축제, 고성 왕곡마을 민속체험 축제, 삼척 이사부 역사문화 축제, 홍천 찰옥수수 축제

8월

📷 삼부연 폭포, 순담, 속초 해변, 하조대, 맹방 해변, 무릉 계곡

🐾 해양레일바이크, 화진포의 성, 이기붕 별장, 통일 전망대

⛷ 평창 효석문화제, 동해 오징어 축제, 춘천 국제연극제, 정선 민둥산 억새꽃 축제

9월

📷 남이섬, 강촌, 공지천, 소양강댐, 청평사

👥 한지테마파크, 박경리 문학공원

🔺 영월 단종문화제, 삼척 맹방 유채꽃 축제, 춘천 김유정문학제, 강릉 경포대 벚꽃 축제

4월

📷 두타연, 풍수원 성당, 미술관 자작나무 숲

👥 박수근 미술관, 국토정앙 천문대

🔺 춘천 마임 축제, 양구 곰취 축제, 인제 황태 축제

5월

📷 용담 계곡, 평화의 댐, 월정사, 대관령 삼양 목장, 대관령 양떼 목장

👥 방아다리 약수, 이효석 문학관, 백룡 동굴

🔺 강릉 단오제, 양양 현산문화제, 태백산 전국등반대회

6월

📷 곰배령, 진동 계곡, 미산 계곡, 한반도 지형, 영월 장릉, 청령포, 바람의 언덕

👥 용연 동굴, 엑스포 타워, 오색 약수

🔺 정선 아리랑제, 철원 태봉제, 횡성 한우 축제, 영월 김삿갓문화제, 고성 명태축제, 원주 한지문화제, 원주 강원감영문화제, 양양 송이 축제, 양양 연어축제, 강릉 커피 축제, 춘천 소양강문화제, 동해 무릉제

10월

📷 청간정, 송지호, 주문진항, 경포대, 선교장, 오죽헌

👥 천곡 천연 동굴, 구룡사, 치악산

🔺 고성 DMZ 통일역전마라톤대회, 원주 치악마라톤대회, 양구 DMZ 펀치볼시래기축제

11월

📷 추암, 죽서루, 해신당 공원, 준경묘

👥 엑스포타운(동굴탐험관&신비관), 대금굴, 환선굴

🔺 경포 해돋이 축제, 평창 송어 축제

12월

※ 축제 일정은 지자체 사정에 따라 바뀔 수 있습니다.

45

추천
코스

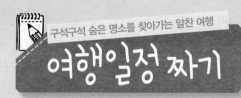

구석구석 숨은 명소를 찾아가는 알찬 여행

여행일정 짜기

여행 일정 짜기에서 고려할 첫 번째는 무리한 일정을 짜지 않는 것이고, 두 번째는 각자 생각하는 지역이나 관광지의 우선순위를 정해 일정을 짜는 것이다. 가급적 한 번의 여행에 한 지역만을 여행하는 것이 무리가 없다. 인접 시군을 묶어 여행할 때에는 도로 사정과 이동 거리를 고려한다.

★ 수도권에서 거리별로

수도권에서 거리별로 여행 일정을 짤 수 있는데 수도권에서 인접한 강원도 서부 지역은 당일~1박 2일, 강원도 중부 지역은 1박 2일~2박 3일, 강원도 동부 지역은 2박 3일~3박 4일의 일정을 짜면 좋다.

강원도 서부 지역 당일 또는 1박 2일
철원, 화천, 춘천, 홍천, 횡성, 원주

강원도 중부 지역 1박 2일 또는 2박 3일
양구, 인제, 평창, 정선, 영월, 태백
* 상대적으로 먼 정선, 영월, 태백은 2박 3일~3박 4일도 좋다.

강원도 동부 지역 2박 3일 또는 3박 4일
고성, 속초, 양양, 강릉, 동해, 삼척
* 도로 사정이 좋아진 속초, 양양은 생각보다 더 가까워졌다.

★ 인접 시군끼리 묶어서

강원도 여행에서 인접 시군끼리 묶어서 여행을 해도 효율적이다. 가능한 한 도로 사정이 좋고 이동 거리가 짧은 시군을 연결하고 가급적 2개 이상 넘지 않도록 한다. 3개 이상의 시군을 여행하게 되면 이동하는 데 대부분의 시간과 에너지, 비용을 소비하게 된다.

강원도 서부 지역 당일 또는 1박 2일
철원+화천, 화천+춘천, 춘천+홍천, 홍천+횡성, 횡성+원주

강원도 서부 지역과 중부 지역 1박2일 또는 2박 3일
춘천+양구, 춘천+인제, 횡성+평창, 원주+영월

강원도 중부 지역 1박 2일 또는 2박 3일
양구+인제, 평창+정선, 평창+영월, 정선+영월, 정선+태백, 영월+태백

강원도 중부 지역과 동부 지역 2박 3일 또는 3박 4일
인제+고성, 인제+속초, 인제+양양, 횡성/원주+강릉, 영월/정선/태백+삼척/동해

강원도 동부 지역 2박 3일 또는 3박 4일
고성+속초, 속초+양양, 양양+강릉, 강릉+동해, 동해+삼척

★ 강원도 일주 여행

강원도를 서부 지역 철원에서 시작해 중부 지역 영월을 거쳐 동부 지역 삼척까지 여행하는 일정으로 최소 40일이 소요된다. 일주 여행에서는 그 지역의 1~5개 내외의 관광지를 돌아보고, 다른 지역으로 이동한다. 일주 여행은 관광지를 샅샅이 여행한다기보다는 말 그대로 강원도 전역을 일주하는 것에 의의를 두는 경우가 많다.

강원도 일주 여행 40일 이상
철원-화천-춘천-홍천-횡성-원주-영월-태백-정선-평창-인제-양구-고성-속초-양양-강릉-동해-삼척

통일전망대

화진포호

고성군

건봉사

왕곡 민속마을

회암사

구군

그 미술관

속초시립박물관
아바이마을

속초시

낙산사

양 천문대

인제군

설악산 국립공원

곰배령

양양군

내린천

미천골 자연휴양림

휴휴암

방태산 자연휴양림

법수치 계곡

주문진항

삼봉 자연휴양림

소금강

참소리 박물관
경포호

선교장

하난설헌 기념관

홍천군

월정사

오죽헌

강릉 단오제

타사

한국자생식물원

대관령 옛길

허브나라 농원

대관령 양떼 목장

정동진

이효석 문화마을

강릉시

망상 오토캠핑리조트

황성군

청태산 자연휴양림

평창군

정선 레일바이크

동해시

무릉 계곡

추암 해변

룡사

정선군

죽서루

시

법흥사

준경묘

학공원

고판화 박물관

정선 오일장

대금굴·환선굴

화암 8경

해양레일바이크

삼척시

민동산

검룡소

해신당

정암사

황지연못

장릉

영월군

태백시

청령포

난고 김삿갓 문학관

태백산 도립공원

태백 고생대자연사박물관

49

하루 코스

08:30
용산역/
청량리역

경춘선 ⋯ 가평역 ⋯ (택시/시내버스)
⋯ 가평 선착장 ⋯ (여객선)

10:00
남이섬
p.110

남이섬 선착장 출발 ⋯ (여객선) ⋯ 가평역
⋯ (경춘선) ⋯ 춘천역 ⋯ (택시/시내버스) ⋯ 춘천 명동

12:30
점심 식사
p.128

1일

남이섬
⋮
춘천 시내

완행 경춘선이나 급행 ITX 청춘을 타고 가평역에 내린 후 택시, 시내버스로 갈아타고 가평 선착장으로 간다.

＊용산역/청량리역 경춘선 출발 시간은 사전에 확인할 것.

드라마 〈겨울연가〉 촬영지이자 국민 관광지로 인기 높은 곳.
위치 춘천시 남산면 방하리

Point

❶ 〈겨울연가〉 눈사람 키스 장소를 찾아라.
❷ 메타세쿼이아길, 은행나무 길을 걸어 보자.
❸ 푸드코트 밥플렉스에서 맛있는 음식을 맛보아도 좋다.

춘천 명동 닭갈비 골목
원조 춘천 닭갈비를 맛본다.
위치 춘천 명동
주요 식당 우미닭갈비, 명동본가닭갈비 등
추천 메뉴 닭갈비, 숯불 닭갈비

＊막국수는 막국수 전문점에서 맛보는 것이 좋다.

18:00
남춘천역

🏠
귀가

택시/시내버스 　　　경춘선

13:30
**춘천인형극장
& 인형박물관**
p.125

14:30
**강원도립
화목원**
p.127

16:00
공지천
p.122

17:00
저녁 식사
p.137

택시/시내버스　　　도보 10분　　　　택시/시내버스　　　도보 1분

인형박물관에서 세계 각국의 인형을 보고 인형극장에서 인형극을 관람한다.
위치 춘천시 사농동

Point
❶ 세계의 인형과 한국의 인형은 어떻게 다를까?
❷ 줄 인형 작동 원리를 살펴보자.
❸ 인형 공연을 보며 동심의 세계로!

선인장, 벚꽃, 삼나무 등이 있는 화목원을 둘러보고 산림박물관을 관람한다.
위치 춘천시 사농동

Point
❶ 봄에는 철쭉, 벚꽃이 만발하는 화목원 걷기.
❷ 겨울에는 선인장이 자라는 온실, 반비식물원으로 가자.
❸ 화목원 내 산림 박물관은 어느 때라도 좋아.

춘천을 가로지르는 강으로 의암호와 만나는 하류에 공원과 산책로가 있어 산책하기 좋다.

Point
❶ 에티오피아 한국전참전 기념관, 조각 공원 구경하기.
❷ 연인끼리 타면 더욱 즐거운 오리배 타기.
❸ 레스토랑 에티오피아에서 프러포즈 이벤트 해 보기.

레스토랑 에티오피아
에티오피아산 커피(예가체프, 시다모)를 맛볼 수 있는 한국 최초의 원두커피점 겸 레스토랑이다.
위치 춘천시 근화동. 공지천가
추천 메뉴 아메리카노, 필라프(볶음밥), 피자

예상 경비
(1인 기준)

교통비 : 11,850원(경춘선, 시내버스 교통카드 이용)	
입장료 : 13,000원	식사비 : 20,000원
간식비 : 10,000원	기타 : 10,000원
	합계 : 64,850원

1박 2일 코스

10:00
수변 공원
p.237

13:00
점심 식사
p.241

13:05
원대리
자작나무 숲
p.238

승용차 10분   승용차 5분

1일
인제
⋮
양구

인제 남동쪽, 내린천가에 있으며, 레포츠를 즐길 수 있다.
위치 인제읍 고사리

Point
❶ 유유히 흐르는 내린천 감상.
❷ 수변 공원 집라인 체험하기.
❸ 내린천 여행의 핵심, 래프팅 체험.

원태 막국수

강원도 여행의 별미, 막국수 한 그릇 수육이나 감자전을 곁들이면 더욱 좋다.
위치 인제읍 원대리
추천 메뉴 막국수, 감자전, 수육

원대리 원대봉(684m) 자락에 자라는 자작나무 숲이 일품!
위치 인제읍 원대리

Point
❶ 원대리 자작나무숲 산책.
❷ 원대리 자작나무 숲 임도를 달리는 MTB 체험.

10:00
양구명품관
p.213

10:20
두타연
p.211

12:30
점심 식사
p.220

승용차 20분   승용차 10분   도보 5분

2일
양구

두타연으로 가는 버스 출발지다.
(10:00, 14:00, 1일 2회 운행, 월 휴무)

민간인 통제구역 내에 위치한 계곡으로 양구문화관광 홈페이지에서 사전 출입 신청을 한다.
위치 양구읍 방산면 건솔리

Point
❶ 두타연 청정자연 즐기기.
❷ 두타연 일대 산책하기.

부흥식당

방산자기 박물관 부근의 식당으로 소박한 상차림을 볼 수 있다.
위치 양구군 방산면 현리
추천 메뉴 된장찌개, 삼겹살, 황태 정식

15:00
X-Game
리조트
p.235

18:00
저녁 식사
p.221

🏠
양구 1박

승용차 30분   🚗 승용차 1시간 30분

인제 인북천과 내린천이 합쳐지는 합강정 부근의 레포츠 센터.
위치 인제읍 합강리

Point
❶ 번지점프, ATV, 슬링샷 등 레포츠 즐기기.
❷ 인북천, 내린천, 합강정 감상.

양구풍향기
양구의 청정 산나물을 이용한 한 정식을 제공한다.
위치 양구읍 상리
추천 메뉴 산채 비빔밥, 산채 정식

13:30
방산 자기
박물관
p.210

14:30
직연 폭포
p.210

16:00
국토정중앙
천문대
p.215

🏠
귀가

도보 5분 👣   승용차 30분 🚗   승용차

양구 방산 지역은 자기에 쓰이는 백토가 출토되고, 자기 생산이 이루어졌던 곳이다.
위치 양구군 방산면 현리

Point
❶ 방산의 역사와 방산자기를 살펴본다.
❷ 박물관 밖 가마, 도예실 등을 둘러본다.
❸ 시간이 되면, 자기 만들기 체험을 해본다.

가칠봉에서 발원한 수입천의 호쾌한 낙수를 볼 수 있는 곳으로 폭포 자체는 크지 않다.

Point
❶ 직연 폭포의 낙수를 감상한다.
❷ 유유히 흐르는 수입천에 발을 담가 본다.
❸ 직연 폭포 주위에서 피크닉을 즐겨도 좋다.

대한민국 국토 정중앙점에 서서 대지의 기운을 느껴 보고, 천문대에서 천체 관측 체험을 해본다.

Point
❶ 국토 정중앙점에서 국토 정중앙의 기 느끼기.
❷ 천문대에서 천체 관측을 해본다.
❸ 시간이 되면 천문대 옆 야영장에서 캠핑을 해도 좋다.

1박 2일 코스

07:22
용산역/
청량리역

09:22
정동진
p.407

09:33
모래시계
공원
p.407

09:50
아침 식사
p.407

KTX   👣 도보 10분   택시 5분

1일

강릉
⋮
삼척

드라마 〈모래시계〉 촬영지로 동해안 일출 명소이다. 일출을 보려면 전날 도착해 1박을 하고 새벽에 일어나자.
위치 강릉시 강동면 정동진리

Point
❶ 새벽 일출을 보며 소원을 빌어 보자.
❷ 정동진역 시비, 조각 감상.

드라마 〈모래시계〉의 인기와 2000년 밀레니엄을 맞아 조성된 바닷가 공원이다.
위치 강릉시 강동면 정동진리

Point
❶ 1년 동안 모래가 떨어지는 새천년 모래시계 감상.
❷ 정동진 바닷가 산책하기

썬크루즈리조트 양식당/한식당
정동진 남쪽 언덕 위 유람선 모양의 리조트에서 분위기 있는 아침 식사를 해 보자.
위치 강릉시 강동면 정동진리
추천 메뉴 양식당 조식 메뉴, 한식당 해장국

16:30
죽서루
p.441

18:00
저녁 식사
p.450

🏠
삼척 1박

09:30
삼척 시내

🚕 택시 15분   시내버스 30분

오십천가의 오래된 누각으로 관동팔경 중 하나. 입구의 문화해설사를 신청하면 상세한 해설을 들을 수 있다.
위치 삼척시 성내동

Point
❶ 죽서루 정면 7칸, 측면 2칸, 팔작지붕 살펴보기.
❷ 죽서루에서 보는 오십천 풍경 감상.

동아식당
삼척항 인근 새천년 도로가에 위치한 전통 음식점이다.
위치 삼척시 정하동
추천 메뉴 성게 백반, 곰치국

2일

삼척

예상 경비
(1인 기준)

교통비 : 69,700원 (KTX, 우등버스 등)
입장·체험료 : 36,000원 (입장료, 해양레일바이크 등)
숙박비 : 50,000원   식사비 : 40,000원
간식비 : 10,000원   기타 : 10,000원

합계 : 215,700원

10:30
썬크루즈 리조트 ···› 강릉시외버스터미널
p.407 ···› 삼척종합버스터미널

13:00
점심 식사
p.451

14:00
엑스포타운
p.442

도보 1분   시외버스 1시간   도보 1분   도보 15분 👣

정동진의 유람선 모양 리조트로 해돋이 공원, 야외 조각공원, 전망대 등을 갖추고 있다.
위치 강릉시 강동면 정동진리

Point
❶ 해맞이 공원에서 바다를 배경으로 기념 촬영.
❷ 야외 조각공원에서 산책하기.
❸ 전망대에서 타이타닉 장면 따라하기.

삼척 죽서뚜구리집
시원한 뚜구리(민물고기의 일종)탕 한 그릇!
위치 삼척시 성내동, 엑스포타운 옆
추천 메뉴 뚜구리탕, 메기매운탕, 은어 튀김

2002년 삼척 세계 동굴 엑스포를 계기로 동굴신비관과 탐험관 등이 있는 엑스포타운이 조성되었다.
위치 삼척시 성내동 엑스포타운

Point
❶ 동굴신비관과 탐험관에서 석회석 동굴 탐험.
❷ 엑스포타운 내 삼척시립박물관 관람.

10:00
궁촌역
p.444

12:30
점심 식사
p.451

13:30
삼척 온천
p.443 ···› (택시/시내버스)
···› 삼척고속버스터미널

🏠
귀가

시내버스 30분   택시 15분 🚗   고속버스

삼척 해양레일바이크
궁촌─용화 간 해양레일바이크를 운행한다. 여름철과 주말에는 인파가 몰리므로 미리 인터넷 예약을 하는 것이 좋다.

Point
❶ 해양레일바이크를 타고 동해안 감상.
❷ 역이 있는 궁촌 해변과 용화 해변 산책.

평남횟집
동해안 명물인 곰치국, 물회, 모듬회의 명소로 유명인들이 많이 다녀간 흔적을 볼 수 있다.
위치 삼척시 정하동
추천 메뉴 모듬회, 물회, 곰치국

여행의 피로를 푸는 데에는 온천욕만 한 것이 없다. 여기에 마사지까지 받는다면 금상첨화!

Point
❶ 뜨거운 온천물에 몸을 담그고 명상을 해 본다.
❷ 세신사에게 몸을 맡기거나 마사지를 받아도 좋다.

강원도 식도락 여행

2박 3일 코스

🏠 출발

10:00 공지천 p.122

12:00 점심 식사 p.128

승용차 ⸱⸱⸱⸱⸱ 승용차 15분

1일
춘천
⸱⸱⸱⸱⸱
횡성

춘천을 가로지르는 강으로 의암호와 만나는 하류에 공원, 산책로가 있어 산책하기 좋다.

Point
❶ 에티오피아 한국전참전기념관, 조각 공원 구경.
❷ 연인끼리 타면 더욱 즐거운 오리배 타기.
❸ 레스토랑 에티오피아에서 프러포즈 이벤트 해 보기.

춘천 명동 닭갈비 골목

원조 춘천 닭갈비를 맛본다.
위치 춘천 명동
주요 식당 우미닭갈비, 명동본가닭갈비 등
추천 메뉴 닭갈비, 숯불 닭갈비

09:30 횡성 출발

10:00 한지 테마파크 p.192

11:00 박경리 문학공원 p.193

12:30 점심 식사 p.198

승용차 30분 ⸱⸱⸱⸱⸱ 승용차 15분 ⸱⸱⸱⸱⸱ 승용차 30분

2일
원주
⸱⸱⸱⸱⸱
영월

한지의 고장, 원주 한지의 역사와 한지 제품을 알아본다.
위치 원주시 무실동

Point
❶ 원주의 한지 역사를 알아본다.
❷ 다양한 한지 제품, 한지 전시회를 살펴본다.

박경리 선생이 원주에 내려와 대하소설 〈토지〉를 집필한 곳이다.
위치 원주시 단구동

Point
❶ 박경리 선생의 집필실을 둘러본다.
❷ 박경리 문학관을 살펴본다.
❸ 집필실과 문학관 주변 공원을 산책한다.

원주 흥업묵집
메밀을 이용한 묵밥, 사발묵, 메밀 전병의 명소로 젓갈을 넣지 않은 김치 맛도 일품!
위치 원주시 흥업면 흥업리
추천 메뉴 묵밥, 사발묵, 메밀 전병

14:30 미술관
자작나무 숲
p.173

17:00 저녁 식사
p.180

🏠 횡성 1박

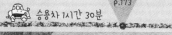

승용차 1시간 30분　　　　승용차 15분

울창한 자작나무 숲이 있는 미술관을 걷다
보면 저절로 편안함이 느껴진다.
위치 횡성군 우천면 두곡리

Point

❶ 자작나무 숲 오솔길 산책.
❷ 자작나무 숲 내 미술관 관람.
❸ 자작나무 숲 내 오두막에서 차 한잔.

횡성축협 한우플라자

셀프 식당에서 횡성 명물 한우를 구입해 세
팅비를 내고 구워 먹는다.
위치 횡성군 우천면 우항리
추천 메뉴 한우

15:00 장릉
p.300

16:30 청령포
p.302

18:00 저녁 식사
p.307

🏠 영월 2박

승용차 1시간 30분　　　승용차 15분　　　승용차 15분

비운의 왕, 단종의 능을 거닌다. 여
느 왕릉과 달리 봉분에서 정자각,
홍예문이 일직선이 아니다.
위치 영월군 영월읍 영흥리

Point

❶ 비운의 왕, 단종을 생각해 본다.
❷ 단종 역사관에서 당시 상황을
살펴본다.

단종의 유배지로, 굽이쳐 흐르는 서강과 소나
무 숲이 하나의 멋진 풍경을 만든다.
위치 영월군 남면 광천리

Point

❶ 쪽배를 타고 서강 풍경 감상.
❷ 청령포 내 단종 유배지인 초가를 둘러본다.
❸ 유배지 부근 울창한 소나무 숲을 산책한다.

청산회관

영월에서 기른 곤드레
나물을 이용한 곤드레
밥이 일품!
위치 영월군 영월읍
영흥리
추천 메뉴 곤드레밥,
산채 비빔밥

08:00	10:00	11:00	12:30
영월 출발	죽서루 p.441	엑스포타운 p.442	점심 식사 p.451

승용차 2시간　　승용차 5분　　　　　　승용차 15분

3일

삼척
⋮
강릉

오십천가의 오래된 누각으로 관동팔경 중 하나. 입구의 문화해설사를 신청하면 상세한 해설을 들을 수 있다.
위치 삼척시 성내동

Point

❶ 죽서루 정면 7칸, 측면 2칸, 팔작지붕 살펴보기.
❷ 죽서루에서 보는 오십천 풍경 감상.

2002년 삼척 세계동굴 엑스포를 계기로 동굴신비관 등이 있는 엑스포타운이 조성되었다.
위치 삼척시 성내동 엑스포타운

Point

❶ 동굴신비관에서 석회석 동굴의 탐험.
❷ 엑스포타운 내 삼척시립박물관 관람.

팽남횟집
동해안 명물인 곰치국, 물회, 모듬회의 명소로 유명인들이 많이 다녀간 흔적을 볼 수 있다.
위치 삼척시 정하동
추천 메뉴 모듬회, 물회, 곰치국

15:30
경포 해변
p.400

18:00
저녁 식사
p.412

🏠
귀가

승용차 2시간　　　　　　승용차 20분　　　🚗 승용차

강원도 대표 해변인 경포 해변을 걷고 경포
호 북안에 있는 옛 누각인 경포대에 오른다.
위치 강릉시 안현동

Point

❶ 한여름 경포 해변에서의 물놀이와 보트
타기.
❷ 넓은 석호인 경포호를 감상하며 호수 둘
레길 산책.
❸ 옛 누각인 경포대에 올라 경포호 조망.

해성집
강릉 중앙시장 내에 위치한 삼숙이탕,
알탕 전문 식당으로 횟집이란 이름과
달리 회는 팔지 않는다.
위치 강릉시 성남동 중앙시장 빌딩 2층
추천 메뉴 삼숙이탕, 알탕

예상 경비는 예상일 뿐 맹신하지 말자.
시기와 상황에 따라 변경될 수 있으니
여행 계획 시 참고하세요!!

예상 경비
(1인 기준)

기름값 : 150,000원　　　숙박비 : 100,000원
입장·체험료 : 23,400원　　식사비 : 80,000원
간식비 : 20,000원　　　　기타 : 10,000원
　　　　　　　　　　　　합계 : 383,400원

산과 바다 여행

3박 4일 코스

출발

10:00
오색 주전골
트레킹
p.383

12:30
점심 식사
p.388

13:30
오색 온천
p.384

승용차 · · · 도보 5분 · · · 도보 5분

1일
양양

오색 약수에서 주전골을 거쳐 용소 폭포까지 계곡 트레킹을 즐긴다. 가을 단풍철이면 더욱 뛰어난 풍경을 자랑한다.
위치 양양군 서면 오색리

Point
❶ 아름다운 주전골 계곡 트레킹.
❷ 톡 쏘며 쇠 맛이 나는 오색 약수 맛보기.
❸ 짧은 트레킹이라도 트레킹화, 음료, 간식, 점퍼 준비.

남설악식당
설악산, 점봉산에서 채취한 산나물 요리의 명소다.
위치 양양군 서면 오색리
추천 메뉴 산채 비빔밥,
산채 정식

여행의 피로를 풀어 주는 온천욕을 즐긴다. 오색 온천과 오색그린야드호텔의 탄산 온천 중 선택하자.
위치 양양군 서면 오색리

Point
❶ 온천과 사우나 번갈아 즐기기.
❷ 세신사에게 몸을 맡기거나 마사지를 받아도 좋다.
❸ 온천욕 후에는 따뜻한 두유 한잔.

07:10
속초 출발

08:00
오색 탐방
지원센터
p.365

12:00
점심 식사
p.365

승용차 50분 · · · 산행 · · · 산행

2일
양양
⋮
속초

설악산 등반
오색 – 설악 폭포 – 대청봉 – 양폭 – 설악동 순으로 산행한다. 미리 예약 시 소청봉, 중청봉 대피소에서 1박을 할 수도 있다(침낭, 식사 준비). **위치** 양양군 서면 오색리

Point
❶ 강원도 대표 명산인 설악산 오르기
❷ 이른 시간에 출발하고, 늦은 시간 피하기
❸ 체력에 맞게 등산하고 충분한 음료, 간식 준비

소청봉 대피소에서 미리 준비한 도시락을 먹는다. 보온병에 뜨거운 물을 준비해 가면 편리하다.
위치 소청봉 대피소

15:00 낙산사 p.379

18:00 저녁 식사 p.367

🏠 속초 1박

승용차 30분 🚗 승용차 20분

해수관음상, 의상대가 있는 낙산사를 둘러보고 강원도 대표 해변 중 하나인 낙산 해변에서 물놀이를 즐긴다.
위치 양양군 강현면 전진리

Point

❶ 해수관음상, 의상대 등에서 일출 보기.
❷ 해수관음상 아래 두꺼비에게 소원 빌기.
❸ 여름철 낙산 해변에서 물놀이와 보트 타기.

설악항 회센터
설악 해맞이 공원 내 설악항 회센터는 값도 싸고 푸짐하다.
위치 속초시 대포동
추천 메뉴 물회, 활어회

18:00 설악동 p.366

18:30 저녁 식사 p.368

🏠 속초 2박

승용차 30분

시간 여유가 있다면 신흥사, 권금성 등을 둘러본다.
＊택시를 타고 승용차가 있는 오색으로 되돌아가거나, 오색 입구에 상주하는 대리 기사를 통해 설악동으로 차를 옮겨 놓는다.

88생선구이
고등어, 꽁치, 아나고 등 다양한 생선을 맛볼 수 있는 곳으로, 늘 손님이 많아 자리 잡기 어려울 수 있다.
위치 속초시 중앙동
추천 메뉴 생선구이

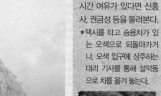

09:45 속초 출발

10:00 척산 온천 p.363

12:00 점심 식사 p.401

13:00 허균·허난설헌 기념관 p.400

승용차 15분 승용차 1시간 30분 승용차 5분

3일 속초 … 강릉

산행의 피로를 뜨거운 온천욕으로 푼다.
위치 속초시 노학동

Point
❶ 뜨겁게 용출되는 온천수에 몸을 담근다.
❷ 가볍게 마사지를 받으면 여행의 피로를 회복하는 데 도움이 된다.

초당순두부
강릉 초당동은 해수를 간수로 이용한 초당순두부가 탄생한 곳으로 고소한 순두부 맛이 일품이다.
위치 강릉시 초당동
주요 식당 원조초당순두부, 토담순두부집 등
추천 메뉴 초당순두부

홍길동전을 지은 허균과 여류 시인 허난설헌을 기리는 곳으로 생가터와 기념관이 있다.
위치 강릉시 초당동

Point
❶ 허균과 허난설헌의 생가터를 둘러본다.
❷ 허균과 허난설헌 기념관에서 그들의 유작과 전시물을 감상한다.

09:20 강릉 출발

10:00 대관령 양떼 목장 p.261

11:00 대관령 삼양 목장 p.260

13:00 점심 식사 p.263

승용차 40분 승용차 30분 승용차 40분

4일 평창

대관령 능선에 위치한 목장으로 넓은 초지에서 뛰노는 양떼의 풍경이 낭만적이다.
위치 평창군 대관령면 횡계리

Point
❶ 넓은 초지의 양떼를 배경으로 기념 촬영.
❷ 양에게 건초 주기 체험.

대관령 능선에 위치한 목장으로 넓은 소 방목지, 양떼 목장, 타조 목장, 풍력 발전기 등이 인상적인 곳이다.
위치 평창군 대관령면 횡계리

Point
❶ 대관령 능선에서 풍력 발전단지, 동해 풍경 감상.
❷ 양과 타조에게 먹이 주기.
❸ 목장 휴게소에서 라면 쇼핑, 컵라면 맛보기.

오대산 서울식당
청정 오대산 일대에서 채취한 산나물 요리의 명소이다.
위치 평창군 진부면 간평리
추천 메뉴 산채 비빔밥, 산채 정식, 황태 정식

14:30
경포 해변
p.400

16:30
선교장
p.402

18:00
저녁 식사
p.412

강릉 3박

승용차 15분 　　　승용차 10분 승용차 20분

강원도 대표 해변인 경포 해변을 걷고 옛 누각인 경포대에 오른다.
위치 강릉시 안현동

Point

❶ 한여름 경포 해변에서 물놀이, 보트 타기를 해본다.
❷ 넓은 석호인 경포호를 감상하며 호수 둘레길을 산책한다.
❸ 옛 누각인 경포대에 올라 경포호를 조망한다.

효령대군 11대손 이내경의 집으로 조선 사대부가의 99칸 대저택을 구경한다.
위치 강릉시 운정동

Point

❶ 선교장을 보며 조선시대의 한옥 건물을 구경한다.
❷ 선교장의 멋진 건물을 배경으로 기념 촬영!

해성집

강릉 중앙시장 내에 위치한 삼숙이탕, 알탕 전문 식당. 이름은 횟집이지만 회는 팔지 않는다.
위치 강릉시 성남동 중앙시장 빌딩 2층
추천 메뉴 삼숙이탕, 알탕

14:00
월정사
p.257

귀가

승용차 10분 　　　승용차

오대산에 있는 고찰로 사찰 앞 전나무 숲길이 유명하다. 시간이 되면 상원사까지 다녀와도 좋다.
위치 평창군 진부면 동산리

Point

❶ 월정사 앞 전나무 숲길을 걷는다.
❷ 시간이 되면 월정사에서의 템플스테이 체험도 좋다.
❸ 월정사를 지나 상원사까지 가면 더욱 좋다.

예상 경비
(1인 기준)

기름값 : 150,000원
숙박비 : 150,000원
입장·체험료 : 20,500원
식사비 : 100,000원
간식비 : 30,000원
기타 : 10,000원

합계 : 460,500원

지역
여행

서부 지역
철원, 화천, 춘천, 홍천, 횡성, 원주

중부 지역
양구, 인제, 평창, 정선, 영월, 태백

동부 지역
고성, 속초, 양양, 강릉, 동해, 삼척

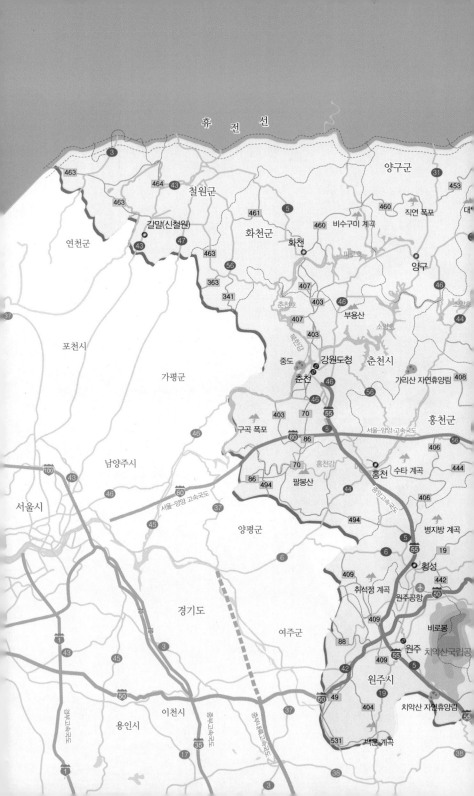

강원도

성군
간성
죽도 해변
령계곡유원지
견휴양림56
속초
속초시
산국립공원
대청봉
낙산 해변
양양
낙산도립공원
양양국제공항
하조대 해변
양양군
미천골 자연휴양림
방태산 자연휴양림
주문진 해변
살둔 계곡
비로봉
강릉시
경포 해변
오대산국립공원
구룡 폭포
강릉
경포도립공원
영동고속국도
대관령 자연휴양림
평창군
단경골 계곡
두타산 자연휴양림
동해
동해시
추암 해변
무릉 계곡
삼척 해변
가리왕산
삼척
정선
정선군
중봉 계곡
평창
삼방산
삼척시
백운산
민둥산
대덕산
검봉산 자연휴양림
영월
영월군
태백
태백시
태백산

철원

DMZ 너머로 두루미가 날고
한탄강이 유유히 흐르는 곳!

북녘과 가까운 철원에서 비무장 지대(DMZ) 내에 있는 제2땅굴, 철원 평화전망대, 월정리역과 비무장 지대에 인접한 노동당사, 백마고지전적지 등 안보 여행지를 돌아보고, 한여름에는 기암괴석이 있고 임꺽정의 전설이 서린 한탄강에서 신나는 래프팅을 즐겨 보자.

Access

시외·고속

❶ 동서울종합터미널에서 신철원터미널까지 약 2시간 소요, 06:00
~21:40, 약 30분 간격 운행, 요금 10,800원. 또는 동서울에서 3002
번, 수유리에서 3005번 좌석버스 이용
❷ 서울경부고속터미널에서 신철원터미널까지 약 1시간 40분 소요,
07:20~20:10, 요금 10,100원

승용차

❶ 동부간선도로나 43번 국도 이용, 의정부·포천 방향, 운천 거쳐
신철원 도착
❷ 올림픽대로 이용, 구리 톨게이트 지나 47번 국도 이용, 퇴계원 지
나 일동 방향, 43번 국도 이용, 포천·운천 방향

INFORMATION
철원군청 문화관광과 033-450-5365 | 철의삼각전적관 033-450-5558 | 강원도
관광 안내 033-1330 | 전국 관광 안내 1330

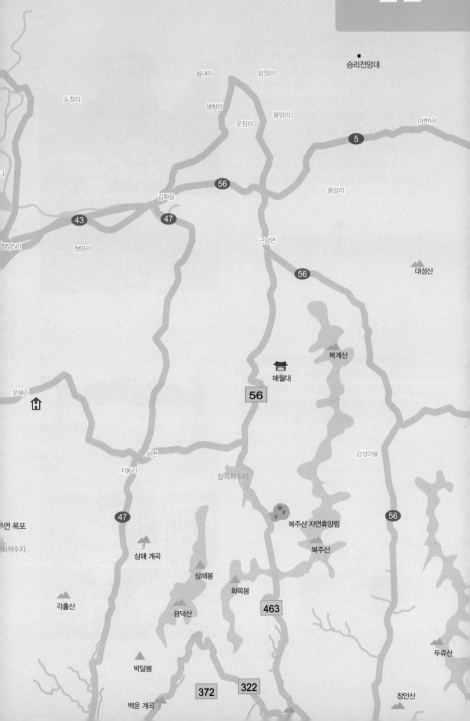

철원

승리전망대

읍내리　　　암정리

도창리

생창리

용양리

운장리　　　　　　　마현리

5

56

풍암리

김화읍

43　　　　　　　47

청양5리

청양리　　　　　　　　근남면

56

대성산

복계산

매월대

56

감성마을

서면

자동리

잠곡저수지

복주산 자연휴양림

56

문혜리

H

47

연 폭포

상해 계곡

복주산

화저수지

상해봉

각홀산

화목봉

463

광덕산

두류산

박달봉

372　　322

창안산

백운 계곡

한탄강 중류 강변에 위치한 정자로 신라 진평왕이 처음 세웠고 고려 충숙왕이 이곳에서 풍류를 즐겼다고 한다. 조선 명종 때에는 의적 임꺽정이 고석정 건너편 절벽에 은신처를 마련하고 가난한 백성에게 물건을 나눠 주었다는 전설이 전해진다. 한탄강과 대교천 합수점까지 한 바퀴 도는 보트 투어가 있으니 이용해 볼 만하다.

위치 철원군 동송읍 장흥리, 신철원 북쪽
교통 ❶ 신철원에서 동송 · 지포리행 농어촌버스 이용, 고석정 하차. 철의삼각전적관를 지나 고석정 방향 도보 5분 ❷ 승용차 이용, 신철원에서 문혜교차로, 승일교 지나 고석정 도착
요금 보트 투어 1인 4,000원
시간 보트 투어 일출 30분 전~일몰 30분 후
전화 033-450-5558, 5406

고석정 랜드

고석정 국민관광지 내에 위치한 놀이동산으로 바이킹, 회전목마, 기차 같은 추억의 놀이기구를 운영한다. 규모가 작고 놀이기구가 단순해서 어른에겐 시시할 수 있지만, 어린 자녀를 동반한 여행이라면 한번 들러봐도 괜찮다.

위치 철원군 동송읍 장흥리 20-1, 고석정 국민관광지 내
교통 고석정 입구에서 고석정 랜드 방향 도보 5분
요금 1기종당 중학생 이상 4,000원, 초등학생 3,000원, 초등학생 Big5 이용권 12,000원
시간 10:00~17:00
전화 033-455-1817

삼부연 폭포 三釜淵 瀑布

신철원이라 불리는 갈말읍 서쪽 산기슭에 있는
폭포로 삼부연은 노귀탕, 솥탕, 가마탕 등 3개의
가마솥 모양의 소(沼)라는 뜻. 전설에는 후삼국
시대 이곳에 살던 4마리의 이무기 중 3마리가 승
천하면서 남긴 구멍이 3개의 소가 되었다고 한다.
20m 높이의 기암절벽 사이로 세 번을 꺾어지며
떨어지는 폭포수가 장관을 이루어 철원8경의 하
나로 꼽힌다.

위치 철원군 갈말읍 신철원리 26-1, 신철원 서쪽 산기슭
교통 승용차나 신철원에서 택시 이용

승일교 承日橋

한국의 '콰이강의 다리'로 불리는 승일교는
1948년 이곳이 북한 땅이었을 때 공사가 시작되
어 한국 땅으로 바뀐 후에 완공된 남북 합작 다리
다. 승일교란 이름은 대한민국 초대 대통령 이승
만의 '승'과 북한의 김일성의 '일'을 합친 것. 승
일교와 승일교 주변은 승일공원으로 조성되어
있다.

위치 철원군 동송읍 장흥4리, 한탄대교 옆
교통 ❶ 신철원에서 동송·지포리행 농어촌버스 이용, 승
일공원 하차 ❷ 승용차 이용, 신철원에서 문혜교차로 지나
승일공원 도착

순담 계곡 蓴潭 溪谷

철원을 굽이굽이 흐르는 한탄강이 만든 천연 계
곡으로 강 양안의 바위 절벽과 강물이 휘어지는
곳에 모래가 쌓여 만들어진 모래사장이 어우러
진 절경은 보는 이의 탄성을 자아낸다. 순담 계곡
에서 한탄강 중류에 위치한 고석정까지는 한탄
강에서 가장 아름다운 계곡 풍경을 자랑한다.

위치 철원군 갈말읍 지포리, 한탄강 C.C 북쪽
교통 승용차 이용, 군탄사거리에서 갈말 농공 단지, 한탄강
C.C 지나 순담 계곡 도착

한탄 리버 스파 호텔

철원은 먼 옛날 평강 고원에서 분출한 용암이 흘러 화산 지형을 형성하고 있다. 이곳의 온천은 지하 850m 현무암 암반에서 게르마늄 온천수를 뽑아내 사용하는데, 일반 온천수와 달리 화산 온천수에는 게르마늄 성분이 7배나 많다고 한다. 온천 사우나 외에도 찜질방, 수영장이 있어 가족 물놀이 장소로도 적합하다.

위치 철원군 동송읍 장흥리 20-20, 고석정 국민관광단지 내
교통 ❶ 신철원에서 동송 · 지포리행 농어촌버스 이용, 고석정 하차, 호텔 방향 도보 10분 ❷ 승용차 이용, 신철원에서 문혜교차로, 승일교 지나 한탄강 게르마늄 온천 호텔 도착
요금 온천 사우나 10,000원, 찜질방 13,000원, 수영장 + 찜질방 18,000원
시간 주중 06:00~21:00, 주말 06:00~22:00
전화 033-455-1234
홈페이지 www.hantanhotel.co.kr

직탕 폭포 直湯 瀑布

한탄강 상류에 있는 높이 3m, 폭 80m의 폭포로, 한국의 '나이아가라 폭포'라는 별칭이 있다. 이곳의 현무암은 강원도 평강(현재 북한에 위치)의 화산이 터져 흘러나온 용암이 굳어 생긴 것. 호쾌한 폭포 소리가 듣기 좋고 이곳에서 잡은 민물고기 매운탕의 맛도 일품이다.

위치 철원군 동송읍 장흥리, 고석정 북서쪽 한탄강 상류
교통 ❶ 신철원에서 동송 · 지포리행 농어촌버스 이용, 장흥3리 하차, 직탕 폭포 방향 도보 15분 ❷ 승용차 이용, 신철원에서 고석정, 부흥석재 지나 우회전

도피안사 到彼岸寺

신라시대인 865년(경문왕 5년) 도선국사가 창건하였다. 문화재로는 대적광전 내의 국보 63호 철제비로자불좌상과 대적광전 마당의 도선국사가 축조했다는 보물 223호 3층 석탑이 있다. 도피안사 옆 언덕을 오르면 학저수지의 아름다운 풍경이 한눈에 들어온다.

위치 철원군 동송읍 관우리 450, 학저수지 북쪽
교통 ❶ 동송터미널에서 39-3번 시내버스 이용, 도피안사 하차, 사찰 방향으로 도보 5분 ❷ 승용차로 신철원에서 동송읍 지나 도피안사 도착
전화 033-455-2471

철의삼각전적관

철의삼각전적관은 통일 안보 전시장으로 통일 관련 자료, 전투기, 전차, 야포 등을 전시하고 있다. 철의 삼각지는 평강, 철원, 김화를 잇는 지역으로 6·25 당시 중부 전선의 요충지였다. 전적관 앞에서 DMZ 안보 투어를 신청 및 출발한다.

위치 철원군 동송읍 장흥리, 고석정 부근
교통 ❶ 신철원에서 동송·지포리행 농어촌버스 이용, 고석정 하차. 사업소 방향 도보 5분 **❷** 승용차 이용, 신철원에서 문혜교차로, 승일교 지나 고석정 도착
시간 안보 전시관 09:00~18:00
전화 033-450-5558, 5559

Travel Tip

DMZ 주말 안보 투어

철원은 6.25 전쟁 당시 중부 지방의 중심인 평강, 김화, 철원을 뜻하는 철의 삼각지를 두고 격전이 벌어졌던 곳이다. 수많은 격전 중 백마고지 전투는 하루에 몇 번 고지의 주인이 바뀔 정도로 남과 북이 치열한 교전을 벌였다. 1975년에는 군사분계선 비무장지대(DMZ)에서 북측이 판 제2땅굴이 발견되어 안보의 중요성을 일깨워 주는 계기가 되었다. 주말에 운영하는 안보 투어 셔틀 버스를 이용하면 저렴한 비용으로 비무장 지대 안 역사의 현장을 두루 둘러볼 수 있다.

코스 철의삼각전적관(고석정) – 제2땅굴 – 평화전망대 – 월정리역, 두루미 전시관 – 철의삼각전적관
셔틀버스 주말(토·일) 하루 4회 운행
자가용 월·수·목·금요일(셔틀버스와 이용 시간 같음)
이용 시간 09:30, 10:30, 13:00, 14:00(하절기 14:30) 출발
시간 약 3시간 소요
요금 셔틀 8,000원(관광해설사 동행) / 제2땅굴, 월정리 역 등 4,000원, 모노레일 2,000원
휴관 매주 화요일, 어린이날, 명절 연휴
신청 당일 고석정 관광안내소 1층에서 접수(신분증 지참)
문의 철원군청 관광문화과 033-450-5365, 철의삼각전적관 033-450-5558~9, DMZ여행사 033-455-8275
홈페이지 철원군문화관광 www.cwg.go.kr

제2땅굴

1975년 비무장 지대 남측 지역에서 발견된 북한의 기습 침투용 땅굴로 지하 50~160m, 높이 2m, 너비 2.1m, 길이 약 3.5km 규모이고 1시간에 약 3만 명의 병력과 야포 등 중화기를 이동할 수 있다. 땅굴 속 폭약 장착을 위한 구멍이 남쪽을 향하고 있어 북한의 소행임을 보여 준다.

위치 철원군 동송읍, 토교저수지 북쪽, 비무장 지대
교통 승용차(주중), 주말 셔틀버스 이용

철원 평화전망대 鐵原 平和展望臺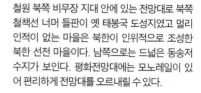

철원 북쪽 비무장 지대 안에 있는 전망대로 북쪽 철책선 너머 들판이 옛 태봉국 도성지였고 멀리 인적이 없는 마을은 북한이 인위적으로 조성한 북한 선전 마을이다. 남쪽으로는 드넓은 동송저수지가 보인다. 평화전망대에는 모노레일이 있어 편리하게 전망대를 오르내릴 수 있다.

위치 철원군 동송읍 중강리 588-14, 동송저수지 북쪽
교통 승용차(주중), 주말 셔틀버스 이용

철원 두루미관

예부터 넓은 철원 평야는 두루미, 독수리 같은 철새들이 많이 찾아드는 곳으로 알려져 있다. 자연이 오염되지 않고 깨끗한 까닭도 있으나 북쪽과 가까이 있어 일반인의 접근이 어려웠던 이유도 있다. 철원 두루미관은 구 월정역전망대를 재단장하여 2층 자연과 철새관, 3층 두루미관으로 꾸며 놓았다.

위치 철원군 동송읍 홍원리, 동송저수지 옆
교통 승용차(주중), 주말 셔틀버스 이용

백마고지 위령비 白馬高地 慰靈碑

백마고지는 철원군 동송읍 북서쪽 비무장 지대에 위치한 해발 395m의 고지. 6 · 25 전쟁 때 국군과 중공군이 중부 지방의 요충지인 철의 삼각지대 중 철원평야를 지키는 백마고지를 차지하기 위해 치열한 전투를 벌였다. 백마고지란 이름은 많은 폭격으로 고지 전체가 허옇게 벗겨져서 마치 흰 말이 누워 있는 듯하여 붙여진 것이다. 대마리 부근에 백마고지 위령비와 기념관을 조성하여 원혼을 위로하고 있다.

위치 철원군 동송읍 산명리, 노동당사 북서쪽
교통 ❶ 동송터미널에서 39–3번 시내버스 이용, 백마 슈퍼 하차, 백마고지 위령비 방향으로 도보 15분 ❷ 승용차로 신철원에서 동송읍, 노동당사 지나 대마리 방향

월정리역 月井里驛

서울과 원산을 잇는 경원선의 남한 최북단 간이역으로 현재 기차가 다니지 않는 역이다. 기차역 뒤편에서 6 · 25 전쟁 중에 파괴된 기차 잔해를 볼 수 있어 전쟁의 참혹함을 떠올리게 한다. 월정리역 남서쪽에는 금강산 가는 기차 승객으로 붐볐다는 옛 철원역 터가 있다.

위치 철원군 동송읍 홍원리, 동송저수지 옆
교통 승용차(주중), 주말 셔틀버스 이용

승리전망대 勝利展望臺

철원군 김화읍 와수리에서 버스를 타고 북동쪽으로 이동하면 비무장 지대 안에 있는 전망대에 도착한다. 승리전망대는 철원 최전방에 위치한다. 휴전선의 정중앙에 위치하고 있고, 북한의 평강 고원을 조망할 수 있다. 승리전망대 매표소에서 인적 사항을 적고 매표하여 전망대로 향한다.

위치 철원군 근남면 마현리 2
교통 ❶ 김화읍 와수리에서 마현리행 농어촌버스 이용, 마현2리에서 하차 ❷ 승용차로 신철원에서 김화읍 거쳐 마현리 방향
요금 2,000원
시간 09:30, 10:30, 11:30, 13:30, 14:30, 15:30, 16:30(동절기는 16:30 제외) / 매주 화요일 휴관

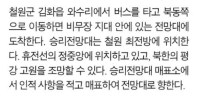

노동당사 勞動黨舍

옛 조선노동당의 철원군 당사 건물로 현재는 건물 외벽만 남아 있다. 1946년 당시 철원이 북한의 땅이었을 때 조선노동당이 지역 주민에게 강제 모금을 하고 강제 노동력을 동원해 러시아식 외관으로 건설하였다. 이곳은 공산 치하였던 8·15 광복 이후부터 6·25 전쟁 때까지 많은 반공 투사들이 고초를 당했던 곳이기도 하다. '서태지와 아이들'이 여기서 '발해를 꿈꾸며' 뮤직비디오를 촬영하여 더 유명해졌다.

위치 철원군 동송읍 관전리, 신철원 북서쪽
교통 ❶ 동송터미널에서 39-3번 시내버스 이용, 노동당사 하차 ❷ 승용차로 신철원에서 고석정, 동송읍 지나 노동당사 도착

DMZ 생태 평화 공원 탐방

DMZ 생태 평화 공원은 철원군 DMZ와 인접한 생창리 일대에 조성된 공원으로 제1코스 십자탑 탐방로, 제2코스 용양보 코스로 이뤄져 있다. 이 두 가지 코스는 매일 2회 탐방할 수 있고, 숙박 시설(가족실 3실, 단체실 2실)이 있어 숙박을 하기도 편리하다.

위치 강원도 철원군 김화읍 생창길 481-1
교통 승용차로 서울 또는 춘천에서 와수리 → 학사리 → 생창리 방향

전화 033-458-3633
요금 성인 3,000원, 청소년 2,000원, 어린이 1,000원
시간 매일 10:00, 14:00 출발 (매주 화요일 휴무)
소요 시간 3시간 내외(십자탑 코스는 안전을 위해 노약자 탐방 자제 요망)
탐방 인원 1회 40명
숙박 시설 가족실(4인 1박) 50,000원, 단체실(10인 1박) 100,000원
홈페이지 www.cwg.go.kr/site/dmz_tracking/main.do

철원 영양돌솥밥

영양돌솥밥은 밥맛이 좋기로 소문난 철원 오대미에 몸에 좋은 인삼, 대추, 밤, 은행 등을 넣고 돌솥에 지은 밥이다. 돌솥밥은 쌀의 질이 음식 맛을 좌우하는데, 질 좋은 철원 오대미를 사용하고, 돌솥에 지은 정성만으로도 맛이 있을 수밖에 없다. 반찬으로 나온 부침개와 산나물 무침, 김치도 고향 집에서 먹던 맛 그대로다.

위치 철원읍 갈말읍 신철원리 572-24, 신철원교회 건너편
교통 ❶ 신철원버스터미널에서 신철원교회 방향 도보 10분 ❷ 승용차로 신철원에서 갈말읍사무소 방향. 한양가든 모텔에서 우회전
메뉴 영양돌솥밥 8,000원, 명태찜 소 12,000원 · 대 22,000원
전화 033-452-7802

철원 막국수

오랜 전통을 말해 주는 옛 한옥 건물의 막국수 집으로 점심이나 저녁 시간에는 손님이 많아 자리가 없는 경우가 많다. 막 뽑은 막국수에 고추장 양념, 무 무침, 오이채, 상추, 계란 반쪽을 올리고 참깨로 맛을 돋운다. 강력 추천!

위치 철원읍 갈말읍 신철원리 983-6, 신철원버스터미널 북동쪽 한 블록 뒤
교통 신철원버스터미널에서 북동쪽 방향으로 도보 5분
메뉴 비빔 · 물 막국수 각 7,000원, 녹두빈대떡 9,000원, 수육 중 18,000원
전화 033-452-2589

민통선 한우촌

청정 철원에서 생산된 한우를 취급하는 식당 겸 특산품 매장. 정육점에서 한우를 구입해 세팅비를 내고 조리해 먹는 셀프 식당이라 저렴하게 한우를 맛볼 수 있다. 특산품 매장에서는 철원의 고급 한우와 돈육, 철원 오대미 등을 구입하기 좋다.

위치 철원군 갈말읍 문혜리 1206-6, 신철원 북쪽
교통 ❶ 신철원에서 동송·화수리·지포리행 농어촌버스 이용, 하삼성리 하차, 한우촌 방향 도보 5분 **❷** 승용차로 신철원에서 43번 국도 이용
메뉴 한우 모듬 32,000원, 한우 꽃등심 36,000원, 한우 보양 갈비탕 12,000원
전화 033-452-6645, 6649
홈페이지 www.gogiyo.com

삼정 콩마을 가마솥 두부집

직접 콩을 삶고 갈아 만든 탱탱한 두부 요리를 내놓는 식당. 간단히 먹을 수 있는 순두부보리밥, 콩비지 등이 맛이 있고, 여럿이 왔다면 두부전골, 두부버섯구이를 맛보아도 좋다. 정갈하게 담아 나오는 반찬도 맛도 좋다.

위치 철원군 동송읍 장흥4리, 고석정 버스정류장 앞
교통 ❶ 신철원에서 동송행 농어촌버스 이용, 고석정 하차 **❷** 승용차로 신철원에서 문혜교차로, 승일교 지나 고석정 버스정류장 도착
메뉴 순두부보리밥·콩비지 각 7,000원, 두부전골 2인 16,000원, 두부버섯구이 2인 24,000원
전화 033-455-2869

임꺽정 가든

고석정 입구에 있는 식당으로 한탄강에서 잡은 쏘가리, 메기, 잡어 매운탕을 내놓고 있다. 수질이 맑고 거센 물살이 많은 한탄강에서 잡은 민물고기는 다른 곳에서 잡은 것보다 맛이 좋은 것으로 유명하다.

위치 철원군 동송읍 장흥리 20-23, 철의삼각전적관 뒤
교통 ❶ 신철원에서 동송행 농어촌버스 이용, 고석정 하차, 철의삼각전적관 방향 도보 5분 **❷** 승용차로 신철원에서 문혜교차로, 승일교 지나 고석정 도착
메뉴 쏘가리·메기·잡어 매운탕 각 50,000원 내외
전화 033-455-8779

일미식당

일교차가 크고 청정한 자연을 자랑하는 철원에서 생산된 돼지고기를 철원 쿨포크라 하는데, 그 맛이 좋기로 소문이 자자하다. 일미식당에서는 철원 쿨포크를 이용한 돼지고기 구이를 맛볼 수 있다. 기름이 많은 삼겹살보다는 좀 더 담백한 목살이 주 메뉴다.

위치 철원군 갈말읍 문혜리 895-30, 문혜초교 사거리 동쪽

교통 ① 신철원에서 동송 또는 와수리행 농어촌버스 이용, 문혜2리 하차. 사거리에서 일미식당 방향 도보 1분 **②** 승용차로 신철원을 출발해 문혜교차로에서 우회전 고석정 방향, 문혜2리 도착

메뉴 목살 · 양념 갈비 각 12,000원, 등심 30,000원

전화 033-452-5361

직탕가든

직탕 폭포 옆에 위치한 매운탕 음식점으로 25년이 넘는 역사와 전통을 자랑한다. 호쾌하게 쏟아지는 직탕 폭포를 바라보며 부드럽고 달콤한 민물고기 매운탕을 맛보는 것은 잊지 못할 추억이 된다. 더욱이 폭포 주변에서 잡은 민물고기라 더욱 맛있게 느껴진다.

위치 철원군 동송읍 장흥리 336, 직탕 폭포 옆

교통 ① 신철원에서 동송 · 지포리행 농어촌버스 이용, 장흥3리 하차, 직탕 폭포 방향 도보 15분 **②** 승용차 이용, 신철원에서 고석정, 부흥석재 지나 우회전, 직탕가든 도착

메뉴 메기 매운탕 소 35,000원, 잡고기 매운탕 소 40,000원, 쏘가리 매운탕 소 100,000원 내외

전화 033-455-6560

갤러리 펜션

신철원 북서쪽 문혜천 인근에 있는 펜션으로 신철원에서 찾아가기 쉽다. 전체 펜션 건물이 2층 복층으로 되어 있어 가족 여행 시 편리하게 이용할 수 있다. 남쪽으로 삼부연 폭포, 북서쪽으로 순담 계곡과 가깝고, 고석정과도 그리 멀지 않다.

위치 철원군 갈말읍 군탄리 1078-4, 신철원 북서쪽
교통 ❶ 신철원에서 동송, 와수리행 농어촌버스 이용, 길병원 하차. 길병원에서 직진 후 좌회전, 아래군탄길 이용, 도보 15분 ❷ 승용차로 신철원에서 명성로 따라 직진 후, 길병원 지나 좌회전, 아래군탄길 이용
요금 비수기 주중 70,000~100,000원, 주말(금·토) 80,000~170,000원
전화 033-452-7234, 010-5191-5862
홈페이지 www.갤러리펜션.한국

철원 수 펜션

고석정 옆 펜션 단지에 있어 찾아가기 쉽다. 투룸, 복층, 스리룸 총 8개 객실을 갖추고 있고 부대시설로는 바비큐장, 족구장 등을 갖추고 있다. 펜션이 레포츠 업체(수 레저)를 겸하고 있어 래프팅, 서바이벌, 사륜오토바이 등을 이용하기 편리하다.

위치 철원군 동송읍 태봉로 1847-23
교통 ❶ 신철원에서 동송행 버스 이용, 고석정 하차. 도보 6분 ❷ 승용차로 신철원에서 고석정 방향, 고석정에 바로
요금 비수기 주중 100,000~200,000원, 주말·휴일 130,000~250,000원
전화 033-452-0017
홈페이지 www.tnvpstus.com

마이그린 펜션

고석정과 가까운 위치에 있다. 펜션 내에 저수지가 있어 낚싯대를 준비한다면 낚은 고기로 매운탕을 해 먹을 수 있고, 펜션 텃밭에서 자라는 채소도 무료로 맛볼 수 있다.

위치 철원군 갈말읍 내대리 349, 문혜초교 사거리 북서쪽
교통 ➊ 신철원에서 지포리행 농어촌버스 이용, 내대리 하차, 펜션 방향 도보 3분 ➋ 승용차로 43번 국도 타고 북쪽으로, 문혜삼거리에서 좌회전 문혜리 방향, 문혜초교 사거리 지나 내대리 방향
요금 비수기 주중 80,000~100,000원
전화 033-452-6294, 010-6267-2838
홈페이지 www.mygreenpension.com

아르고 통나무 펜션

캐나다 전통 수공예 통나무집이 인상적이다. 직탕 폭포로 산책을 나갈 수 있고 가까운 태봉 대교에서는 번지점프를 즐길 수도 있다.

위치 철원군 동송읍 장흥리 331-4, 직탕폭포 남쪽
교통 ➊ 신철원에서 동송행 농어촌버스 이용, 장흥3리 하차. 직탕 폭포 방향 도보 15분 ➋ 승용차로 신철원에서 43번 국도 타고 문혜교차로에서 좌회전, 고석정 지나 장흥3리로 직탕 폭포 방향
요금 비수기 주중 90,000~130,000원, 주말(금·토) 110,000~160,000원
전화 033-455-8001, 010-9342-4367
홈페이지 www.argohouse.co.kr

노스텔지아

태봉대교 남쪽 한탄강 주변에 자리 잡은 펜션으로 한탄강의 정취를 즐길 수 있는 곳이다. 부대시설로 수영장, 낚시터 역할을 하는 연못, 족구장, 바비큐장을 갖춰 작은 리조트라 해도 무방할 정도다.

위치 철원군 동송읍 장흥3리 2446, 태봉 대교 남쪽
교통 ➊ 신철원에서 동송행 농어촌버스 이용, 장흥3리 하차. 한탄강 방향 도보 15분 ➋ 승용차로 43번 국도 타고 문혜교차로에서 고석정 지나 동송 방향, 현대 새마을 주유소 지나 우회전

요금 비수기 주말 80,000~250,000원
전화 033-455-1497, 010-4200-8005
홈페이지 www.nostalghia.co.kr

숙소 리스트

이름	위치	전화
대명 호텔	철원군 서면 와수 2리 1206-7	033-458-8167
임꺽정 레저 펜션	철원군 갈말읍 갈말로 265-6	033-452-9055
프로방스 펜션 & 카페	철원군 갈말읍 순담길 299	010-4186-3113

BEST TOUR 철원

당일 시작!

① 철의삼각전적관
DMZ 안보 여행의 출발지이자 고석정이 있는 곳

② 철원 평화전망대
DMZ 너머 북한 땅 조망. 분단 현실 체감

귀가

⑨ 한탄 리버 스파 호텔
지하 850m 게르마늄 성분의 온천수에
피로 풀기

⑧ 고석정
임꺽정의 전설이 서린 한탄강 인근의
자와 계곡 구경

철원 당일 코스
★ 한탄강과 비무장 지대 DMZ를 둘러보는 자연 안보 여행

철원 하면 철원을 가로지르는 한탄강과 북쪽의 비무장 지대 DMZ가 연상된다. DMZ는 오랫동안 민간인이 출입할 수 없어 천혜의 자연을 간직하고 있다. 전망대, 제2땅굴, 월정리역 등은 분단의 현실을 새삼 실감하게 만든다. 한국의 나이아가라 폭포라 불리는 직탕 폭포와 임꺽정의 전설이 서린 고석정, 한탄강 계곡의 진수를 보여 주는 순담 계곡의 경관이 아름답고, 여름에는 한탄강에서 래프팅을 즐겨도 좋다.

4 철원 두루미관과 월정리역
DMZ 안보 여행 마지막 코스. 개인 여행자는 다른 여행지로!

3 제2땅굴
북한에서 판 땅굴 탐사

5 직탕 폭포
한국의 나이아가라 폭포, 검은 현무암은
화산 폭발의 증거

6 노동당사
러시아풍 외관에 서린 전쟁의 상흔

7 도피안사
학저수지 인근의 작고 아담한
사찰 산책

화천

파로호와 북한강이 있어
물의 나라라 불리는 화천!

북한강을 따라 걷거나 자전거를 탈 수 있는 파로호 산소 100리 길이 아름다운 곳이다. 드넓은 파로호와 국민 성금으로 만들어진 평화의 댐, 이외수 선생의 문학관이 있는 감성마을 이외수 문학관, 굽이굽이 흐르는 용담 계곡과 한겨울 산천어 축제까지 놓치지 말자.

 Access

시외·고속 ❶ 동서울종합터미널에서 화천시외버스터미널까지 약 2시간 40분 소요, 06:45~19:10, 약 30분 간격, 요금 15,700원
❷ 춘천시외버스터미널에서 화천까지 약 1시간 소요, 07:00~21:00, 약 30분 간격, 요금 4,600원

승용차 ❶ 서울에서 성산대교 건너 내부순환도로 이용, 구리·춘천 거쳐 화천 도착
❷ 서울에서 천호대교 건너 북부간선도로 이용, 남양주경찰서(도농3거리), 춘천 거쳐 화천 도착
❸ 서울에서 서울–양양고속도로 이용, 춘천 JC에서 중앙고속도로 이용, 고속도로 빠져 나와 직진(5km 정도), 소양2교 건너 화천 도착

INFORMATION 화천 관광안내소 033-440-2836, 2852 | **화천 군청** 033-442-1211 | **강원도 관광 안내** 033-1330 | **전국 관광 안내** 1330

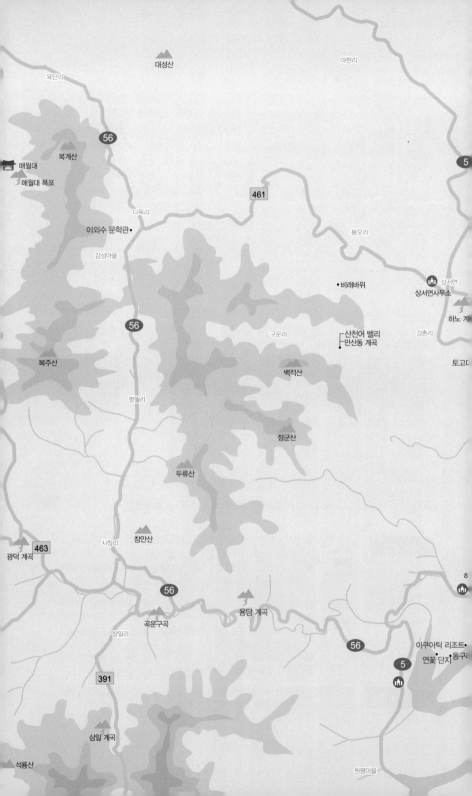

비목 공원

평화의 댐
평화의 댐 물빛누리 카페테리아
평화의 댐 물 문화관
세계 평화의 종 공원

비수구미

460

해산터널

해산전망대

460

해산(일산)

천어 축제장

토속 어류 생태체험관
딴산

나이테 펜션

화천댐

화천강

월하 문학관

파로호

화천 갤러리

절산

460

낭천 산림욕장

화천 군청

파로호

화천 공영 버스터미널

꺼먹 다리

화천 대교

어부 횟집

파로호 국민 관광지

다가가다 펜션

구만교

파로호
안보 전시관

화천 민속 박물관

까치 펜션

대붕교

미륵 바위

평양 막국수

위라리

폰툰 다리

용암리

매봉산

병풍산

461

403

심화리

간동면사무소

죽엽산

유촌리

용화산

간척리

수물무산

407

46

화천 숲속 야영장

국립 용화산
자연휴양림

오봉산

부용산

용담 계곡 龍潭 溪谷

화천군 하남면사무소를 지나 사내면 방향으로 향하면 길가에 넓은 계곡이 펼쳐진다. 수량이 많아 하얀 물보라를 일으키며 흐르는 풍경이 인제의 내린천 못지 않다. 용담 계곡은 흔히 '곡운구곡'이라 불리기도 하는데 이는 조선 후기 성리학자 김수증이 화천에 살면서 용담 계곡의 아름다움에 반해 붙인 이름이다. 주차할 곳이 마땅치 않아 불편한 것이 흠이라면 흠. 인근 도로가에 있는 간이 휴게소에서 계곡으로 내려갈 수 있으나 안전에 유의하도록 한다.

위치 화천군 사내면 용담리, 하남면과 사내면 사이 56번 국도 옆
교통 ❶ 화천에서 21번 사창리행 농어촌 버스 이용 ❷ 화천에서 하남면 방향, 하남면 부근에서 56번 국도 이용

동구래 마을

동구래 마을은 화천 남쪽 북한강가의 마을로 1,000여 평의 땅에 복수초, 금낭화, 매발톱꽃 등 50여 종의 야생화를 키우고 있다. 야생화 단지 곳곳에는 예쁜 조형물과 휴식 공간도 마련되어 있고, 화천 공예 공방이 있어 도지기 체험을 할 수도 있다. 대중교통으로는 가는 길이 불편하므로 승용차를 이용하는 것이 편리하다.

위치 화천군 하남면 원천리 650-1, 화천 남서쪽
교통 ❶ 화천에서 사창리행 21번, 계성리행 6번 농어촌버스 이용, 원천리 하차. 동구래 마을 방향 도보 40분 ❷ 승용차로 화천에서 하남면사무소 지나 동구래 마을 방향

산천어 밸리

신대리 토고미 마을 서쪽, 만산동 계곡에 위치하고 있다. 산천어 맨손잡기 체험장, 출렁다리, 농특산물 판매장을 갖추고 있다. 여름에는 계곡에서 물놀이, 겨울에는 산천어 잡이를 할 수 있는 곳. 이곳에서 서쪽으로 더 들어가면 산 위 왕관 모양의 바래 바위가 보인다.

위치 화천군 상서면 구운리 864, 신대리 토고미 마을 서쪽
교통 ❶ 화천에서 구운리행 9번 농어촌버스 이용, 구운리 하차. 만산동 계곡 방향 도보 20분 ❷ 승용차로 화천에서 5번 국도 이용, 상서면 신대리 도착, 신대리에서 만산동 계곡 방향
요금 산천어 행사 5,000원

신대리 토고미 마을

논에 오리를 풀어 병해충을 방재하는 친환경 유기 농업을 실천하는 마을로 2010년부터는 논에 우렁을 풀어 병해충 방재를 돕고 있다. 토고미 마을에는 자연 학교와 초가 박물관 등이 있어 농업 · 농사 체험, 생태 체험 등을 할 수 있다.

위치 상서면 신대리 387-1, 화천군과 상서면 중간
교통 ❶ 화천에서 3, 7, 21, 27번 농어촌버스 이용, 신대리 하차. 마을 방향 도보 1분 ❷ 승용차로 화천에서 5번 국도 이용, 상서면 방향
요금 토고미 자연 학교 체험 당일 20,000원, 1박2일 90,000원, 2박3일 120,000원
전화 033-441-7254
홈페이지 togomi.invil.org

연꽃 단지

서오지리 연꽃 단지에 가면 수련, 백련, 순채, 가시연 등 400여 종의 연꽃과 습지 식물을 볼 수 있고, 연 체험장에서는 연으로 만든 다양한 제품과 먹거리를 만날 수 있다. 동구래 마을과 서오지리 연꽃 단지 사이에 길이 2.3km의 약 40분이 소요되는 트레킹 코스도 조성되어 있다.

위치 화천군 하남면 서오지리 25-5, 화천 남서쪽
교통 ❶ 화천에서 사창리행 21번, 계성리행 6번 농어촌버스, 춘천에서 지촌리행 39번 시내버스 이용, 지촌 삼거리 하차. 연꽃 단지 방향 도보 30분 ❷ 승용차로 화천에서 하남면 연꽃 단지 방향

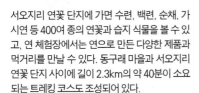

이외수 문학관

소설 〈들개〉, 〈칼〉, 〈벽오금학도〉, 〈감성사전〉 등을 펴낸 이외수 작가가 머무는 곳으로 이외수 문학관, 모월당, 시비 정원, 집필실 등이 있다. 이외수 문학관에서는 이외수의 작품과 그가 사용하던 물품을 전시하고, 이외수 선생과 기념 사진을 찍을 수도 있다.

위치 화천군 상서면 다목리 799, 화천 북서쪽
교통 ❶ 화천에서 다목리행 3번 농어촌버스 이용, 다목리 하차. 사창리에서 다목리행 22번 농어촌버스 이용, 다목리 하차. 문학공원 방향 도보 20분 ❷ 승용차로 화천에서 5번 국도 이용, 상서면에서 다목리 방향 또는 화천에서 용담계곡 지나 사내면 사창리, 사창리에서 56번 국도 이용, 감성 테마 문학공원 도착
요금 무료
시간 하절기(4~9월) 10:00~18:00 동절기(10~3월) 10:00~17:00 (매주 월·화요일 휴관)
홈페이지 www.oisoogallery.com

산천어 축제장 山川魚 祝祭場

화천의 매서운 추위와 청정 자연의 산천어를 적절히 활용한 산천어 축제가 열리는 곳. 한겨울 꽁꽁 언 화천천에서 얼음 낚시를 하는 풍경은 장관이 아닐 수 없다. 낚시로 잡은 산천어는 현장에서 굽거나 튀겨 먹을 수도 있고, 얼음 축구, 스케이트 타기, 눈썰매 콘테스트 등 다채로운 행사에 참여할 수 있다. 축제 기간 중에는 화천의 숙소 사정이 여의치 않으니 춘천에 숙소를 정하고 화천 산천어 축제를 즐기는 것도 방법. 축제장 근처에 화천 갤러리가 있으니 여유가 된다면 들러 보자.

위치 화천군 화천읍, 화천읍 동쪽 화천천
교통 화천읍에서 화천천 방향 도보 5분
전화 033-441-7574~5, 1588-3005
홈페이지 www.narafestival.com

붕어섬

춘천댐 담수로 만들어진 섬으로, 다리가 있어 통행의 불편은 없다. 섬 인근에 참붕어가 많이 살고 섬의 모양이 붕어를 닮았다고 하여 붕어섬이라 한다. 붕어섬에는 수목이 잘 정비되어 있어 산책하기 좋고 카약, 자전거, 집트렉 같은 레포츠도 즐길 수 있다.

위치 철원군 철원읍 하리, 화천읍 남쪽 북한강가
교통 화천읍에서 택시, 승용차 이용
요금 자전거 5,000원, 스마트바이크 10,000원, 하늘 가르기 20,000원, 수상자전거 · 카약 · 카누 각 10,000원
시간 10:00∼17:00(월요일 휴무)
전화 붕어섬 관리사무소 033-441-0900, 붕어섬 종합매표소 033-441-7571
홈페이지 www.narafestival.com/77_airing

화천 갤러리

화천 산천어 축제장 옆에 있는 갤러리로 이렇다 할 문화 시설이 없는 화천에서 한 줄기 빛과 같은 역할을 하고 있다. 지난 산천어 축제 때에는 허허당 스님의 초대전이 열렸고, 통일연구원 손기웅 박사가 소장한 북한 미술 작품을 전시하기도 했다.

위치 화천군 화천읍 중리 204-3, 화천군 청소년 수련관 부근
교통 화천읍에서 화천천 방향 도보 5분
시간 09:00∼18:00

MTB 파로호 산소 100길 코스

화천천 수로길을 모두 돌아보는 코스로 화천생활체육공원에서 출발하여 사계절 녹색 휴양지 붕어섬, 연꽃단지, 전설이 깃든 미륵바위, 1944년 북한강 협곡을 막아 축조한 화천수력발전소 등을 둘러볼 수 있는 코스이다.

길이 42.2km
시간 3시간 소요
대여소 화천읍 하리(붕어섬 입구) 자전거 대여소
전화 033-442-7570(12월 초∼2월 말 겨울철 임시 휴무)

화천 민속 박물관 華川 民俗 博物館

화천의 역사와 문화를 엿볼 수 있는 곳으로 1층은 선사 유적 전시실, 2층은 민속 생활 전시실로 꾸며져 있다. 1층 선사 유적 전시실에는 화천군 하남면 용암리 일대에서 발견된 청동기시대의 유물, 2층 민속 생활 전시실에는 화천의 의식주 생활과 화천의 민속 관련 자료들을 전시한다.

위치 화천군 하남면 위라리 490, 화천읍에서 북한강 건너
교통 ❶ 화천에서 거례리, 용암리 방향 12번 농어촌버스 이용, 화천 중·고교 앞 하차. 박물관 방향 도보 5분 ❷ 승용차로 화천읍에서 화천 대교 건너 우회전
시간 09:00~17:00(매주 월요일 휴관)
전화 033-440-2846

미륵 바위

대이리의 크고 작은 5개의 바위를 미륵불에 빗대어, 기복의 대상으로 삼았다고 한다. 전설에 따르면 동촌리 선비가 이곳에서 제를 지내고 한양으로 과거를 보러 갔는데 미륵 바위가 사람으로 변신, 동행해 선비는 과거에 급제하였고 훗날 양구 현감까지 지냈다고 한다. 일부러 찾아갈 만한 볼거리는 없지만, 주위가 잘 조경되어 있어 지나가다 들러 쉬어가기 좋으며, '산소길' 걷기 코스의 시작점으로 많이 찾는 곳이다.

위치 화천군 화천읍 대이리 339, 화천교 동쪽 폰툰 다리 부근
교통 화천에서 1, 2, 5, 13번 농어촌버스 이용, 대붕교 전 하차. 미륵 바위 방향 도보 5분

꺼먹 다리

화천강 상류를 가로지르는 다리로 1945년 화천 댐과 발전소가 건설되며 세워졌다. 길이 204m, 폭 4.8m로 콘크리트 교각에 상판을 나무로 깔았고 부식 방지를 위해 검은 콜타르 칠을 해 꺼먹 다리로 불린다. 6·25 전쟁 당시 전략 시설인 화천 댐과 발전소 주변에서 벌어진 수많은 전투를 지켜본 산 증인이다. 드라마 〈전우〉 등의 촬영지다.

위치 화천군 화천읍 대이리, 화천 수력발전소 부근
교통 ❶ 화천에서 1, 2, 13번 농어촌버스 이용, 웃대이리 하차. 꺼먹 다리 방향 도보 5분 ❷ 승용차로 화천에서 대붕교, 구만교 지나 꺼먹 다리 도착

딴산

화천강 상류, 강줄기가 반원을 그리며 휘는 곳에 위치한 야산으로 정상에 전망대가 마련되어 있어, 유유히 흐르는 화천강을 조망할 수 있다. 여름에는 인공으로 설치한 폭포가 흘러 시원함을 더 하고 딴산 아래 화천강은 수심이 낮아 아이들이 놀기 좋다.

위치 화천군 화천읍 대이리 1313-1, 꺼먹 다리 북쪽
교통 ❶ 화천에서 1, 2, 13번 농어촌버스 이용, 어룡동 마을 입구 하차. 딴산 방향 도보 5분 ❷ 승용차로 화천읍에서 대붕교, 구만교 지나 어룡동 마을 입구, 딴산 도착

파로호 破虜湖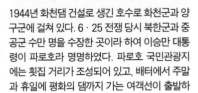

1944년 화천댐 건설로 생긴 호수로 화천군과 양구군에 걸쳐 있다. 6·25 전쟁 당시 북한군과 중공군 수만 명을 수장한 곳이라 하여 이승만 대통령이 파로호라 명명하였다. 파로호 국민관광지에는 횟집 거리가 조성되어 있고, 배터에서 주말과 휴일에 평화의 댐까지 가는 여객선이 출발하며 바나나보트 같은 수상 레포츠도 즐길 수 있다.

위치 화천군 간동면 구만리 일대
교통 ❶ 화천에서 오음리행 5번 농어촌버스 이용, 구만리 배터 하차. 파로호 국민관광지 방향 도보 5분 ❷ 승용차로 화천에서 대붕교 건너 파로호 안보 전시관 지나 파로호 국민관광지 도착
전화 산장수상레포츠 033-442-8555

파로호 안보 전시관 破虜湖 安保 展示館

안보 전시관 1층 전시실에는 6·25 전쟁 당시 국군 제6사단이 중공군 3개 사단을 섬멸하고 화천댐을 사수한 전과를 보여 주고, 2층 전시실에는 홍보관이 있어 전쟁 체험 강연을 들을 수 있다. 안보 전시관 뒤 언덕 위에는 파로호 전망대가 있어 넓은 파로호를 한눈에 내려다볼 수 있고 이승만 대통령이 썼다는 파로호 비석도 눈에 띈다.

위치 화천군 간동면 구만리 산 215, 대붕교 동쪽
교통 ❶ 화천에서 오음리행 5번 농어촌버스 이용, 구만리 배터 하차. 파로호 안보 전시관 방향 도보 10분 ❷ 승용차로 화천에서 대붕교 건너 파로호 안보 전시관 도착
시간 09:00~18:00

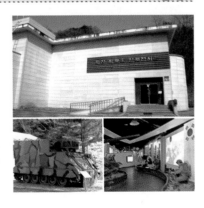

토속 어류 생태체험관 土俗 魚類 生態體驗館

화천 파로호와 화천강, 북한강에 서식하는 민물고기의 모든 것을 알려 주는 곳. 1층 전시관에서 대형 수조 속의 산천어를 만나고 산천어의 특징, 일생, 민물고기의 종류 등을 살펴본다. 2층 체험관에서는 물고기의 시력, 변장 등을 재미있는 체험을 통해 알아볼 수 있다. 주로 어린이를 동반한 가족 단위 관람객이 많다.

위치 화천군 간동면 구만리 1267, 딴산 동쪽
교통 ❶ 화천에서 1, 2, 13번 농어촌버스 이용, 어룡동 마을 입구 하차. 딴산 지나 생태체험관 방향 도보 15분
❷ 승용차로 화천읍에서 구만교 지나 어룡동 마을 입구, 토속 어류 생태체험관 도착
시간 하절기(3~10월) 09:00~17:30, 동절기(11~2월) 09:00~17:00, 매주 월요일 휴관
전화 033-442-7464
홈페이지 fish.ihc.go.kr

화천 여객선 여행

물빛누리호는 파로호 국민관광지에서 평화의 댐 인근 세계 평화의 종 공원까지 운항하는 여객선으로, 여객선에서 바라보는 파로호의 풍경이 아름답다. 운항 코스는 파로호 국민관광지 구만리 배터~간동면 방천리(수달연구센터)~동촌리 지둔지~법성치~비수구미~세계 평화의 종 공원으로 총 길이는 24km, 소요 시간은 1시간 20분이다. 물빛누리호는 100여 명의 승객은 물론 자동차(대형 버스 1대, 승용차 2대 또는 승용차 6대)까지 실을 수 있다. 단, 주말과 휴일에만 운항한다. (예약 문의:033-440-2732~3)

기간	운항 횟수	운항일	운항 시간		요금	
			파로호 선착장	평화의 댐 선착장	성인(편도)	승용차 2,000cc 미만
11월~4월	1일/1회	주말, 휴일	13:00	14:30	수동 6,000원 평화의 댐 8,000원	편도 30,000원 왕복 50,000원
5월~10월	1일/2회	주말, 휴일	10:00	11:30		
			14:00	15:30		

평화의 댐

북한의 금강산댐(임남댐) 건설에 대응하고자 1989년 건설한 댐으로 파로호 북쪽, 화천군 화천읍 동촌리와 양구군 방산면 천미리에 걸쳐 있다. 2002년 2차 공사에 들어가 2005년에 길이 601m, 높이 125m, 최대 저수량 26억 3,000만t 규모로 완공하였다. 비상시를 대비한 댐이어서 평상시에는 저수량이 매우 적어 초대형 장벽처럼 보인다. 평화의 댐 주위로 물문화관과 비목공원, 세계 평화의 종 공원 등이 있어 둘러볼 만하다.

위치 화천군 화천읍 동촌리 산321-4, 파로호 북쪽
교통 ❶ 화천에서 안동포행 13번 농어촌버스 이용, 종점 평화의 댐 하차 ❷ 승용차로 화천에서 구만교, 딴산 지나 460번 지방도 따라 풍산리 마을, 해산 터널, 해산 전망대 거쳐 평화의 댐 도착

비목 공원 碑木 公園

가곡 〈비목〉과 연관된 공원으로 한 장교가 평화의 댐 북쪽 백암산 계곡에서 발견한 무명 용사의 녹슨 철모와 돌무덤을 보고 비목의 노랫말을 지었고, 훗날 장일남이 곡을 붙여 가곡 〈비목〉이 탄생했다. 이곳에 기념탑과 함께 녹슨 철모와 돌무덤이 있어 전쟁의 참혹함을 보여 주고 있다.

위치 화천군 화천읍 동촌리, 평화의 댐 서쪽
교통 평화의 댐에서 비목 공원 방향 도보 5분

세계 평화의 종 공원

세계의 평화를 기원하는 종을 주제로 한 공원으로, 평화의 종은 세계 각국의 분쟁 지역에서 보내온 총알과 포탄의 탄피를 모아 만든 것이다. 평화의 종은 높이 4.7m, 무게 37.5t이고 평화의 댐 동쪽 아래에 남북통일 염원의 종, 평화 기원 마음의 종 등 다양한 종이 전시되어 있다.

위치 화천군 화천읍 동촌리 평화의 댐 동쪽
교통 평화의 댐에서 세계 평화의 종 공원 방향 도보 10분

비수구미

평화의 댐 남쪽, 파로호 상류에 있는 오지 마을로, 비수구미로 가는 길은 비포장 길이어서 한겨울이나 장마철에는 오가기 불편하다. 파로호 구만리 배터에서 주말과 휴일에 여객선을 통해 접근할 수도 있다. 접근이 불편한 까닭에 천혜의 청정자연, 순박한 산골 인심을 보인다.

위치 화천군 화천읍 동촌리, 평화의 댐 남쪽, 파로 상류
교통 ❶ 승용차로 화천에서 구만교, 딴산 지나 460번 지방도 따라 풍산리 마을, 해산터널, 해산 전망대 거쳐 비수구미 도착(평화의 댐 가는 길에서 비수구미까지 비포장) ❷ 여객선으로 주말과 휴일, 파로호 구만리 배터에서 비수구미까지. (p.96 Travel Tip 화천 여객선 여행 참조)

해산전망대

해산(1,104m)은 딴산 북쪽에 있는 산으로 예전에 일산(日山), 호랑이산으로 불렸고 민통선 안에 있어 접근하기 어려웠다. 1989년 평화의 댐 건설로 해산 터널이 뚫리고 전망 좋은 곳에 해산 전망대가 설치되었다. 이곳에서 파로호 상류와 양구군 방산면의 산하가 한눈에 들어온다. 화천읍에서 평화의 댐으로 가는 아흔아홉구비 길의 중간 길목에 있으니 한번 들러볼 만하다.

위치 화천군 화천읍 동촌리, 딴산, 파로호 북쪽
교통 승용차로 화천에서 구만교, 딴산 지나 460번 지방도 따라 풍산리 마을, 해산 터널 거쳐 해산전망대 도착(풍산리에 마지막 주유소가 있으므로 충분히 주유한 뒤 평화의 댐으로 향한다.)

백암산 감자탕

화천 시장 내에 있는 해장국집으로 푸짐하게 나오는 뼈다귀 해장국, 감자탕이 일품. 포천이나 화천 같은 전방 도시에서 맛집을 찾는 요령은 외박 군인들이 즐겨 찾는 식당이 어디인지 알아보는 것이다. 이곳에서도 군인들이 돼지 뼈를 쌓으며 맛있게 감자탕을 먹고 있었다.

위치 화천군 화천읍 하리 44-29, 화천시장 내
교통 화천에서 화천 시장 방향 도보 5분
메뉴 뼈다귀 해장국 7,000원 순대국밥 6,000원, 감자탕 소 20,000원
전화 033-442-2238

대청마루

정성스레 지은 영양돌솥밥과 곤드레돌솥밥이 맛이 있고 곤드레돌솥밥은 뚜껑을 열었을 때 진한 곤드레 향이 난다. 조리 시간이 오래 걸리는 오리훈제찜은 이 집에서 자신 있게 내세우는 특선 요리로 오리 특유의 잡냄새가 없고 찜으로 나오기 때문에 기름이 튈 걱정도 없다.

위치 화천군 화천읍 하리 47-12, 중앙로에서 화천군청 방향
교통 화천에서 화천군청 방향 도보 5분
메뉴 영양돌솥밥 · 곤드레돌솥밥 각 9,000원, 생오리구이 42,000원, 오리훈제찜(50분 전 예약) 50,000원
전화 033-442-1290

천일 막국수

막국수 삼고초려라고 할까. 화천 여행 3일째 되
는 날이 되어서야 맛본 막국수다. 막 뽑은 막국수
가 탱글탱글하고 고추장 양념이 적당하며 그 위
에 오이채와 계란 반쪽이 올려 있다. 쓱쓱 비벼
먹으니 어느새 그릇 바닥이 보인다. 강력 추천!

위치 화천군 화천읍 하리 34-9, 화천읍 산천어 광장(화천
시외버스터미널 옆) 부근
교통 화천시외버스터미널 서쪽, 도보 5분
메뉴 막국수 7,000원, 빈대떡(2장) 6,000원, 수육(소)
10,000원
전화 033-442-2127, 4949

옛골 식당

양푼에 닭고기 외 간, 허파, 똥집을 넣어 푸짐하
게 내는 닭도리탕으로 유명한 곳이다. 이외수
선생이 이곳 닭볶음탕을 맛보고 외도리탕이라
는 이름을 선사했다고 한다. 동태찌개, 생태찜
도 먹을 만하다.

위치 화천군 화천읍 중앙로4길 13-7
교통 화천버스터미널에서 화천 시장 중간 방향, 도보 3분
메뉴 닭볶음탕 30,000원, 동태찌개 2인 12,000원, 생태찜
15,000원
전화 033-441-5565

평양 막국수

초계탕으로 유명한 식당이다. 초계탕이란 닭 육
수를 차게 해 식초와 겨자로 간을 하고 닭 살코
기와 함께 먹는 요리를 말한다. 원래 함경도와
평안도에서 겨울에 먹던 요리이나 요즘은 한여
름 보양식으로 많이들 찾는다고 한다.

위치 화천군 화천읍 대이리 311-3, 폰툰다리 부근
교통 ❶ 화천에서 1, 2, 5, 13번 농어촌버스 이용, 대이리 쉼
터 하차, 평양 막국수 방향 도보 5분 ❷ 승용차로 화천에서
화천교 지나 대봉교 방향
메뉴 막국수 6,000원, 초계탕 30,000원 내외
전화 033-442-1112

평화의 댐 물빛누리 카페테리아

한겨울 산천어 축제에서 산천어를 잡으면 즉석에서 산천어 구이나 튀김으로 맛볼 수 있다. 그렇다면 한여름에는 산천어 맛을 볼 수 없는 것일까. 물빛누리 카페테리아에서 연중 산천어 요리를 선보이고 있다. 산천어의 맛은 담백한 것이 특징!

위치 화천군 화천읍 동촌리, 평화의 댐 물 문화관 내
교통 ❶ 평화의 댐에서 물 문화전시관 방향 도보 5분
메뉴 산천어 훈제 15,000원, 산천어 까스 10,000원, 산천어 도시락 7,000원 내외

어부 횟집

파로호 어부가 직접 잡은 민물고기로 회와 매운탕, 찜 등을 내놓고 있다. 갓 잡은 민물고기만을 사용하기 때문에 신선하고 담백한 맛을 낸다. 어부 횟집 이외에 호수 횟집(033-442-3232), 서울 횟집(033-442-5016) 등도 맛집으로 알려져 있다.

위치 화천군 간동면 구만리 62-1, 파로호 국민관광지 횟집 타운 내
교통 ❶ 화천에서 오음리행 5번 농어촌버스 이용, 구만리 뱃터 하차. 파로호 국민관광지 방향 도보 5분 **❷** 승용차로 화천에서 대붕교 건너 파로호 안보 전시관 지나 파로호 국민관광지 도착
메뉴 산천어·향어·송어회 각 40,000원 내외, 산천어·잡어·메기 매운탕 각 40,000원 내외
전화 033-442-3131

화천의 숙소

다가가다 펜션

화천 시내 동쪽, 북한강가에 있어 풍경을 즐기기 좋은 곳이다. 펜션은 양식 건물과 한옥으로 되어 있고 객실 테라스에 바비큐 시설이 있어 밖으로 나가지 않아도 된다. 펜션에서 운영하는 전통찻집에서 전통차를 맛보며 잠시 여유를 가져도 좋다.

위치 화천군 화천읍 평화로 175
교통 ❶ 화천에서 풍산리 방향 버스 이용, 가손이 정류장 하차, 도보 8분 **❷** 승용차로 화천에서 강변로→평화로 이용, 동쪽 펜션 방향
요금 펜션 주중 100,000원, 주말 120,000원 / 한옥 주중 140,000원, 주말 160,000원
전화 033-441-1488
홈페이지 www.hctrainpension.com

화천 숲속 야영장

화천 숲속 야영장은 용화산 동쪽에 있어 화천보다는 춘천에서 접근하기 좋다. 하지만 야영장에서 자연을 벗하고 쉰다면 화천 시내에서 조금 멀어도 상관없을 듯하다. 산림청 관할로 주위 환경이 좋고 시설이 잘 정비되어 있어 이용하기 편리하다.

위치 화천군 간동면 배후령길 1144
교통 승용차로 화천에서 407번 국도 남쪽 방향, 46번 국도 북쪽 방향, 서옥 교차로에서 야영장 방향
요금 입장료 1,000원, 비수기 노지 야영장 2,000원, 야영데크 4,000원, 캐빈 27,000원
전화 예약 1588-3250, 시설 033-441-4466
홈페이지 www.foresttrip.go.kr

다솜 펜션

화천 시내 북쪽에 위치하고 있어 화천 산천어 축제 때 이용하기 좋은 곳이다. 산천어 축제가 아니라면 붕어섬에서 레포츠를 즐기거나 자전거 빌려 산소길 라이딩을 나가기도 적당하다.

위치 화천군 하남면 위라리길 2-84
교통 ❶ 화천터미널에서 북쪽 방향, 도보 13분 **❷** 승용차로 화천터미널에서 북쪽 방향, 4분
요금 비수기 주중 100,000원, 주말 120,000~130,000원
전화 033-442-9955
홈페이지 화천다솜펜션.com

까치 펜션

화천 산소 100리길의 폰툰 다리 부근에 위치하고 있고 주변에 평양 막국수, 대이리 쉼터 같은 식당이 있다. 전 객실이 복층 구조이고 독립된 테라스가 있어 가족이나 연인이 찾으면 좋다. 펜션 텃밭에서 상추, 깻잎, 고추 등을 무료로 맛볼 수 있다.

위치 화천군 화천읍 대이리 319-5, 폰툰 다리 부근
교통 ❶ 화천에서 1, 2, 5, 13번 농어촌버스 이용, 대이리 쉼터 하차. 펜션 방향 도보 5분 **❷** 승용차로 화천에서 화천교 지나 대붕교 방향
요금 비수기 주중 100,000~120,000원, 주말 130,000원, 성수기 150,000~170,000원
전화 033-441-5446, 010-6276-2446
홈페이지 www.magpiepension.com

나이테 펜션

딴산 부근에 위치한 펜션으로 황토와 소나무로 지은 것이 인상적이다. 온돌방은 아궁이에서 장작으로 불을 때서 옛날의 따끈한 온돌방의 온기를 재현한다. 부대 서비스로 자전거와 바비큐 그릴, 물놀이 기구, 견지 낚시 등을 대여해 준다.

위치 화천군 화천읍 대이리 5, 딴산 부근
교통 ❶ 화천에서 1, 2, 13번 농어촌버스 이용, 어룡동 마을 입구 하차. 펜션 방향 도보 5분 **❷** 승용차로 화천읍에서 대붕교, 구만교 지나 어룡동 마을 입구, 나이테 펜션 도착

요금 비수기 주중 100,000~150,000원, 주말 120,000~160,000원
전화 033-442-8688, 010-7603-5690
홈페이지 www.psnaite.com

숙소 리스트

이름	위치	전화
강원 모텔	화천군 화천읍 중앙로 26-2	033-442-7030
다래 하우스	화천군 화천읍 평화로 273-22	033-442-8577
굴바우 민박	화천군 화천읍 대이리 338-4	033-441-6828

당일 시작!

승용차 30분 →

2 용담 계곡
용이 놀다간 계곡에서 발 담그기

1 감성마을 이외수 문학관
이외수 문학관, 모월당, 집필실을 둘러본다

귀가

승용차 30분 ←

8 산천어 축제 행사장
한겨울 산천어 행사장 방문,
맨손으로 산천어 잡기

7 평화의 댐
평화의 댐 내 비목 공원,
세계 평화의 종 공원 순례

화천 당일 코스 ★ 용담 계곡과 평화의 댐을 둘러보는 물의 여행

산천어와 수달의 고향, 화천은 파로호가 있고 화천강, 북한강이 흐르는 물의 나라라 할 수 있다. 북한강과 화천강을 따라 걷는 화천 산소 100리길은 화천의 자연을 즐기며 여행할 수 있어 즐겁고, 한겨울 화천천에서 열리는 산천어 축제는 얼음 낚시하는 사람들로 장관을 이룬다. 평소에는 이외수 소설가의 문학관과 집필실이 있는 감성테마 문학공원, 용이 놀다 간 강원도 최고의 경관 용담 계곡, 산천어를 볼 수 있는 토속 어류 생태체험관, 첩첩산중에 생뚱맞게 들어선 평화의 댐 등을 돌아보면 좋다.

③ 붕어섬
집라인, 카누, 자전거 등
레포츠 즐기기

승용차 10분

④ 화천 민속 박물관
화천의 역사와 민속을 둘러본다.

승용차 20분

⑤ 딴산
딴산 전망대에서 화천강 조망

승용차 ○분

⑥ 토속 어류 생태체험관
화천 일대에서 서식하는 민물고기 관찰

차 50분

춘천

연인과 오리배를 타고
에티오피아에서 커피 한잔,
로맨틱 춘천!

춘천에는 대학생들의 MT 장소로 유명한 강촌, 드라마 〈겨울연가〉의 촬영지
이자 가족 여행지 남이섬, 춘천이 한눈에 내려다보이는 삼악산, 연인들의 데
이트 장소로 좋은 공지천과 소양호 건너 청평사까지 한 번쯤 들어본 유명 관
광지가 많다. 대중교통을 이용한 접근도 용이해 많은 이들이 찾는다.

Access 🚌

시외·고속 ❶ 동서울종합터미널에서 춘천시외버스터미널까지 1시간 10분 소요, 06:47~22:10 수시 운행, 요금 7,700원
❷ 서울경부고속터미널에서 춘천시외버스터미널까지 1시간 30분 소요, 06:50~21:00, 40~50분 간격, 요금 9,100원

기차 🚆 ❶ 경춘선 전철로 청량리역에서 춘천역, 남춘천역까지 1시간 20분 소요, 06:47~22:10 수시 운행, 요금 2,950원
❷ ITX 청춘으로 용산역, 청량리역에서 춘천역, 남춘천역까지 1시간 10분 소요, 06:00~22:48, 약 1시간 간격, 요금 8,300원

승용차 🚗 서울에서 서울-양양고속도로 이용, 춘천 도착. 또는 서울에서 46번 국도 이용, 팔미교차로에서 70번 지방도 이용, 춘천 도착

INFORMATION **남춘천 관광안내소** 033-250-3322 | **춘천역 관광안내소** 033-250-4312 | **춘천시외버스터미널 관광안내소** 033-250-3896 | **춘천시 관광과** 033-250-3089 | **강원도 관광 안내** 033-1330 | **전국 관광 안내** 1330

춘천

간동면사무소
죽엽산
추곡 약수터
407
용화산
수풀무산
국립 용화산
자연휴양림
추전리
배후령터널
오봉산
부용산
소양호
청평사 卍
냉장골
복산면사무소
구성 폭포
수리봉
청평사 계곡
봉화산
403
소양 예술농원
천 막국수 체험 박물관
춘천 월드 온천
산천수산 송어회
소양강댐
춘천 인형 극장
신북막국수 · 닭갈비거리
춘천 인형극 박물관
만천리 닭갈비거리
샘밭 막국수
귀도
신북읍사무소
시골 막국수
육림랜드
옥광산
강원도립 화목원
춘천 모터파크
산림 박물관
46
소양강 처녀상
동면사무소
중도
5
명동(닭갈비골목)
구봉산 전망대
품걸리
지
명동 본가 닭갈비
구봉산
강원도청
한림대학교
56
卍
연국사
춘천시청
JC
평촌리
물안봉
장
이디오피아집
스프링베일CC
당
에티오피아 한국전 참전 기념관
상걸리
가리산
자천
강원대학교
강원 드라마 갤러리
공원
국립 춘천 박물관
곰배령
70
남춘천역
춘천교육대학교
운동장 해장국
황태 마을
동내면사무소
56
라데나GC
춘천 IC
대룡산
풍천리
46
김유정 문학촌
55
책과 인쇄 박물관
5
북방리
큰집
춘천휴게소
卍
연화사
금병산
삼포유원지
폴리텍3 춘천캠퍼스
고성포리
56
브래뉴CC
조양 춘천
IC
서울양양고속
서울양양고속
송정리
IC
86
JC
5
춘천숲
동산면사무소
자연휴양림
웰니스카운티

남이섬 南怡島

강원도 춘천시 남산면 방하리에 속하나 남이섬
행 선착장은 경기도 가평에 있다. 조선 세조 때
이시애의 난을 평정한 남이 장군의 묘가 있어 남
이섬이라 불린다. 인기 TV 드라마 〈겨울연가〉 촬
영지로 이름이 알려져 한 해 200만 명 이상의 국
내외 관광객이 찾는 국민 관광지가 되었다. 천천
히 산책을 즐기거나 자전거를 빌려 둘러보기 좋
고, 눈사람 키스 장소, 메타세쿼이아길 등 〈겨울
연가〉 촬영 장소에서 기념 사진을 찍어도 즐겁
다. 섬 전체가 잘 조성된 하나의 아름다운 정원
같은 남이섬에서 시간 가는 줄 모르고 하루를 보
낼 수 있다.

남이섬 여행 코스

남이섬 선착장 → 남이장군묘 → 노래박물관 & 세계민속악기박물관
→ 중앙잣나무길 → 겨울연가 첫 키스 장소 → 밥플렉스 → 남이도예
원, 허브 체험 → 송파은행나무길 → 정관루 정원 → 남이장대 → 별장
마을길 → 메타세쿼이아길 → 자작나무숲 → 남이섬 선착장

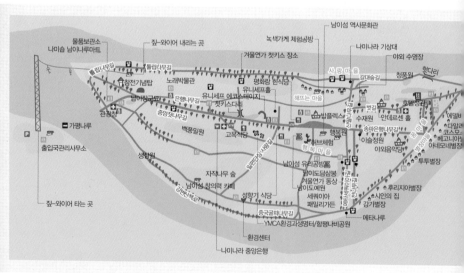

위치 춘천시 남산면 방하리 198, 남이섬(가평) 선착장_가평군 가평읍 달전리 144

교통 서울 → 가평역, 가평터미널, 남이섬 선착장

❶ 청량리역에서 가평역까지 경춘선, 또는 용산 · 청량리에서 가평역까지 ITX 청춘 이용, 가평역에서 남이섬행 시내버스 이용 ❷ 동서울종합터미널에서 가평터미널까지 시외버스 이용, 가평터미널에서 남이섬행 시내버스 이용 ❸ 1330–3번 좌석버스로 청량리 환승센터에서 가평터미널까지, 약 1시간 40분 소요, 약 30분 간격 ❹ 남이섬 셔틀버스로 09:30, 인사동 / 남대문 · 명동 / 잠실에서 남이섬 선착장 도착 ❺ 승용차로 서울에서 서울–양양고속도로 이용, 화도 IC에서 가평 또는 서울에서 46번 국도 이용 가평, 가평에서 남이섬 선착장

가평역, 가평터미널 → 남이섬 선착장

❶ 가평역, 가평터미널에서 남이섬행 시내버스 이용 ❷ 가평역이나 가평터미널에서 남이섬 선착장까지 택시 이용(약 3,000원) ❸ 가평역에서 남이섬 선착장까지 도보로 약 30분(주말, 휴일 차량 정체로 도보 편리)

남이섬 선착장(가평) → 남이섬

❶ 여객선 이용, 운행 시간 07:30~21:40분(남이섬 막배 21:45), 약 6분 소요 ❷ 집–와이어(Zip–wire) 이용, 4~10월 09:00~19:00, 11~3월 09:00~18:00, 요금 44,000원(남이섬 입장료 포함)

요금 입장료 성인 13,000원, 중고생 10,000원, 초등학생 7,000원(입장권에 도선료 포함)

전화 031–580–8114

홈페이지 www.namisum.com

즐길거리

명칭	횟수, 시간	요금
하늘 자전거	1회	중학생 이상 3,000원
		초등학생 이하 3,000원
워터 스테이지 수영장	1일	중학생~성인 4,000원
		초등학생 이하 4,000원
유니세프 나눔 열차	1회	3,000원
자전거	30분/1시간	1인용 4,000원/8,000원
		2인용 8,000원/16,000원
전기 자전거(트라이웨이)	30분	12,000원
	1시간	24,000원
전기 자동차 투어(남이섬 투어 버스)	1회	7,000원
모험의 숲(TreeGo)	1회	디스커버리 20,000원
라이브 갤러리 해와 달	1회 01:01 | 2회 15:02 3회 17:03 | 4회 20:04 (40분 공연, 일 · 화 휴무)	5,000원
모터보트 남이섬 일주(5인)	–	40,000원

잠자리

숙소 정관루 호텔, 별관, 투투 별장 | 예약 전화 031-580-8000

객실	인원	요금	비고
본관 (온돌, 침대)	2~4인	평일 97,000~139,000원 주말 119,000~169,000원	평일 : 일~목요일 주말 : 금 · 토 · 공휴일 전날
별관, 콘도 별장(온돌)	5~14인	평일 160,000~300,000원 주말 200,000~380,000원	성수기 하계 성수기 : 7월 중순~8월 말 동계 성수기 : 12월 23일~30일
투투 별장 (방갈로)	2인	평일 119,000원 주말 149,000원	에델바이스룸 외 모든 룸 TV, 인터넷 없음

먹거리

식당	위치·전화	메뉴·가격
아시안 패밀리 레스토랑 동문	밥플렉스 1F 031-580-8099	탕수육, 바비큐 등
한식당 남문	밥플렉스 맞은편 031-580-8055	닭쌈밥, 미니찜닭, 비빔밥, 황태해장국, 삼계탕(일품, 한방) 10,000원 내외
딴지펍	밥플렉스 1F	피자, 파스타 등
고목식당	중앙 잣나무길 중간 031-582-4443	쟁반국수, 매운탕, 해물전, 더덕무침 10,000원 내외
메이 카페	메이 하우스 031-580-8017	아메리카노, 카페라떼 등
섬 향기	유니세프홀 맞은편 031-581-2189	명물 숯불닭갈비, 목살양념구이, 양념삼겹살 10,000원~

※ 남이섬 밖 가평 선착장 부근에도 여러 식당이 있으나 대개 사람들로 북적여 밥플렉스에서 식사하는 것이 나을 수도 있다.

제이드 가든 Jade Garden

'숲속에서 만나는 작은 유럽'이란 콘셉트로 유럽 스타일의 분위기를 낸다. 굴봉산 자락 163.53㎡의 면적에 만병초류, 블루베리류, 단풍나무류, 붓꽃류 등 총 2,662종의 나무와 식물이 자란다. 유럽풍의 레스토랑이나 카페에서 식사를 하거나 허브차를 마셔도 좋다.

위치 춘천시 남산면 서천리 산111, 남이섬 북쪽
교통 ❶ 춘천에서 86번 시내버스 이용, 서천 2리 하차. 제이드 가든 방향 도보 15분 ❷ 경춘선 이용 굴봉산역 하차. 86번 시내버스 이용, 서천 2리 하차 ❸ 승용차로 서울에서 46번 국도 이용, 청평, 가평 지나 햇골교차로에서 우회전. 또는 춘천에서 70번 지방도 이용, 팔미교차로에서 46번 국도 이용, 강촌 입구 지나 햇골교차로에서 좌회전
요금 9,500원
시간 09:00~19:00(여름 야간 개장 ~22:00)
전화 033-260-8300
홈페이지 www.hanwharesort.co.kr

의암 유인석 유적지 毅菴 柳麟錫 遺蹟地

의암 유인석은 춘천시 남면 가정리 여의내골 출신으로 1894년 갑오경장 이후 김홍집의 친일 내각에 반대하였고 명성황후가 시해당하자 의병을 일으켰다. 의암 유인석 유적지에는 그의 생애를 기리고 나라 사랑 정신을 고취하고자 의암 기념관, 의병 학교 등이 조성되었다.

위치 춘천시 남면 충효로 1503, 남이섬 남동쪽
교통 ❶ 강촌역에서 5번 버스 이용, 유인석 유적지 하차 ❷ 승용차로 춘천에서 강촌, 강촌에서 403번 지방도 이용, 서면 거쳐 가정리 방향 우회전 – 남면사무소 – 강원학생교육원 – 의암 유인석 유적지
시간 하절기(3월~10월) 09:00~18:00, 동절기(11월~2월) 09:00~17:00, 매주 월요일 휴무
전화 033-250-3989
홈페이지 www.ryuinseok.or.kr

경기도 가평 여행

남이섬은 강원도 춘천에 속하나 남이섬으로 들어가는 길은 경기도 가평이다. 가평에는 가평 관내 관광지를 돌아보는 순환버스가 있으니 춘천 여행 중에 이용해 볼 만하다. 코스는 가평터미널을 출발해 한여름 재즈 콘서트가 열리고 캠핑장이 있는 자라섬, 남이섬, 쁘띠 프랑스, 청평, 아침고요 수목원을 거친다. 한 번 발권으로 수시로 타고 내릴 수 있다.

코스 가평터미널 → 자라섬 → 가평역 → 남이섬 → 금대리 회관 → 쁘띠 프랑스 → 청평터미널 → 청평역 → 임초교 앞 → 아침고요 수목원
시간 09:00~18:00(약 1시간 간격)
요금 6,000원
전화 가평 031-582-2421, 청평 031-584-0239
홈페이지 가평문화관광 www.gptour.go.kr

엘리시안 강촌

강촌 검봉산 북쪽에 위치한 스키장, 골프장을 갖춘
리조트로 스키장은 초급, 중급, 상급 코스, 골프장은
밸리 코스, 레이크 코스, 힐 코스 등이 있다. 여름에
는 수영장을 개장해 사계절 내내 이용 가능하다.

위치 춘천시 남산면 백양리 29–1, 백양리역 남쪽
교통 ❶ 경춘선으로 상봉역에서 백양리역 도착. 백양리역
에서 스키장까지 택시 이용 ❷ 승용차로 서울이나 춘천에
서 백양리역 방향, 백양리역에서 남쪽
요금 리프트권(종일) 7만원 내외, 수영장 13,000원
기간 스키장 동절기, 야외 수영장 6월 초~8월 말
전화 033–260–2000
홈페이지 www.elysian.co.kr

구곡 폭포 九谷 瀑布

검봉산(528m)과 봉화산(487m) 사이에 있는
폭포로 아홉 번 굽어져 떨어진다고 하여 구곡 폭
포라 한다. 평소에는 시원한 폭포수를, 겨울에는
멋진 빙벽을 볼 수 있으며 주위 경관도 수려하다.
구곡 폭포 위 깔딱 고개를 넘으면 산중에 자연 부
락인 문배 마을이 보인다. 이곳에서는 산촌의 삶
을 엿볼 수 있고, 산골 식당에서 먹는 감자전과
막걸리의 맛이 일품이다.

위치 춘천시 남산면 강촌리(강촌구곡길) 432, 강촌 남서쪽
교통 ❶ 강촌역에서 50번, 50–1번 시내버스 이용, 구곡 폭
포 주차장 하차. 구곡 폭포까지 도보 15분, 문배 마을까지
도보 40분 ❷ 승용차로 강촌에서 강촌역 거쳐 구곡 폭포 방
향. 구곡 폭포 주차장 봉화산 매표소에서 비포장 산길로 20
분 소요
전화 033–250–3569

강촌 江村

강촌은 서울과 가까워 예전부터 대성리와 함께 대학생들의 MT 장소나 가족 나들이 장소로 인기를 끌었다. 인근에 북한강이 흐르고 북동쪽으로 삼악산, 남서쪽으로 구곡 폭포와 문배 마을이 있어 빼어난 자연환경을 자랑한다. 근년에 강변에 있던 강촌 역사가 폐쇄되고 내륙에 새로운 강촌 역사가 생겼고, 대학생 MT보다 가족이나 연인들이 함께 즐기는 자전거, ATV 등 레저 스포츠 여행지로 새롭게 부각되고 있다.

위치 춘천시 남산면 강촌로, 춘천 남서쪽

강촌테마랜드 춘천시 남산면 강촌리, 구강촌역 동쪽

강촌랜드 춘천시 남산면 강촌리, 구강촌역과 강촌역 사이

교통 ❶ 춘천에서 3, 5, 50, 50-1, 55, 56번 시내버스 이용, 강촌역 하차 ❷ 경춘선으로 상봉역이나 춘천역에서 강촌역 도착 ❸ 승용차로 서울이나 춘천에서 강촌 방향

전화 강촌 유원지 033-262-4464, 강촌테마랜드 010-8646-9431

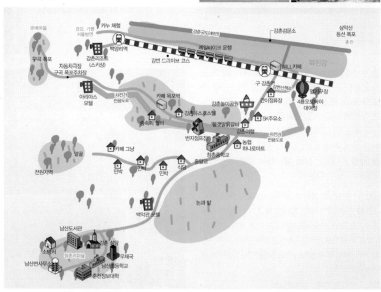

즐길거리

종류		가격	비고
강촌 랜드	허리케인 · 바이킹 · 범퍼카 · 공포 체험	대인 4,000원, 소인 3,500원	–
	디스코	대인 4,000원	놀이자키의 재미난 연변
	미니 바이킹	소인 3,000원	아이들이 즐기는 바이킹
	Big3 허리케인 · 바이킹 · 디스코	10,000원	세 가지 놀이기구 즐기기
	Small3 미니 바이킹 · 범퍼카 · 공포 체험	9,000원	아이들을 위한 놀이기구 패키지

먹거리

식당		위치 · 전화	메뉴 · 가격
강촌	우물집	강촌랜드 옆 033-262-6889	숯불닭갈비 12,000원, 막국수 7,000원
	물갯말닭갈비	강촌랜드 옆 033-262-6523	닭갈비 11,000원, 손막국수 7,000원
	명물닭갈비	강촌 거리 033-262-8952	닭갈비 11,000원, 막국수 6,000원
	원조중앙닭갈비	강촌 거리 033-262-9766	닭갈비 12,000원, 막국수 7,000원
문배 마을	촌집	문배 마을 033-261-4002	산채 비빔밥 8,000원 토종 닭백숙 45,000원
	통나무집	문배 마을 033-262-6639	
	문배집	문배 마을 033-262-9988	
	김가네	문배 마을 033-262-0881	

잠자리

펜션	위치 · 홈페이지	요금
강촌 산여울	춘천시 남산면 강촌리 535, 구 강촌역에서 강촌리조트 방향 www.sanyeoul.com	주중 60,000~150,000원 | 바비큐 망+숯 10,000원
느티나무 마을	춘천시 남산면 강촌리 238-5, 강촌 거리 중간 www.nutitree.com	비수기 주중 50,000~70,000원 | 금요일 60,000~80,000원 | 주말 80,000~100,000원 (성수기 요금 인상)
초코민트	춘천시 남산면 방곡리 83-1, 방곡교 건너 북쪽 www.chocomint.kr	비수기 주중 50,000~170,000원 | 금요일 80,000~250,000원 | 토요일 · 공휴일 전 80,000~550,000원(성수기 요금 인상)
강촌 해와달	춘천시 남산면 방곡리 84, 방곡교 건너 북쪽 www.gcsun.net	비수기 주중 50,000~170,000원 | 금요일 80,000~250,000원 | 토요일 · 공휴일 전 80,000~550,000원(성수기 요금 인상)

강촌 레일 파크

경춘선의 직선화로 북한강을 따라 운행하던 가평역~경강역~구 강촌역~김유정역 사이의 구간이 폐쇄되고, 철길을 이용해 레저용 레일바이크를 운영하고 있다. 코스는 김유정, 경강, 가평 코스로 운영된다. 북한강을 따라 난 기찻길을 달리며 주변 경치를 구경하는 기분이 상쾌하다.

위치 춘천시 신동면 증리 323-2, 강촌 레일 파크 김유정역
교통 김유정역 ❶ 춘천에서 1번, 67번 시내버스 이용, 김유정역 하차. 도보 5분 ❷ 경춘선으로 김유정역 하차. 도보 5분 ❸ 승용차로 서울이나 춘천에서 김유정역 방향
구 강촌역 ❶ 춘천에서 3, 5, 50, 50-1, 55, 56번 시내버스 이용, 강촌 유원지 하차. 구 강촌역 방향 도보 5분 ❷ 경춘선으로 강촌역 도착. 구 강촌역 방향 도보 15분 ❸ 승용차로 서울이나 춘천에서 강촌 방향
경강역 ❶ 굴봉산역, 강촌역, 춘천에서 86번 시내버스 이용, 사천리 하차. 도보 5분 ❷ 경춘선으로 굴봉산역 도착. 86번 시내버스 이용 ❸ 승용차로 서울이나 춘천에서 경강역 방향
요금 김유정역 2인승 30,000원, 4인승 40,000원 / 경강역 4인승 35,000원 / 가평역 2인승 25,000원, 4인승 35,000원
시간 하절기(3월~10월), 동절기(11월~2월)
신청 인터넷 홈페이지 이용(주말, 공휴일 사전 예매 요망)
전화 033-245-1000~2 | **홈페이지** www.railpark.co.kr

김유정역–강촌역 운행 시간

	코스	출발 시간	회차	비고
김유정	레일바이크_ 김유정~낭구마을(6km) 낭만열차_ 낭구마을~강촌역(2.5km)	09:00~17:30 (1시간 간격)	9	레일바이크+낭만열차 혼합운용
경강	경강역~쉼터~경강역 (7.2km)	09:00~17:00 (1시간 30분 간격)	6	경강역~쉼터 왕복
가평	가평역~경강역~가평역 (8km)	09:00~17:00 (약 1시간 30분 간격)	6	가평역~경강 왕복 (가평터미널 북쪽)

김유정 문학촌 金裕貞 文學村

1930년대 〈봄봄〉, 〈금 따는 콩밭〉, 〈동백꽃〉 등의 단편 소설을 발표한 소설가 김유정의 고향인 춘천시 신동면 실레 마을에 그의 문학촌이 생겼다. 문학촌에는 김유정 생가, 외양간, 디딜방아, 전시관 등이 있고 문학촌 인근 문학 산책로와 금병산 등산로도 잘 조성되어 있다.

위치 춘천시 신동면 증리(실레길) 868-1, 춘천 남쪽

교통 ❶ 춘천에서 1번, 67번 시내버스 이용, 김유정 문학촌 하차. 도보 5분 ❷ 경춘선으로 서울이나 춘천에서 김유정역 하차, 김유정 문학촌까지 도보 10분 ❸ 승용차로 서울이나 춘천에서 김유정역 방향

시간 하절기 09:00~18:00(동절기 17:00), 매주 월요일 휴관

전화 033-261-4650

홈페이지 www.kimyoujeong.org

의암호 衣岩湖

1967년 높이 17.5m, 길이 224m, 발전 용량 4만 5,000kW 규모의 의암댐이 건설되면서 만들어진 호수. 의암댐 북쪽으로 붕어섬, 중도 등을 포함하고 있고 춘천 시내를 가로지르는 공지천과 만난다. 남쪽의 의암-강촌 구간은 경춘 국도 구간 중 가장 아름다운 풍경을 자랑한다.

위치 춘천시 신동면 의암리, 춘천시 서면 삼악산 자락과 심동면 의암리 사이

교통 ❶ 춘천에서 59, 76번 시내버스 이용, 의암리본마을 하차. 의암댐 방향 도보 5분 ❷ 승용차로 서울이나 춘천에서 의암댐 방향

박사로 博士路

춘천의 대표적인 드라이브 코스인 박사로는 춘천시 강촌 입구에서 403번 도로 따라 북쪽으로 향하고 신매대교를 지나면서 70번 도로로 바뀌어 춘천댐에 이른다. 의암호의 호반을 따라 이어지는 경치가 아름답고 봄에는 벚꽃까지 만개한다. 박사로가 있는 춘천시 서면은 교육열이 높아 1963년 이래 142명의 박사를 배출하였다고 한다.

위치 춘천시 서면 천암리 403번 도로~춘천시 시면 오월리 70번 도로

교통 ❶ 승용차로 춘천에서 소양2교, 신매대교 지나 403번 지방도 또는 70번 지방도 이용 ❷ 승용차로 서울이나 춘천에서 강촌 거쳐 403번 지방도 거쳐 70번 지방도 이용

삼악산 三岳山

춘천 남서쪽 북한강변에 있는 산으로 삼악은 주봉인 용화봉(654m)과 함께 청운봉(546m), 등선봉(632m)을 말한다. 삼국시대 이전 맥국과 후삼국시대 궁예가 산성을 쌓은 흔적이 남아 있다. 등선 폭포가 호쾌하고 정상에서 내려다 보는 춘천, 강촌, 북한강의 풍경이 여유롭다. 삼악산에 오르려면 강촌에서 내려 시내버스를 타고 등선폭포 입구나 상원사 입구에 내리는 것이 좋다.

위치 춘천시 서면 덕원두리, 춘천 남서쪽 북한강변
교통 ❶ 버스로 등선 입구_강촌역, 강촌 입구, 춘천에서 3, 5, 50, 50-1, 51, 55, 56, 86번 시내버스 이용, 등선 폭포(삼악산) 입구 하차. 삼악 산장_춘천에서 51번, 81번 이용, 상원사 하차 ❷ 승용차로 등선 입구_46번 국도 이용. 삼악 산장_403번 지방도 이용
코스 등선 폭포(삼악산) 입구 – 등선 폭포 – 삼악산 정상(약 1시간 30분 소요), 상원 입구 – 삼악 산장 – 상원사 – 삼악산 정상(약 1시간 20분 소요, 등산로 경사 급함)
전화 033-262-2215

애니메이션 박물관

국내 유일의 애니메이션 박물관으로 1층에서는 애니메이션의 기원과 발전, 애니메이션의 종류와 제작 기법 등을 소개하고, 2층에서는 춘천관, 미국관, 아시아관 등 세계의 유명 애니메이션을 만나 볼 수 있다. 〈홍길동〉, 〈로버트 태권 V〉 같은 추억의 애니메이션 자료도 많다. 박물관 옆 로봇박물관 토이 로봇관도 방문해 보자.

위치 춘천시 서면 현암리(박사로) 367, 춘천시 서쪽 북한강 건너
교통 ❶ 춘천에서 81, 82, 83번 시내버스 이용, 애니메이션 박물관 하차 ❷ 승용차로 서울에서 강촌 거쳐 403번 지방도, 춘천에서 소양2교, 신매대교 지나 403번 지방도 이용, 애니메이션 박물관 도착
요금 애니메이션 박물관 6,000원, 토이로봇관 6,000원, 애니메이션+토이로봇관 10,000원
전화 033-245-6470
홈페이지 www.animationmuseum.com

공지천 孔之川

춘천을 동쪽에서 서쪽으로 가로지르는 하천으로 서쪽 끝에서 의암호와 만난다. 예전 춘천으로 여행으로 간 연인들이 즐겨 찾는 데이트 장소로 인기가 높았다. 공지천 주변으로 공지천 유원지와 공지천 공원, 조각 공원이 조성되어 있고 공지천에서 타는 오리배가 재미있다. 레스토랑 에티오피아에서 공지천을 바라보며 커피 한잔을 마셔도 좋다.

위치 춘천시 에티오피아길, 춘천 서쪽
교통 ❶ 춘천에서 3, 6, 7, 8, 13, 18, 18-1, 50, 50-1, 51, 52번 등 시내버스 공지 사거리 하차. 공지천 방향 도보 5분 ❷ 승용차로 춘천에서 공지천 방향
요금 오리보트 3인승 10,000원, 4인승 13,000원, 노 보트 10,000원
전화 춘천시 관광과 033-250-3089, 공지천 양파보트장 033-254-9365

공지천 조각 공원 孔之川 彫刻 公園

춘천이 1898년 이래 강원도의 중심이 된 지 100년이 되는 1996년쯤 조성되었고 김훈의 〈순환 96〉, 김수학의 〈동심〉, 김의웅의 〈풍경〉 등 약 29개의 조각 작품이 전시되고 있다. 조각 공원 내 물시계 전시관에는 조선 세종 때 장영실이 만든 자격루가 복원되어 관람객을 맞이한다.

위치 춘천시 근화동, 공지천 유원지 남동쪽
교통 ❶ 춘천에서 3, 6, 7, 8, 13, 18, 18-1, 50번 등 시내버스 이용, 공지 사거리 하차, 도보 5분 ❷ 승용차로 춘천에서 공치천 방향
전화 033-250-3089

 Travel Tip

커피의 고향, 에티오피아 커피

에티오피아 한국전 참전 기념관 2층 에티오피아의 민속을 보다 보면 커피와 커피잔이 있다. 에티오피아는 처음 커피가 발견된 곳이고 지금도 야생 커피나무를 볼 수 있는 곳이기에 예부터 커피를 마셔 왔음을 알 수 있다. 에티오피아의 주요 커피 산지는 하라, 시다모, 아르가체페, 리무, 짐마 등. 현재 에티오피아 커피 생산량은 연간 약 26만 톤으로 이 중 절반을 수출하고 절반을 자가 소비한다. 한국전 참전 기념관과 레스토랑 에티오피아에서 에티오피아산 커피를 맛보고, 구입도 할 수 있어 커피 애호가의 눈길을 끈다.

가격 에티오피아산 원두커피 20,000원, 모카골드 커피믹스 5,000원 내외, 원두 블루마운틴 티백 10,000원 내외
전화 033-254-5178(에티오피아 한국전 참전 기념관 1층)

에티오피아 한국전 참전 기념관

6 · 25 전쟁 당시 유엔군으로 에티오피아 3개 대대 6,037명의 군인들이 파병되어 철원, 화천, 양구 등에서 북한군, 중공군과 전투를 벌였다. 이를 기념하고자 1968년 공지천 조각 공원에 에티오피아 참전 기념탑이 세워졌고, 2007년 한국전 참전 기념관이 세워졌다. 참전 기념관 1층에는 에티오피아군의 참전 과정, 당시 전투 상황, 2층에는 에티오피아의 민속 자료가 전시된다.

위치 춘천시 근화동 365-3, 공지천 유원지 부근
교통 ❶ 춘천에서 3, 6, 7, 8, 13, 18, 18–1, 50, 50–1, 51, 52번 등 시내버스 공지 사거리 하차. 공지천 방향 도보 5분 ❷ 승용차로 춘천에서 공치천 방향
시간 09:00~18:00(매주 월요일 휴관)
전화 033–254–5178

명동 明洞

춘천 중앙 로터리 부근 약사명동, 교동, 소양동 일대를 부르는 명칭으로 중앙로 동쪽 번화가를 가리킨다. 패션 · 액세서리점이 즐비하고 춘천 닭갈비로 유명한 명동 닭갈비 골목, 사람들로 북적이는 중앙 시장과도 가깝다. 명동 뒷골목에 닭갈비집이 생기기 시작한 것은 1970년대로 당시 값이 싸고 맛이 좋다고 소문이 나 휴가 나온 군인이나 대학생에게 인기를 끌며 전국적으로 명성을 얻었다. 때때로 주말 저녁이면 명동 한가운데서 청소년들의 댄스 배틀이 열려 열기를 더하고, 최근에는 명동 동쪽으로 패션 · 아웃도어 의류점이 밀집한 브라운 5번가가 조성되어 유행 패션을 선도하고 있다.

위치 춘천시 명동, 춘천시청 남서쪽
교통 ❶ 춘천에서 1, 2, 3, 5, 6–1, 7, 8, 20, 21번 등 시내버스 이용, 명동 입구 하차 ❷ 상봉역에서 경춘선, 용산 · 청량리역에서 ITX 청춘으로 춘천역 하차, 춘천시청 방향 도보 15분 ❸ 승용차로 춘천에서 춘천시청 방향

중앙 시장 中央 市場

춘천 일대의 농산물, 산나물 등이 모이는 춘천 제
일의 재래 시장으로 낭만 시장이라고도 한다. 시
장 바깥쪽에는 장날도 아닌데 농산물, 산나물 좌
판이 늘어서 재래 시장의 분위기를 돋운다. 길가
좌판이 양이 풍성하고 가격도 더 싸다. 시장 내
분식점은 TV 드라마 〈겨울연가〉에 나왔던 곳이
어서 간혹 일본, 중국 관광객들을 볼 수 있고 춘
천 낭만상회는 옛 추억의 물품을 전시하고 있어
눈길을 끈다.

위치 춘천시 중앙로2가 42-18, 춘천 명동 번화가 남쪽
교통 ❶ 춘천에서 1, 2, 3, 5, 6-1, 7, 8, 20, 21번 등 시내버스
이용, 명동 입구 하차 ❷ 상봉역에서 경춘선, 용산 · 청량리
역에서 ITX 청춘으로 춘천역 하차, 춘천시청 방향 도보 15분
❸ 승용차로 춘천에서 춘천시청 방향
전화 033-254-2558

책과 인쇄 박물관

우리나라의 인쇄 역사와 책이 만들어지는 과정을
살펴볼 수 있는 박물관이다. 전시실은 크게 광인
사인쇄공소를 재현한 인쇄전시실과 고서부터 일
제 강점기까지 근대 서적을 볼 수 있는 책전시실로
나뉜다. 수동 활판기(인쇄)와 나만의 엽서 만들기
체험이 흥미롭다.

위치 춘천시 신동면 풍류1길 156
교통 김유정역에서 김유정 문학촌을 지나 박물관 방향, 도
보 15분
요금 6,000원
시간 09:00~18:00
전화 033-264-9923
홈페이지 www.mobapkorea.com

국립 춘천 박물관 國立 春川 博物館

강원도의 역사와 문화를 담은 강원도 종합 박물관으로 1층 전시실에는 선사시대부터 청동기시대까지 강원도에서 출토된 유물이, 2층 전시실에는 강원도의 불교 문화와 왕실 문화, 강원도가 배출한 인물과 강원도 문화를 전시한다.

위치 춘천시 석사동(우석로) 산 27-1, 강원대학교 남동쪽
교통 ❶ 춘천에서 85, 88번 시내버스 이용, 국립 춘천 박물관 하차 ❷ 춘천에서 석사사거리 방향, 석사사거리에서 강원대 방향
시간 09:00~18:00(4~10월 매주 토요일 21:00까지, 매주 월요일 휴관)
전화 033-260-1500
홈페이지 www.chuncheon.museum.go.kr

소양강 처녀상 昭陽江 處女像

소양강에 세워진 소양강 처녀상은 반야월 작사, 이호 작곡의 가요 〈소양강 처녀〉에서 기인한 것으로 안내판 앞에 서면 〈소양강 처녀〉 노래가 흘러 나온다. 소양강은 인제군 서화면 무산에서 발원하여 소양강댐을 이루고 춘천 의암호와 합쳐진다. 소양강 처녀상 뒤로 작품명 〈자연의 생명〉이라는 스테인리스로 만든 쏘가리가 뛰놀고, 길이 156m의 소양강 스카이 워크가 보인다.

위치 소양2교 호반사거리 서쪽
교통 ❶ 춘천에서 12, 12-1, 18-1, 31, 83, 101번 시내버스 이용, 소양강 처녀상 하차 ❷ 승용차로 춘천에서 소양2교 방향, 소양2교 호반 사거리 서쪽

춘천인형극장 春川人形劇場

의암호 옆 춘천시 사농동에 위치한 인형 극장으로 대극장, 하늘극장(소극장), 인형 박물관으로 이루어져 있다. 국내외로 성과를 낸 춘천인형극제의 영향으로 인형 극장이 세워졌고 매달 뮤지컬 인형극 〈빨간 모자〉, 인형극 〈팥죽할멈〉 같은 작품이 공연된다.

위치 춘천시 사농동(영서로) 277-3, 소양2교 북쪽
교통 ❶ 춘천에서 12-1, 38, 81-1, 82, 83, 110, 150번 시내버스 이용, 청소년 수련관 또는 인형 극장 하차 ❷ 승용차로 춘천에서 소양2교 건너 5번 국도 이용, 춘천 인형 극장 도착
요금 공연 작품별로 다름
관람신청 인터넷 홈페이지 또는 전화 예약, 현장 신청
전화 033-242-8450 | 홈페이지 www.cocobau.com

인형극 박물관 人形劇 博物館

춘천 인형 극장 옆에 위치해 있으며 120여 평의 공간에 국내외 200여 점의 인형과 인형극 자료가 전시된다. 주요 전시물로는 막대 인형, 손 인형, 줄 인형, 그림자 인형과 전통 인형인 한국의 남사당 꼭두각시 놀음이 있다.

위치 춘천시 사농동(영서로), 춘천 인형 극장 옆
교통 ❶ 춘천에서 38, 81-1, 82, 83번 시내버스 이용, 청소년 수련관 하차 ❷ 승용차로 춘천에서 소양2교 건너 5번 국도 이용, 춘천 인형 극장 도착
요금 입장료 2,000원
시간 10:00~17:00(매주 월요일 휴관)
전화 033-242-8450 | 홈페이지 www.cocobau.com

유림 랜드

춘천시 의암호 옆에 있는 전통의 테마파크로 목마, 기차, 미니 바이킹 같은 놀이 시설, 호랑이, 반달곰, 너구리 등이 있는 동물원, 주목, 들국화, 야생화가 있는 자연 체험장을 겸하고 있다. 당나귀 타기와 양떼 목장 체험은 어린이들에게 인기가 높다.

위치 춘천시 사농동 61-2, 소양2교 북쪽
교통 ❶ 춘천에서 12-1, 30, 31, 32, 33, 33-1, 36번 등 시내버스 이용, 육림랜드 하차 ❷ 승용차로 춘천에서 소양2교 건너 5번 국도 이용, 육림 랜드 도착
요금 입장료 성인 5,000원, 청소년 4,500원, 어린이 4,000원
시간 09:00~19:00 | 전화 033-252-7225
홈페이지 www.yuklimland.com

즐길거리

종류	가격	비고
1종(회) 이용권	성인 3,000원, 청소년 · 어린이 2,500원	목마, 회전그네, 기차, 공중그네, 미니바이킹, 회전의자, 바이킹, 고가싸이클, 대관람차, 범퍼카
4종(회) 이용권(곰돌이표)	10,000원	
9종(회) 이용권(호랑이표)	20,000원	
동전 사용	1회 1,000원 (500원 동전 사용)	꼬마기차, 우주선, 헬기 등
당나귀 타기	5,000~10,000원	
양떼 목장 건초	1,000원	

강원도립 화목원 江原道立 花木園

목본류 599종, 초본류 920종, 다육식물류 134종 등 총 1,653종 10만여 본과 미선나무, 히어리, 개느삼, 섬시호, 삼백초, 노랑무늬붓꽃 등 환경부 지정 멸종 위기 식물 20종이 식재되어 있다. 주요 시설로는 유리 온실인 반비 식물원, 분수 광장, 지피 식물원, 수생 식물원, 암석원, 산림박물관 등이 있다.

위치 춘천시 사농동(화목원길) 24, 춘천 인형 극장 동쪽
교통 ❶ 춘천에서 12-1, 110번 시내버스 이용, 화목원 하차
❷ 승용차로 춘천에서 소양2교 건너 5번 국도 이용, 춘천 인형 극장에서 우회전
요금 입장료 1,000원
시간 10:00~18:00(동절기 17:00, 매주 월요일 휴관)
코스 입구 → 수생식물원 · 화목정 → 암석원 · 약용&멸종위기식물자원보존원 → 산림박물관 → 토피어리원 → 지피식물원 → 반비쉼터 → 분수광장 → 반비식물원 → 임산물 판매장 → 출구
전화 033-248-6691~92
홈페이지 www.gwpa.kr

산림 박물관 山林 博物館

강원도립 화목원 내 산림 박물관으로 1전시실은 숲의 체험관과 조수류 · 어류 박제, 2전시실은 화석과 나무의 성장 과정 · 곤충 박제, 3전시실은 산촌 생활과 강원도의 비경, 4전시실은 화전 정리사와 강원도 산림의 미래 등을 전시하고 있다. 특수 영상관에서는 나무의 일생과 강원도 홍보물이 상영된다.

위치 춘천시 사농동(화목원길) 218-5
교통 강원도립 화목원 내 도보 5분
요금 강원도립 화목원 입장료 1,000원, 박물관 내 특수 영상관 2,000원
시간 10:00~18:00(동절기 17:00, 매주 월요일 휴관)
전화 033-248-6691~92
홈페이지 www.gwpa.kr

춘천의 먹자골목

춘천 하면 떠오르는 닭갈비, 그 중에서 춘천 제일의 번화가인 명동 닭갈비는 명성이 자자하다. 최근에는 명동 닭갈비 외에도 만천리 닭갈비 거리, 낙원동 닭갈비 골목, 춘천역 부근 닭갈비 거리, 후평동 닭갈비 거리, 남춘천역 앞 닭갈비 거리, 온의동 닭갈비 거리 등이 인기를 끌고 있다. 춘천에서 막국수와 매운탕도 빼놓을 수 없다. 막국수 거리는 소양강댐 아래 샘골 막국수 거리(신북 막국수·닭갈비 거리)가 있는데 대개 막국수와 닭갈비를 겸한 식당이 많다. 진짜 막국수 맛을 보려면 막국수와 닭갈비집을 겸한 곳이 아닌 막국수 전문 식당을 찾는 것이 좋다. 춘천댐 매운탕골에서는 춘천의 북한강, 소양강, 의암호, 소양호, 춘천호 등에서 잡은 민물고기로 끓인 매운탕을 맛볼 수 있다. 그 밖에 공지천 공지 사거리 건너 포장마차촌, 남춘천역 북서쪽 철로 아래 풍물 시장 식당가 등의 먹자골목도 가볼 만하다.

먹자골목	대표 식당	위치·전화	메뉴
명동 닭갈비 골목	우미닭갈비 본점	춘천시 조양동 033-253-2428	닭갈비 12,000원 막국수 7,000원
	명물닭갈비	춘천시 조양동 033-257-2961	닭갈비 12,000원 막국수 6,000원
	명동본가닭갈비	춘천시 조양동 033-241-4400	닭갈비 12,000원 막국수 7,000원
만천리 닭갈비 거리 (춘천시 동면 만천리)	명봉닭갈비막국수	춘천시 동면 만천리 033-256-1735	닭갈비 11,000원 막국수 7,000원
	한림닭갈비	춘천시 동면 만천리 033-242-4890	닭갈비 12,000원 막국수 6,000원
낙원동 닭갈비 골목 (우리은행 뒷골목)	춘천사랑닭갈비	춘천시 낙원동 033-256-9211	닭갈비 11,000원 날치알볶음밥 2,000원
	춘천산더덕닭갈비	춘천시 낙원동 033-241-3826	닭갈비 11,000원 막국수 6,000원

먹자골목	대표 식당	위치 · 전화	메뉴
후평동 닭갈비 거리 (후평동 먹자골목)	향토진미닭갈비(본점)	춘천시 후평동 033-256-9945	닭갈비 11,000원 막국수 6,000원
	우성닭갈비본점	춘천시 후평동 033-256-3659	닭갈비 12,000원
남춘천역 앞 닭갈비 거리	춘천종가닭갈비	춘천시 퇴계동 033-252-7390	닭갈비 11,000원 막국수 6,000원
	진보닭갈비	춘천시 퇴계동 033-910-4815	닭갈비 11,000원 막국수 6,000원
온의동 닭갈비 거리 (온의동 먹자골목)	50년전통닭갈비,막국수	춘천시 온의동 033-243-7776	닭갈비 12,000원 막국수 6,000원
	우미닭갈비막국수	춘천시 온의동 033-254-6186	닭갈비 12,000원 막국수 6,000원
샘밭막국수 거리 (신북막국수 · 닭갈비거리)	시골막국수	춘천시 신북읍 율문리(신북읍) 033-242-6833	막국수 7,500원
	샘밭막국수	춘천시 신북읍 천전리 033-242-1712	막국수 7,500원
춘천댐 매운탕골	평남횟집	춘천시 서면 오월리 033-244-2379	산천어, 잡어, 쏘가리 매운탕
	서울횟집	춘천시 서면 오월리 033-244-2368	산천어, 잡어, 쏘가리 매운탕
공지천 공지사거리 포장마차촌	포장마차촌	춘천시 공지사거리	우동, 닭꼬치

* 가격 정보는 수시 변동될 수 있음

춘천 막국수 체험박물관

막국수는 원래 강원도 영서 지방에서 즐겨 먹던 음식이었으나 춘천에서 최초로 막국수 식당이 생기며 대중화되었다. 막국수란 이름은 메밀 반죽에서 막 뽑아내어 먹는다고 해서 붙여진 이름. 처음에는 막국수 온면을 많이 먹었으나 현재는 막국수 냉면이 주류를 이룬다. 박물관 1층은 막국수의 역사와 조리 방법을 알리는 전시관, 2층은 막국수 체험관으로 되어 있다.

위치 춘천시 신북읍 산천리(신북로) 342-1, 신북읍 북쪽
교통 ❶ 춘천에서 16, 19, 19-1번 시내버스 이용, 운전면허시험장 또는 오동초등학교 하차. 박물관 방향 도보 5분 ❷ 승용차로 춘천에서 소양2교 건너 우회전, 신북읍 방향. 신북읍에서 신북로 이용
요금 입장료 1,000원, 체험료 5,000원(체험을 원하는 사람은 사전 문의)
시간 1층 전시관 10:00~17:00, 2층 체험관 10:00~16:30 (12:00~13:00 점심 시간 제외, 1회 4팀 · 40분 소요) / 매주 월요일 휴관
전화 033-250-4134, 4135
홈페이지 ccmksmuseum.modoo.at

춘천 월드온천

춘천에 하나밖에 없는 온천으로 알칼리성 수질을 자랑한다. 여름철에는 야외 수영장(온천 이용객 무료)을 개장한다. 온천 옆 잣나무 길은 TV 드라마 〈겨울연가〉의 촬영지로 산책을 하거나 기념 촬영하기 좋다.

위치 춘천시 신북읍 산천리(신북로) 310-13, 춘천 막국수 체험 박물관 동쪽
교통 ❶ 춘천에서 19, 19-1, 150번 시내버스 이용, 춘천 월드온천 하차 ❷ 승용차로 춘천에서 소양2교 건너 우회전, 신북읍 방향. 신북읍에서 신북로 이용
요금 온천 주간 7,000원, 야간(20:00~04:00) 9,000원 / 온천+찜질방 주간 8,000원, 야간(20:00~04:00) 10,000원(찜질복 포함)
전화 033-244-8889
홈페이지 www.worldspaland.co.kr

옥광산 玉鑛山

춘천옥이라 불리는 세계 유일의 연옥(백옥) 광산
으로 매장량이 약 30만 톤에 달한다. 현재 6개의
광구에서 춘천옥을 채굴하고 있고 일부 광구를
일반인에게 개방하고 있다. 개방된 광구 안에는
옥을 캐는 장비, 옥제품 전시장, 휴게실이 갖추어
져 있다. 옥광산의 옥찜질 체험장과 옥제품 판매
장도 둘러볼 만하다.

위치 춘천시 동면 월곡리(금옥길) 241, 춘천시 북동쪽
교통 ❶ 춘천에서 66, 150번 시내버스 이용, 옥광산 하차 ❷
승용차로 춘천에서 56번 국도 이용, 동면 IC 교차로 지나 좌
회전, 동면사무소 지나 우회전, 옥광산 방향
요금 찜질방+사우나 12,000원, 사우나 8,000원, 옥동굴체
험장 5,000원
전화 033-242-1042
홈페이지 www.oksanga.com / sauna.oksanga.com

추곡 약수 秋穀 藥水

소양호 북쪽 사명산(1,175m) 자락에 있는 약수
로 약간 붉은색을 띠고 톡 쏘는 느낌에 쇠 맛이 난
다. 철분 · 나트륨 · 탄산염 등이 함유되어 있고
위장병, 빈혈, 신경통 등에 효험이 있다고 한다.
추곡 약수 상탕은 강원보란 사람이 사명산 산신
령의 계시를 받아 발견했고 하탕은 한 맹인이 지
나다 돌부리에 걸린 곳에서 약수가 솟았다고 전
해진다.

위치 춘천시 북산면 추곡 약수길, 소양호 북쪽
교통 ❶ 춘천에서 18번 시내버스 이용, 추곡 약수터 하차.
약수터까지 도보 5분 ❷ 승용차로 춘천에서 46번 국도 이
용, 소양 6교 건너 배후령 터널 통과, 추곡 약수 방향

구봉산 전망대 九峰山 展望臺

구봉산(431m)은 춘천시 동쪽에 있는 산으로 대
룡산, 금병산과 함께 춘천을 동쪽에서 감싼다. 전
망대에 서면 춘천 시내와 춘천 북쪽 봉의산이
한눈에 들어오고 한밤에 보는 춘천 야경은 더욱
멋지다. 인근에 예쁜 카페가 많이 들어서 데이트
장소로도 인기가 높다.

위치 춘천시 동면 장학리 26-39, 춘천시 동쪽
교통 승용차로 춘천에서 만천리 방향, 만천리에서 구봉산
전망대 방향

소양강댐

홍수 예방, 농·공업 용수 제공, 발전 등 다목적으로 지은 댐으로 길이 530m, 높이 123m, 발전 용량 20만kW이다. 소양강댐 물문화관에서 물의 순환, 물의 소중함 등에 대해 알아보고 소양강댐 정상에서 소양호 풍경을 조망한다. 소양강 가는 길가에 벚나무가 심어져 있어 벚꽃이 피는 봄에 방문하면 더 멋진 풍경을 기대할 수 있다. 소양강댐에서 청평사, 양구행 여객선이 운항되며 소양강댐 아래 샘밭막국수촌에서 막국수와 닭갈비를 맛볼 수 있다.

위치 춘천시 신북읍 천전리 산4, 춘천시 북동쪽
교통 ❶ 춘천에서 11, 12, 12–1, 150번 시내버스 이용, 소양강댐 정상 하차 ❷ 승용차로 56번 국도 이용, 동면 IC 교차로에서 좌회전, 46번 국도 이용, 소양6교 지나 우회전, 소양강댐 도착
시간 소양강댐 물문화관 09:00~18:00(매주 월요일 휴관)
전화 한국수자원공사 소양강댐관리단 033–259–7204, 물문화관 033–259–7334

🚌 Travel Tip
춘천 소양강댐 여객선 여행

춘천 소양강댐 선착장에서 청평사행, 양구행, 동면과 북산행 여객선, 소양호 일주 유람선을 타고 여행을 할 수 있다. 소양호에서 바라보는 풍경이 멋지고 바람을 가르며 나아가는 여객선, 유람선이 재미있다. 여객선 운항은 계절, 날씨 등에 영향을 받으므로 미리 전화로 운항 여부를 확인하는 것이 좋다.

위치 춘천시 신북읍 천전리 산4, 춘천시 북동쪽
교통 ❶ 춘천에서 11, 12, 12–1, 150번 시내버스 이용, 소양강댐 정상 하차 ❷ 승용차로 56번 국도 이용, 동면 IC 교차로에서 좌회전, 46번 국도 이용, 소양6교 지나 우회전, 소양강댐 도착

청평사 淸平寺

고려 광종 24년인 973년 승려 승현이 백암선원이라 칭하며 창건하였다. 그 후 보현원, 문수원 등으로 개창되었다가 1550년에 보우선사에 의해 청평사로 개창되었다. 산과 계곡이 어우러진 풍광이 수려하고, 낭만적인 사랑의 전설까지 있어서 젊은 연인들이 많이 찾는 사찰이다. 주요 문화재로는 보물 164호 청평사 회전문과 극락보전이 있다. 청평사 가는 길의 공주굴과 사찰 내 공주탑이라 불리는 3층 석탑에는 원나라 공주에 대한 전설이 서려 있고 길가 구성 폭포가 시원하다. 청평사 뒤에 오봉산이 있어 가벼운 산행을 하기도 좋다.

위치 춘천시 북산면 청평리 674, 소양댐 북쪽
교통 ❶ 춘천에서 18-1번 시내버스 이용, 청평사 종점 하차. 청평사까지 도보 30분 ❷ 여객선으로 소양강댐에서 청평사 선착장까지 ❸ 승용차로 춘천에서 46번 국도 이용, 소양6교 건너 배후령 터널 통과, 간척사거리에서 우회전 배치고개 방향, 배치고개 너머 청평사
요금 입장료 2,000원, 소양강댐 여객선 왕복 6,000원 · 편도 3,000원
전화 033-244-1095
홈페이지 cheongpyeongsa.co.kr

춘천의 맛집

명동 본가닭갈비

닭갈비는 둥글고 평평한 철판 위에 양배추, 대파, 가래떡 등과 함께 양념한 닭고기를 볶아 먹는 요리. 적당히 양념이 밴 닭갈비가 맛있고 닭기름에 튀긴 가래떡도 먹을 만하다. 음료수를 1,000원 받고 제공하는 집과 무료로 제공하는 집이 있다. 우미닭갈비(033-253-2428), 명물 닭갈비(033-257-2961) 등도 가볼 만하다.

위치 춘천시 조양동 51-8, 명동 닭갈비 거리
교통 ❶ 춘천에서 1, 2, 3, 5, 6-1, 7번 등 시내버스 이용, 명동 입구 하차. 명동 닭갈비 골목 방향 도보 3분 ❷ 상봉역에서 경춘선, 용산·청량리역에서 ITX 청춘으로 춘천역 하차, 춘천시청 방향 도보 15분 ❸ 승용차로 춘천에서 춘천 시청 방향
메뉴 닭갈비 12,000원, 막국수 7,000원
전화 033-242-4400

곰배령

춘천 제일의 한정식집으로 황태구이 정식에는 메인 요리인 황태구이 외에 임자탕, 사철전, 더덕무침, 사철나물, 산야초, 장아찌, 산채, 약초밥 등 다양한 반찬이 나오고 모양새에도 신경을 써 먹기 아까울 정도.

위치 춘천시 퇴계동 770-3
교통 KBS 춘천 방송국 옆, 강원도 종합 관광 안내소 지하
메뉴 나물밥 13,000원, 강원나물밥 정식 19,000원, 곰배령 한정식 27,000원
전화 033-255-5500

운동장 해장국

KBS 춘천 방송국 인근에 있는 해장국집으로 아침을 먹기에 좋은 곳. 운동장 해장국이란 이름은 현 롯데마트 자리에 시립운동장이 있었던 것에 기인한 것이다. 해장국 외 갈비찜도 손님들이 많이 찾는 메뉴다.

위치 춘천시 온의동 15-1, 곰배령 북서쪽
교통 곰배령에서 운동장 해장국 방향 도보 5분
메뉴 우거지 선지 해장국 8,000원, 우거지 갈비탕 10,000원, 갈비찜 소 35,000원
전화 033-251-1388

길성식당

중앙 시장 내 시어머니가 하던 국밥집을 며느리가 이어받아 50년 전통을 자랑하는 집이다. 돼지뼈를 오랫동안 고아, 진한 육수를 만들어 내고 여기에 돼지 수육, 순대를 올려 순대국밥을 내온다. 느끼하지 않은 진한 국물 맛이 일품이고 쫄깃한 돼지 수육의 맛도 그만이다.

위치 춘천시 죽림동 11-16
교통 중앙 시장 내 도보 5분
메뉴 순대국밥 6,000원, 소머리국밥 7,000원, 돼지머리고기 20,000원
전화 033-254-2411

시골 막국수

샘골 막국수 거리(신북닭갈비·막국수 거리) 아래 신북읍에 자리한 막국수집으로 연일 찾는 사람으로 붐빈다. 막 뽑은 막국수에 양념, 오이채가 올라가 있고 계란 반쪽과 수육 한 조각도 감칠맛을 더한다. 쓱쓱 비벼 먹는 맛이 그만이다.

위치 춘천시 신북읍 율문리 278-3, 신북읍 사무소 동쪽
교통 ❶ 춘천에서 11, 12, 12-1, 13, 16번 등 시내버스 이용, 신북읍 사무소 하차, 막국수집 방향 도보 5분 ❷ 승용차로 춘천에서 소양2교 지나 우회전 신북읍 방향
메뉴 막국수 7,500원, 수육 12,000원, 총떡, 빈대떡, 도토리묵, 촌두부 각 6,000원
전화 033-242-6833

산천수산 송어회

춘천 사람이라면 다 아는 송어·향어 횟집으로 산천수산이라는 양어장을 겸하고 있어 저렴한 가격에 푸짐하게 맛볼 수 있다. 여러 명이 방문한다면 송어와 향어를 취향대로 섞어 시키면 되고 1인이라면 송어 또는 향어 1마리 1.5kg을 시키면 된다.

위치 춘천시 신북읍 산천리 171-12, 춘천면허시험장 동쪽 마을 안
교통 ❶ 춘천에서 16, 19, 19-1번 시내버스 이용, 춘천면허시험장 하차. 오동보건진료소 뒤쪽 방향 도보 5분 ❷ 승용차로 춘천에서 소양2교 건너 우회전, 신북읍에서 신북로 이용. 춘천 막국수 체험 박물관 방향
메뉴 송어·향어 1kg 각 12,000원, 송어·향어 1마리 1.5kg 각 15,000원, 송어 구이 18,000원, 송어 튀김 12,000원
전화 033-243-3080

원조 중앙 닭갈비

춘천 명동 이송금 할머니의 원조 중앙 닭갈비 강촌점으로 강촌 구곡 폭포 입구 부근에 위치해 있으며 넓고 깨끗한 인테리어가 돋보인다. 닭갈비는 매콤한 양념에 닭살이 통통하고 쫄깃하여 맛이 있고, 닭갈비 양념이 배인 고구마와 떡을 건져 먹는 재미도 있다.

위치 춘천시 남산면 강촌리 338-2, 강촌 유원지 구곡 폭포 입구 부근
교통 ❶ 춘천에서 3, 5, 50, 50-1, 55, 56번 시내버스 이용. 강촌역 하차. 강촌 유원지 구곡 폭포 입구 방향 도보 5분 ❷ 경춘선으로 상봉역이나 춘천역에서 강촌역 도착 ❸ 승용차로 서울이나 춘천에서 강촌 방향
메뉴 닭갈비 12,000원, 막국수 7,000원
전화 033-262-9766

평남 횟집

춘천 북쪽 춘천댐 서쪽에 매운탕집이 모여 춘천댐 매운탕골을 형성하고 있다. 그 중에 평남 횟집이 있다. 춘천호에서 잡은 민물고기로 조리한 매운탕이 맛있고 양식장에서 기른 향어, 송어는 회로 먹어도 좋다. 다른 지역에 비해 가격이 약간 비싼 느낌이 들어 아쉽다.

위치 춘천시 서면 오월리 96-2, 춘천댐 서쪽, 춘천댐 매운탕골
교통 ❶ 춘천에서 31, 38, 39, 92번 시내버스 이용, 춘천댐 하차. 춘천댐 건너 매운탕골까지 도보 10분 ❷ 승용차로 춘천에서 소양2교 건너 5번 국도 이용, 신매대교 건너 70번 지방도 이용, 춘천댐 방향
메뉴 향어·송어회, 잡어·메기·쏘가리 매운탕
전화 033-244-2370

이디오피아집

눈 내리는 겨울날 춘천 여행에서 공지천 주변을 산책하고 이디오피아(에티오피아)의 집에서 돈가스를 먹고 커피를 마셨던 기억이 난다. 1968년 개업한 이래 춘천을 찾은 사람이라면 한 번쯤 들렀을 이디오피아의 집. 이곳에는 에티오피아와 한국 간의 교류를 보여 주는 자료와 에티오피아의 민속 물품이 전시되어 있기도 하다.

위치 춘천시 근화동 371-3, 공지천 유원지 입구
교통 ❶ 춘천에서 3, 6, 7, 8, 11, 18번 등 시내버스 이용, 조각공원 하차. 공지천 방향 도보 5분 **❷** 승용차로 춘천에서 공지천 방향
메뉴 아메리카노 5,000원, 에스프레소 5,500원, 카페라떼 6,000원
전화 033-252-6972

샘밭 막국수

샘밭 막국수 거리 서쪽에 있는 막국수 전문점으로 막 뽑은 막국수를 큰 덩어리 하나, 작은 덩어리 하나 해서 두 덩어리로 놓는 것이 특이하다. 막국수 위에 양념, 김 가루를 올렸고 깨를 뿌렸다. 계란 반쪽도 빠지지 않는다. 전통 막국수 맛에 가깝다.

위치 춘천시 신북읍 천전리 118-23, 천전삼거리 부근
교통 ❶ 춘천에서 11, 12, 12-1, 13, 18, 18-1번 시내버스 이용, 천전3리 하차. 막국수집 방향 도보 5분 **❷** 승용차로 춘천에서 소양2교 건너 신북읍 지나 샘밭 막국수 거리 방향
메뉴 막국수 7,500원, 수육 18,000원, 감자전, 녹두전 각 8,000원
전화 033-242-1712

큰집

경춘선 김유정역 부근에 있는 삼계탕집이다. 사람들이 많이 찾는 궁중삼계탕은 신선한 육계를 사용해 살이 부드럽고 닭죽도 고소한 맛을 낸다. 삼계탕이라기보다는 서양식 치킨 스프에 닭고기를 넣은 느낌.

위치 춘천시 신동면 증리 929-1, 실래마을, 김유정역 앞
교통 ❶ 춘천에서 1, 67번 시내버스 이용, 김유정역 하차. 큰집 방향 도보 5분 **❷** 경춘선이나 ITX 청춘 이용, 김유정역 하차. **❸** 승용차로 서울에서 46번 국도 이용, 강촌 지나 김유정역 방향. 춘천에서 70번 지방도 이용, 김유정역 방향
메뉴 궁중삼계탕 14,000원, 누룽지삼계탕 15,000원
전화 033-262-2130

촌집

문배 마을은 강촌 구곡 폭포 위쪽 10여 채의 농가가 있는 산골로 농가들은 대개 식당을 겸해 문배 마을을 찾아온 사람들을 맞는다. 산골 식당에서 감자전이나 산채비빔밥을 맛보며 한가로운 시간을 보내기 좋다. 촌집 이외에 문배집 (033-262-9988)도 찾아가기 편하다.

위치 춘천시 남산면 강촌리, 문배 마을 내
교통 ❶ 춘천에서 50, 50-1번 시내버스 이용, 구곡 폭포 종점 하차, 구곡 폭포 지나 문배 마을까지 도보 40분 **❷** 경춘선으로 강촌역 하차, 50, 50-1번 시내버스 이용 구곡 폭포 종점 하차 **❸** 승용차로 서울에서 46번 국도 이용, 강촌 구곡 폭포 주차장 도착, 봉화산 방향 산길(비포장) 이용
메뉴 감자전 7,000원, 산채비빔밥 8,000원, 토종닭백숙 45,000원
전화 033-261-4002

황태 마을

남춘천역에서 가까운 온의사거리 강남 병원 뒤에 있는 황태요리 전문점으로 황태 가공·유통업을 겸한다. 황태해장국의 국물이 진하고 반찬으로 나온 묵은지 볶음, 산나물도 맛이 있다. 식당 안에서 황태양념구이 세트, 황태포 등 황태 제품을 판매하고 있으니 이용해 보자.

위치 춘천시 온의동 172-6, 온의사거리 강남 병원 뒤
교통 ❶ 춘천에서 1, 9, 11, 12-1, 112번 시내버스 이용, 남춘천역 하차, 강남 병원 뒤쪽으로 도보 5분 **❷** 경춘선이나 ITX 춘천으로 남춘천역 하차 **❸** 승용차로 남춘천역 방향
메뉴 황태해장국 7,000원, 황태구이정식 12,000원, 황태찜 중 30,000원
전화 033-251-8253
홈페이지 htjongga.co.kr

그 집 펜션

집다리골 자연휴양림이 있는 화악산 기슭에 위치한 펜션으로 청수담 계곡에서 발을 담그고 한가로운 시간을 보내기 좋다. 인근에 집다리골 자연휴양림, 강원 숲체험장 등이 있어 산책을 나가기도 쉽다. 비교적 오지에 있어 한가로움을 좋아하는 사람에게 적당하다.

위치 춘천시 사북면 지암리 569-1
교통 ❶ 춘천에서 38번 시내버스 이용, 지암리 종점 하차, 집다리골 자연휴양림 입구 지나 도보 20분 ❷ 춘천에서 소양2교, 신매대교 거쳐 70번 지방도 이용
요금 비수기 80,000~140,000원
전화 033-243-4056, 011-468-4057
홈페이지 www.geujib.com

피그멜리온 이펙트

경춘선 굴봉산역 북쪽 강 건너에 있는 펜션으로 호텔 수준의 인테리어를 자랑한다. 로비에 있는 카페 파토스에서 저녁 시간 무료 라이브 재즈 연주를 즐길 수 있다. 가평역과 가평시외버스터미널 픽업 서비스, 브런치 제공 등의 부대 서비스가 있다.

위치 춘천시 서면 안보리 743, 춘성대교 북쪽
교통 ❶ 춘천에서 51번 시내버스 이용, 안보 2리 하차, 춘성대교 방향 도보 15분 ❷ 승용차로 서울에서 46번 국도 이용, 춘성대교 건너, 춘천에서 46번 국도 이용, 강촌 지나 안보 2리 부근
요금 비수기 주중 110,000~170,000원
전화 033-264-6135
홈페이지 pmpension.com

춘천 알프스밸리 펜션

집다리골 자연휴양림 입구 부근에 있는 사계절 썰매장 겸 펜션으로 수영장, 족구장, 매점 등을 갖추고 있다. 튜브를 이용한 사계절 썰매장은 여름에는 물을 뿌려 물썰매, 겨울에는 눈이 쌓여 눈썰매를 탈 수 있다. 인근 집다리골 자연휴양림과 강원 숲체험장이 있어 산책 나가기도 좋다.

위치 춘천시 사북면 지암리 455, 집다리골 자연휴양림 입구 부근
교통 ❶ 춘천에서 38번 시내버스 이용, 눈썰매장 하차 ❷ 춘천에서 소양2교, 신매대교 거쳐 70번 지방도 이용
요금 비수기 100,000~270,000원
전화 033-243-2130, 2180, 011-757-4562
홈페이지 www.alpsvalley.kr

산내들 펜션

춘천댐 서쪽 오월 유원지 부근에 있는 펜션으로 펜션 앞에 시냇물이 흘러 가족과 아이들이 놀기에 적당하다. 오월리 안쪽으로 강원 숲체험장, 지암리 방향으로 집다리골 자연휴양림이 있다. 인근에 춘천호, 펜션 앞 계곡이 있어 한여름에도 시원함을 느낄 수 있는 게 장점.

위치 춘천시 서면 오월리 197-4, 오월 유원지 부근
교통 ❶ 춘천에서 38번, 92번 시내버스 이용, 오월 유원지 하차, 납실교 건너 도보 5분 ❷ 승용차로 춘천에서 소양2교, 신매대교 지나 70번 지방도 이용
요금 비수기 주중 70,000~120,000원
전화 033-243-5559
홈페이지 www.sndpension.co.kr

펜션 하이

춘천 서쪽 북배산 입구에 자리한 펜션으로 인근에 장절공 신숭겸 장군 묘역과 방동리 고구려 고분이 있다. 북배산 계곡에서 아이들과 한가로운 시간을 보낼 수 있고 족구장과 탁구장에서 즐거운 시합을 벌여도 좋다.

위치 춘천시 서면 방동1리 926-1, 장절공 신숭겸 장군 묘역 부근
교통 ❶ 춘천에서 82번 시내버스 이용, 장절공 신숭겸 장군 묘역 하차, 펜션 방향 도보 5분 ❷ 승용차로 춘천에서 소양2교 건너 5번 국도 이용, 신매대교 건너 우회전, 서면사무소 지나 우회전 방동1리 방향
요금 비수기 패밀리룸 80,000원, 단체 270,000원
전화 033-243-4677, 010-6819-1921
홈페이지 펜션하이.com

A.D(어드레스)467 펜션

제이드 가든 서쪽 햇골 펜션 단지에 위치한 펜션으로 가평 자라섬과도 가깝다. 야외 수영장이 있어 여름철 물놀이하며 시간을 보내기 좋다. 객실에 커플 스파가 마련되어 있어 연인끼리 아늑한 시간을 보낼 수도 있다.

위치 춘천시 남산면 햇골길 13-19
교통 ❶ 춘천에서 86번 시내버스 이용, 서천 2리 하차, 도보 6분 **❷** 승용차로 서울에서 서울-양양고속도로 이용, 화도 IC에서 북쪽 46번 국도 이용, 가평 방향
요금 비수기 주중 110,000원
전화 010-3166-6734
홈페이지 address467.com

숙소 리스트

호텔	위치	전화
춘천베어스 관광호텔	춘천시 삼천동 300-3	033-256-2525
춘천세종 호텔	춘천시 봉의동 15-3	033-252-1191
춘천관광 호텔	춘천시 낙원동 30-1	033-257-1900
라데나 리조트	춘천시 삼천동 792	033-240-8000
강촌테마 민박	춘천시 남산면 강촌1리 310	033-261-3003
나비야 게스트하우스	춘천시 서면 서상리 1054 (신매대교 부근)	033-243-1970 011-377-2402

1일차 시작!

① 공지천과 에티오피아 참전 기념관
공지천에서 오리배 타기,
참전 기념관에서 전쟁의 상흔 되새기기

숙박

⑤ 애니메이션 박물관
동심이 세계로 빠져 보자.

② 소양강 처녀상
국민 가요 '소양강 처녀'를
들을 수 있다.

④ 춘천인형극장
다양한 인형을 만날 수 있는 곳

③ 육림 랜드
옛 놀이동산에서 추억의 놀이기구 타기

춘천 1박 2일 코스 ★ 춘천 시내와 소양강댐을 둘러보는 로맨틱 여행

춘천 여행지 하면 남이섬과 강촌, 춘천 시내, 소양강댐과 청평사의 세 부분으로 나눌 수 있으나 이를 한 번에 다 보려면 꽤 많은 시간이 필요하다. 이 중 춘천 시내, 소양강댐과 청평사는 또 하나의 데이트 코스로 인기가 높다. 로맨틱 여행의 필수 코스인 공지천 오리배 타기는 빼놓을 수 없는 데이트 코스이고, 인형 박물관, 애니메이션 박물관은 아이들이 좋아하는 곳이다. 이튿날 소양강댐에서 여객선을 타고 청평사로 향하면 호수에서 불어오는 바람에 가슴 속까지 시원하고, 청평사 가는 숲길에서 손을 맞잡은 연인들의 모습이 아름답다.

2일차 시작!

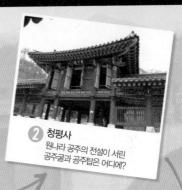

2 청평사
원나라 공주의 전설이 서린 공주굴과 공주탑은 어디에?

1 소양강댐
드넓은 소양호 감상, 여객선 타고 청평사로!

여객선 20분 | 도보 20분

도보 30분 | 여객선 20분 | 승용차 20분

3 춘천 월드온천
알칼리성 온천에서 여행의 피로를 푼다.

승용차 10분

4 춘천 막국수 체험박물관
막국수의 역사와 문화 전시, 막국수 체험

승용차 15분

5 옥광산
헬멧 쓰고 지하 춘천옥 광산을 체험한다.

 귀가

홍천

홍천강에서 산골 오지 살둔까지
시간마저 느려지는 곳, 홍천!

굽이굽이 흐르는 홍천강, 여덟 개의 신비로운 봉우리를 지닌 팔봉산, 지친 도시의 삶을 돌아보게 하는 수타사, 원시 자연의 멋을 간직한 미약골과 살둔 계곡, 삼봉 약수까지 도시의 빠른 시간마저 느리게 만드는 홍천 여행!

<table>

Access

시외·고속　동서울종합터미널에서 홍천종합버스터미널까지 완행 1시간 50분, 직행 1시간 소요, 06:15〜22:20, 수시 운행, 완행 12,300원, 직행 7,400원

승용차　서울에서 6번 국도 이용, 양평 거쳐 44번 국도 이용, 홍천 방향, 또는 서울에서 서울-양양고속도로 이용, 조양 JCT에서 중앙고속도로 이용, 홍천 IC나 조양 JC에서 동홍천 IC

INFORMATION　홍천군 관광안내소 033-433-1259 | 홍천군 문화체육과 033-430-2358 | 강원도 관광 안내 033-1330 | 전국 관광 안내 1330

한서기념관 翰西記念館

독립운동가이자 교육자인 한서 남궁억 선생을 기리는 곳으로 남궁억은 서재필, 이상재와 함께 독립 협회를 창립했고 황성신문 사장을 지냈다. 1918년 홍천군 서면 모곡리로 낙향해 교회와 모곡 학교를 세웠고 무궁화 보급 사업을 했다. 무궁화는 대한민국의 국화로, 일제 때에는 우리 민족을 상징하는 무궁화가 핍박을 받기도 했다. 홍천군에서는 남궁억 선생의 무궁화 사랑을 이어받아 전국에서 유일한 무궁화 도시를 표방하고 있다.

위치 홍천군 서면 모곡 2리 387, 홍천 서쪽
교통 ❶ 홍천에서 모곡행 71번 농어촌버스 이용, 한서중학교 하차. 기념관 방향 도보 5분 ❷ 승용차로 서울에서 서울–양양고속도로 이용, 설악 IC에서 86번 지방도 이용, 모곡리 방향. 홍천에서 44번 국도 이용, 남면에서 우회전 494번 지방도 이용, 모곡리 방향
시간 10:00~19:00(11~2월 17:00)
전화 033-430-2656

팔봉산 八峯山

홍천 서면에 있는 산(327.4m)으로 그리 높지는 않지만 암산이라서 힘이 들고 산행 시 주의해야 한다. 팔봉산이란 이름은 8개의 봉우리가 있다 하여 붙여졌는데 동쪽의 1봉을 시작으로, 서쪽 홍천강가에 8봉이 있다. 그중 2봉이 가장 높고 4봉에서 보는 홍천강, 삼악산 풍경이 가장 멋있다.

위치 홍천군 서면 어유포리, 홍천 서쪽
교통 ❶ 춘천에서 1, 2, 3번 시내버스, 홍천에서 70-1, 73, 74번 농어촌버스 이용, 팔봉산 유원지 하차 ❷ 승용차로 서울에서 서울–춘천 고속도로 이용, 남춘천 IC에서 팔봉산 방향 70번 지방도 이용. 또는 홍천에서 44번 국도 이용, 남면에서 우회전 494번 지방도 이용, 비발디파크 지나 팔봉산 유원지 도착
요금 성인 1,500원, 청소년 1,000원
전화 033-430-4281
홈페이지 www.great.go.kr

홍천 하이트 맥주 공장

물이 맑은 홍천에 하이트 맥주 공장이 있다. 맥주를 좋아한다면 가 볼 만하다. 홍천 하이트 맥주 공장은 1997년 완공되어 연간 500,000kl의 맥주를 생산한다. 견학을 통해 맥주의 제조 과정을 살펴볼 수 있고, 시음을 할 수 있는 시간도 있다. 방문하기 3주 전에 홈페이지에서 견학 신청을 하면 된다.

위치 홍천군 북방면 도둔길 49 (하화계리 936)
교통 홍천터미널에서 자동차로 10분
요금 무료
시간 월~토 09:00~18:00
전화 033-430-8250~3
홈페이지 www.hitejinro.com/company/factory_introduce.asp

 Travel Tip

홍천강변 여행지

홍천을 동서로 가로질러 흐르는 홍천강은 홍천 북동쪽 외삼포리에서 홍천까지 직선에 가까운 강줄기를 보이다가 홍천에서 청평호까지 구불구불한 강줄기를 보인다. 이는 강의 유속이 느리고 강가에 모래 같은 퇴적물이 많아 수심이 낮다는 것을 나타낸다. 이

런 이유로 강원도의 어느 강보다 많은 사람들이 홍천강을 찾는다. 홍천강에는 가 볼 만한 여러 유원지가 있고, 이곳에서 물놀이와 견지낚시, 래프팅, 오토캠핑 등을 할 수 있다. 단, 강변에는 안전 요원이 없는 경우가 많으니 물놀이 안전에 유의한다.

구분	위치 / 문의	내용
대진교 강변 (대진교강변 유원지)	홍천군 화촌면 대진교 부근 화촌면사무소 033-430-2602	홍천 외삼포리 대진교 아래 강변으로 넓은 백사장과 깨끗한 물을 자랑하고, 수심이 낮다.
남노일 강변 (남노일 강변 유원지)	홍천군 남면 남노일리 고주암교 부근 남면사무소 033-432-4004	금학산 남쪽에 위치한 강변으로 넓은 백사장과 낮은 수심을 자랑한다.
반곡밤벌 강변 (반곡밤벌 유원지)	홍천군 서면 반곡리 서면사무소 033-430-2608	팔봉산 남서쪽 강변으로 강변에서 바라보는 팔봉산의 풍경이 멋지다.
개야 강변 (개야 유원지)	홍천군 서면 개야리 서면사무소 033-430-2608	넓은 강변에 작은 자갈과 백사장이 있고, 맑은 물에 다슬기도 산다.
수산 강변 (수산 유원지)	홍천군 서면 한서교 부근 서면사무소 033-430-2608	넓은 백사장이 있고, 수심이 낮아 가족이 놀기에 좋다.
모곡밤벌 강변 (모곡밤벌 유원지)	홍천군 서면 서면사무소 033-430-2608	홍천강 유원지로 알려져 있는 곳으로 넓은 백사장에 수심이 낮다.

알파카 월드

남미의 지붕 안데스 산맥을 뛰어놀던 알파카들을 만날 수 있는 숲속 테마파크로 알파카 먹이 주기는 물론 사슴, 토끼 같은 동물도 만날 수 있다. 테마파크 내에 레스토랑, 카페, 캠핑장 같은 편의 시설도 잘되어 있어 즐거운 시간을 보내기 좋다.

위치 강원도 홍천군 화촌면 풍천리 310
교통 승용차로 서울–양양고속도로 이용, 동홍천 TG 나와, 신내 사거리에서 춘천 방면 우회전, 가락재로 따라 이동, 알파카월드 방향
시간 10:00∼18:00
요금 15,000원
전화 1899–2250
홈페이지 www.alpacaworld.co.kr

대명 비발디파크 Daemyung Vivaldi Park

홍천 서쪽 매봉산 기슭에 위치한 리조트로 스키월드(스키장), 오션월드(워터파크), 골프장, 숙박 시설을 갖추고 있다. 초급에서 상급까지 13면의 슬로프와 10개의 리프트를 갖춘 스키장, 물놀이 시설은 물론 찜질방도 갖춘 워터파크, 골프장 시설까지 즐길 수 있어 사계절 찾는 사람이 많다.

위치 홍천군 서면 팔봉리 1290–14, 홍천 서쪽
교통 ❶ 홍천에서 70, 70–1,70–2, 72번 농어촌버스 이용, 대명 비발디파크 하차 ❷ 신촌 · 목동 · 영등포 · 종합운동장 · 동대문 · 상계발 셔틀버스 이용, 08:00∼08:20 출발, 홈페이지 참조, 인터넷 예약, (주)대명투어 02–2222–7474 ❸ 중앙선 오빈역에서 무료 셔틀버스 이용, 평일 4회 · 주말 10회 운행, 인터넷 예약 ❹ 동서울종합터미널에서 비발디파크까지 1시간 30분 소요, 08:05, 09:05, 14:25, 17:05(비발디파크 막차 19:00), 요금 6,800원 ❺ 승용차로 서울에서 서울–양양고속도로 이용, 설악 IC에서 86번 지방도 이용, 모곡리에서 494번 지방도 이용, 대명 비발디파크 도착. 또는 서울에서 6번 국도 이용, 양평 지나 반월면에서 70번 지방도 이용, 홍천에서 44번 국도 이용, 남면에서 우회전 494번 지방도 이용.
요금 스키 월드(주간) 80,000원 / 오션월드(종일) 60,000원 내외
전화 1588–4888
홈페이지 www.daemyungresort.com

힐리언스 선마을

홍천군 서면 종자산 기슭에 있는 자연 친화적 복합 휴양 시설로 이시형 박사가 촌장을 맡고 있다. 선마을은 세계적인 장수촌의 높이라는 250m 고지에 숙소와 황토 찜질방, 산책로 등을 갖췄다. 이곳은 자연 치유 강의와 명상, 요가, 트레킹 등이 포함된 여러 정규 및 쉼 프로그램을 운영한다.

위치 홍천군 서면 중방대리 7, 홍천 서쪽
교통 ❶ 홍천에서 모곡행 7번 농어촌버스 이용, 석산 1리 하차. 선마을 방향 도보 25분 **❷** 승용차로 서울에서 서울–양양고속도로 이용, 설악 IC에서 86번 지방도 이용, 모곡리에서 494번 지방도 이용, 힐리언스 선마을 도착. 또는 홍천에서 44번 국도 이용, 남면에서 우회전 494번 지방도 이용, 힐리언스 선마을 도착
전화 1588–9983
홈페이지 www.healience.co.kr

정규·쉼 프로그램

종류		내용
정규 프로그램	하이라이프(2박3일)	자연 명상, 요가, 식습관 프로그램 등
	마음 공부	명상을 통한 휴식, 치유, 웃음 명상 프로그램 등
	생활 습관 개선	현미 테라피 식단, 명상, 스파 등 식습관 개선 특화 프로그램
	부부 캠프	부부 트레킹, 커플 요가, 명상 등 부부 프로그램
	힐링 다이어트 캠프	음식, 운동, 디톡스, 휴식을 통한 회복 프로그램
쉼 프로그램	선마을 스테이 스탠다드	숙박, 식사, 수업, 부대 시설 이용이 가능한 휴식 프로그램
	숲 속의 하루 (매주 일~목, 일일 체험)	건강 프로그램, 암반욕 스파, 건강 식단 체험 건강 프로그램
	건강 워크샵	기업 맞춤형 프로그램 제공
개별 체험	프로그램별 개별 체험 가능	자유 투어, 자유 트레킹, 건강 식사, 스파, 시설 투어 등

홍천 온천 원탕 모텔

강알칼리성 중탄산나트륨 온천으로, 게르마늄 성분이 많이 함유되어 관절염 치료, 위산 과다, 노화 방지에 좋다고 한다. 온천 내에는 사우나, 옥방, 맥반석방, 수중 안마 등의 시설이 있고, 모텔을 겸해 쉬어 가기 좋다.

위치 홍천군 북방면 소매곡리 24-2, 하이트맥주 건너편
교통 ❶ 홍천에서 87, 87-1, 87-2, 87-3번 농어촌버스 이용, 홍천 온천 종점 하차 ❷ 승용차로 홍천에서 북방면 방향, 북방면사무소 지나 좌회전, 홍천 온천 방향
요금 6,000원
시간 05:30~20:00(연중 무휴)
전화 033-435-1012
홈페이지 홍천온천원탕모텔.opia.kr

무궁화 공원 無窮花 公園

홍천군 서면 모곡리에서 무궁화 보급 운동을 한 남궁억 선생의 뜻을 이어받아 홍천을 무궁화의 메카로 알리고자 조성한 공원. 공원 내에 남궁억 선생의 동상, 3.1 운동비, 향토사료관, 광장, 분수대 등의 시설이 있고 27종의 수목 3,000여 본이 자라고 있다.

위치 홍천군 홍천읍 연봉리, 연봉삼거리 부근
교통 ❶ 홍천에서 1, 2, 4, 87-1번 농어촌버스 이용, 무궁화 공원 하차 ❷ 홍천에서 연봉삼거리 방향
시간 향토사료관 09:00~18:00(11~2월 17:00, 매주 월요일 휴관)
전화 033-430-2651

Travel Tip

양지말 먹거리촌

서울에서 양평을 거쳐 내설악을 연결하는 44번 국도 변에 있는 양념 돼지고기 화로구이촌이다. 통상 '양지말 먹거리촌' 또는 '양지말 화로구이촌'이라 부르나 실제 행정구역은 홍천군 홍천읍 하오안리이다. 이곳에는 두 가지 특징이 있는데 하나는 참숯을 이용한 화로에서 고기를 굽는다는 것이고, 또 하나는 파, 마늘, 양파, 사과 등을 넣어 만든 양념으로 버무린 양념 돼지고기만을 내놓는다는 것이다. 양지말 화로구이와 홍천 원조 화로구이집이 유명한데, 각기 30여 년의 전통을 지닌 곳으로 맛의 우열을 가리기 어렵다.

양지말 화로구이
위치 홍천군 홍천읍 하오안리 631-3, 양지말 먹거리촌
교통 ❶ 홍천에서 3, 4, 60, 60-1, 61, 62, 62-1, 63, 70, 70-1, 70-2, 87-3, 200, 400번 농어촌버스 이용, 오안초등학교 하차. 길 건너 도보 1분 ❷ 승용차로 서울에서 양평 지나 44번 국도 이용, 며느리고개터널 지나 양지말 먹거리촌 도착. 홍천에서 44번 국도 이용, 하오안리, 양지말 먹거리촌 도착
메뉴 화로구이(양념 돼지고기) 14,000원, 막국수 8,000원, 양푼비빔밥 8,000원
전화 033-435-7533

홍천 원조 화로구이
위치 홍천군 홍천읍 하오안리 631-7, 양지말 먹거리촌
교통 양지말 화로구이에서 도보 1분
메뉴 화로구이(양념 돼지고기) 14,000원, 막국수 8,000원
전화 033-435-8613

홍천 생명건강과학관 洪川 生命健康科學館

생명과 건강에 관한 체험 공간으로, DNA 모형, 인체 구조와 장기의 관찰을 통해 생명의 신비로움을 체험할 수 있도록 꾸며져 있다. 다양한 전시물과 체험 공간을 통해 물, 생명, 건강에 대한 과학 지식과 정보를 제공한다.

위치 홍천군 홍천읍 연봉리 100-1, 홍천읍 남쪽
교통 ① 홍천에서 1, 2, 5, 5-1번 농어촌버스 이용, 영안모자공장 하차. 홍천세무서 방향 도보 10분 **②** 승용차로 홍천에서 홍천강 건너 현대 · 청솔아파트 지나 홍천세무서 방향
요금 성인 1,500원, 청소년 1,000원
시간 09:00~18:00(매주 월요일 휴관)
전화 033-430-2677
홈페이지 www.hongcheon.gangwon.kr/sciencecenter/index.do

홍천 중앙시장 부침 골목

홍천읍을 동서로 가로지르는 번영로를 사이에 두고 북쪽에 새 건물인 신 중앙시장과 남쪽에 옛 가건물로 된 구 중앙시장이 있다. 신 중앙시장 내에는 감자전, 메밀부침, 전병(총떡) 등을 파는 부침 골목이 있고, 구 중앙시장 내에도 몇몇 가게가 남아 있다. 다른 지역과 달리 강원도에서는 제사 때 전병이나 메밀부침 등을 올린다고 한다. 전병은 얇은 메밀 반죽에 양념한 돼지고기, 채 썬 배추를 넣고 말아 막대 모양으로 만든 것, 메밀부침은 메밀 반죽에 자르지 않은 파, 배추를 넣고 부친 것, 수수팥부침은 수수

반죽에 팥고물을 넣고 부친 것이다. 중앙시장 내 성수상회, 노천부침 등 여러 곳이 영업 중이다.

위치 홍천군 홍천읍 신장대리, 신 중앙시장, 구 중앙시장 내
교통 ① 홍천에서 10, 10-1, 11, 12, 13, 14 등 농어촌버스 이용, 신장 매표소 하차. 중앙시장 방향 도보 5분. 또는 홍천시외버스터미널에서 택시 이용 **②** 승용차로 홍천에서 번영로 중앙시장 방향
메뉴 전병 8개 10,000원, 메밀부침 10장 10,000원, 수수팥부침 1개 1,000원, 메밀묵 소 6,000원
장날 매월 1, 6, 11, 16, 21, 26일

수타사 壽陀寺

신라 성덕왕 7년(708년) 우적산 일월사로 창건
되어 영서 지방의 명찰로 알려져 있었다. 조선 세
조 3년(1457년) 현 위치로 이전하며 수타사(水
墮寺)라 하였다가 순조 11년(1811년) 지금의 이
름인 수타사(壽陀寺)로 변경되었다. 주요 건물로
는 대적광전, 삼성각, 봉황문, 흥회루, 심우산방,
요사채 등이 있고 주요 문화재로 보물 제11-3호
수타사 동종, 보물 제745-5호 월인석보 등이 있
다. 수타사 주변은 공작산 생태 공원으로 조성되
어 있고 산책로가 잘 정비되어 있으며 수타 계곡
에서 한가로운 시간을 보내기 좋다.

위치 홍천군 동면 덕치리 9, 공작산 서쪽
교통 ❶ 홍천에서 51, 51-1, 53-1번 농어촌버스 이용, 수타
사 종점 하차. 수타사까지 도보 10분 ❷ 승용차로 홍천에
서 홍천강 건너 464번 지방도 이용, 월드아파트 지나 덕치
리 · 수타사 방향
전화 033-436-6611
홈페이지 www.sutasa.org

기미만세공원 己未萬歲公園

물걸리에 위치한 공원으로, 일제시대인 1919년
3·1 만세 운동에서 희생된 8인의 열사를 추모
하기 위해 만들어졌다. 1963년 세운 팔렬각이
노후하자, 1990년 애국 열사 추모의 뜻을 모아
기미만세상, 팔렬사, 팔렬각을 건립하여 기미만
세공원으로 재단장하였다.

위치 홍천군 내촌면 물걸리 222, 홍천 북동쪽 물걸리 사지
부근

교통 ❶ 홍천에서 41, 42번 농어촌버스 이용, 동창 농협 하
차. 공원 방향 도보 5분 ❷ 승용차로 홍천에서 44번 국도 이
용, 철정 교차로에서 451번 지방도 이용, 내촌면사무소 지
나 408번 지방도 이용, 와야삼거리에서 우회전. 기미만세
공원 방향

전화 내촌면사무소 033-430-4431

마리소리골 악기박물관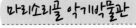

편경, 태평소, 가야금, 거문고 등의 국악기와 티
베트, 스위스, 네덜란드, 세네갈 등의 세계 민속
악기 100여 점이 전시되어 있다. 꽹과리, 징, 장
구, 북 등은 직접 연주해 볼 수 있고, 때때로 전통
민속 공연이 열린다. 박물관 가는 길의 서봉사 계
곡은 아는 사람만 아는 여름 휴양지이기도 하다.

위치 홍천군 서석면 검산리 100-2

교통 ❶ 서석면 정류장에서 45, 47, 47-1번 농어촌버스 이
용, 검산2리 종점 하차. 서봉사 계곡 방향 도보 40분 ❷ 승
용차로 홍천에서 44번 국도 이용, 구성포 교차로에서 56번
국도 이용, 서석면 방향. 검산리 지나 좌회전. 서봉사 계곡
방향

시간 09:00~18:00(매주 월요일 휴관)

전화 033-430-2437

홍천 광원리 은행나무 숲

홍천 북동쪽 구룡령길 다리골에 위치하고 있는 이
곳은 개인 사유지로, 2010년 25년 만에 일반에 개
방되어 홍천 지역의 가을을 대표하는 최대 명소가
되었다. 땅 주인인 유기천 씨가 은행나무를 심기 시
작하여 40,000㎡에 이르는 면적에 2,000여 그루
의 은행나무가 줄지어 심어져 있다. 해마다 10월경
일정 기간 동안에만 개방된다.

위치 홍천군 내면 광원리 686-4, 다리골 해피하우스
부근

교통 ❶ 내면 창촌에서 91, 91-1번 농어촌버스 이
용, 샘골휴게소 전 달둔교 하차. 은행나무 숲 방
향 도보 5분 ❷ 승용차로 홍천에서 44번 국도 이
용, 구성포 교차로에서 56번 국도 이용, 서석면,
율전리, 내면, 원당삼거리 거쳐, 달둔교 도착. 달둔
교 건너 은행나무 숲 도착

시간 10:00~17:00

살둔 계곡 生屯 溪谷

방태산과 개인산 남쪽 내린천가에 위치한 오지
였으나 살둔을 지나는 446번 지방도가 뚫리고
포장되어 한결 가기가 쉬워졌다. 살둔은 한자로
'생둔(生屯)'으로, 의역하면 (전란을 피해) 살려
고 모인 곳이라는 뜻이다. 단종 복위를 꾀하던 사
람들이 숨어들면서 최초로 마을이 형성되었다고
하고, 정감록에 등장하는 7곳의 피난처인 삼둔사
가리 중 한 곳이다. 세 곳의 둔은 달둔, 살둔, 월둔
이고 네 곳의 가리는 적가리, 연가리, 명지가리, 아
침가리다. 살둔 계곡은 1급수의 맑은 물을 자랑
하고, 인근 살둔 마을의 폐교된 살둔 분교와 일제
시대의 2층 목조 주택도 둘러볼 만하다. 살둔 고
개에서 내린천가를 따라 살둔 마을까지, 살둔 마
을에서 문암골까지 걸어 보는 것도 좋다.

위치 홍천군 내면 율전리 221-2, 홍천 동쪽
교통 ❶ 내면 창촌에서 91, 91-1번 농어촌버스 이용, 원당 삼
거리(월둔 부근) 하차. 택시 이용 ❷ 승용차로 홍천에서 44
번 국도 이용, 구성포 교차로에서 56번 국도 이용, 서석면,
율전리, 내면 거쳐 원당 삼거리에서 446번 지방도 이용
걷기, MTB 코스 ❶ 살둔 고개 – (내린천길) – 살둔 마을(약
3km), 도보 약 1시간 소요 ❷ 살둔 마을 – 문암골(약 2km),
도보 약 40분 소요

미약골

동쪽으로 계방산, 남쪽으로 태기산, 서쪽으로 아미산으로 둘러싸인 계곡으로, 촛대 바위가 치솟아 있고, 선녀가 목욕을 했다는 암석 폭포의 풍경이 아름다워 미암동 또는 미약동이라 한다. 이곳은 홍천강의 발원지로 계곡에서 용천수가 솟아 홍천을 지나 청평호에서 합쳐진다. 사람들이 자주 찾는 여름과 가을이 아니면 숲 속에서 사람을 만나기 어려우니 숲 깊숙이 들어가지는 말자.

위치 홍천군 서석면 생곡리, 홍천 동쪽

교통 ❶ 방내리에서 92번 농어촌버스, 현리터미널에서 상남·방내·내면행, 현리·내면, 현리·방내·내면·소한동·운두행 농어촌버스 이용, 뱃재영업소 하차. 미약골 방향 도보 30분 ❷ 승용차로 홍천에서 44번 국도 이용, 구성포 교차로에서 56번 국도 이용, 서석면 거쳐 율전리 방향, 미약골 도착

전화 서석면사무소 033-430-4441

삼봉 약수 三峰 藥水

북쪽으로 가칠봉(1,240m), 서쪽으로 응복산(1,155m), 동쪽으로 사삼봉(1,107m)이 있어 삼봉 약수라는 이름이 붙었다. 철분, 망간, 탄산 성분을 함유하고 있어 톡 쏘는 쇠맛이 나는데, 빈혈, 신경통, 위장병에 효험이 있다고 한다. 강원도 약수 중 최고라 할 만큼 유명하다. 삼봉 약수를 둘러싸고 있는 가칠봉, 응복산, 사삼봉의 숲이 울창해 조용히 산책하기도 좋으니, 삼봉자연휴양림에서 하룻밤을 보내는 것도 좋은 방법이다.

위치 홍천군 내면 광원리 662-4, 삼봉자연휴양림 내

교통 ❶ 내면 창촌에서 91, 91-1번 농어촌버스 이용, 삼봉 입구 하차. 삼봉자연휴양림 안으로 도보 30분 ❷ 승용차로 홍천에서 44번 국도 이용, 구성포 교차로에서 56번 국도 이용, 서석면, 율전리, 내면, 원당 삼거리 거쳐 삼봉자연휴양림 도착

전화 삼봉자연휴양림 033-435-8536

홍천의 맛집

홍천강 민물매운탕

홍천 북서쪽 북방면에 있는 민물 매운탕집으로 홍천강에서 직접 잡은 민물고기를 사용한다. 매운탕은 주방에서 초벌로 끓여 나오면 식탁에서 다시 끓이면서 먹는 내내 뜨끈하게 맛볼 수 있다. 매운탕 국물이 시원하고 개운한데, 그 맛의 비결은 냄비 바닥에 깔린 민물 새우.

위치 홍천군 상화계리 110-2

교통 ❶ 홍천에서 73, 74, 80, 81, 82, 83, 83-1, 84, 85, 85-1, 87, 87-1, 87-2, 87-3, 100번 농어촌버스 이용. 북방면사무소 하차. 매운탕집 방향 도보 3분 **❷** 승용차로 홍천에서 5번 국도 이용. 북방면 방향

메뉴 매운탕 잡어 소 20,000원, 빠가사리 소 25,000원, 메기 소 35,000원, 다슬기 해장국 10,000원, 손두부 5,000원

전화 033-435-8951

양지말 화로구이

양지말 먹거리촌에서 가장 규모가 큰 화로구이집으로 양념 돼지고기의 맛이 훌륭하고, 반찬이나 서비스도 좋다. 양념에 재운 돼지고기를 화로에 올리고 지글지글 구워 익히면 입안에서 군침이 돈다. 식사 후에는 메밀을 넣어 끓인 커피도 빼놓지 말고 마셔 보자.

위치 홍천군 홍천읍 하오안리 613-3, 홍천 남쪽 양지말 먹거리촌

교통 ❶ 홍천에서 3, 4, 60, 60-1, 61, 62, 62-1, 63, 70, 70-1, 70-2, 87-3, 200, 400번 농어촌버스 이용, 오안초등학교 하차. 길 건너 도보 1분 **❷** 승용차로 서울에서 양평 지나 44번 국도 이용, 며느리고개터널 지나 양지말 먹거리촌 도착. 홍천에서 44번 국도 이용 하오안리, 양지말 먹거리촌 도착

메뉴 화로구이(양념 돼지고기) 14,000원, 막국수 8,000원, 양푼비빔밥 8,000원

전화 033-435-7533

홈페이지 www.yangjimal.co.kr

삼오식당

지방에서 맛집을 찾기 어려울 때 가 볼 만한 곳이 관청 주변 식당이다. 홍천 번화가, 번영로에서 조금 떨어진 홍천군청 남쪽에 한우 사골을 진하게 우려낸 소머리국밥을 메뉴로 하는 삼오식당이 있다. 소머리국밥에 들어 있는 수육이 부드럽고, 배추김치와 무김치도 시원하여 맛있다.

위치 홍천군 홍천읍 진리 11-2, 홍천군청 남쪽

교통 ① 홍천에서 10, 10-1, 11, 12, 13, 14 등 농어촌버스 이용. 홍천군종합문화복지관 하차. 식당 방향 도보 5분. 또는 홍천시외버스터미널에서 택시 이용 **②** 승용차로 홍천에서 홍천군종합문화복지관 지나 북쪽 방향

메뉴 소머리곰탕 7,000원, 뚝배기 불고기 8,000원, 수육 중 16,000원

전화 033-434-2435

풍년식당

홍천읍을 동서로 가로지르는 번영로 북쪽에 신중앙시장, 남쪽에 구 중앙시장이 있다. 허름한 옛 모습을 간직한 구 중앙시장 내 풍년식당에서는 예전 맛 그대로의 국밥을 손님들에게 선보이고 있다. 밤새 끓인 돼지 뼈 육수에 숭덩숭덩 썰어 넣은 돼지 수육이 쫄깃하게 씹힌다.

위치 홍천군 홍천읍 신장대리 8-18, 구 중앙시장 내

교통 ① 홍천에서 10, 10-1, 11, 12, 13, 14 등 농어촌버스 이용. 신장 매표소 하차. 중앙시장 방향 도보 5분. 또는 홍천시외버스터미널에서 택시 이용 **②** 승용차로 홍천에서 번영로 구 중앙시장 방향

메뉴 순대국밥 6,000원, 소머리국밥 7,000원, 수육 20,000원, 곱창전골 소 20,000원

전화 033-434-4304

영변 막국수

홍천에서 유명한 막국수집으로 막 뽑아낸 막국수에 양념장을 두르고 무채, 오이채, 계란 반쪽을 올린 뒤 참깨를 뿌려 나온다. 뜨거운 육수를 조금 붓고 쓱쓱 비비면 자극적이지 않은 손맛이 담긴 막국수를 맛볼 수 있다.

위치 홍천군 홍천읍 갈마곡리 535, 화양교 북단

교통 ① 홍천에서 10, 10-1, 11, 12, 13, 14 등 농어촌버스 이용. 동면 입구 하차. 화양교 방향 도보 5분. 또는 홍천시외버스터미널에서 택시 이용 **②** 승용차로 홍천에서 화양교 방향

메뉴 막국수 7,000원, 닭갈비 10,000원, 촌두부·군두부 각 5,000원

전화 033-434-3592

오대산 내고향

식당 겸 민박으로 인근 산에서 채취한 산나물을 재료로 한 산채비빔밥, 산채정식이 맛이 있다. 재료가 떨어지면 음식을 팔지 않지만 식사 때 들른 여행객을 그냥 보내는 일이 없다. 여행객만 괜찮다면 식구들이 먹던 찬에 밥 한 그릇 올려 대접하는 인심이 있는 곳이다. 식당 옆 계곡에서 물놀이를 하기도 좋다.

위치 홍천군 내면 광원리 676-1, 샘골
교통 ❶ 홍내면 창촌에서 91, 91-1번 농어촌버스 이용, 삼봉 입구 하차. 샘골휴게소 지나 도보 15분 **❷** 승용차로 홍천에서 44번 국도 이용, 구성포 교차로에서 56번 국도 이용, 서석면, 율전리, 내면, 원당 삼거리 거쳐 오대산 내고향 도착
메뉴 산채비빔밥 · 된장찌개 각 8,000원, 산채정식 12,000원, 토종닭백숙 50,000원
전화 033-435-7787

그리운 두부

삼봉 약수 가는 길에 있는 샘골휴게소 내에 위치한 식당으로, 식사를 시키니 보글보글 맛있게 끓는 된장찌개와 취나물, 도토리묵, 호박전, 산나물 장아찌 같은 반찬이 나온다. 여느 산골 산채 식당에 비해도 산나물의 종류가 다양하고, 맛도 뒤떨어지지 않는다.

위치 홍천군 내면 광원리 668, 샘골휴게소 내
교통 ❶ 내면 창촌에서 91, 91-1번 농어촌버스 이용, 삼봉 입구 하차. 샘골휴게소까지 도보 10분 **❷** 승용차로 홍천에서 44번 국도 이용, 구성포 교차로에서 56번 국도 이용, 서석면, 율전리, 내면, 원당 삼거리 거쳐 샘골휴게소 도착
메뉴 된장찌개 7,000원, 산채비빔밥 8,000원, 토종닭백숙 45,000원 **전화** 033-435-8181

시실리 펜션

홍천강가에 있는 펜션으로 유명 건축가 이창하 씨가 설계한 목조 건물이다. 넓은 잔디밭에서는 아이들이 뛰어놀고, 홍천강에서는 어른들이 낚시를 하며 시간을 보낼 수 있어 즐겁다. 무료 대여 자전거를 타고 홍천강 주위를 둘러보자.

위치 홍천군 북방면 장항리 118-1. 홍천 서쪽

교통 ❶ 홍천에서 84번 농어촌버스 이용. 장항리 종점 하차. 홍천강 건너 도보 15분 ❷ 승용차로 홍천에서 5번 국도 이용. 북방면사무소 지나 좌회전. 도사곡리 방향. 도사곡리 지나 굴리지에서 좌회전. 장항리 방향. 서울에서 서울-양양고속도로 조양 IC에서 동산면 사무소. 굴지리 거쳐 장항리 방향

요금 성수기 130,000~170,000원

전화 033-435-9164, 010-8797-9164

홈페이지 www.sicilypension.com

황금소나무

홍천 북동쪽 고양산과 아미산 자락에 위치한 펜션으로, 2층 통나무집으로 되어 있다. 복층 객실에서는 가족이 머물기 좋고 원룸형 객실은 연인들에게 적합하다. 작은 수영장이 있어 한여름의 열기를 식힐 수 있고, 야외 바비큐장에서 먹는 바비큐는 생각만 해도 맛있다.

위치 홍천군 서석면 수하리 1301-8, 홍천 동쪽

교통 ❶ 홍천에서 41, 42번 농어촌버스 이용. 수화1리 하차. 내촌천 건너 도보 15분 ❷ 승용차로 홍천에서 44번 국도 이용. 구성포 교차로에서 56번 국도 이용. 알프스 밸리, 장평리 지나 용두안교 전. 좌회전. 408번 지방도 이용. 수하리 문화학교 부근에서 황금소나무 방향

요금 성수기 140,000~180,000원

전화 033-433-0353, 011-348-6179

홈페이지 www.goldpine.net

양덕 드림빌

홍천군 남면을 지나는 44번 국도에서 멀지 않은 곳에 있어 찾아가기 편하다. 야산 자락에 2층 목조 건물로 되어 있고, 인근 계곡에 수영장이 있어 아이들이 놀기 좋다. 남면에는 유치리 청춘불패 촬영지와도 가까워 이들이 농사를 짓던 곳을 둘러볼 수 있다.

위치 홍천군 남면 화전리 352, 홍천군 남면 부근
교통 ❶ 홍천에서 70, 70-1, 70-2, 71, 72번 농어촌버스 이용, 화전1리 경로당 하차. 산쪽으로 도보 10분 **❷** 승용차로 홍천에서 44번 국도 이용, 남면사무소 지나 양덕 드림빌 도착
요금 성수기 250,000원
전화 033-432-8199, 011-373-8190
홈페이지 www.양덕드림빌.kr

이화 펜션

홍천 북동쪽에 위치한 펜션으로 주위에 배 과수원이 있어 목가적인 풍경을 자랑한다. 펜션 건물은 통나무 황토방으로 만들어져 황토의 좋은 기운을 받을 수 있고, 부대 시설로는 바비큐장, 농구장, 찜질방, 원두막 등을 갖추고 있다.

위치 홍천군 화촌면 장평리 928, 홍천 북동쪽
교통 ❶ 홍천에서 43, 43-1번 농어촌버스 이용, 장평리 승차장 하차. 채골 방향 도보 15분 **❷** 승용차로 홍천에서 44번 국도 이용, 구성포 교차로에서 56번 국도 이용, 알프스밸리 지나 이화 펜션 도착
요금 성수기 120,000~170,000원
전화 033-433-6069, 011-272-3220
홈페이지 www.ewhapension.com

타샤의 정원

팔봉산 유원지 남동쪽 홍천강가에 위치한 펜션으로 호텔급 인테리어와 시설을 자랑한다. 일부 객실에는 스파가 있어 즐거운 한때를 보낼 수 있고, 오전에 제공되는 브런치는 게으른 아침마저도 행복하게 한다. 야외와 실내에 바비큐장이 있고 자전거를 무료 대여해 준다.

위치 홍천군 서면 팔봉리 80, 팔봉산 남동쪽
교통 ❶ 홍천에서 85-1번 농어촌버스 이용, 팔봉(잠수교) 하차. 동쪽 홍천강 방향 도보 30분 **❷** 승용차로 홍천에서 44번 국도 이용, 남면에서 우회전 494번 지방도 이용, 비발디파크, 팔봉참살이마을 지나 타샤의 정원 도착
요금 성수기 150,000~230,000원
전화 033-434-8337
홈페이지 www.ciel-jadin.com

곰 펜션

홍천 서쪽에 위치한 펜션으로 펜션 앞에 팔봉산 제8봉과 홍천강이 있어 뛰어난 경치를 자랑한다. 펜션은 아이들이 좋아하는 테디베어를 테마로 한 목조 건물이다. 정원과 작은 수영장은 아이들이 놀기 좋고, 실내에 바비큐장이 마련되어 있어 날씨와 상관없이 편하게 이용할 수 있다.

위치 홍천군 서면 어유포리 294-1, 팔봉산 유원지 서쪽
교통 ❶ 강촌역에서 3번 시내버스, 홍천에서 73, 74번 농어촌버스 이용, 용장사 입구 하차. 펜션 방향 도보 1분 ❷ 승용차로 서울에서 서울-양양고속도로 이용, 남춘천 IC에서 팔봉산 방향 70번 지방도 이용. 또는 홍천에서 44번 국도 이용, 남면에서 우회전 494번 지방도 이용, 비발디파크, 팔봉산 유원지 지나 곰 펜션 도착
요금 성수기 110,000~300,000원
전화 033-435-8588
홈페이지 www.gompension.com

숙소 리스트 ★

이름	위치	전화
홍천관광 호텔	홍천읍 진리 62-10	033-433-7600
대명 비발디파크	홍천군 서면 팔봉리 1290-2	033-434-8311
강변 민박	홍천군 북방면 굴지리 348-4	033-435-8512
강원 민박	홍천군 서면 개야리 385-15	033-435-5026
고향 민박	홍천군 화촌면 성산리 1053	033-432-2097
고물섬 게스트하우스	홍천군 북방면 굴지리 268	010-7625-1570

BEST TOUR 홍천

1일차 시작!

1 수타사
영서의 명찰 수타사와 물 맑은 수타 계곡 산책

2 무궁화 공원
무궁화 도시 홍천의 무궁화 동산을 둘러본다.

3 홍천 생명건강과학관
생명과 건강에 대한 정보와 지식 얻기

숙박

4 홍천 온천 원탕 모텔
국내 유일의 강변 온천을 즐긴다.

홍천 1박 2일 코스 ★ 미약골, 살둔 계곡, 삼봉 약수를 둘러보는 오지 여행

홍천은 서울시 면적의 3배로 전국 자치 단체 중 가장 넓은 면적을 차지하고 있다. 땅이 넓다 보니 동서의 기온 차가 5℃ 이상 난다. 홍천 시내와 가까운 수타사, 무궁화 공원 등은 홍천 오지 여행의 몸풀기에 불과하다. 동쪽으로 홍천강의 발원지인 미약골, 정감록에 나오는 난리를 피해 숨을 만한 곳을 뜻하는 삼둔사가리 중의 한 곳인 살둔과 동쪽으로 더 간 곳에 위치한 삼봉 약수는 사람들의 발길이 잦지 않은 오지라 할 수 있다.

2일차 시작!

귀가

① 마리소리골 악기박물관
세계의 민속 악기는 어떻게 생겼을까?

⑤ 살둔 계곡과 살둔 마을
개인산 남쪽의 오지 계곡과 마을

② 미약골
홍천강의 발원지이자, 가을
단풍이 아름다운 오지 계곡

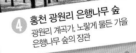

④ 홍천 광원리 은행나무 숲
광원리 계곡가, 노랗게 물든 가을
은행나무 숲의 장관

③ 삼봉 약수
톡 쏘는 진한 쇠맛이 나는 강원도 최고의
약수

횡성

입안에서 살살 녹는 횡성한우, 김이 모락모락 안흥찐빵의 고장!

조선 말 종교 박해를 피해 숨어든 사람들이 세운 풍수원 성당, 흰색의 나무껍질이 인상적인 미술관 자작나무 숲, 물 맑기로 소문난 병지방계곡, 조용히 숲 속을 걸을 수 있는 숲체원을 둘러본다. 육질 좋기로 유명한 횡성한우와 달콤한 안흥찐빵을 맛보는 것도 잊지 말자.

Access

🚌 시외·고속

❶ 동서울종합터미널에서 횡성시외버스터미널까지 2시간 소요, 06:50, 10:00, 14:40, 17:15, 요금 11,300원

❷ 서울경부고속터미널에서 횡성(휴)하행 정류장까지 1시간30분 소요, 06:30~20:00, 약 30분 간격, 요금 우등 13,400원, 일반 9,200원

🚆 기차

청량리역에서 원주역까지, 원주역에서 원주시외버스터미널 이동. 원주시외버스터미널에서 횡성시외버스터미널까지 약 30분 소요, 05:40~21:20 사이 수시 운행, 요금 2,400원

🚗 승용차

서울에서 성남, 성남에서 경기광주JC, 경기광주JC에서 광주—원주 고속도로 이용, 신평JC에서 중앙고속도로 이용, 횡성 방향

Information

횡성 관광안내소 033-342-2330 | 횡성 IC 관광안내소 033-344-2330 | 횡성군 문화체육과 033-340-2546 | 강원도 관광 안내 033-1330 | 전국 관광 안내 1330

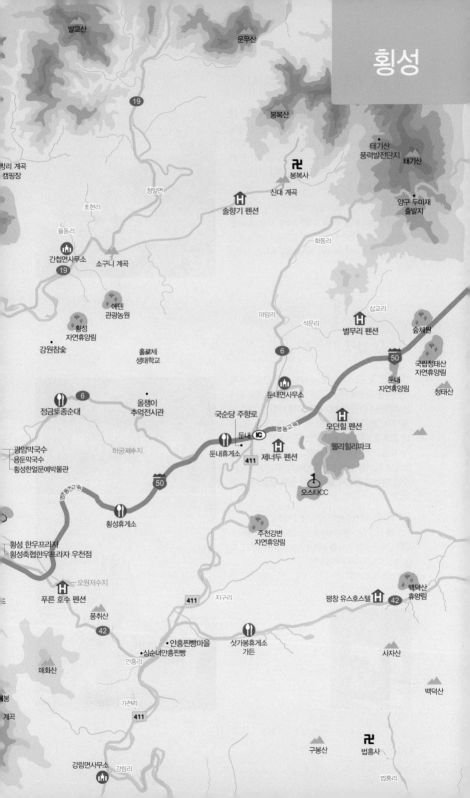

발교산

운무산

봉복산

태기산
풍력발전단지
태기산

19

청일면

봉복사
卍

신대 계곡

양구 두미재
출발지

초현리

솔향기 펜션
H

화동리

율동리

간첩면사무소
卍

19

소구니 계곡

마암리

석문리

삽교리

에덴
관광농원

별무리 펜션
H

숲채원

횡성
자연휴양림

6

50

강원참숯

홀로세
생태학교

둔내면사무소
卍

국립청태산
자연휴양림

둔내
자연휴양림

청태산

정금토종순대
6

올챙이
추억전시관

둔내휴게소
卍

국순당 주향로

둔내
영동고속

모던힐 펜션
H

광암막국수
용둔막국수
횡성한얼문예박물관

IC

웰리힐리파크

하궁저수지

50

411

제너두 펜션
H

횡성휴게소

411

오스타CC

황성 한우프라자
횡성축협한우프라자 우천점

주천강변
자연휴양림

푸른 호수 펜션
H

오원저수지

411

지구리

평창 유스호스텔
H

백덕산
휴양림

42

풍취산

42

싯가봉휴게소
가든

안흥찐빵마을

심순녀안흥찐빵

사자산

매화산

안흥리

가천리

411

강림면사무소
卍

구봉산

법흥사
卍

강림리

백덕산

법흥리

압곡리 백로·왜가리 번식지

횡성 서쪽 압곡리 마을에 여름 철새인 백로와 왜가리 번식지가 있다. 백로는 희고 키가 큰 황새목 왜가릿과, 왜가리는 회색의 키가 큰 황새목 왜가릿과다. 새를 관찰할 때에는 원색의 옷이나 진한 향수 등을 피하고, 조용히 망원경이나 망원 카메라를 통해 보는 것이 좋다.

위치 횡성군 서원면 압곡리, 횡성 서쪽
교통 ❶ 횡성 또는 원주에서 압곡리행 2번 시내버스 이용, 압실(압곡리마을) 하차 ❷ 승용차로 횡성에서 6번 국도 이용, 횡성 IT밸리 거쳐 유현3리 삼거리에서 좌회전, 압곡리 방향

풍수원 성당 豊水院 聖堂

1909년 강원도 최초로 세워진 성당으로, 사제관은 1912년에 완공되었다. 조선 말 고종 3년인 1866년 병인양요로 천주교에 대한 탄압이 심해지자, 신자들이 유현리로 숨어들었다. 1886년 고종 23년 조불조약으로 신앙의 자유가 생기자 성당과 사제관을 건설했다. 성당의 돌출된 종탑부와 아치형 출입구가 특징이다. 시간이 된다면 주말 미사에 참여해 보는 것도 좋은 경험이 될 것이다.

위치 횡성군 서원면 유현리 1097, 횡성 서쪽
교통 ❶ 횡성 또는 원주에서 풍수원 성당행 2번 시내버스 이용, 풍수원 성당 하차 ❷ 승용차로 횡성에서 6번 국도 이용, 횡성 IT밸리 거쳐 유현리 방향
전화 033-343-4597

장송모 도자연구원 張松摸 陶瓷硏究院

1995년 강원도 무형 문화재 제6호 도공 분야 기능보유자인 장송모 선생이 창봉리 폐교에 설립한 도자기 체험장. 체험 프로그램은 강의(40분), 실습(40분), 견학(30분)으로 진행되고, 물레로 도자기 만들기, 초벌구이 단계에서 그림을 그리거나 글씨 쓰기 같은 실습도 가능하다.

위치 횡성군 공근면 창봉리 533, 횡성 북서쪽
교통 ❶ 횡성 또는 원주에서 창봉리행 2번 시내버스, 홍천에서 400번 농어촌버스 이용, 창봉리 하차, 하천 건너 도보 5분 ❷ 승용차로 횡성에서 5번 국도 이용, 공근면 지나 창봉리 방향
전화 033-342-0011

횡성 스포랜드

대자연 속에 권총, 클레이 사격을 할 수 있는 곳이다. 클레이 사격은 빠른 속도로 공중을 나는 표적을 쏘아 맞추는 경기. 사격을 하며 일상의 스트레스를 풀기 좋다. 펜션도 겸하고 있어 1박하며 숯불 바비큐를 즐겨도 괜찮다.

위치 횡성군 공근면 금계로 380-57
교통 승용차로 횡성군청에서 공근면 행정복지센터 거쳐, 횡성 스포랜드 방향
시간 09:00~18:00
요금 권총 20,000원, 클레이 사격 30,000원, 서바이벌 30,000원
전화 033-344-2500~1
홈페이지 www.ispoland.co.kr

횡성호 주변으로 횡성 호수길이 조성되어 있다. 횡성 호수길은 1코스 횡성댐길(횡성댐 - 대관대리 3km), 2코스 능선길(대관대리 - 횡성온천 4km), 3코스 치유길(횡성온천 - 화전리 1.5km), 4코스 사색길(화전리 - 망향의 동산 7km), 5코스 가족길(망향의 동산 4.5km), 6코스 회상길(망향의 동산 - 횡성댐 7km)로 되어 있다. 한산하므로 일행과 함께 걷자.

위치 홍천군 갑천면 중금리 교통 홍천터미널에서 횡성댐 방향, 자동차로 30분 시간 월~토 09:00~18:00 전화 033-340-2548 홈페이지 www.hsg.go.kr

횡성 한우프라자

횡성 하면 먼저 떠오르는 횡성한우! 청정 자연에서 자란 한우를 값싸게 먹을 수 있는 곳이 횡성군 우천면에 있는 횡성 한우프라자다. 이곳에는 횡성축협한우프라자, 횡성한우백화점, 횡성한우마을, 횡성한우타운 등 정육점을 겸한 셀프식당이 여럿 있다. 횡성 한우프라자 옆의 농협 하나로마트에서도 저렴한 가격에 한우를 구입할 수 있다.

이 밖에도 새말휴게소 내 횡성한우전문점(033-342-6680), 둔내면 둔방내리의 횡성축협한우프라자(033-345-8888) 등에서 품질 좋은 횡성한우를 만날 수 있다.

위치 횡성군 우천면 우항리 583-5, 횡성 동남쪽 교통 횡성 또는 원주에서 우항리행 2, 2-1번 시내버스 이용

미술관 자작나무 숲

횡성 동쪽 우천면 전천가에 자리 잡은 미술관으로 10,000여 평의 넓은 땅에 자작나무 15,000여 그루가 자라고 있다. 자작나무는 쌍떡잎식물 참나무목 자작나무과의 낙엽 교목으로 흰색의 얇게 벗겨지는 나무껍질을 가졌다. 자작나무 숲에서는 조용히 숲길을 산책해도 좋고 숲 속 벤치에 앉아 사색에 잠겨도 괜찮다. 미술관 내 원종호 갤러리, 스튜디오 갤러리, 기획 전시장에서는 다양한 사진과 그림을 감상할 수도 있다. 자작나무 숲과 미술관을 돌아보고 산장에 들러 커피나 차 같은 따뜻한 음료도 마셔 보자.

위치 횡성군 우천면 두곡리 5, 횡성 동쪽
교통 ❶ 횡성 또는 원주에서 두곡리행 2, 2-1번 시내버스 이용, 두곡리 하차. 둑실마을 방향, 마을 지나 다리 밑 통과, 도보 30분 **❷** 승용차로 횡성에서 추동리 방향, 추동삼거리에서 두곡리 방향, 442번 지방도 이용. 미술관 자작나무 숲 표지 보고 좌회전, 둑실마을과 다리 밑 통과, 미술관 자작나무 숲 도착
요금 성인 20,000원, 3~18세 10,000원(입장객에게 무료 유기농 주스 또는 커피 제공) | 숲속의 집_윗채(2인) · 아래채(2인) 각 200,000원, 아래채(4인) 260,000원
시간 10:00~일몰 시(매주 수요일 휴관/동절기 11시~일몰 시, 화~목 휴관)
전화 033-342-6833
홈페이지 www.jjsoup.com

병지방 계곡 兵之方 溪谷

횡성 어답산 북동쪽 갑천이 흐르는 계곡으로 평소 사람의 발길이 뜸한 편이다. 박혁거세가 진한의 태기왕을 산까지 쫓아왔다 하여 어답산, 태기왕이 피 묻은 갑옷을 계천에서 씻었다 하여 갑천, 박혁거세에게 쫓기던 태기왕의 수하들이 계곡에 머물렀다고 하여 병지방이란 이름이 붙었다. 병지방 계곡은 맑은 물이 흐르고 넓어 사람들이 놀기 좋으나 수심이 깊은 곳이 있어 조심해야 한다. 병지방 계곡 내 병지방 오토캠프장을 이용하면 병지방 계곡을 온전히 즐길 수 있다.

위치 횡성군 갑천면 병지방리, 어답산 북쪽, 동쪽 계곡
교통 ❶ 횡성 또는 원주역에서 병지방행 2번 시내버스 이용 (18시경 1회 운행), 병지방 계곡 하차 ❷ 승용차로 횡성에서 횡성읍 북쪽 섬강로 이용, 내지리, 마옥리, 궁천리 거쳐 대관대교 건너, 추동보건진료소 지나 병지방 계곡 방향
전화 갑천면사무소 033-340-2605

횡성호 橫城湖

홍천 북동쪽에 있는 호수로 2000년 횡성댐의 준공으로 만들어졌다. 횡성댐은 높이 48.5m, 길이 205m, 발전 용량 1,000kW의 다목적댐으로 물홍보관이 있어 횡성댐의 개요와 물의 순환, 물의 쓰임새 등에 대해 알 수 있다. 횡성호 주위로 횡성호를 한 바퀴 도는 횡성호 둘레길이 있고, 구방리에는 댐 건설로 인해 수몰된 마을 사람들을 위로하기 위한 망향의 동산이 있다.

위치 횡성군 갑천읍 대관대리, 홍천 북동쪽
교통 ❶ 홍천 또는 원주에서 대관대리행 2, 2-1번 시내버스 이용, 대관대교 하차, 또는 횡성에서 횡성순환버스 이용, 대관대교 하차. 댐까지 도보 30분 ❷ 승용차로 횡성에서 횡성읍 북쪽 섬강로 이용, 내지리, 마옥리, 궁천리 거쳐 대관대교 전에서, 횡성댐 방향
전화 갑천면사무소 033-340-2605

국순당 주향로

한국 대표 전통주 업체 국순당이 운영하는 국내 최대 규모 양조장으로 홈페이지 신청을 통해 양조장 견학을 할 수 있다. 양조장에서 전통주 제조 과정을 볼 수 있고 시음도 가능하다.

위치 횡성군 둔내면 강변로 975
교통 승용차로 횡성군청에서 6번 국도, 현천 1리 방향 또는 영동고속도로 둔내IC에서 국순당 방향
견학 화~토요일, 20일 전 홈페이지에서 신청
요금 무료
전화 033-340-4300(내선 6번)
홈페이지 drink.ksdb.co.kr

강원참숯

원조 강원참숯 영농조합에서 참숯 불가마 찜질방을 운영한다. 불가마에서 참숯을 생산하고 난 뒤, 가마의 열기를 이용해 참숯 찜질방을 운영하는 것이다. 수건이나 거적을 두르고 들어가 찜질을 하면 된다. 숯가마에서 원적외선이 나와 신체 기능을 촉진시키고 땀으로 노폐물을 제거하는 효과가 있다고 한다. 매점이 없으므로 간식이나 음료, 과일 등을 준비하면 좋고 참숯에 고기를 구워 먹을 사람은 미리 고기와 채소 등을 가져오면 좋다. 사무실에서 목초액이나 참숯도 판매한다.

위치 횡성군 갑천면 포동리 산80, 횡성 동북쪽
교통 ❶ 횡성 또는 원주역에서 갑천 · 정금행 2번 시내버스 이용, 포동리 하차 ❷ 승용차로 횡성에서 6번 국도 이용, 영영포교차로 거쳐 정금리 방향. 정금리에서 횡성향토사료관 방향. 정포로 이용
요금 입장료 8,000원, 찜질복 2,000원(보증금 10,000원), 황토방(평일) 40,000원
시간 09:00~18:00, 18:00~22:00(야간 요금 별도), 고기 숯불 11:00~16:00
전화 강원참숯 영농조합법인 033-344-8340

올챙이 추억전시관

횡성 동쪽 궁종리 산속에 자리 잡은 60~70년대 추억의 물품 전시관. 6번 국도에서 숲 속 길을 헤치고 들어가면 노인이 홀로 만들었다는 저수지, 정원, 올챙이 추억전시관, 펜션 등이 보인다. 추억전시관에는 옛날 책과 영화 포스터, 생활용품 등이 있어 작은 생활사 박물관을 연상케 한다.

위치 횡성군 둔내면 궁종리 32, 횡성 동쪽
교통 승용차로 횡성에서 6번 국도 이용, 영영포교차로 거쳐 정금리, 하궁리 거쳐 궁종리 올챙이 추억전시관 방향
요금 입장료 3,000원, 캠프장(주중) 30,000원, 펜션(주중) 70,000원
전화 033-344-4411

태기산 풍력발전단지 泰岐山 風力發電團地

태기산(1,261m)은 원래 덕고산이라 불렀으나 삼한시대 진한의 마지막 왕인 태기왕이 산 정상에 산성을 쌓고 신라와 맞선 곳이라 하여 태기산이 되었다. 양구두미재에서 태기산 정상 쪽으로 풍력발전단지가 있어 멋진 풍경을 만들어 낸다. 4륜 구동 자동차를 타고 양구두미재에서 정상 쪽으로 가볼 수 있고 도보로는 양구두미재에서 태기산 정상까지 약 1시간 정도 걸린다. 태기산 정상에서 서쪽으로 횡성 전역과 동쪽으로 평창 봉평 일대가 한눈에 보인다.

위치 횡성군 둔내면 · 청일면, 횡성 동북쪽
교통 승용차로 횡성에서 6번 국도 이용, 둔내 방향. 둔내 거쳐 태기산 방향, 태기산 양구두미재 경찰전적비 도착

안흥찐빵마을

횡성 남동쪽 주천강가에 위치한 안흥면에 10여 곳의 찐빵 가게가 몰려 있어 안흥찐빵마을이라 부른다. 시초는 심순녀안흥찐빵의 심순녀 사장이 40여 년 전에 찐빵을 만들며 유명세를 타기 시작한 것이다. 안흥면사무소 앞에 안흥찐빵 유래비가 있고 매년 10월 안흥찐빵 축제가 열린다.

위치 횡성군 안흥면, 홍천 동남쪽
교통 ❶ 횡성 또는 원주에서 안흥행 2번 시내버스 또는 둔내순환버스 이용, 안흥면 하차 ❷ 승용차로 횡성에서 6번 국도 이용, 추동리 방향. 추동삼거리에서 442번 지방도 이용, 새말삼거리에서 42번 국도 이용, 안흥면 도착
요금 안흥찐빵 20개 8,000~10,000원
전화 안흥면사무소 033-340-2603

176

웰리힐리 파크(구 성우리조트) Wellihilli Park

횡성 술이봉 북쪽 자락에 위치한 스키장, 골프장, 숙소 등을 갖춘 리조트. 스키장은 초급, 중급, 상급, 최상급 코스 등 19면의 슬로프가 있고, 오스타 골프장은 노스, 사우스 코스로 나뉜다. 부대시설로 수영장, 볼링장, 사우나 등을 갖추었고, 인근에서 카트 같은 레포츠 시설, 관광 곤돌라, 사계절 썰매장, 양떼 목장, 집라인 이용이 가능하다.

위치 횡성군 둔내면 두원리 204, 횡성 동쪽
교통 ❶ 횡성에서 둔내순환버스 이용, 두원리 하차. 도보 20분 **❷** 잠실에서 셔틀버스 이용, 04:30, 11:30, 14:00, 17:40, 22:00 출발. 왕복 15,000원, 편도 7,500원. 홈페이지 예약

❸ 원주에서 무료 셔틀버스 이용, 원주고속버스터미널 앞, 원주역 출발 **❹** 승용차로 서울에서 중부고속도로 이용, 호법 JC에서 영동고속도로 이용, 둔내 IC에서 리조트 방향
요금 리프트권(주간) 70,000원 내외, 수영장 14,000원, 사우나 11,000원
전화 033-340-3000
홈페이지 www.wellihillipark.com

숲체원 林體院

국내 최고의 시설을 자랑하는 자연휴양림으로 태기산 고지에 있어 사철 맑은 공기를 마실 수 있다. 숙박이나 프로그램 신청은 물론 일반 방문도 미리 홈페이지를 통해 신청해야 한다.

위치 횡성군 둔내면 삽교리 1767-1, 횡성 동쪽
교통 ❶ 횡성에서 둔내순환버스 이용, 삽교 2리 하차. 숲체원까지 도보 40분 **❷** 승용차로 횡성에서 6번 국도 이용, 둔내 방향, 둔내사무소에서 둔내자연휴양림, 청태산자연휴양림 거쳐 숲체원 방향
요금 성수기 50,000~120,000원
전화 033-340-6300
홈페이지 hoengseong.fowi.or.kr

광암막국수

횡성에서 정금 방향에 있는 막국수집으로 식사 시간이면 사람들로 붐빈다. 막 뽑아낸 막국수에 고추장 양념을 얹고 무채나 오이채 없이 김 가루와 깨를 뿌려 나온다. 맛에 대해서는 취향에 따라 좋고 나쁨이 갈리는 편. 어떤 이는 옆집 용둔 막국수를 추천하기도 한다.

위치 횡성군 우천면 산전리 445
교통 ❶ 횡성 또는 원주역에서 정금행 2, 2-1번 시내버스 이용, 광암 하차 ❷ 승용차로 횡성에서 6번 국도 이용, 영영포교차로 지나 정금 방향, 광암막국수 도착
메뉴 물·비빔막국수 각 7,000원, 수육 중 27,000원, 감자전·녹두전 각 7,000원
전화 033-342-2693

정금토종순대

횡성 동쪽 정금리에 위치한 토종 순대 식당으로 진한 순대국과 토종 순대의 맛이 일품인 곳. 점심과 저녁 식사 시간이면 주변에서 일하던 농부나 일꾼들이 몰려 자리를 잡을 수 없을 지경이다. 주위에 식당이 없어서일까 아니면 맛이 좋아서일까. 후자에 한 표!

위치 횡성군 우천면 정금리 494-3, 횡성 동쪽
교통 ❶ 횡성 또는 원주역에서 정금행 2번 시내버스 이용, 정금 하차, 식당 방향 도보 10분 ❷ 승용차로 횡성에서 6번 국도 이용, 영영포교차로 지나 정금 방향, 정금교 지나 정금토종순대 도착
메뉴 순대국 6,000원, 특 7,000원, 순대 소 6,000원, 대 12,000원
시간 13:00~20:00(매월 둘째·넷째 토요일 휴무)
전화 033-342-2674

향교막국수

횡성 북쪽, 신촌 웃묵골 산기슭에 자리 잡은 막국수집으로 원주 향교막국수의 횡성 분점이다. 신촌리 웃묵골 산자락에 있어 다소 찾아가기 어렵다. 맛은 달달하면서도 약간 맵다.

위치 횡성군 공근면 신촌리 산14-8, 횡성 북쪽
교통 ❶ 횡성에서 300번 농어촌버스 이용, 신촌 하차. 막국수집 방향 도보 10분 **❷** 승용차로 횡성에서 6번 국도 이용. 신촌 방향. 웃묵골 향교막국수 도착
메뉴 물·비빔막국수 각 7,000원, 수육 20,000원, 동절기 메밀칼국수 8,000원
시간 11:00~21:00(둘째·넷째 월요일 휴무)
전화 033-344-3326

함밭식당

횡성 종합운동장 북동쪽에 위치한 식당으로 40여 년의 전통을 자랑하는 맛집. 오래된 맛집이면 맛은 좋으나 다소 위생 측면에서 미흡한 경우가 많은데 이곳은 맛과 위생 모든 면에서 흠잡을 데 없다. 최상급 한우만을 사용해 고기 맛이 좋고 정갈한 반찬도 식욕을 돋운다.

위치 횡성군 횡성읍 북천리 205-9, 종합운동장 부근
교통 ❶ 횡성읍에서 종합운동장행 2번 시내버스 또는 횡성순환버스 이용, 종합운동장 하차. 종합운동장 북동쪽 방향 도보 10분 **❷** 승용차로 횡성에서 종합운동장 방향
메뉴 두루치기 백반 12,000원, 돼지갈비 12,000원, 명품모듬 40,000원, 명품 꽃등심 37,000원
전화 033-343-2549

포도청해장국

횡성 종합운동장 부근에 위치한 해장국집으로 선지해장국을 시키니 선지와 국을 따로 주는 따로선지해장국이다. 선지는 기름장에 찍어 먹고 선지해장국은 밥 말아 먹고, 한 번에 두 가지 맛을 본다. 여기에 막 지은 돌솥밥이 나오니 이보다 좋을 수 없다. 이런 상차림은 길 건너 왕십리해장국에서 먼저 시작했다는 소문도 있다.

위치 홍천군 횡성읍 읍하리 498-10, 종합운동장 부근
교통 ❶ 횡성읍에서 종합운동장행 2번 시내버스 또는 횡성순환버스 이용, 종합운동장 하차. 종합운동장 남서쪽 방향 도보 5분 **❷** 승용차로 횡성에서 종합운동장 방향
메뉴 뼈다귀해장국·선지해장국 각 7,000원, 감자탕 소 25,000원
전화 033-345-9990

박현자네 더덕밥

횡성 남쪽 원주 공항 가는 길에 있는 횡성 먹거리 단지의 대표 식당으로 산지가 많은 횡성에서 나는 더덕을 이용한 더덕불고기를 낸다. 약간 씁쓸한 더덕의 맛과 향이 불고기와 어우러져 환상의 맛을 선사한다.

위치 횡성군 곡교리 127-3, 횡성 먹거리 단지 내
교통 ① 횡성 또는 원주에서 곡교리행 2, 2-1번 시내버스, 횡성에서 둔내순환버스 이용, 곡교리 횡성 먹거리 단지 하차 ② 승용차로 횡성에서 5번 국도 이용, 묵계농공단지 지나 횡성 먹거리 단지 방향
메뉴 더덕정식 13,000원, 더덕불고기비빔밥 10,000원, 더덕산채비빔밥 8,000원
전화 033-344-1116

횡성축협 한우프라자

횡성 하면 한우, 횡성한우 하면 횡성축협 한우프라자를 꼽는다. 우천점은 횡성읍과도 가까워 쉽게 찾을 수 있고, 한우의 품질을 믿을 수 있어 좋다. 식당과 정육점을 겸하는 셀프 식당인데, 일반 음식점처럼 메뉴를 보고 주문할 수도 있다.

위치 우천면 우항리 583-5
교통 ① 횡성 또는 원주역에서 우항리행 2, 2-1번 시내버스 이용, 우항리 하차 ② 승용차로 횡성에서 추동리 방향, 추동삼거리에서 두곡리 방향, 442번 지방도 이용, 우천면 방향, 한우프라자 도착
메뉴 한우 모듬, 등심, 꽃등심, 보양한우탕 10,000~40,000원
전화 033-345-6160

벌나무식당

박현자네 더덕밥 옆에 있는 식당으로 더덕주물럭 쌈밥과 더덕오리주물럭 쌈밥을 내고 있다. 푸짐한 양에 놀라고 입맛을 사로잡는 훌륭한 맛에 두 번 놀라는 곳. 집에서 담근 된장으로 끓인 된장찌개와 정갈한 반찬도 먹을 만하다.

위치 횡성군 곡교리, 횡성 먹거리 단지 내
교통 박현자네 더덕밥 옆
메뉴 더덕주물럭 쌈밥 · 더덕오리주물럭 쌈밥 · 더덕구이 각 14,000원, 더덕불고기 전골 17,000원 (각 2인 이상)
전화 033-342-0635

제너두 펜션

횡성 웰리힐리 파크 서쪽에 있는 펜션 단지로 쾌적하게 꾸민 룸에 강당, 세미나실, 운동장, 야외 수영장, 바비큐장 등의 부대 시설을 갖췄다. 펜션과 연결된 레포츠 업체를 통해 ATV, 서바이벌, 래프팅, 체험 다이빙, 패러글라이딩 같은 레포츠를 즐겨도 좋다.

위치 횡성군 둔내면 우용리 580-13, 횡성 동쪽
교통 ❶ 횡성에서 둔내순환버스 이용, 우용1리 하차. 제너두 펜션까지 도보 20분 ❷ 승용차로 횡성에서 6번 국도 이용, 둔내 방향, 둔내사무소에서 우용리 방향
요금 비수기 주중 50,000~180,000원
전화 033-345-7276
홈페이지 www.hyundaisoo.com

모던힐 펜션

웰리힐리 파크 인근에 있는 펜션으로 호텔급 인테리어에 수영장, 찜질방, 당구장, 탁구장 등 다양한 부대 시설도 잘 구비되어 있다. 비수기에 한해 브런치 서비스와 둔내시외버스터미널 또는 웰리힐리 파크까지 픽업 서비스 등도 제공한다.

위치 횡성군 둔내면 두원리 404-11, 횡성 동쪽
교통 ❶ 횡성에서 둔내순환버스 이용, 두원2리 하차. 모던힐 펜션까지 도보 15분 ❷ 승용차로 횡성에서 6번 국도 이용, 둔내 방향, 둔내사무소에서 웰리힐리 파크 방향. 두원2리 마을회관 거쳐 산아래민박에서 좌회전
요금 비수기 80,000~160,000원
전화 010-3930-0025,
홈페이지 www.modernhill.net

푸른호수 펜션

횡성 남동쪽 오원저수지가 근처에 있는 펜션으로 이른 아침 물안개 낀 저수지 풍경을 감상할 수 있는 곳. 넓은 정원에서 한가롭게 산책을 즐기거나 저수지에서 낚시를 해도 좋다. 한겨울에는 빙어 낚시에 도전해 보면 어떨까.

위치 횡성군 우천면 오원3리 370-6, 횡성 동남쪽
교통 ❶ 횡성 또는 원주역에서 오원리행 2번 시내버스 또는 둔내순환버스 이용, 오원리 또는 오원3리 하차. 펜션 방향 도보 5분 ❷ 승용차로 횡성에서 6번 국도 이용, 추동리 방향. 추동삼거리에서 442번 지방도 이용, 우천면 방향. 새말삼거리에서 42번 국도 이용, 오원저수지 방향
요금 비수기 80,000~150,000원
전화 033-345-5812, 010-9101-5811
홈페이지 www.bluepension.com

솔향기 펜션

태기산 동쪽에 위치한 펜션으로 펜션 옆으로 작은 하천이 흘러 아이들이 물놀이하기 좋다. 부대 시설로는 족구장, 노래방 기기, 바비큐장 등을 갖추고 있어 이용하면 되고, 주인에게 말하면 텃밭의 채소들도 맛볼 수 있다.

위치 횡성군 청일면 고시리 199-2, 횡성 동북쪽
교통 ❶ 횡성 또는 원주역에서 고시리행 2번 시내버스 이용, 큰고시길 하차. 펜션 방향 도보 5분 ❷ 승용차로 횡성에서 태기로 이용, 개천리 방향. 옥동교차로에서 19번 국도 이용, 갑천면 방향. 초현리사무소 지나 고시리 방향
요금 비수기 주중 70,000~250,000원
전화 033-345-8280, 010-8399-7196
홈페이지 www.solhyanggi.kr

별무리 펜션

태기산 남쪽에 위치한 펜션으로 동화 속에 나오는 듯한 예쁜 목조 건물에 일부 객실에는 스파까지 설치되어 있다. 펜션 내 카페에서 향긋한 커피 한잔을 해도 좋고 정원에 앉아 책을 읽어도 좋다. 오전에 카페에서 무료 조식 서비스가 제공된다.

위치 횡성군 둔내면 삽교1리 795, 횡성 동쪽
교통 ❶ 횡성에서 둔내순환버스 이용, 삽교1리 종점 하차. 펜션 방향 도보 5분 ❷ 승용차로 홍천에서 6번 국도 이용, 둔내 지나 석문리 방향, 석문리에서 삽교리 방향
요금 비수기 100,000~180,000원
전화 033-345-6166, 017-360-1023
홈페이지 www.thestardust.co.kr

별을 쏘다

횡성 풍수원 성당 남쪽에 있는 펜션으로 조용한 산촌에 있어 편안히 쉬기에 좋다. 아기자기하게 꾸민 방은 스르륵 절로 잠이 올 것 같다. 야외에서 먹는 바비큐는 금세 밥 한 공기를 비우게 한다. 족구장과 배드민턴장에서 가족이나 친구끼리 운동을 즐겨도 좋다.

위치 횡성군 서원면 석화리 232, 횡성 서쪽
교통 ❶ 횡성 또는 원주역에서 석화리행 2번 시내버스 이용, 석화수련의 집 하차. 펜션 방향 도보 10분 ❷ 승용차로 횡성에서 6번 국도 이용, 유현리 방향. 석화삼거리에서 석화리 방향
요금 비수기 주중 60,000~100,000원
전화 033-344-6460, 010-4782-6469
홈페이지 www.starpen.co.kr

숙소 리스트

이름	위치	전화
둔내호텔	횡성군 둔내면 석문리 585-1	033-342-7500
웰리힐리 파크	횡성군 둔내면 두원리 204	1544-8833
1박 2일 민박	횡성군 횡성읍 내지리 90-10	033-345-1002
동그라미 민박	횡성군 안흥면 지구리 338-11	010-5396-8814
개나리 민박	횡성군 갑천면 대관대리416-4	033-343-5480

1일차 시작!

① 미술관 자작나무 숲
울창한 자작나무 숲 속 작은 갤러리

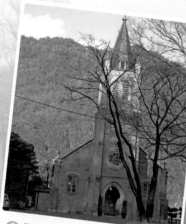

② 풍수원 성당
강원도 최초의 가톨릭 성당

③ 압곡리 백로 · 왜가리 번식지
조용히 여름 철새 백로 · 왜가리 관찰

숙박

④ 강원참숯
거적을 쓰고 들어가는 참숯불가마 찜질방 체험

횡성 1박 2일 코스 ★ 미술관 자작나무 숲과 병지방 계곡을 둘러보는 힐링 여행

요즘 유행하는 힐링 중 최고는 숲 속을 걷는 삼림욕이 아닐까. 미술관 자작나무 숲에서 자작나무 숲을 산책하고 미술관에서 작품까지 감상할 수 있으니 심신이 함께 힐링되는 느낌이다. 몸에 좋은 원적외 선이 나온다는 강원참숯의 불가마에서 찜질을 하니 몸속 독소들이 일거에 빠져나가는 듯하다. 여기에 국내 최고 시설의 자연휴양림인 숲체원과 태기산 정상의 풍력발전단지, 횡성의 오지 병지방 계곡을 걸으면 한동안 자연의 향기가 몸에서 묻어날 것만 같다.

2일차 시작!

1 숲체원
국내 자연휴양림 중 최고 시설. 단, 미리 신청

귀가

2 태기산 풍력발전단지
태기산 정상에서 보는 멋진 전망

4 병지방 계곡
어답산 북동쪽 오지 계곡

3 횡성호와 댐
횡성댐으로 만들어진 호수와 산책로

원주

치악산의 은혜 갚은 까치의
전설을 간직한 원주

영화 〈박하사탕〉의 촬영지로, "나 돌아갈래!" 하는 배우의 대사가 들릴 듯
한 전통의 유원지 간현, 예부터 한지를 생산하던 원주를 기념하는 한지테
마파크, 대하소설 〈토지〉를 집필한 박경리 선생의 옛집을 중심으로 조성된
박경리 문학공원을 둘러보고, 치악산에도 올라 보자.

원주

Access

시외·고속 ❶ 동서울종합터미널에서 원주시외버스터미널까지 1시간 30분 소요, 06:10~22:25, 수시 운행, 요금 7,700원
❷ 서울경부버스터미널에서 원주고속버스터미널까지 1시간 30분 소요, 06:00~24:00 수시 운행, 요금 일반 7,700원, 우등 11,300원(원주문막, 원주혁신행 버스도 있음.)

기차 청량리역에서 원주역까지 1시간 20분 소요, 06:40~23:20, 약 1시간 간격, 요금 새마을호 9,300원, 무궁화호 6,200원

승용차 서울에서 성남, 성남에서 경기광주JC, 경기광주JC에서 광주─원주 고속도로 이용, 신평JC에서 중앙고속도로 이용, 원주 방향

INFORMATION **원주시 문화관광과** 033-737-2832~4 | **강원도 관광 안내** 033-1330 | **전국 관광 안내** 1330

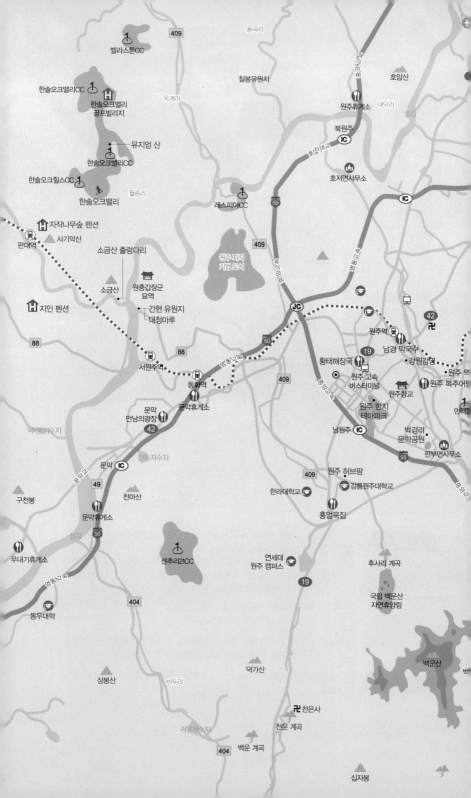

원주

청우GC
442
새말휴게소
IC
50
학곡저수지
오원저수지
441

옻칠기·한지공예관
치악산 관광가든

풍취산
42

구룡사 계곡
구룡사
매화산

선녀탕 계곡
천지봉
토끼봉
세렴 폭포
441
투구봉
삼봉
강림리
치악산
강림면사무소
입석사
석경사
천문인마을
한국
통나무학교
치악산 관음사
월현리
천태종 선문사
보문사
삼봉
향로봉
441
배향산
구룡산
금두 계곡
치악산
국립공원
영원 폭포
영원사
상원사
두산리
회봉산
별바라기 펜션
섬안공원
시명봉
선바위봉
441
응봉
5
치악역
응봉산
매봉
한일휴 펜션
중앙고속
검은애산
치악산
주련골 펜션
88
고판화 박물관
치악산
황둔휴양림
치악산
자연휴양림
55
명주사
심밭골
관광공원
신림면사무소
신림
IC
감악산
신림역
402
용소막 성당
중앙고속
용두산

한솔 오크밸리

원주 북서쪽에 위치해 있으며 스키장, 골프장, 숙소를 갖춘 리조트다. 스키장은 스노우파크라 부르며 초급, 중급, 상급 등 총 9면의 슬로프를 가지고 있고, 골프장은 파인 코스, 체리 코스, 브릿지 코스, 힐 코스 등으로 나뉜다. 부대시설로는 수영장, 헬스장, 볼링장, 사우나, 놀이동산 등이 있어 가족과 함께 이용하기 좋다.

위치 원주시 지정면 월송리 1016, 원주 북서쪽

교통 ❶ 원주에서 57번 시내버스 이용. 능동골 하차. 리조트 방향 도보 20분 ❷ 동서울종합터미널 또는 서울고속터미널에서 원주버스터미널까지 시외 또는 고속버스 이용. 원주 도착. 원주 시내에서 무료 셔틀버스(원주버스터미널 05:17~22:57, 약 2시간 간격, 1일 약 8회 운행) 이용, 한솔 오크밸리 도착 ❸ 청량리역에서 원주역까지 기차 이용. 원주 도착 ❹ 서울에서 한솔 오크밸리까지 셔틀버스 이용. 홈페이지 참조 ❺ 승용차로 서울에서 경부고속도로 또는 중부고속도로 이용. 경부의 호법 JC 또는 중부의 여주 JC에서 영동고속도로 진입, 문막 IC에서 한솔 오크밸리 방향. 서울에서 6번 국도로 양평, 양평에서 37번 국도로 여주, 여주에서 42번 국도로 문막, 문막에서 한솔 오크밸리 방향

전화 033-730-3500

홈페이지 www.oakvalley.co.kr

뮤지엄 산 Museum SAN

한솔 오크밸리 내에 있는 국내 최대 전원형 뮤지엄으로 세계적인 건축가 안도 타다오가 설계했다. 자작나무숲 길을 산책하며 야외 조각을 감상하거나 페이퍼 갤러리(구 한솔종이박물관)에서 종이 공예품, 창조 갤러리에서 국내외 유명 작가의 전시를 둘러보기 좋다. 제임스 터렐관은 빛의 마술사라 불리는 제임스 터렐의 작품을 감상할 수 있는 곳!

위치 한솔오크밸리 골프장 내

교통 자가용 또는 한솔오크밸리 셔틀버스 이용

요금 뮤지움권 18,000원, 명상권·제임스터렐권 각 28,000원

시간 10:00~18:00, 제임스 터렐관 10:30~18:00(월요일 휴무)

전화 033-730-9000

홈페이지 www.museumsan.org

원주 허브팜

원주시 남쪽 강릉원주대학교 원주캠퍼스 부근에
위치한다. 17,000㎡의 넓은 땅에 연, 수련 등 수
생식물 300여 종, 수목 200여 종, 허브 및 외래
종 300여 종, 야생화 및 자생식물 220여 종 등 총
1,000여 종의 식물이 자라고 있다. 이곳의 식물
들은 13개의 테마의 뜰, 5개의 연못, 2곳의 실내
뜰에서 화사한 풍경을 만들어 낸다.

위치 원주시 무실동 887-24, 강릉원주대학교 원주캠퍼스
북쪽

교통 ❶ 원주에서 8, 9, 31, 33, 34, 35번 시내버스 이용, 서곡
삼거리 정류장 하차, 허브팜 방향 도보 5분 ❷ 승용차로 원
주에서 강릉원주대학교 원주캠퍼스 방향

요금 성인 7,000원, 앵무새집 5,000원

시간 4~10월 09:00~일몰(월요일 휴무 / 11~3월 휴관)

전화 033-762-3113

홈페이지 www.wonjuherb.com

간현 유원지 艮峴 遊園地

섬강가에 위치한 유원지로 예전부터 대학생 MT
장소나 회사 야유회 장소로 인기가 높았다. 사람
들의 추억이 서린 간현역은 아쉽게 2011년 12월
중앙선 복선전철화로 인해 폐쇄되었으나 간현교
와 지정대교 사이 넓은 백사장은 여전히 사람들
의 쉼터가 되어 주고, 섬강에서는 낚시도 가능하
다. 삼산천은 아이들이 물놀이하기에 적당하고
등산을 좋아한다면 소금산에 오르거나 도전을
좋아하는 사람이라면 소금산 암벽 공원에서 암
벽 등반을 즐겨도 좋다.

위치 원주시 지정면 간현리 1056-5, 원주 서쪽

교통 ❶ 원주에서 1, 52, 57, 58번 시내버스 이용, 간현 유원
지 하차 ❷ 승용차로 원주에서 42번 국도 이용, 광터교차로
에서 88번 지방도 이용, 간현 유원지 도착

요금 야영 2,000~5,000원

전화 033-737-4765

원주 한지테마파크

예부터 한지의 고향이라 불렸던 원주에는 1950년대까지 15개 이상의 한지 제조 공장이 있었다. 이에 한지의 역사와 우수성, 원주 한지를 알리기 위해 한지테마파크가 세워졌다. 한지의 역사와 제작 과정을 보여주는 다양한 자료와 한지로 만든 옷, 인형 등의 작품이 전시되어 있고, 체험 프로그램도 운영된다.

위치 원주시 무실동 16
교통 ❶ 원주에서 7번 시내버스 이용, 원주무실8차아파트 하차. 테마파크 방향 도보 5분 ❷ 승용차로 원주에서 한지테마파크 방향
요금 성인 2,000원, 청소년·어린이 1,000원
시간 09:00~18:00(매주 월요일 휴관)
전화 033-734-4739, 4740
홈페이지 www.hanjipark.com

원주 역사박물관 原州 歷史博物館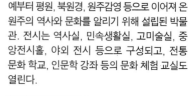

예부터 평원, 북원경, 원주감영 등으로 이어져 온 원주의 역사와 문화를 알리기 위해 설립된 박물관. 전시는 역사실, 민속생활실, 고미술실, 중앙전시홀, 야외 전시 등으로 구성되고, 전통문화 학교, 인문학 강좌 등의 문화 체험 교실도 열린다.

위치 원주시 봉산동 836-1
교통 ❶ 원주에서 5, 5-1, 81, 82번 시내버스 이용, 박물관 하차 ❷ 승용차로 원주에서 원주 역사박물관 방향
시간 09:00~18:00(매주 월요일 휴관)
전화 033-737-4371
홈페이지 www.wonjumuseum.or.kr

소금산 출렁다리

간현 유원지 안쪽 소금산에 설치된 국내 최장, 최고 높이의 출렁다리다. 길이는 200m, 높이는 100m, 폭은 1.5m이다.

위치 원주시 지정면 소금산길 14
교통 간현 유원지에서 바로
요금 3,000원
시간 09:00~18:00(동계에는 ~17:00까지 / 첫째·셋째 월요일 휴무)
전화 033-731-4088
코스 가는골 마을 → 솔개미둥지 → 소금산 출렁다리·스카이워크 → 바위으름터 → 소금산 정상 → 404철계단 → 포레스트 캠핑장 / 약 3.5km 거리, 약 1시간 30분 소요

박경리 문학공원 朴景利 文學公園

1980년 박경리 선생이 서울을 떠나 살던 곳으로 이곳에서 대하소설 〈토지〉 4부, 5부를 집필하여 1994년 완결하였다. 1995년 이곳이 택지개발지로 포함되어 헐릴 위기에 처하자, 〈토지〉를 좋아했던 각계의 의견에 따라 공원 부지로 전환되어 1999년 공원으로 재탄생했다. 현재 박경리 선생의 옛집과 평사리마당 · 홍이동산 · 용두레벌 등 〈토지〉를 주제로 한 테마공원, 토지를 집필하기 위한 자료를 전시하는 박경리 문학의 집 등으로 꾸며져 있다. 원주시 흥업면 매지리에는 문화 행사와 창작실이 있는 토지문화관이 있다.

위치 원주시 단구동 1620-5
교통 ❶ 원주에서 5-1, 7번 시내버스 이용, 박경리 문학공원 하차 **❷** 승용차로 원주에서 박경리 문학공원 방향
시간 박경리 문학의 집 10:00~17:00(매월 넷째주 월요일)
전화 033-762-6843
홈페이지 www.tojipark.com

강원감영 江原監營

조선 후기 강원도를 관할하던 관찰사가 머물던 관사. 강원감영 내 선화당은 관찰사가 집무를 하던 사무실로 정면 7칸, 측면 4칸의 건물이고, 포정루는 선화당의 정문으로 정면 3칸, 측면 2칸의 누각 건물이다. 선화당 옆 청운당은 ㄱ자형 한옥으로 후대에 옮겨 놓은 것이다.

위치 원주시 일산동 54-1
교통 ❶ 원주에서 1, 2, 2-1, 21번 등 시내버스 이용, KBS 하차. 강원감영 방향 도보 5분 ❷ 승용차로 원주에서 강원감영 방향

용소막 성당 龍召幕 聖堂

조선 후기 1866년 흥선군이 가톨릭 신자를 대거 처형한 병인박해를 피해 가톨릭 신자들이 용소막으로 숨어 들었다. 1886년 고종 23년 조불수호통상조약 체결로 신앙이 자유로워지자 1898년 용소막 공소를 설립하였고 1904년 본당으로 승격되었다. 3대 주임 시잘레 신부의 주도로 1915년 성당이 완공되었는데 돌출된 종탑부와 아치형 출입구가 특징이다. 종교와 상관없이 유서 깊은 옛 시골 성당의 미사에 참여해 보면 색다른 경험을 할 수 있다.

위치 원주시 신림면 용암리 719-2, 원주시 남동쪽
교통 ❶ 원주에서 22번 시내버스 이용, 용암 하차. 성당 방향 도보 1분 ❷ 승용차로 원주에서 5번 국도 이용, 신림면 방향. 용암삼거리에서 용소막 성당 방향
전화 033-763-2341

치악산 雉岳山

원주 북쪽에 위치한 산으로 정상은 비로봉
(1,288m)이고 비로봉 남쪽으로 향로봉
(1,043m)과 연결된다. 비로봉 북쪽에 구룡사,
향로봉 남쪽에 상원사가 있고 선녀탕 계곡, 세렴
폭포, 촛대 바위, 영원 폭포 같은 볼거리가 많다.
구룡사에서 비로봉으로 향하는 사다리병창길은
험하기로 이름이 나 있으나 나머지 코스는 크게
힘들이지 않고 오를 수 있다.

위치 원주시 소초면 학곡리 900, 원주시 북쪽
교통 ➊ 원주에서 2, 41, 41-1번 시내버스 이용, 치악산국립
공원 하차 ➋ 승용차로 원주에서 42번 국도 이용, 옻칠기·
한지공예관 지나 치악산국립공원 종점 도착
요금 2,500원
코스 구룡탐방지원센터 – 구룡사 – 세렴 폭포 – 사다리병
창 – 치악산 정상(3시간 30분 소요)
전화 033-732-5231
홈페이지 chiak.knps.or.kr

 Travel Tip

다이나믹 댄싱 카니발

2011년 민군이 함께 하는 지역 축제에서 2016년
국내 팀과 36개 해외팀 등 총 1,500여 명이 참가하
는 국제적인 댄스 축제로 발전했다. 국내 최대의 거
리 퍼레이드와 120m 길이의 초대형 퍼레이드 무대
는 축제의 열기를 더욱 고조시킨다. 군악과 클래식,
국악, 댄스 등 내용도 다채롭다.

위치 강원도 원주시 단구로 170 따뚜공연장, 젊음의 광
장, 문화의 거리
교통 원주역 또는 원주시외버스터미널에서 원
주종합운동장·따뚜공연장 방향, 시내버스, 택
시 이용
전화 033-763-9401~2
일시 매월 9월 초
홈페이지 www.dynamicwonju.com

구룡사 龜龍寺

신라시대 문무왕 8년(668년) 의상대사가 세운 사찰로 당시 이름은 아홉 구(九)자를 쓰는 구룡사(九龍寺)였다. 거북 구(龜)자를 쓰는 구룡사가 된 것은 조선 중기 이후 절 입구에 있는 거북바위 때문이다. 구룡사에는 9마리 용에 대한 전설이 서려 있는데 의상대사가 본래 9마리의 용이 살던 연못에 사찰을 지으려 하자, 9룡이 조화를 부려 산천을 물에 잠기게 했고 이에 의상대사가 부적으로 연못의 물이 마르게 하니 9룡 중 한 마리는 눈이 멀고 나머지 용들은 구룡사 앞산을 여덟 조각으로 갈라 놓고 도망쳤다고 한다. 사찰 내에는 대웅전, 보광루, 삼성각, 심검당, 설선당 등 여러 건물이 있고 일반인을 대상으로 한 템플스테이도 운영한다.

위치 원주시 소초면 학곡리 1029, 원주시 북쪽
교통 ❶ 원주에서 2, 41, 41-1번 시내버스 이용, 치악산국립공원 하차. 구룡사까지 도보 15분 ❷ 승용차로 원주에서 42번 국도 이용, 옻칠기 · 한지공예관 지나 치악산국립공원 종점 도착
요금 2,500원. 템플스테이 1박 2일 1인 40,000원(휴식형 30,000원)
전화 033-732-4800
홈페이지 www.guryongsa.or.kr

옻칠기 · 한지 공예관

가구 등에 칠하는 전통 옻칠기와 원주 한지를 전시하는 곳이다. 원주는 전국 최대 옻나무 주산지이자 옻칠 생산지이고, 예부터 닥나무가 많아 한지 공장이 많았다. 이곳에서 전통 작품부터 현대 작품까지 다양한 옻칠기 · 한지 공예품을 만날 수 있다.

위치 원주시 소초면 학곡리 710-18, 원주 북서쪽
교통 ❶ 원주에서 2, 41, 41-1번 시내버스 이용, 옻칠기 · 한지 공예관 하차 ❷ 승용차로 원주에서 42번 국도 이용, 치악산 드림랜드 지나 옻칠기 · 한지 공예관 도착
시간 09:00~18:00(매주 월요일 휴관)
전화 한지 공예관 033-731-2323

고판화 박물관 古版畫 博物館

오래된 판화를 전시하는 박물관으로 한국, 중국,
일본, 티베트, 몽골, 인도, 네팔 등 여러 나라의 판
화가 있다. 소장품은 목판 원판 1,800여 점, 고
판화 작품 300여 점, 판화로 인쇄한 도서 200여
점, 판화 자료 200여 점 등 총 3,500여 점에 이른
다. 박물관에서 판화 제품을 구입하거나 판화 체
험도 가능하다.

위치 원주시 신림면 황둔리 1706–1, 원주 남동쪽

교통 ❶ 원주에서 24, 25번 시내버스 이용, 물안도 하차. 산
쪽 박물관 방향 도보 15분

❷ 승용차로 원주에서 5번 국도 이용, 신림면 방향. 신림면
에서 88번 지방도 이용, 고판화 박물관 도착

＊지방도에서 박물관 가는 길이 좁고 경사가 심하다.

요금 대인 5,000원, 초중고생 4,000원, 유치원생 3,000원

시간 10:00∼19:00(동절기 17:00, 매주 월요일 휴관)

전화 033-761-7885

홈페이지 www.gopanhwa.com

체험

프로그램		내용	가격	비고
1일 체험 코스 (수시 체험)		목판 제작	15,000원	재료비 포함, 90분 소요
		전통 책 만들기	15,000원	재료비 포함, 60분 소요
		능화판 문양 찍기	5,000원	재료비 포함, 3분 소요
개별 체험	동절기 외	목판화 제작, 전통 책 만들기, 명상 체험, 다도 체험, 아침 산행, 1박 3식 제공	40,000원	10∼40명
	동절기 (11.1∼3.31)		45,000원	30∼40명
			50,000원	20∼29명
			60,000원	10∼19명

원주의 맛집

원주 복추어탕

된장을 쓰는 남원 추어탕과 달리 고추장을 쓰는 원주 추어탕을 1965년 처음으로 만든 곳이 이 집이다. 이곳의 추어탕은 테이블에서 직접 데우면서 먹게 되어 있는데 진한 추어탕 국물 맛이 끝내준다.

위치 원주시 개운동 406-13, 원주고등학교 건너편
교통 ❶ 흥원주에서 1, 2, 2-1, 21번 등 시내버스 이용, 원주고등학교 하차 ❷ 승용차로 원주에서 원주고등학교 방향
메뉴 추어탕(갈) 11,000원, 추어탕(통) 12,000원, 미꾸라지 튀김(대) 13,000원, 숙회 40,000원
전화 033-763-7987

흥업묵집

원주 흥업리에 위치한 흥업묵집은 오랜 전통의 메밀묵 전문점으로 메밀묵(밥)을 주문하면 직접 쑨 쫀득한 식감의 메밀묵이 나온다. 메밀묵과 함께 먹는 김치는 젓갈을 넣지 않은 담백한 김치로 메밀묵과 어우러져 시원한 메밀김치국이 된다. 메밀부침, 메밀전병도 맛이 있다.

위치 원주시 흥업리 546-8, 원주시 남쪽
교통 ❶ 원주에서 30, 31, 34번 시내버스 이용, 부촌 하차. 묵집 방향 도보 5분 ❷ 승용차로 원주에서 흥업면 방향, 흥업자구대 지나 골목으로 우회전
메뉴 메밀묵 6,000원, 메밀전·메밀전병 각 5,000원, 접시묵 7,000원, 묵무침 9,000원
전화 033-762-4210

황태해장국

23년 전통의 황태해장국이 단계동에서의 영업을 마치고 판부면 서곡리로 이전하였다. 신축 건물이어서 넓고 쾌적하며, 예전 맛 그대로의 해장국을 즐길 수 있다. 해장국을 맛본 뒤에는 2층 카페에서 차를 마셔도 좋다.

위치 원주시 판부면 서곡리 남원로 329
교통 ❶ 원주역 또는 원주시외버스터미널에서 택시 이용 ❷ 승용차로 남원주IC에서 원주 포스코샵 아파트 방향, 아파트에서 황태해장국 방향
메뉴 황태해장국 8,000원, 황태구이정식 11,000원, 황태찜 소 35,000원

남경 막국수

원주역 남동쪽 골목 안에 위치한 막국수집으로 40여 년의 전통을 자랑한다. 막 뽑은 막국수에 국물을 자작하게 붓고 새콤한 양념과 무, 오이채, 계란 반쪽과 함께 비벼 먹으면 새콤, 달콤, 매콤한 맛이 지친 입맛을 달랜다.

위치 원주시 학성동 329-9, 원주역 남동쪽
교통 ❶ 원주에서 1, 2, 21번 등 시내버스 이용, 문화극장 하차. 막국수집 방향 도보 3분 ❷ 승용차로 원주에서 원주역 방향, 원주역에서 문화극장 지나 골목 안
메뉴 물막국수 7,000원, 비빔막국수 7,000원, 편육 소 20,000원
전화 033-732-2716

치악산 관광가든

산나물의 산지 근처에서 기대를 하고 산채비빔밥이나 산채정식을 시켰다가 기대에 미치지 못해 당혹스러웠던 적이 많다. 그런 점에서 치악산 관광가든은 강원도 제일의 산채정식집이라고 할 수 있는데 산채정식을 시키니 집에서 담근 된장으로 끓인 된장찌개에 취나물, 냉이, 달래, 참나물, 홋잎, 풍년초, 새래기, 더덕 등 치악산에서 나는 산나물로 풍성한 한 상을 차려 낸다.

위치 원주시 소초면 학곡리 711-1, 옻칠기 · 한지 공예관 건너편
교통 ❶ 원주에서 2, 41, 41-1번 시내버스 이용, 옻칠기 · 한지 공예관 하차 **❷** 승용차로 원주에서 42번 국도 이용, 치악산 드림랜드 지나 옻칠기 · 한지 공예관 도착
메뉴 산채비빔밥 8,000원, 더덕구이 산채정식 12,000원, 자연산 버섯전골 12,000원, 더덕구이 15,000원, 엄나무백숙 50,000원
전화 033-731-6646

대청마루

원주 서쪽 간현 유원지 내에 위치한 식당으로 섬강에서 잡은 메기, 쏘가리 등을 이용한 매운탕이 맛이 있고 토종닭백숙, 닭도리탕도 빼놓을 수 없다. 토종닭백숙은 조리하는 시간이 오래 걸리니 미리 연락을 해 놓거나 주문하고 소금산 주변을 산책해도 좋다.

위치 원주시 지정면 간현리 1056-8, 간현 유원지 내
교통 ❶ 원주에서 1, 52, 57, 58번 시내버스 이용, 간현 유원지 하차, 유원지 내 간현교 방향 도보 5분 **❷** 승용차로 원주에서 42번 국도 이용, 광터교차로에서 88번 지방도 이용, 간현 유원지 도착
메뉴 메기 · 잡고기 매운탕 각 40,000원 내외, 토종닭백숙 · 닭도리탕 각 40,000원 내외
전화 033-731-7032

물소리 펜션

치악산 서쪽 황골 입구에 위치한 펜션으로 복층 구조로 되어 있다. 펜션 앞 계곡에서 물놀이하기 좋고 황골을 통해 입석대를 거쳐 치악산 비로봉으로 올라가기 편하다. 원주 시내와 가까워 장을 보거나 외출을 나가기도 좋다.

위치 원주시 소초면 흥양리 904, 원주시 북쪽

교통 ① 원주에서 42, 85번 시내버스 이용, 흥양2리 하차. 남쪽 펜션 방향 도보 5분 ② 승용차로 원주에서 42번 국도 이용, 치악산 방향. 흥양교 건너 흥양교차로 방향. 흥양교차로에서 흥양초등학교 방향

요금 성수기 150,000원

전화 033-731-4882

홈페이지 www.chiaksanmulsori.com

금대휴 펜션

원주 치악산 남쪽 금대 계곡 인근에 위치한 펜션으로 유럽풍 목조 건물과 통나무집으로 되어 있다. 수영장과 족구장이 있어 가족끼리 놀기 좋고 금대 계곡과 가까워 물놀이를 가도 즐겁다. 야외에서 먹는 오리·통돼지 훈제 바비큐 맛도 일품이다.

위치 원주시 판부면 금대리 195-2, 원주 남동쪽

교통 ① 원주에서 21, 22, 23, 24, 25번 시내버스 이용, 윗동 하차. 펜션 방향 도보 5분 ② 승용차로 원주에서 5번 국도 이용, 금대리 방향. 치악역 지나 금대휴 펜션 도착

요금 비수기 주중 60,000~250,000원

전화 010-5362-7006

홈페이지 www.pensionwine.com

자작나무 숲 펜션

원주 사기막산 북서쪽에 위치한 펜션으로 객실이 아기자기하고 예쁜 인테리어로 되어 있다. 사기막산 숲 속에 자리 잡아 주위를 산책하기 좋고 야외에서 바비큐를 즐겨도 행복하다. 인근에 간현 유원지로 낚시 가거나 소금산 산행을 하기 편리하다.

위치 원주시 지정면 판대리 370-26, 원주 서쪽

교통 ❶ 원주에서 57번 시내버스 이용, 성농 하차. 펜션 방향 도보 5분 ❷ 중앙선 판대역에서 도보 20분 또는 자작나무 숲 픽업 서비스 이용 ❸ 승용차로 원주에서 42번 국도 이용, 광터교차로에서 88번 지방도 이용. 간현 유원지 지나 지정로 이용, 판대리 방향

요금 비수기 주중 90,000원

전화 033-742-4455, 010-7105-2406

홈페이지 jajaknamuforest.com

지인 펜션

원주 간현 유원지 삼산천 상류에 위치한 펜션으로 갈색 목조 건물로 되어 있다. 펜션 앞 넓은 잔디밭에서는 아이들이 공놀이하기 좋고 삼산천에서는 낚시를 하거나 발을 담가도 즐겁다. 간현 유원지와 가까워 소금산 산행을 떠나기 편리하다.

위치 원주시 지정면 판대리 13, 원주시 서쪽

교통 ❶ 원주에서 57번 시내버스 이용, 장지동 하차. 남쪽 펜션 방향 도보 15분 ❷ 승용차로 원주에서 42번 국도 이용, 광터교차로에서 88번 지방도 이용. 간현 유원지 지나 장지동 방향

요금 비수기 주중 80,000~160,000원

전화 033-731-7237

홈페이지 www.zi-in.co.kr

치악산 주련골 펜션

치악산과 응봉산 사이 치악산 주련골에 위치한 펜션으로 족구장, 농구장, 탁구대 등을 갖추고 있다. 펜션 인근 계곡에서 물놀이하기 좋고 치악산 상원사 방향으로 산행을 떠나기 편리하다. 벽난로에서 장작을 때며 고구마, 감자를 구워 먹어도 즐겁다.

위치 원주시 신림면 성남리 307, 원주시 남동쪽

교통 ❶ 원주에서 23번 시내버스 이용, 아랫당 숲 하차. 펜션 방향 도보 5분 ❷ 승용차로 원주에서 5번 국도 이용, 신림면 방향. 신림면에서 88번 지방도 이용, 성남리 방향

요금 비수기 주중 100,000원~200,000원

전화 033-763-3080

홈페이지 치악산주련골펜션.kr

별바라기 펜션

원주 응봉산 동쪽에 위치한 펜션으로 펜션 옆으
로 주천강이 흐른다. 주천강에서 낚시를 하거나
물놀이를 하기에 좋고 족구장과 배구장에서 공
놀이를 해도 즐겁다. 인근 응봉산이나 치악산으
로 산행을 떠나기 편리하다.

위치 원주시 신림면 송계리 333-1, 원주 남동쪽
교통 ❶ 원주에서 24번 시내버스 또는 영월에서 주천행
농어촌버스 이용, 섬안교 앞 하차. 펜션 방향 도보 5분 ❷
승용차로 원주에서 5번 국도 이용, 신림면 방향. 신림면에
서 88번 지방도 이용, 황둔 방향. 황둔찐빵마을에서 411번
지방도 이용, 송계리 방향
요금 비수기 주중 70,000~130,000원
전화 033-764-0858
홈페이지 www.byulbaragi.co.kr

이름	위치	전화
호텔 인터불고 원주	원주시 반곡동 1401-10	033-769-8114
원주관광 호텔	원주시 중앙동 63	033-743-1241
비즈인 호텔	원주시 무실동 1724-12	033-748-0100
치악산 호텔	원주시 소초면 학곡리 555-1	033-731-7931
문막관광 호텔	원주시 문막읍 건등리 203-10	033-734-7315
한솔 오크밸리	원주시 지정면 월송리 1016	033-769-7777
금정산장 민박	원주시 지정면 간현리 1108-18	033-731-1430
금대집 민박	원주시 판부면 금대2리 679-2	033-763-5641
백운 민박	원주시 소초면 학곡리726-4	033-731-5722

1일차 시작!

1 간현 유원지
섬강 주변, 대학생 MT와 야유회 장소로 인기

2 강원감영
조선 후기 강원도 관찰사의 관사 둘러보기

3 한지테마파크
한지의 고향 원주의 한지 구경

4 박경리 문학공원
박경리 선생의 집필실과 기념관 둘러보기

숙박

원주 1박 2일 코스 ★ 한지테마파크와 박경리 문학관을 둘러보는 문화 기행

간현은 대학생 MT 장소로 대성리나 강촌에 자리가 없을 때 선택하던 강가 유원지로 기차를 타고 가는 재미가 있었던 곳이다. 간현 섬강가 철길 옆에 서면, 영화 〈박하사탕〉에서 "나 돌아갈래!"하던 대사가 아련히 떠오른다. 강원감영에서는 예전 원주가 강원도의 중심 도시였음을 알려 주고 한지테마파크에서는 한지의 고장으로서의 원주를 만나게 된다. 박경리 문학공원 내 박경리 선생 집필실에서는 대하소설 〈토지〉가 완결되어 선생의 문학혼을 엿볼 수 있다. 치악산은 누가 뭐래도 원주를 상징하는 대표적인 곳 중의 하나.

2일차 시작!

❶ 치악산 드림랜드
놀이동산에서 추억의 놀이기구 타기

귀가

❺ 원주 역사박물관
원주의 역사와 문화 알아보기

❷ 옻칠기 · 한지 공예관
전통 옻칠기와 한지 전시, 체험

❹ 치악산
치악산 등반과 상원사 둘러보기

❸ 구룡사
한적한 숲길, 사찰 산책

양구

대한민국 국토의 정중앙,
양구는 한반도의 배꼽!

서천이 휘감아 돌고, 청정한 자연환경을 자랑하는 양구는 '양구를 방문하면
10년이 젊어진다'라는 슬로건을 내세우고 있다. 한국의 대표 화가 박수근
의 작품이 전시된 박수근 미술관, 자연이 살아 있는 두타연, 국토정중앙, 양
구통일관과 을지전망대, 제4땅굴의 안보 관광지까지 볼 것이 너무 많다.

Access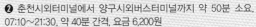

시외·고속   ❶ 동서울종합터미널에서 양구시외버스터미널까지 2시간 소요, 06:30~20:05, 약 30분 간격, 요금 13,900원
  ❷ 춘천시외터미널에서 양구시외버스터미널까지 약 50분 소요, 07:10~21:30, 약 40분 간격, 요금 6,200원

승용차   서울에서 서울-양양고속도로 이용, 춘천 JC에서 중앙고속도로. 중앙고속도로 춘천 IC에서 46번 국도 이용, 추곡터널 지나 양구 도착. 또는 서울에서 구리 거쳐 46번 국도 이용, 춘천, 추곡터널 거쳐 양구 도착

INFORMATION   **양구 관광안내소** 033-480-2675 | **양구 명품관** 033-480-2575 | **양구 통일 관** 033-480-2674 | **양구 경제관광과** 033-480-2251 | **강원도 관광 안내** 033-1330, **전국 관광 안내** 1330

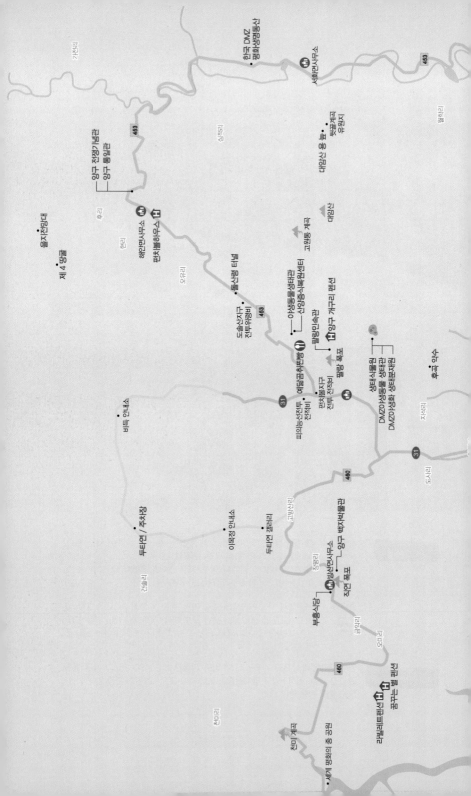

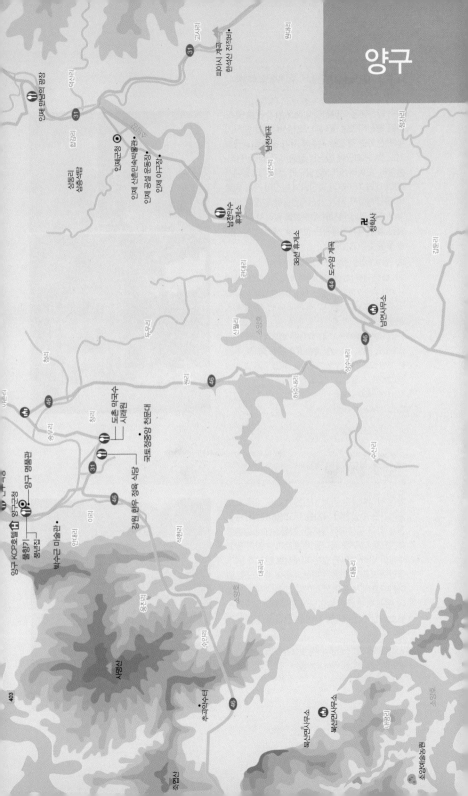

양구

피아시 계곡
한석산 전적비

현대리

정자리

교사리

31

31

인제 만해의 광장

낙산리

밤나무

생동리
성응사립

한강리

인제군청

인제 신촌민속마을관
인제 공설 운동장
인제 아구정

남전계곡

남전리

남전약수 휴게소

권

청화사

검둔리

천리

38선 휴게소

도수암 계곡

두무리

신월리

관대리

소양호

443

남면사무소

46

상서내리

해안계리

수산리

무리

청리

천리

46

46

도촌 약국수
사래원

국토정중앙 천문대

강변 한우 정육 식당

31

46

앙구 KCP호텔
통향기
통년집

앙구군청
앙구 엉통관

박수근 미술관

서형산

이리

방산리

오인리

수인리

서현리

마장리

대리리

대동리

46

추곡약수터

북신면사무소

북신면사무소

소양예술농원

소양호

죽엽산

403

양구 백자박물관 楊口 白瓷博物館

양구 방산면은 고려시대 이래로 자기 원료 및 도자기 생산지였던 곳이다. 조선시대에는 도자기를 생산하던 경기도 광주에 자기 원료를 공급하기도 했다. 최근에 방산면 장평리, 칠전리, 현리, 송현리, 오미리, 금악리, 양구읍 상무룡리 등에서 40여 개의 가마터가 확인되어 방산이 자기 원료의 공급처이자 자기 생산지였음을 입증하였다. 방산 도자기의 역사와 우수성을 알리기 위해 세워진 양구 백자박물관은 전시실, 체험실, 뮤지엄 숍 등을 갖추고 있다.

위치 양구군 방산면 장평리 239-2, 양구 북쪽

교통 ❶ 양구에서 방산면행 농어촌버스 이용, 방산면 소방서 하차. 박물관 방향 도보 3분 **❷** 승용차로 양구에서 31번 국도 이용, 도사리 방향. 도사리 지나 460번 지방도 이용, 방산면 방향

시간 09:00~18:00(11~2월 17:00, 매주 월요일 휴관)

요금 일일 체험_자유 성형, 물레 성형, 핀칭, 코일링, 판 성형, 초벌 그림 그리기 등 10,000원, 3개월 기초 과정_월 100,000원, 3개월 고급 과정_월 150,000원

전화 033-480-2664

홈페이지 www.yanggum.or.kr

직연 폭포 直淵 瀑布

방산 자기박물관 뒤에 위치한 폭포로, 파로호로 흘러가는 수입천이 낙차를 두고 떨어진다. 수입천은 양구 동북쪽에 위치한 가칠봉에서 발원한 하천으로 양구를 굽이돌아 흐르며 수량이 많고 수심이 낮아 한여름 숨은 피서지로 인기가 높다. 직연 폭포라는 이름은 하천의 물이 수직으로 떨어진다고 해서 붙여진 것이나 그 높이가 높진 않다. 유유히 흐르던 수입천이 떨어지며 일으키는 물보라는 보는 이로 하여금 탄성을 자아내게 한다.

위치 양구군 방산면 장평리 329, 방산 자기박물관 뒤

교통 방산 자기박물관에서 도보 5분

전화 033-480-2251

두타연 頭陀淵

양구 북쪽 민통선 안에 위치한 계곡으로 오랫동안 민간인의 출입이 금지되어 자연 그대로의 모습을 간직하고 있다. 북쪽 내금강에서 발원한 수입천이 흘러 두타연에서 폭포와 소를 만들고 지나간다. 두타연이란 이름은 천 년 전 이곳에 두타사라는 사찰이 있었던 데서 유래된 것이고 폭포 옆 동굴에서 한 스님이 부처의 현신을 보았다는 이야기가 전해진다. 두타연 주변에 산책로가 있어 주위를 둘러볼 수 있으나 숲 속에 지뢰가 있어 함부로 숲에 들어가면 안 된다. 지정된 장소와 길로만 통행하고, 음식물과 음료수는 반입 금지다. 두타연 입구에는 배우 소지섭의 이름을 딴 '두타연 소지섭 갤러리'가 있다.

위치 양구군 방산면 건솔리, 양구 북쪽
교통 ❶ 이목정 안내소_승용차로 양구에서 31번 국도 이용, 도사리 방향, 도사리 지나 460번 지방도 이용, 두타연 방향 **❷** 비득 안내소_양구에서 31번 국도 이용, 월운리·비득 안내소 방향
요금 성인 3,000원, 소인 1,500원, 자전거 대여 4,000원
신청 즉시 출입_이목정 안내소(양구 백자박물관 방향) 또는 비득 안내소에서 출입신청서, 서약서 작성, 신분증 제출. 위치 추적 태그 착용 출입(분실 시 22,000원 징수)
출입 예약_양구문화관광 홈페이지 두타연 출입 신청
시간 09:00~17:00(11~2월 ~16:00, 매주 월요일 휴무, 설날·추석 오전 휴무)
문화해설 두타연 관광안내소(두타연 내), 09:30~11:30, 13:00~15:30, 30분 간격

전화 이목정 안내소 033-482-8449, 비득 안내소 033-481-9229 | **홈페이지** 양구문화관광 www.ygtour.kr
코스 ❶ 도보_이목정 안내소 – 두타연 – 비득 안내소(12km, 3시간), 이목정 안내소 – 두타연 주차장(3.7km, 55분) – 쉼터(1.8km, 27분) – 하야교 삼거리(1.8km, 27분) – 포토존(0.9km, 14분) – 쉼터(1km, 14분) – 비아목교(0.5km, 8분) – 쉼터(1.2km, 18분) – 비득 안내소(1.1km, 16분) **❷** 자전거_이목정 안내소 – 두타연 – 비득 안내소(12km, 1시간 10분), 이목정 안내소 – 두타연 주차장(15분) – 쉼터(11분) – 하야교 삼거리(11분) – 포토존(5분) – 쉼터(6분) – 비아목교(4분) – 쉼터(11분) – 비득 안내소(6분)
* 이목정 안내소 – 두타연 주차장은 승용차 출입 가능

박수근 미술관 朴壽根 美術館

양구 출신 화가 박수근을 기리는 미술관으로 박수근 선생의 안경, 편지, 사진 등 유품을 전시하는 기념관과 봄·가을 정기 기획전, 청소년 대상 전시 등을 여는 기획 전시관이 있다. 박수근의 알려지지 않은 스케치, 서양화, 수채화 등 다양한 작품을 이곳에서 만날 수 있다.

위치 양구군 양구읍 정림리 131-1, 양구 남쪽
교통 ❶ 양구에서 정림리행 농어촌버스 이용. 정림1리 하차. 미술관 방향 도보 5분 ❷ 승용차로 양구에서 정림교 건너 박수근 미술관 도착
요금 3,000원
전화 033-480-2655
홈페이지 www.parksookeun.or.kr

선사박물관 先史博物館

우리나라 최초의 선사박물관으로 양구읍 상무룡리의 구석기 유적과 해안면 일대 신석기·청동기 유적이 전시되어 있다. 박물관은 선사시대 설명과 모형의 제1전시실, 상무룡리 구석기 유물의 제2전시실, 상무룡리 유물과 타 지역 유물의 제3전시실, 신석기와 청동기시대 유물의 제4전시실, 고대리 고인돌 모형 및 발굴 과정의 제5전시실로 구성된다.

위치 양구군 양구읍 하리 510, 양구 북쪽
교통 ❶ 양구에서 선사박물관행 농어촌버스 이용, 양구테니스장 하차. 박물관 방향 도보 10분 ❷ 승용차로 양구에서 한반도 섬 방향, 선사박물관 도착
요금 무료
시간 09:00~18:00(11~2월 17:00, 매주 월요일 휴관)
전화 033-480-2677
홈페이지 www.ygpm.or.kr

향토사료관 鄕土史料館

양구 지역의 향토 문화를 엿볼 수 있는 곳이다. 생활용품, 농기구, 방산 자기 등 300여 점을 전시한다. 사료관 내 민속 자료관에는 고대부터 현대까지의 농기구, 민속 자료 등이 전시되어 있고, 건물 밖에는 쟁기를 끄는 황소상, 디딜방아, 석물, 화전 농경의 상징인 쌍겨리 등을 설치했다.

위치 양구군 양구읍 하리 507, 양구 북쪽
교통 ❶ 양구에서 향토사료관행 농어촌버스 이용. 양구테니스장 하차. 사료관 방향 도보 10분 ❷ 승용차로 양구에서 한반도 섬 방향, 향토사료관 도착
시간 09:00~18:00(11~2월 17:00, 매주 월요일 휴관)
전화 033-480-2680

양구명품관 楊口名品館

양구시외버스터미널 동쪽에 위치한 양구 청정 농산물 판매처 겸 관광안내소로 양구의 대표 농산물인 양구 오대쌀, 참기름과 들기름 세트, 송이주, 방산꿀 등을 판매한다. 두타연으로 가는 관광버스의 출발지이기도 하다.

위치 양구군 양구읍 상리 313, 양구시외버스터미널 동쪽
교통 양구 시내에서 명품관 방향 도보 5분
전화 033-480-2575
홈페이지 www.yanggugun.co.kr

양구 금해시계

2009년 양구 중앙로 '걷고 싶은 거리'에 세워진 금으로 만든 가장 큰 해시계로, 세계 기네스북 기록으로 공식 인증되었다. 조선 세종 때의 해시계인 앙부일구(仰釜日晷)를 20배 확대하여, 반구는 지름 4m, 높이 2m 크기, 영침은 순금 4.3kg을 사용하여 제작했다. 양구 금해시계는 양구가 국토정중앙임을 알리는 지역의 랜드마크 역할을 하고 있다.

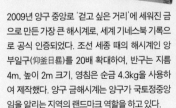

2009년 파로호 상류에 위치한 습지 중앙에 조성된 한반도 모양의 인공섬으로 넓이는 45,000㎡이다. 양구읍 하리 방향에서 나무 데크 다리를 이용해 섬 안으로 들어간다. 섬 전체의 전망을 보기 위해서는 건너편 양구읍 동수리의 한반도섬 전망대에 올라야 한다. 아울러 한반도섬에서 카누, 카약, 수상 자전거, 트라이보트 같은 레포츠(10,000원), 한반도섬 인근 동수리에서 스카이짚(35,000원)을 즐길 수 있다.

위치 양구군 양구읍 하리 파로호 내, 양구 북쪽
교통 ❶ 양구에서 한반도섬행 농어촌버스 이용, 한반도섬 입구 하차 ❷ 승용차로 양구에서 선사박물관 지나 한반도섬 방향

 Travel Tip

양구 자전거 여행

청정 자연이 살아있는 양구는 자전거 여행하기 좋은 곳이다. 양구의 자전거 코스는 이목정과 비득 안내소 사이 두타연을 달리는 두타연 평화누리길, 소양호를 따라 달리는 꼬부랑길, 펀치볼 일대를 달리는 돌산령길 등이 있다. 어느 길을 달리든 양구의 자연을 만끽하기 충분하다.

구분	길이 · 소요 시간	코스
두타연 평화누리길	12km 1시간 10분	이목정안내소(두타연 주차장까지 차량 출입 가능) → 두타연(3.7km) → 쉼터3(1.8km) → 하야교 삼거리(1.8km) → 포토존(0.9km) → 쉼터2(1km) → 비아목교(0.5km), 쉼터1(1.2km) → 비득 안내소(1.1km)
소양강 꼬부랑길	22km 2~시간	북산면 → 추곡리 → 수인리 → 석현리 → 양구
펀치볼 돌산령길	17km 3~4시간	돌산령터널 → 돌산령지구 전투 위령비(정상) → 돌산령터널(해안 방향)

국토정중앙 천문대 國土正中央 天文臺

한반도 동서남북의 중앙이 되는 곳이 양구 남면 도촌리 산48번지 일대로 이곳에 2007년 국토정중앙 천문대가 세워졌다. 천문대에는 천체 관측에 필요한 각종 망원경과 천체투영실, 전시교육실 등이 있고, 천문대 부근 야영장에서 밤하늘의 별을 관찰할 수도 있다. 국토정중앙점은 천문대에서 산 쪽으로 조금 올라가면 되는데 온 국토의 기운을 모으듯 회오리치는 모양의 조형물이 세워져 있다.

위치 양구군 남면 도촌리 96-5, 양구 남동쪽

교통 ❶ 양구에서 도촌리행 농어촌버스 이용, 도촌초등학교 하차. 천문대 방향 도보 20분 **❷** 승용차로 양구에서 31번 국도 이용, 도촌리 방향

요금 성인 2,000원, 소인 1,000원, 천문대 야영장 주중 18,000원

시간 3~8월 15:00~23:00(9~2월 14:00~22:00, 매주 월요일 휴관)

전화 033-480-2586

홈페이지 www.ckobs.kr

Travel Tip

대암산 용늪

양구 대암산에 위치한 고층 습지로 4,000년 전에 생성되었고 1997년 국내 최초로 국제습지협약인 람사르 조약에 가입하였다. 고층 습지란 산 정상에 있는 습지를 말하는데 이는 남한 지역에서 유일한 것이다. 용늪에는 가는오이풀, 왕미꾸리꽝이, 끈끈이주걱, 금강초롱꽃, 비로용담, 제비동자꽃 같은 식물이 자란다.

양구 생태식물원 楊口 生態植物園

양구 대암산 서쪽 자락에 위치한 식물원으로 넓이가 149,000㎡에 이르고, 히어리, 미선나무, 미스김라일락 등 초목류 90여 종, 깽깽이풀, 모데미풀, 노루귀 등 초화류 170여 종, 기암성, 술병란 등 선인장 및 다육식물 250여 종이 식재되어 있다. 생태식물원 위쪽으로 후곡 약수 또는 광치자연휴양림으로 가는 걷기 코스가 있다.

위치 양구군 동면 원당리 숲골로 310번길 169
교통 ❶ 양구에서 원당리행 농어촌버스 이용, 원당리 하차. 생태식물원 방향 도보 50분 ❷ 승용차로 양구에서 31번 국도 이용, 남면사무소, 후곡리 지나 원당리 방향
요금 3,000원(식물관 · 동물관 · 분재원 통합 입장권)
시간 09:00~18:00(매주 월요일 휴관)
전화 033-480-2529
홈페이지 www.yg-eco.kr

팔랑민속관 八郞民俗館

양구 팔랑리의 '바랑골 농요'와 '돌산령 지게놀이'가 전국 민속예술 경연대회에서 종합 우수상을 수상한 것을 계기로 세워진 민속박물관. 돌산령 지게놀이는 양 팀이 수십 개의 지게를 서로 이어 붙여 차전놀이처럼 대결을 벌이는 민속놀이이다. 박물관 내 모형과 사진으로 돌산령 지게놀이의 모습을 볼 수 있다.

위치 양구군 동면 팔랑리, 양구 생태식물원 북쪽
교통 ❶ 양구에서 팔랑리행 농어촌버스 이용, 팔랑1리 마을회관 하차 ❷ 승용차로 양구에서 31번 국도 이용, 동면사무소 지나 팔랑리 방향
시간 09:00~18:00(동절기 17:00)
전화 033-480-2677

팔랑 폭포 八郎 瀑布

팔랑리 입구에서 산쪽으로 있는 폭포로 크기는 그리 크지 않으나 풍부한 수량을 자랑한다. 폭포 옆 소나무는 수령 300년 이상의 고목으로 높이 18m, 둘레 3.2m에 이르고, 당산나무 또는 당산 할머니라 불린다. 여름이면 폭포 주변으로 피서하는 사람들이 자주 찾는다.

위치 양구군 동면 팔랑리 1255-9, 팔랑리 입구 산 방향
교통 팔랑민속관에서 도보 5분

후곡 약수 後谷 藥水

양구 대암산 남쪽 기슭에 위치한 약수로 철분, 불소, 탄산 성분을 많이 함유하고 있어 위장병과 피부병에 좋다고 알려져 있다. 조선 말 1880년 속병이 있던 소가 이곳에서 물을 먹고 병이 나았다는 이야기가 전해진다. 약수는 철분 함유로 진한 쇠 맛이 난다.

위치 양구군 동면 후곡리, 후곡리 마을회관 동쪽
교통 ❶ 양구에서 후곡리행 농어촌버스 이용, 후곡리 하차. 약수터 방향 도보 20분 ❷ 승용차로 양구에서 31번 국도 이용, 남면사무소 지나 후곡리 방향

야생동물생태관 野生動物生態館

생태식물원 내 건립된 야생동물생태관은 멸종 위기 동식물 전시관과 연구 시설로 되어 있는데 멸종 위기 동식물을 전시하여 식물뿐 아니라 동물에 대한 체험 학습이 가능하다. 생태관 인근에 있는 산양증식복원센터는 천연기념물 제217호 산양의 증식 복원을 위한 연구소로 사육장과 그늘막, 치료 센터 등을 갖췄고, 이 일대는 산양 보호 구역으로 지정됐다. 사육장에서 산양을 비롯하여 토끼, 고라니 등을 가까이에서 볼 수 있다.

위치 양구군 동면 팔랑리 247, 팔랑민속관 북쪽
교통 ❶ 양구에서 팔랑2리행 농어촌버스 이용, 팔랑2리 하차, 복원센터 방향 도보 25분 ❷ 승용차로 양구에서 31번 국도 이용, 동면사무소 지나 팔랑리 방향
요금 3,000원
시간 09:00~18:00(매주 월요일 휴관)
전화 033-480-2530

양구통일관 楊口統一館

1996년 개관한 안보 전시장으로 통일을 대비해 북한에 대한 이해의 폭을 넓히는 데 목적을 두고 있다. 해안면은 북한과 가까운 지역이라 북한의 실상을 보여 주는 선전용품, 생활용품이 더 실감 나게 느껴진다. 양구통일관은 양구 펀치볼 안보 관광의 출발지이기도 하다.

위치 양구군 해안면 후리 720, 양구 북서쪽
교통 ❶ 양구에서 해안면행 농어촌버스 이용, 해안면 종점 하차. 통일관 방향 도보 10분 **❷** 승용차로 양구에서 31번 국도 이용, 동면사무소 지나 팔랑리 방향. 팔랑리에서 453번 지방도 이용, 돌산령터널 지나 해안면 방향
시간 09:00~18:00(매주 월요일 휴관)
전화 033-481-9021

 Travel Tip

펀치볼 안보 여행 & 트레킹

양구 북쪽 해안면 일대는 가칠봉, 대우산, 도솔산, 대암산 등에 둘러싸여 해안분지(亥安盆地)를 이루고 있다. 해안면을 펀치볼(Punch Bowl)이라 부르게 된 것은 6.25 전쟁 당시 외국 종군기자가 가칠봉에서 해안분지를 내려다 본 모습이 서양의 옴폭한 화채 그릇과 비슷하다 하여 이름 붙였기 때문이다. 펀치볼 안보 여행은 승용차나 관광버스를 이용해 양구통일관, 전쟁기념관, 을지전망대, 제4땅굴 등을 돌아본다. 조용한 자연의 생태가 그대로 전해지는 최북단 숲길, 펀치볼 둘레길도 인기다. 단, 6.25 전쟁 시 교전이 심했던 곳으로 숲 속에 위험물이 있을 수 있으니 정해진 길 외에는 함부로 숲 속으로 들어가지 않도록 한다.

요금 대인 3,000원, 소인 1,500원
신청 & 출발지 안보 여행은 양구통일관에서 당일 신청(매주 월요일 휴관) / 트레킹 예약 및 문의는 DMZ 펀치볼 둘레길 안내 센터에 요청(전화 033-481-8565)
교통편 승용차, 단체 관광버스 이용
코스 양구통일관 – 전쟁기념관 – (민통선 내) – 을지전망대 – 펀치볼 풍경 – 제4땅굴 – 양구통일관
시간 09:00, 13:00 (1회 100명, 1일 200명)
전화 양구통일관 033-481-9021
홈페이지 양구문화관광 www.ygtour.kr

전쟁기념관 戰爭紀念館

2000년 개관한 전쟁기념관은 양구 지역의 도솔산, 피의능선, 펀치볼, 백석산, 가칠봉, 대우산, 크리스마스고지, 949고지, 단장의 능선 등 9군데에서 벌어진 전투를 되돌아보기 위해 세워졌다. 기념관 외부에 9개 전투를 상징하는 9개 기둥이 세워져 있고, 9개 전시실에서 각기 그날의 치열했던 전투를 설명하고 있다.

위치 양구군 해안면 후리 34-5, 양구 통일관 옆
교통 양구통일관에서 도보 1분
전화 033-480-2676

을지전망대 乙支展望臺

가칠봉(1,049m) 동쪽 능선에 위치한 전망대로 북쪽 군사분계선과 불과 1km 정도 떨어진 거리이다. 날씨 좋은 날에는 북쪽의 금강산 비로봉, 차일봉, 월출봉, 미륵봉, 일출봉, 남쪽의 펀치볼 그릇 모양의 해안분지를 볼 수 있다.

위치 양구군 해안면 현리, 가칠봉 동쪽 능선
교통 승용차나 단체 관광버스 이용, 을지전망대 방향

제4땅굴 第4土窟

가칠봉 동쪽 자락에 위치한 땅굴로 1990년 발견되었다. 북한이 파 내려온 땅굴은 깊이 145m, 너비 1.7m, 높이 1.7m, 길이 약 2.1km에 이른다. 땅굴 입구에 땅굴 발견 당시 수색 대원들을 대신해 지뢰에 희생된 군견을 위로하는 위령비가 세워져 있다.

위치 양구군 해안면 현리, 가칠봉 동쪽
교통 승용차, 단체 관광버스 이용, 제4땅굴 방향

부흥식당

양구 북쪽 방산 자기박물관 부근에 위치한 식당으로 간판에는 부흥회관으로 적혀 있다. 시원한 무국이 맛있고 콩나물, 두부, 김치, 산나물 같은 반찬도 먹을 만하다. 식사를 하고 식당 앞 수입천을 산책하거나 직연 폭포에 다녀 오면 좋다.

위치 양구군 방산면 현리 28-2, 방산 자기박물관 부근
교통 ❶ 양구에서 방산면행 농어촌버스 이용, 방산면사무소 하차, 식당 방향 도보 3분 **❷** 승용차로 양구에서 31번 국도 이용, 도사리 방향. 도사리 지나 460번 지방도 이용, 방산면 방향
메뉴 김치찌개 · 된장찌개 각 7,000원, 부대찌개 · 돌솥비빔밥 각 7,000원, 주물럭 · 삼겹살 15,000원 내외
전화 033-481-8001

시래원

양구 특산물인 시래기 요리 전문점이다. 양구는 일교차가 크고 겨울바람이 매서워, 시래기 만들기에 최적지로 꼽힌다. 시래기 정식을 주문하면 시래기 밥, 시래기 된장찌개, 시래기 나물 등 다양한 시래기 음식을 맛볼 수 있다.

위치 양구군 남면 국토정중앙로 42
교통 승용차로 양구 시내에서 송청 교차로 지나 국토정중앙 천문대 방향
메뉴 시래기정식 12,000원, 토종닭볶음 60,000원(4인 식사 포함), 메밀전병 8,000원
전화 033-481-4200

풀향기

양구시외버스터미널 서쪽에 위치한 한정식집으로 청정 양구에서 채취한 산나물, 시래기를 이용한 산채비빔밥, 산채정식, 시래기밥을 낸다. 양구에서 채취한 산나물, 시래기라서 믿을 수 있고 특유의 향긋한 향과 맛이 있어 먹는 내내 즐겁다.

위치 양구군 양구읍 상리 509-8, 양구시외버스터미널 서쪽
교통 양구시외버스터미널에서 도보 5분
메뉴 산채비빔밥 8,000원, 산채정식 11,000원, 시래기밥 15,000원, 향기정식 20,000원, 풀향기정식 25,000원
전화 033-481-6669

강원 한우 정육 식당

양구 시내 남동쪽 도촌리에 위치한 한우 전문점이다. 직접 한우 목장을 경영하여 저렴한 가격에 질 좋은 한우를 제공하고 있다. 등심은 등급별로 가격이 다르니 편한 대로 선택할 수 있고 육회나 한우 우거지탕도 맛이 좋다.

위치 양구군 남면 정중앙로 202
교통 양구시외버스터미널에서 도촌리 방향, 자동차 6분
메뉴 한우 우거지탕 8,000원, 등심(100g) 6,500~9,500원
전화 033-481-3777

도촌 막국수

양구 남쪽 국토정중앙 천문대 입구에 위치한 막국수집이다. 강원도에 가면 지역마다 막국수집이 많다. 국토정중앙 천문대에 들렀다 식사를 해결해야 한다면 찾아갈 만하다.

위치 양구군 남면 도촌리 166-2, 국토정중앙 천문대 입구
교통 ➊ 양구에서 도촌리행 농어촌버스 이용, 도촌초등학교 하차, 국토정중앙 천문대 입구 방향 도보 5분 ➋ 승용차로 양구에서 31번 국도 이용, 도촌리 방향
메뉴 막국수·동치미 막국수 각 7,000원, 수육 15,000원, 감자부침 6,000원
전화 033-481-4627

광치 막국수

양구 동북쪽 광치자연휴양림 입구, 광치마을 내에 위치한 막국수집. 막 뽑은 막국수의 매콤하면서도 달짝지근한 맛과 아삭한 백김치의 맛이 궁금하다면 들러 보자.

위치 양구군 남면 가오작리 1051-1, 광치자연휴양림 입구
교통 ❶ 양구에서 가오작리행 농어촌버스 이용, 가오작2리 하차, 막국수집 방향 도보 5분 **❷** 승용차로 양구에서 31번 국도 이용, 남면사무소 거쳐 가오작리 방향
메뉴 막국수 7,000원, 수육 15,000원, 감자전 7,000원, 민들레전 7,000원
전화 033-481-4095

전주식당

양구에서 생산된 콩으로 두부 요리를 내는 식당이다. 시골집 분위기가 나는 식당이 정겹고 가마솥에 장작불을 때서 만든 두부는 고소한 맛이 난다. 두부를 이용한 두부전골, 두부구이가 맛있고 돼지고기 김치찌개나 주물럭 구이도 먹을 만하다.

위치 양구군 양구읍 비봉로 91-23
교통 양구시외버스터미널에서 북서쪽, 비봉 초교 방향, 비봉 초교에서 길 건너, 도보 7분
메뉴 두부전골, 두부구이, 돼지고기 김치찌개 각 8,000원, 주물럭 12,000원
전화 033-481-7922

예닮 곰취찐빵

양구의 특산 곰취를 재료로 한 찐빵을 제조, 판매하고 있다. 곰취 특유의 알싸한 향이 살아 있는 곰취찐빵은 각종 영양 성분은 물론 식이섬유가 많아 건강에도 좋은 웰빙 간식이다. 양구명품관 인터넷 구매를 이용하면 편리하다.

위치 양구군 동면 팔랑리 1052-2, 양구 북동쪽
교통 ❶ 양구에서 팔랑2리행 농어촌버스 이용, 팔랑2리 하차, 찐빵 공장 방향 도보 10분 **❷** 승용차로 양구에서 31번 국도 이용, 동면사무소 지나 팔랑리 방향
메뉴 곰취찐빵 2박스 23,100원(50개입, 택배비 포함), 5박스 50,000원
전화 예닮식품 033-481-8989, 양구명품관 033-480-2575
홈페이지 양구명품관 www.ygtour.kr

안젤라 펜션

양구 북서쪽 파로호 근처에 위치한 펜션으로 예쁜 목조 건물로 되어 있다. 펜션에서 가까운 파로호로 낚시나 산책을 나가기 좋고, 양구 시내와도 멀지 않다. 야외 바비큐장에서 맛있는 고기를 구워 먹거나 양구 시내로 나가 식사를 하기도 편하다.

위치 양구군 양구읍 공수리 375, 양구 북서쪽 파로호 인근
교통 ❶ 양구에서 공수리행 농어촌버스 이용, 공수리 하차, 펜션 방향 도보 5분 ❷ 승용차로 양구에서 403번 지방도 이용, 공수리 방향
요금 비수기 주중 80,000~100,000원
전화 070-8842-9769, 010-9461-9769
홈페이지 양구안젤라펜션.kr

라빌레트 펜션

양구 북서쪽 수입천 부근에 있는 펜션으로 주위에 여러 펜션이 들어서 펜션촌을 형성하고 있다. 펜션 옆으로 실개천이 흐르고 인근에 파로호로 흘러 들어가는 수입천이 지난다. 흰색의 단독 목조 건물이 예쁘고, 베란다에 야외 바비큐 시설도 되어 있다.

위치 양구군 방산면 오미리 683, 양구 북서쪽
교통 ❶ 양구에서 오미리행 농어촌버스 이용, 오미리 종점 하차, 산쪽 펜션 방향 도보 30분 ❷ 승용차로 양구에서 31번 국도 이용, 도사리 방향. 도사리 지나 460번 지방도 이용, 방산면 지나 오미리 방향
요금 비수기 주중 80,000~100,000원
전화 033)482-5200, 010-9580-3553
홈페이지 lavillette.co.kr

꿈꾸는 별 펜션

양구 북서쪽 수입천 부근에 있는 펜션으로 자그마한 목조 건물 3채를 각각 독채로 사용하도록 되어 있다. 펜션 인근에 실개천이 있어 아이들이 놀기 좋고 가까운 수입천으로 민물고기를 잡으러 가기 편하다. 방산 자기박물관과 직연 폭포가 가까워 돌아보기 편하다.

위치 양구군 방산면 오미리 686-1, 양구 북서쪽
교통 ❶ 양구에서 오미리행 농어촌버스 이용, 오미리 종점 하차, 산쪽 펜션 방향 도보 30분 ❷ 승용차로 양구에서 31번 국도 이용, 도사리 방향, 도사리 지나 460번 지방도 이용, 방산면 지나 오미리 방향
요금 비수기 주중 70,000~90,000원
전화 033-481-7179, 010-3577-7179
홈페이지 www.ggumbyeol.co.kr

양구 개구리 펜션

양구 북서쪽 팔랑민속관 부근에 위치한 펜션으로 흰색 목조 건물로 되어 있다. 객실의 인테리어가 깔끔하고 펜션 밖에는 작은 정원이 꾸며져 있다. 인근에 팔랑민속관과 팔랑 폭포가 있어 산책하기 좋고, 양구생태관과 산양증식복원센터와도 그리 멀지 않다.

위치 양구군 동면 팔랑리 536, 팔랑민속관 부근
교통 ❶ 양구에서 팔랑리행 농어촌버스 이용, 팔랑리 종점 하차, 펜션 방향 도보 5분 ❷ 승용차로 양구에서 31번 국도 이용, 동면사무소 지나 팔랑리 방향
요금 비수기 주중 80,000~130,000원
전화 010-9531-1929
홈페이지 yggaguri.modoo.at

펀치볼 하우스

양구 북동쪽 해안면에 위치한 펜션으로 객실 3개, 화장실 2개의 독채를 사용한다. 인근에 양구 펀치볼 안보 여행의 출발지인 양구통일관이 있어 을지전망대, 제4땅굴 관광이 편리하고, 양구 펀치볼 둘레길을 걸어도 즐겁다.

위치 양구군 해안면 현리 114-11, 양구 북동쪽

교통 ❶ 양구에서 해안면행 농어촌버스 이용, 해안면 오유2리 하차, 펜션 방향 도보 1분 **❷** 승용차로 양구에서 31번 국도 이용, 동면 사무소 지나 팔랑리 방향. 팔랑리에서 453번 지방도 이용, 돌산령터널 지나 해안면 방향

요금 비수기 주중 160,000원, 주말·성수기 270,000원

전화 010-5237-7470

홈페이지 blog.naver.com/rksehfqocn

이름	위치	전화
세종 호텔	양구군 양구읍 상리 262-12	033-481-2825
양구KCP 호텔	양구군 양구읍 하리 187-1	033-482-7700
사랑채 민박	양구군 양구읍 학조리 261-1	010-2264-3875
공원 민박	양구군 남면 구암리 556-23	033-481-3533, 017-368-2009
펀치볼 민박	양구군 해안면 현리 721	033-481-0878, 016-9477-0322

BEST TOUR 양구

1일차 시작!

2 박수근미술관
양구 출신 화가 박수근의 작품을 만난다.

승용차 20분

1 국토정중앙 천문대
한반도 동서남북의 정중앙!

승용차 15분

3 선사박물관
양구 지역에서 출토된 선사 유적을 살펴본다.

4 향토사료관
양구의 향토 문화를 살펴보자.

5 한반도섬
파로호 상류 습지 내 한반도 모양의
인공 섬을 걷는다.

숙박

7 직연 폭포
수입천에서 발원한 직연 폭포를 돌아본다.

6 양구 백자박물관
양구에서 생산된 백자를 구경한다.

226

양구 1박 2일 코스 ★ 박수근 미술관과 DMZ를 둘러보는 문화 · 안보 여행

강원도 중북부에 위치한 양구는 비무장지대 DMZ와 인접해 있다. 해안면 일대는 6.25 전쟁 당시 치열한 교전이 벌어졌던 곳으로, 그 모양이 서양 화채 그릇인 펀치볼처럼 생겼다고 하여 펀치볼이라 불리게 되었다. 양구통일관을 지나 을지전망대에 오르고, 전쟁기념관, 제4땅굴 둘러보는 안보 여행을 통해 전쟁의 상흔, 분단의 현실을 실감하게 된다.

2일차 시작!

② 야생동물생태관
천연기념물 제217호 산양과 야생동물을 만난다.

① 펀치볼 안보 여행
양구통일관, 전쟁기념관, 을지전망대, 제4땅굴

③ 팔랑민속관
팔랑리의 '비랑골 농요'와 '돌산령 지게놀이'를 알아본다.

귀가

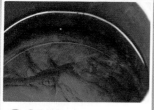

⑥ 후곡 약수
철분, 불소, 탄산을 함유해 위장병과 피부병에 좋다고!

④ 팔랑 폭포
호쾌하게 떨어지는 폭포수가 시원하다.

⑤ 양구생태식물원
히어리, 미선나무 등 다양한 나무와 식물을 관찰한다.

인제

산좋고 물좋은 인제가
강원도의 빛이구나!

인제 가는 길이 멀고도 험하고, 유난히 겨울이 길고 추워 군인들 사이에서 "인제 가면 언제 오나 원통해서 못 살겠네"라는 말이 오갔다는데, 요즘은 산 좋고 물 좋고 인제의 원시 자연을 찾는 사람이 늘고 있다. 백담사, 한계령, 산 골 오지 곰배령, 진동 계곡에서 인제의 청정 자연을 만난다.

Access

🚌 시외·고속 동서울종합터미널에서 인제시외버스터미널까지 1시간 30분 소요, 06:30~19:50, 약 50분 간격, 요금 12,800원

🚗 승용차 서울에서 서울-양양고속도로 이용, 동홍천 IC에서 44번 국도 이용, 인제 방향

INFORMATION

인제군 관광안내소 033-460-2170, **인제군 문화관광과** 033-460-2081~4, **강원도 관광 안내** 033-1330, **전국 관광 안내** 1330

인제

한국 DMZ 평화생명동산

세계 유일의 분단 국가인 한국에만 있는 비무장 지대 DMZ(Demilitarized Zone) 내의 평화와 생명을 기원하는 교육 문화 시설이다. 이곳에는 전시관, 교육관, 지뢰 생태 공원, 생명 연구 동산 등이 있어 전쟁의 참혹함과 생명의 소중함을 일깨워 준다.

위치 인제군 서화면 서화리 831-1, 인제 북쪽
교통 승용차로 인제에서 44번 국도 이용, 원통에서 453번 지방도 이용, 서화리 방향
요금 전시관 성인 1,000원, 청소년 700원
전화 033-463-5155
홈페이지 www.dmzecopeace.com

십이선녀탕 十二仙女湯

인제 북동쪽 용대리에 위치한 계곡으로 선녀탕이라는 이름은 밤마다 선녀가 내려와 목욕을 하고 갔다고 해서 붙여진 것. 예로부터 탕이 12개나 된다고 전해져 왔으나 실제는 8탕밖에 없다. 모양에 따라 독탕(瓮湯), 북탕(梭湯), 무지개탕(虹湯), 용탕(龍湯) 등의 이름이 붙어 있다.

위치 인제군 북면 용대리, 설악산국립공원 내
교통 ❶ 동서울종합터미널 또는 인제, 원통에서 남교리행 시외버스 이용, 남교리에서 십이선녀탕 입구까지 도보 15분 ❷ 승용차로 인제에서 44번 국도 이용, 한계리 방향. 한계교차로에서 46번 국도 이용, 용대리 방향
코스 십이선녀탕 입구 - 복숭아탕(4.2km, 2시간)
전화 설악산국립공원 백담분소 033-462-2554

여초 김응현 서예관 如初 金膺顯 書藝館

여초 김응현 선생은 한국 근현대 서예의 대가로 1956년 한국 최초의 서예 연구 교육 기관인 동방연서회 설립에 참여했고, 1969년 동회 이사장을 역임했다. 2010년에 완공된 이곳은 국내 최대 규모의 서예관으로 전시실과 체험실 등이 있어 서예 애호가들의 발길이 이어지고 있다.

위치 인제군 북면 용대리 1119-3, 백담사 입구 서쪽
교통 ❶ 동서울종합터미널 또는 인제, 원통에서 백담사행 시외버스 이용. 백담사 입구에서 서예관까지 시내버스 또는 택시 이용, 서예관 하차 ❷ 승용차로 인제에서 44번 국도 이용, 한계리 방향. 한계교차로에서 46번 국도 이용, 용대리 방향
시간 09:00~18:00(매주 월요일 휴관)

대승 폭포 大乘 瀑布

금강산의 구룡 폭포, 개성의 박연 폭포와 함께 한
국의 3대 폭포 중 하나로 폭포 높이가 88m에 달
해 한국에서 가장 높다. 대승 폭포에는 효자 대승
이 밧줄을 타고 절벽에서 자라는 석이버섯을 따
던 중 죽은 어머니의 목소리를 듣고 밧줄을 살펴
보니 큰 지네가 밧줄을 갉아먹고 있는 것을 발견
해 목숨을 건졌다는 전설이 전해진다.

위치 인제군 북면 한계3리, 설악산국립공원 내
교통 ❶ 동서울종합터미널에서 한계령 방향 시외버스(기사
분께 장수대 하차 요청) 또는 원통에서 장수대행 시외버스
이용, 장수대 하차 ❷ 승용차로 인제에서 44번 국도 이용,
한계리 방향. 한계교차로에서 대승 폭포 방향
코스 장수대–대승 폭포(0.9km, 1시간 20분 소요), 장수대–
대승 폭포–대승령–십이선녀탕(10.1km, 5~6시간 소요)
전화 설악산국립공원 장수대 분소 033–463–3476
홈페이지 설악산국립공원 seorak.knps.or.kr

매바위 鷹岩

인제 북면 용대리 용대삼거리에 있는 바위로 매
를 닮았다고 하여 매바위라 한다. 매바위 정상에
물을 끌어올려 인공 폭포를 만들었는데 그 높이
가 82m에 달한다. 매바위에는 아이언웨이라는
암벽등반용 자일이 설치되어 암벽등반 체험을
할 수 있다. 매바위 건너편 용대 전망대에 오르면
매바위가 잘 보인다.

위치 인제군 북면 용대리
교통 ❶ 동서울종합터미널 또는 인제, 원통에서 속초행 시
외버스 이용. 용대삼거리 하차 ❷ 승용차로 인제에서 44번
국도 이용, 한계리 방향. 한계교차로에서 46번 국도 이용,
용대리 방향
전화 033–462–0035, 010–6372–0161
요금 아이언웨이 초급 코스(140m, 1시간) 35,000원, 중
급 코스(220m, 2시간) 45,000원
홈페이지 ironway.co.kr(아이언웨이)

백담사 百潭寺

신라시대인 647년 진덕여왕 1년에 승려 자장에
의해 창건된 사찰로 처음에는 한계령 부근에 있
어 한계사라고 했고, 1456년 현재의 위치에 백
담사라는 이름으로 재건되었다. 한때 시인 한용
운이 머물며 〈불교유신론〉, 〈님의 침묵〉 등을 저
술하였다. 사찰 내에 극락보전, 산령각, 만해기념
관 등이 있다. 백담사가 있는 백담사 계곡은 외설
악 등산의 출발지이기도 하다.

위치 인제군 북면 용대리 690, 인제 북동쪽
교통 ❶ 동서울종합터미널 또는 인제, 원통에서 백담사행
시외버스 이용. 백담사 입구에서 셔틀버스 이용, 백담사 도
착. 셔틀버스 09:00~16:00(하행 막차 17:00), 30분 간격, 18
분 소요(도보 2시간), 편도 요금 2,300원 ❷ 승용차로 인제
에서 44번 국도 이용, 한계리 방향. 한계교차로에서 46번
국도 이용, 용대리 방향
전화 033-462-6969
홈페이지 www.baekdamsa.org

만해마을 萬海村

독립운동가이자 승려인 만해 한용운 선생을 기
리기 위해 만든 교육 · 문화 시설로, 만해 문학박
물관, 문인의 집, 만해 학교, 심우장, 서원보전 등
의 시설을 갖추고 있다. 만해 한용운의 발자취를
돌아보고 잠시 쉬어 가기 좋다.

위치 인제군 북면 용대리 1136-5, 만해마을 옆
교통 ❶ 동서울종합터미널 또는 인제, 원통에서 백담사행
시외버스 이용. 백담사 입구에서 만해마을까지 시내버스
또는 택시 이용, 만해마을 하차 ❷ 승용차로 인제에서 44번
국도 이용, 한계리 방향. 한계교차로에서 46번 국도 이용,
용대리 방향
요금 만해문학박물관_무료, 식당 식사 1인 6,000원
문인의 집 숙소_성수기 70,000~100,000원
시간 만해문학박물관 09:00~17:00(매주 월요일 휴관)
전화 033-462-2303
홈페이지 www.manhae2003.dongguk.edu

인제 산촌민속박물관 麟蹄 山村民俗博物館

인제 시내 서남쪽에 위치한 산촌의 생활사 박물
관으로 인제의 산촌 생활, 세시풍속, 농기구 등을
소개하고 있다. 실내에는 다양한 자료와 함께 뗏
목 만들기, 목기구 제작, 목청 체취, 숯 굽기 등을
미니어처와 밀랍 인형 등으로 재현하여 전시하
고 있으며, 야외에는 토막집, 대왕당, 디딜방앗간
등을 재현하고 있다.

위치 인제군 인제읍 상동리 415
교통 인제시외버스터미널에서 도보 10분
요금 무료
시간 09:00~18:00(매주 월요일 휴관)
전화 033-460-2085
홈페이지 mvfm.kr

박인환 기념관 朴寅煥 紀念館

인제 출신 시인 박인환을 기리는 기념관으로 기
념관 마당에 박인환의 흉상이 있고 기념관 내에
서 박인환의 생애와 작품을 둘러볼 수 있다. 박인
환은 1946년부터 〈거리〉, 〈남풍〉 등의 시를 쓰기
시작했고, 1955년 〈박인환 선시집〉을 간행했다.
대표작으로는 〈세월이 가면〉, 〈목마와 숙녀〉 등
이 있다.

위치 인제군 인제읍 상동리 415, 산촌박물관 옆
교통 산촌박물관에서 도보 1분
시간 09:00~18:00(매주 월요일 휴관)

합강정 合江亭

인제 북동쪽 인북천과 내린천이 합쳐지는 지점
에 위치한 정자로 조선시대인 숙종 2년(1676년)
처음 세워졌다. 현재의 건물은 1998년 정면 3칸,
측면 2칸의 2층 목조 누각으로 재건한 것이다.
합강정 아래에는 번지점프, ATV 등 레포츠를 즐
길 수 있는 X-Game 리조트가 있다.

위치 인제군 인제읍 합강리 221-13, 인제 북동쪽
교통 ❶ 인제에서 합강정행 농어촌버스 이용, 합강2리 하
차. 합강정 방향 도보 5분 ❷ 승용차로 인제에서 합강정
방향

내린천 內麟川

홍천군 내면 소계방산에서 발원한 계방천과 내면 흥정산에서 발원한 자운천이 합쳐지고 다시 인제군 기린면 단목령에서 발원한 방대천이 합쳐져 내린천을 이룬다. 내면 월둔에서 살둔 계곡을 지나 미산 계곡에 이르는 구간이 매우 아름다운 것으로 알려져 있고, 인제 래프팅 구간인 고사리 일대는 아름다운 풍광을 자랑한다. 전체 길이는 60.76km로 강원도 산하를 남에서 북으로 흐른다. 수량이 많고 수심이 깊지 않아 래프팅 장소로 인기가 높다. 주요 래프팅 출발지로는 내린천 중간의 수변 공원이 있다.

위치 인제군 인제읍 합강리~기린면
교통 ❶ 인제 또는 현리에서 수변 공원, 궁리행 농어촌버스 이용, 수변 공원 또는 궁리 하차 ❷ 승용차로 인제에서 31번 국도 이용, 내린천 방향

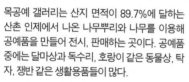

목공예 갤러리

목공예 갤러리는 산지 면적이 89.7%에 달하는 산촌 인제에서 나온 나무뿌리와 나무를 이용해 공예품을 만들어 전시, 판매하는 곳이다. 공예품 중에는 달마상과 독수리, 호랑이 같은 동물상, 탁자, 쟁반 같은 생활용품들이 많다.

위치 인제군 인제읍 상동리 430, 정중앙휴게소 건너편
교통 인제시외버스터미널에서 도보 5분
시간 09:00~18:00(매주 월요일 휴관)
전화 033-463-2233

방동 약수 芳東 藥水

방태산 북쪽 자락에 위치한 약수로 철분, 망간, 불소, 탄산 등이 함유되어 있어 진한 쇠맛이 나며 약간 톡 쏘는 느낌이 난다. 삼봉 약수에 비하면 중급이라고 볼 수 있다. 방동 약수 입구에서 아침가리 계곡(방동 약수 → 아침가리 계곡 → 진동 계곡)으로 가는 트레킹 코스가 있다.

위치 인제군 기린면 방동리, 인제 남동쪽
교통 ❶ 인제 또는 현리에서 방동리행 농어촌버스 이용, 방동 약수 하차. 약수 방향 도보 20분 ❷ 승용차로 인제에서 31번 국도 이용, 기린면 방향. 진방삼거리에서 418번 지방도 이용, 진동 계곡 방향

진동 계곡 鎭東 溪谷

인제 남동쪽 작은 점봉산과 방태산 사이에 위치
한 계곡으로 진동 계곡 아래 추대에서 시작해 진
동리를 거쳐 곰배령 입구 설피밭까지 이어진다.
추대는 진동1교 부근으로 기암괴석의 계곡이 절
경을 이루는 곳이고, 진동 계곡의 다른 구간도 추
대 못지않게 아름다운 곳이 많다. 진동 계곡에서
는 오지 중의 오지인 아침가리 계곡(진동 계곡 →
아침가리 계곡→방동 약수)으로 트레킹을 가거
나 곰배령을 올라도 좋다.

위치 인제군 기린면 진동리, 인제 남동쪽
교통 ❶ 인제 또는 현리에서 추대(진동리 경로당)행 농어촌
버스 이용, 추대 하차 ❷ 승용차로 인제에서 31번 국도 이
용, 기린면 방향. 진방삼거리에서 418번 지방도 이용, 진동
계곡 방향

수변 공원 水邊 公園

인제 남동쪽 고사리 내린천가에 위치한 공원으
로 유유히 흐르는 내린천을 조망하기 좋다. 수
변 공원은 내린천 래프팅의 출발지이자 집트렉
(Zip Trek)을 할 수 있는 곳으로 인제 레포츠의
중심이기도 하다.

위치 인제군 인제읍 고사리, 원대교 부근
교통 ❶ 인제 또는 현리에서 원대리행 농어촌버스 이용, 수
변 공원 하차 ❷ 승용차로 인제에서 31번 국도 이용, 수변
공원 도착
요금 모험 코스 35,000원
전화 집트렉 033-462-0701
홈페이지 www.ziptrack.co.kr

인제 나르샤 파크 如初 金應顯 書藝館

구 인제테마파크캠핑장에서 스카이점프, 스카이
워크 같은 시설을 신설하여 인제 나르샤파크로
거듭난 어드벤처 파크이다. 50.2m의 고공에서
자연 낙하하는 스카이 점프, 스카이워크가 인기
를 끈다. 사계절 이용할 수 있는 서바이벌이나 서
든어택을 이용해도 좋다.

교통 인제 시외버스 터미널에서 택시(5분 소요)
주소 인제군 인제읍 남북리 815
요금 스카이워크 20,000원, 전망대 타워 8,000원, 스카이
점프 43,000원, 서든어택 서바이벌 19,000원, 수영장+워터
슬라이드 10,000원, 캠핑 1박 19,000원
시간 09:00~18:00 전화 033-461-0141
홈페이지 inje-themepark.com

원대리 자작나무 숲

인제 남쪽 원대리의 외고개를 넘어가면 남전 계곡과 남전 약수 방향이고, 외고개에서 남쪽으로 난 임도를 올라가면 아랫길과 윗길이 나오는데, 그중 윗길에 자작나무 숲이 있다. 희고 곧게 뻗은 자작나무가 빽빽하게 서 있는 풍경이 이국적이고, 숲 속 산책로도 운치 있다. 1박 2일과 이승기 뮤직비디오 촬영지로도 유명하다. 자작나무 숲을 지나 산 너머 남전 계곡, 동아실 계곡으로 내려갈 수도 있다. 외고개에서 모험레포츠연수원을 잇는 임도는 MTB 코스로도 인기가 높다.

위치 인제군 인제읍 원대리, 원남고개 부근

교통 ❶ 인제 또는 현리에서 원대리행 농어촌버스 이용, 원대리 하차. 원대리 모험레포츠연수원 지나 외고개까지 도보 40분. 외고개에서 자작나무 숲까지 도보 20분 **❷** 승용차로 인제에서 31번 국도 이용, 수변 공원 방향. 원대삼거리에서 원대교 건너 원대리 방향

인제 아침가리 트레킹

진동 계곡 남쪽의 아침가리 계곡은 오지 중의 오지로 천연의 자연이 살아 있어 천연기념물 수달이나 하늘다람쥐가 뛰놀고 물속에는 열목어가 헤엄치는 곳이다. 아침가리는 〈정감록〉의 난세 피난처 삼둔사가리 중의 하나로 아침가리란 '아침에 밭을 간다.'라는 뜻이다. 한자로 표기하면 조경동(朝耕洞)인데, 조경동 분교 일대는 예전 화전민들이 살던 마을터다. 아침가리 트레킹은 방동약수터에서 출발해 방동고개, 조경동 다리, 조경동 분교를 거쳐 진동1리 마을회관으로 돌아오는 코스로 반대로 가면 계곡을 거슬러 올라가야 한다. 체력과 시간에 따라 1코스와 2코스 중 선택하고 중간에 민가가 없으므로 충분한 음료와 간식을 준비한다.

1코스 방동약수터 – 방동고개 – 조경동 다리(6km) – 조경동 분교(6km) – 조경동 다리(6km) – 진동1리 마을회관(진동리 경로당, 6km) : 24km, 8∼9시간
2코스 방동약수터 – 방동고개 – 조경동 다리(6km) – 진동1리 마을회관(6km) : 12km, 4시간

곰배령

점봉산 남동쪽에 위치한 고원(1,164m)으로 희귀 야생화, 산약초, 산채류 등이 산재하여 천상의 화원으로 불린다. 진동 계곡을 지나 진동2리 산골 오지로 들어간다. 1987년부터 산림유전자원 보호구역으로 지정되어, 산림청 홈페이지에서 입산 예약을 해야 출입할 수 있다.

위치 인제군 기린면 진동리, 인제 동쪽
교통 ❶ 현리터미널에서 설피밭행 농어촌버스 이용(1일 1회). 설피밭에서 점봉산생태관리센터까지 도보 40분 ❷ 승용차로 인제에서 31번 국도 이용, 기린면 방향. 진방삼거리에서 418번 지방도 이용, 진동 계곡 방향. 조침령 터널 전에서 진동2리, 곰배령 방향(일부 비포장)
신청 산림청 홈페이지, 마을 민박 대행
탐방 인원 1일 인터넷 예약 450명, 마을 민박 대행 450명, 총 900명
시간 수~일요일(월 · 화요일 휴무), 하절기(5월 16일~10월 31일) 1일 3회(09시, 10시, 11시), 동절기(12월 16일~익년 2월 29일) 1일 2회(10시, 11시)
코스 점봉산생태관리센터 - 강선마을 - 곰배령(왕복 10km, 3~4시간)
전화 점봉산생태관리센터 033-463-8166
홈페이지 산림청 www.forest.go.kr

미산 계곡 美山 溪谷

인제 방태산 서쪽, 상남면과 살둔 계곡 중간에 위치한 계곡으로 내린천 상류에 해당한다. 계곡 주위로 주목, 가문비, 젓나무 등으로 숲이 우거지고 맑은 물속에 쏘가리, 어름치, 동자개 등이 헤엄친다. 미산 계곡은 1인용 래프팅인 리버버깅 장소로도 인기가 높다.

위치 인제군 상남면 미산리, 인제 남동쪽
교통 ❶ 현리에서 미산 계곡행 농어촌버스 이용, 미산 계곡 하차 ❷ 승용차로 인제에서 31번 국도 이용, 상남면 방향. 상남면사무소에서 446번 지방도 이용, 미산 계곡 방향
전화 리버버깅 033-463-8254, 010-3621-8254
홈페이지 www.misanriverbug.co.kr

한국관

인제시외버스터미널 건너편에 위치한 한정식 집으로 인제에서 나온 산나물을 이용한 산채비빔밥, 산채정식이 맛이 있다. 집에서 담근 된장으로 끓인 된장찌개와 산나물 반찬에도 정성이 담겨 있다. 옛 한옥 건물 식당으로 오래된 기둥과 대들보가 친근하다.

위치 인제군 인제읍 상동리 347-18, 인제 시내
교통 인제시외버스터미널에서 인제군청 방향, 농협 지나 좌회전. 도보 10분
메뉴 산채비빔밥 10,000원, 산채정식 1인 15,000원, 더덕구이정식 15,000원, 돼지목살·삼겹살 각 13,000원, 한우불고기 15,000원
전화 033-461-2139

용바위 식당

40년 전통의 국내 최초 황태 전문 식당이다. 용대리는 국내 최대 황태 건조장이 있는 곳으로 겨울이면 곳곳에서 황태를 말리는 풍경을 볼 수 있다. 황태구이정식, 황태국밥을 맛볼 수 있고 매장에서 황태 제품을 구입할 수도 있다.

위치 인제군 북면 진부령로 107
교통 인제시외버스터미널에서 원통행 버스 이용, 원통 도착. 원통에서 진부령행 버스 이용, 용대삼거리 하차. 도보 7분
메뉴 황태구이정식 12,000원, 황태국밥 8,000원, 청국장 10,000원
전화 033-462-4079

송희식당

원통에서 진부령 방향으로 약 1.2km 떨어진 곳에 위치한 식당으로 황태정식, 황태전골, 황태찜 같은 메뉴를 낸다. 황태정식이 맛이 있고 제철 산나물로 차려진 반찬도 맛있다. 인제, 원통에서 관광객이 많이 찾는 식당 중 하나.

위치 인제군 북면 원통7리 1686-6, 원통 중고 앞
교통 ❶ 인제에서 원통행 시외버스 이용, 원통시외버스터미널에서 진부령 방향 도보 20분 또는 택시 이용 **❷** 승용차로 인제에서 원통 방향, 원통에서 진부령 방향
메뉴 황태정식 15,000원, 황태구이 10,000원
전화 033-462-7522~3

백담 순두부

인제 용대리 백담사 입구에 위치한 순두부집으로 동글동글한 자갈로 벽면을 처리해 예쁜 카페 같은 느낌을 주는 곳. 직접 만든 순두부를 이용한 순두부정식이 맛이 있고 인제산 산나물을 이용한 반찬도 먹을 만하다.

위치 인제군 북면 용대리 568, 백담사 입구
교통 ❶ 동서울종합터미널 또는 인제, 원통에서 속초행 시외버스 이용. 백담입구시외버스터미널 하차. 순두부집 방향 도보 5분 **❷** 승용차로 인제에서 44번 국도 이용, 한계리 방향. 한계교차로에서 46번 국도 이용, 용대리 방향. 백담교차로에서 백담사 방향
메뉴 순두부정식 8,000원, 산채비빔밥 8,000원, 황태정식 10,000원, 더덕구이정식 12,000원
전화 033-462-9395

원대 막국수

인제 원대리 모험레포츠연수원 앞에 위치한 막국수집이다. 강원도 하면 빼놓을 수 없는 것이 이 막국수다. 원대리 자작나무 숲을 구경하고 들르면 좋은 곳.

위치 인제군 인제읍 원대리 650-3, 모험레포츠연수원 앞
교통 ❶ 인제 또는 현리에서 원대리행 농어촌버스 이용. 원대리 하차. 모험레포츠연수원 방향 도보 5분 **❷** 승용차로 인제에서 31번 국도 이용, 수변 공원 방향. 원대삼거리에서 원대교 건너 원대리 방향
메뉴 물 · 비빔 막국수 각 7,000원, 수육 18,000원, 도토리묵 12,000원
전화 033-462-1515

청주 해장국

인제 기린면 현리 시내에 위치한 해장국집으로 진한 국물에 선지, 시래기 맛이 좋고 배추김치, 열무김치, 무채김치 같은 반찬도 단출하지만 정감이 간다. 인제 내린천에서 래프팅을 하거나 진동 계곡을 여행할 때 들르면 좋다.

위치 인제군 기린면 현리 646-2, 현리 시내
교통 ❶ 인제 또는 상남에서 현리행 농어촌버스 이용, 현리 하차. 해장국집 방향 도보 5분 **❷** 승용차로 인제에서 31번 국도 이용, 기린면 방향
메뉴 순대국 7,000원, 소내장탕 8,000원 내외, 감자탕 40,000원
전화 033-461-5262

고향집

인제 기린면 현리에서 진동 계곡 방향에 두부 요리를 잘하는 집이 있다. 고향집은 직접 만든 두부를 이용해 고소하고 맛있는 두부 요리를 내고 산나물, 장아찌, 김치 같은 반찬은 예전 강원도 가정에서 먹던 맛 그대로다.

위치 인제군 기린면 현리 196
교통 ❶ 인제 또는 현리에서 농어촌버스 이용, 수진암천약수터 하차. 고향집 방향 도보 5분 **❷** 승용차로 인제에서 31번 국도 이용, 기린면 방향. 진방삼거리에서 418번 지방도 이용, 진동 계곡 방향. 수진암천약수터 인근
메뉴 두부전골 · 두부구이 · 콩비지백반 · 모두부백반 각 8,000원, 수육 15,000원
전화 033-461-7391

복바위 황태식당

건물에 붙은 간판은 복바위 황태식당이지만, 인터넷 검색으로는 복바위식당으로 나온다. 황태의 본거지 용대리에 위치한 식당으로 직영 황태덕장에서 생산된 황태를 판매하기도 한다. 잘 구워진 황태구이는 물론 산나물, 김치 등 10여 가지의 다양한 반찬도 맛있다.

위치 인제군 인제군 북면 용대리 185, 황태촌휴게소 남쪽
교통 ❶ 동서울종합터미널 또는 인제, 원통에서 속초행 시외버스 이용, 용대삼거리 하차. 황태식당 방향 도보 5분 **❷** 승용차로 인제에서 44번 국도 이용, 한계리 방향. 한계교 차로에서 46번 국도 이용, 용대리 방향
메뉴 산채비빔밥 8,000원, 황태해장국 12,000원, 황태구이정식 12,000원, 황태찜 40,000원
전화 033-462-1571

북설악 황토마을

인제 북동쪽 용대삼거리 남쪽에 위치한 대형 펜
션으로 황토집, 너와집 등으로 되어 있다. 겨울
이면 황토집 구들장에서 몸을 지질 수도 있어 옛
추억을 가진 이에게 좋다. 펜션에서 진부령이나
미실령, 가까운 백담사로 여행가기 편리하다.

위치 인제군 북면 용대리 1627, 인제 북동쪽
교통 ❶ 동서울종합터미널 또는 인제, 원통에서 속초행 시
외버스 이용. 용대삼거리 하차. 황태휴게소 지나 도보 10
분 **❷** 승용차로 인제에서 44번 국도 이용. 한계리 방향. 한
계교차로에서 46번 국도 이용. 용대리 방향. 용대삼거리에
서 황태휴게소 지나 펜션 도착
요금 비수기 주중 50,000~550,000원
전화 033-462-5535
홈페이지 blog.naver.com/mudyellow

하늘내린 호텔

인제시외버스터미널 건물 4~7층에 자리한 호텔로 호텔 객실과 콘도식 객실이 있다. 화려하지는 않지만 깔끔한 객실에서는 합강정과 내린천이 내려다보이고, 시내가 가까워 편리하다. 호텔에서 용대리 방향이나 내린천 방향으로 여행하기도 좋다.

위치 인제군 인제읍 상동리 96-3, 인제시외버스터미널 빌딩 내
교통 인제시외버스터미널에서 도보 1분
요금 비수기 50,000~100,000원
전화 033-463-5700
홈페이지 www.skythehotel.com

파라다이스 펜션

인제 동남쪽 고사리 내린천가에 위치한 펜션으로 유유히 흐르는 내린천의 아름다움을 만끽할 수 있는 곳. 내린천에서 래프팅을 즐기려는 사람에게 적당하고 인근 하추리 계곡이나 방동 계곡으로 놀러가기도 좋다.

위치 인제군 인제읍 고사리 238, 인제 남동쪽
교통 ❶ 인제 또는 현리에서 고사리행 농어촌버스 이용, 고사리 하차. 펜션 방향 도보 20분 ❷ 승용차로 인제에서 31번 국도 이용, 기린면 방향. 고사리 오토캠핑장 지나 펜션 도착
요금 비수기 60,000~150,000원
전화 033-462-9798
홈페이지 www.injeparadise.com

산여울 펜션

펜션 주위에 방태산 자연휴양림, 진동계곡이 있어 산중에서 쉬기 좋은 곳이다. 트레킹을 좋아한다면 방태산 자연휴양림의 적가리골, 방동 약수, 진동계곡의 아침가리로 트레킹을 가도 괜찮다. 단, 산이 깊으니 지리를 잘 아는 사람과 동행하자.

위치 인제군 기린면 방태산길 101
교통 ❶ 인제에서 현리행 버스 이용, 현리 하차, 현리에서 진동계곡행 버스 이용, 방동리 하차 ❷ 승용차로 인제에서 현리, 현리에서 진동계곡 방향
요금 비수기 주중 60,000~120,000원
전화 033-463-4634
홈페이지 www.sanyeowool.co.kr

백담스카이 하우스

백담사 입구에 위치한 펜션으로 온돌방과 침대방이 있고 연회장도 있어 단체 행사에도 적합하다. 백담사 입구에 있어 백담사를 둘러보거나 설악산 산행을 하기 편리하다. 식사는 백담사 입구 식당가에서 산채비빔밥이나 산채정식을 맛보면 된다.

위치 인제군 북면 백담로 124-2
교통 ❶ 동서울종합터미널 또는 인제, 원통에서 속초행 시외버스 이용. 백담입구시외버스터미널 하차. 백담사 셔틀버스 정류장 지나 도보 17분 ❷ 승용차로 인제에서 44번 국도 이용, 한계리 방향. 한계교차로에서 46번 국도 이용, 용대리 방향. 백담교차로에서 백담사 방향
요금 비수기 60,000~150,000원
전화 033-463-9973
홈페이지 100dam.kr

파인밸리 호텔

인제 백담사 셔틀버스 정류장 안쪽 다리 건너에 위치한 가족 호텔로 3개의 건물동으로 되어 있다. 호텔 앞에 넓은 잔디밭이 있고 시원한 물이 흐르는 백담 계곡이 가깝다. 백담사 구경이나 봉정암, 설악산 등반을 하려는 사람에게 편리한 곳이다.

위치 인제군 북면 용대리 868-3, 인제 북동쪽
교통 ❶ 동서울종합터미널 또는 인제, 원통에서 속초행 시외버스 이용. 백담입구시외버스터미널 하차. 백담사 셔틀버스 정류장 지나 도보 17분 ❷ 승용차로 인제에서 44번 국도 이용, 한계리 방향. 한계교차로에서 46번 국도 이용, 용대리 방향. 백담교차로에서 백담사 방향
요금 비수기 50,000~100,000원
전화 033-462-8955~6
홈페이지 pinevalleyhotel.com

숙소 리스트

이름	위치	전화
호텔 스카이락	인제군 인제읍 상동리 92-1	033-462-5551
인제 호텔	인제군 인제읍 상동리 348-3	033-461-4035
권가락지 황토 민박	인제군 북면 용대리 37	033-462-9630
가래울 황토 민박	인제군 인제읍 하추리 447	033-462-3143
관솔 민박	인제군 상남면 하남1리 455	033-462-7650

1일차
시작!

1 백담사
사찰을 산책하며 한용운의 〈님의 침묵〉을
암송해 보자.

2 여초 김응현 서예관
한국 서예의 대가, 여초 김응현의 작품을 만난다.

숙박

4 인제 산촌민속박물관
인제의 산촌 생활상을 살펴보자.

萬海文學博物館

3 백담사 만해마을
만해 문학박물관을 둘러본다.

인제 1박 2일 코스 ★ X-Game 리조트에서 수변 공원까지 레포츠 여행

레포츠 천국, 인제에서는 내린천을 중심으로 다양한 레포츠를 즐길 수 있다. 합강정 부근 X-Game 리조트에서는 번지점프와 슬링샷, ATV, 수변 공원에서는 집트렉과 래프팅, 원대리 자작나무 숲에서는 MTB를 즐길 수 있다. 인제 여행에서 레포츠가 다가 아니다. 설악산 속의 고즈넉한 산사, 백담사를 만나고 만해마을에서는 한용운의 주옥같은 작품에 빠져들 수도 있다.

2일차 시작!

귀가

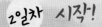

① 박인환기념관
시인 박인환의 생애와 작품을 만난다.

승용차 10분

② 합강정
정자를 둘러보고, 인근에서 레포츠도 즐기자.

⑤ 원대리 자작나무 숲
원남고개 남쪽, 울창한 자작나무 숲을 걷는다.

④ 내린천 래프팅
출발지와 길이 등을 고려해 알맞은 코스를 선택한다.

③ 수변 공원
내린천 조망과 집트렉 체험이 가능하다.

평창

평균 해발 고도 700m
행복한 고원의 도시!

인간과 동식물이 쾌적하게 살기 좋다는 해발 700m. 평창은 태백산맥에 위치해 있어 해발 고도가 700m 이상인 곳이 전체 면적의 약 60%를 차지하는 행복한 고원의 도시다. 〈메밀꽃 필 무렵〉의 이효석 문학관, 허브향 가득한 허브나라, 고찰의 향기 월정사, 광활한 초지 대관령 목장까지 두루 돌아보자.

평창

Access

시외·고속 동서울종합터미널에서 평창시외버스터미널까지 2시간 소요,
07:00~19:15, 약 2시간 간격, 요금 15,100원

승용차 서울에서 성남, 성남에서 경기광주JC, 경기광주JC에서 광주-원주
고속도로 이용, 원주JC에서 영동고속도로 이용, 새말 IC에서 42번 국
도 이용, 안흥 거쳐 방림삼거리에서 31번 국도 이용, 평창 방향

INFORMATION 평창군 관광안내소 033-330-2399 | 평창군 종합관광안내소(봉평) 033-330-
2771 | 원정사 관광안내소 033-330-2772 | 평창군 문화관광과 033-330-2250 |
강원도 관광 안내 033-1330 | 전국 관광 안내 1330

평창

이승복 기념관 李承福 記念館

계방산 남쪽에 위치한 반공 기념관으로 1968년 무장 공비에 의해 일가족이 희생된 이승복을 기리는 곳. 당시 이승복이 남긴 "나는 공산당이 싫어요."라는 말은 이미 유명하다. 이승복의 일대기 영화 상영 및 일반 자료를 전시하고 있다.

위치 평창군 용평면 노동리 326-1, 평창 북쪽
교통 ❶ 장평 또는 진부에서 노동리행 농어촌버스 이용, 이승복 기념관 하차 **❷** 승용차로 평창에서 31번 국도 이용, 장평, 속사 지나 운두령 방향
시간 09:00~18:00(매주 월요일 휴관)
전화 033-332-4323

Travel Tip

평창 대관령 음악제

2004년 대관령에서 시작된 음악제로 저명 연주가 시리즈와 음악학교 프로그램으로 운영된다. 2016년 예술 감독은 정명화와 정경화가 맡아 〈불멸의 클래식: 바흐, 베토벤, 브람스 그리고 그 너머〉를 테마로 음악제를 꾸몄다. 공연은 콘서트홀, 뮤직텐트뿐만 아니라 마을 성당에서도 열려 클래식을 가까이에서 접할 수 있는 기회가 된다.

위치 강원 평창군 대관령면 솔봉로 325, 알펜시아 리조트, 강원도 일원
교통 ❶ 진부터미널 또는 횡계터미널에서 알펜시아행 농어촌버스 이용, 알펜시아 리조트 하차 **❷** 서울 사당(08:00), 압구정 현대백화점(08:30), 잠실역(09:00), 잠실운동장(13:00 성수기 토요일만 운행) 셔틀버스 출발. 요금 왕복 28,000원, 편도 15,000원, 대원관광 사이트(www.kdtour.co.kr)나 전화(02-2201-7710) 예약 **❸** 승용차로 평창에서 31번 국도 이용, 장평 방향. 장평에서 6번 국도 이용, 진부 방향. 진부면에서 59번 국도 이용, 월정사 방향. 월정 삼거리에서 456번 지방도 이용, 대관령면, 용평 리조트 거쳐 알펜시아 리조트 도착
일시 매년 7월 말~8월 초
요금 콘서트홀, 뮤직텐트 5~9만원 내외
전화 033-249-3374
홈페이지 www.gmmfs.com

방아다리 약수

평창 계방산 남동쪽 계곡에 위치한 약수로 물빛
이 푸르고 맑다. 맛은 약간 떫으며 진한 쇠맛이
난다. 약간 쏘는 느낌도 난다. 입구에서 약수터까
지 약 200m의 전나무 숲길이 운치 있어 더욱 유
명하다. 오대산을 끼고 있어 삼림욕을 할 수도 있
으며 풍광이 뛰어난다.

위치 평창군 진부면 척천리 산65
교통 ❶ 진부에서 방아다리 약수행 농어촌버스 이용, 방아
다리 약수 종점 하차. 약수 방향 도보 5분 ❷ 승용차로 평창
에서 31번 국도 이용, 장평 지나 속사리에서 방아다리 약수
방향

평창 무이예술관 平昌 武夷藝術館

봉평 서쪽 무이리에 위치한 미술관으로 폐교된
무이초등학교 건물을 사용하고 있다. 서양화가
정연서, 서예가 이천섭, 조각가 오상욱, 도예가
권순범 등이 모여 그림과 서예, 조각, 도자기 등
을 전시하고, 체험도 가능하다.

위치 평창군 봉평면 무이리 58, 평창 북쪽
교통 ❶ 장평 또는 봉평에서 무이리행 농어촌버스 이용, 평
창 무이예술관 하차 ❷ 승용차로 평창에서 31번 국도 이용,
봉평 방향. 장평에서 6번 국도 이용, 봉평면 지나 평창 무이
예술관 방향
요금 성인 3,000원
시간 09:00~18:00(매주 월요일 휴관)
전화 033-335-6700

이효석 생가 李孝石 生家

이효석 문학관 부근에 위치한 소설가 이효석의
생가로 초가 지붕에 온돌방이 예스럽다. 생가 앞
으로는 넓은 메밀밭이 있어 메밀꽃이 피는 9월이
면 들판이 온통 하얗다. 이효석은 경성제국대학
법문학부 영문과를 졸업했고, 〈메밀꽃 필 무렵〉,
〈산〉, 〈들〉 같은 소설을 남겼다.

위치 평창군 봉평면 창동리 681, 평창 북쪽
교통 ❶ 이효석 문학관에서 이효석 생가 방향 도보 5분 ❷
승용차로 평창에서 31번 국도 이용, 봉평 방향. 장평에서 6
번 국도 이용, 봉평면 방향. 봉평면에서 이효석길 이용
전화 033-330-2700

이효석 문학의 숲 李孝石 文學森

이효석 생가 남쪽 자락에 위치하고 있는 숲으로
이효석의 대표작 〈메밀꽃 필 무렵〉의 내용을 형
상화해 놓았다. 장터와 널다리, 물레방아 등 곳곳
에 작품 속 장면이 숨어 있어 흥미롭다. 산책로를
따라 산책을 하기에도 좋다.

위치 평창군 봉평면 창동리, 이효석 생가 남쪽
교통 ❶ 봉평 이효석 문학관에서 남만교 통과하여 이효석
문학의 숲 방향 도보 20분 ❷ 승용차로 평창에서 31번 국도
이용, 봉평 방향. 장평에서 6번 국도 이용, 봉평면 방향. 봉평
면에서 이효석길 이용, 남만교 통과하여 이효석 문학의 숲
요금 성인 2,000원(이효석 문학관 통합 입장권)
시간 09:00~18:00(동절기 09:00~17:00)

이효석 문학관 李孝石 文學館

봉평 서쪽에 위치한 소설가 이효석의 문학관으로 그의 삶과 문학을 보여 준다. 전시실에는 소설가 이효석의 연보, 이효석의 삶, 봉평장터 재현, 이효석의 문학 지도 등을 볼 수 있다. 그의 대표작인 〈메밀꽃 필 무렵〉은 1936년 잡지 〈조광〉에 발표되었고, 이효석 특유의 해학이 담겨 한국 대표단편 소설 중 하나로 꼽힌다. 장돌뱅이가 되어 전국의 장터를 떠돌던 허생원이 봉평장에서 같은 장돌뱅이인 조선달을 따라 충주집으로 갔다가 충주집에서 동이라는 애송이 장돌뱅이와 다툼을 벌이고, 그날 밤 셋은 메밀꽃이 핀 들판을 함께 걷는다. 허생원은 젊은 시절 어느 처녀와의 사랑 이야기를 하고 동이는 의붓아버지에게 고초를 당한 뒤 집을 나온 사연을 말한다. 허생원은 동이의 말을 들으며 젊은 시절 인연을 맺었던 처녀와의 사이에서 생긴 아들이 아닐까 의심하는 내용이 전개된다. 작품을 읽고 방문한다면 더욱 의미 있는 시간이 될 것이다.

위치 평창군 봉평면 창동리 544-3, 평창 북쪽
교통 ❶ 봉평면사무소에서 문학관 방향 도보 15분 ❷ 승용차로 평창에서 31번 국도 이용, 봉평 방향. 장평에서 6번 국도 이용, 봉평면 방향. 봉평면에서 이효석길 이용
요금 2,000원, 효석달빛언덕 3,000원
시간 09:00~19:00(10~4월 17:00, 매주 월요일 휴관)
전화 033-330-2700
홈페이지 www.hyoseok.net

백룡 동굴 白龍 洞窟

천연기념물 제260호의 천연 동굴이다. 안전모와 탐사복을 착용하고 동굴 속 종유관, 종유석, 석순, 석주 등을 볼 수 있는 동굴생태체험관으로 활용되고 있다. 수백 년의 세월이 만들어 낸 각양각색의 석회석이 있어 신비하지만 사진을 찍을 수 없어 아쉽다.

위치 평창군 미탄면 마하리 82, 평창 남동쪽
교통 승용차로 평창에서 42번 국도 이용, 미탄 교차로에서 백룡 동굴·미탄 방향, 동강어름치마을에서 마하교 건너 백룡 동굴 도착
요금 대인 15,000원, 소인 10,000원
전화 033-334-7200
홈페이지 cave.maha.or.kr

허브나라 Herb Nara

평창 북쪽 흥정 계곡에 위치한 허브 테마파크로 1만여 평의 땅에 100여 종의 허브가 심어져 있다. 허브 가든에는 중세, 나비, 코티지 등 주제별로 허브가 심어져 있고, 부대시설로는 허브 공예관, 허브 박물관, 터키 갤러리, 만화 갤러리, 허브 레스토랑, 펜션 등이 있다.

위치 평창군 봉평면 흥정리 303, 평창 북쪽
교통 ❶ 봉평에서 허브나라행 농어촌버스 이용, 허브나라 하차 ❷ 승용차로 평창에서 31번 국도 이용, 봉평 방향. 장평에서 6번 국도 이용, 봉평면 지나 흥정 계곡 방향
요금 5~10월 성인 8,000원, 11~4월 성인 5,000원
시간 5~10월 08:30~19:00, 11~4월 09:00~18:00(폐장 1시간 전 입장)
전화 033-335-2902
홈페이지 www.herbnara.com

월정사 月精寺

평창 오대산 남동쪽에 위치한 사찰로 신라시대
인 선덕여왕 12년(643년) 오대산이 문수보살이
머무는 성지라 생각한 승려 자장에 의해 창건되
었다. 조선시대 〈조선왕조실록〉을 보관하던 오
대산 사고가 있었고, 현재 8각 9층 석탑, 보물 제
139호인 석조 보살좌상 등이 있다. 월정사 앞에
는 약 1km 남짓의 수령 100년이 된 전나무 숲길
이 있어 걸어 볼 만한데, 시간이 되다면 월정사에
서 오대 산장을 거쳐 상원사까지 옛길을 따라 걸
어 보는 것도 좋다.

위치 평창군 진부면 동산리 63, 평창 북동쪽
교통 ❶ 진부터미널에서 월정사행 농어촌버스 이용, 월정
사 하차 ❷ 승용차로 평창에서 31번 국도 이용, 장평 방향.
장평에서 6번 국도 이용, 진부 방향. 병안삼거리에서 오대
산 방향, 월정사 도착
요금 월정사 · 상원사 입장료 3,000원
전화 033-339-6800
홈페이지 www.woljeongsa.org

상원사 上院寺

평창 오대산 동쪽 계곡 깊은 곳에 위치한 사찰로
신라시대인 성덕왕 23년(724년) 승려 자장이 창
건했고 당시에는 대국통(大國統)이라 하였다. 부
처님의 사리를 모시는 적멸보궁과 보물 제36호
로 현존 유물 중 가장 오래된 동종이 있다.

위치 평창군 진부면 동산리, 오대산 동쪽
교통 ❶ 진부터미널에서 상원사행 농어촌버스 이용, 상원
사 종점 하차 ❷ 승용차로 평창에서 31번 국도 이용, 장평
방향. 장평에서 6번 국도 이용, 진부 방향. 병안삼거리에서
오대산 방향, 월정사 거쳐 상원사 도착
요금 월정사 · 상원사 입장료 3,000원
전화 033-332-6666

평창

중부 지역

257

알펜시아 리조트 Alpensia Resort

평창 북동쪽에 위치한 스키, 워터 파크, 골프장,
숙소가 있는 리조트로, 2018년 평창동계올림픽
메인스타디움과 스키점프대, 바이애슬론 경기장
을 포함한다. 초급, 중급, 고급 코스의 스키장, 오
션 700이라 불리는 워터 파크와 알프스 코스, 아
시아 코스를 갖춘 골프장이 있다.

위치 평창군 대관령면 용산리 223-9, 평창 북동쪽
교통 ❶ 진부터미널 또는 횡계터미널에서 알펜시아행 농
어촌버스 이용, 알펜시아 리조트 하차 ❷ 서울 사당(08:00),
압구정 현대백화점(08:30), 잠실역(09:00), 잠실운동장
(13:00 성수기 토요일만 운행) 셔틀버스 출발. 요금 왕복
28,000원, 편도 15,000원, 대원관광 사이트(www.kdtour.
co.kr)나 전화(02-2201-7710) 예약 ❸ 승용차로 평창에서
31번 국도 이용, 장평 방향. 장평에서 6번 국도 이용, 진부
방향. 진부면에서 59번 국도 이용, 월정사 방향. 월정삼거리
에서 456번 지방도 이용, 대관령면, 용평 리조트 거쳐 알펜
시아 리조트 도착

요금 리프트권(주간) 70,000원, 워터파크 60,000원, 사우
나 10,000원 내외
전화 033-339-0000
홈페이지 www.alpensiaresort.co.kr

한국 자생식물원 韓國 自生植物園

평창 북동쪽 월정사 입구에 위치한 식물원으로 국내 최초로 우리나라 고유 품종의 식물만을 식재하고 있다. 식물원은 생태식물원, 신갈나무 숲길, 습지원, 재배 단지, 사람·동물 명칭 식물원, 실내 전시장으로 구성되어 다채로운 우리 꽃과 식물을 보여 준다.

위치 평창군 대관령면 병내리 405-2, 평창 북동쪽

교통 ❶ 진부터미널에서 월정사행 농어촌버스 이용, 동산(병안삼거리) 하차. 식물원 방향 도보 20분 ❷ 승용차로 평창에서 31번 국도 이용, 장평 방향. 장평에서 6번 국도 이용, 진부 방향, 오대산국립공원사무소 지나 식물원 방향

요금 5~10월 성인 5,000원, 4·10월 성인 3,500원

시간 09:00~18:00

전화 033-332-7069

홈페이지 www.kbotanic.co.kr

📷 Travel Tip

2018 평창동계올림픽

2018 평창동계올림픽이 강원도 평창, 강릉, 정선 등에서 열렸다. 한국은 금 5개, 은 8개, 동 4개로 최종 7위의 성적을 올렸다. 스키 점프장, 휘닉스 파크, 용평 스키장, 강릉 실내빙상장 같은 시설은 올림픽 후에도 정상적으로 운영되니 찾아가 보아도 좋다.

알펜시아 스키점프장

알펜시아 리조트 북동쪽 언덕에 위치하고 있는 스키점프장으로, 경기용 2기(LH 125m, NH 98m), 연습용 3기(K60, K35, K15) 규모에 관중 수용 능력은 2만 6천명이다. 스키점프장 아래 메인스타디움에서 모노레일을 타고 스키점프장까지 갈 수 있다.

위치 평창군 대관령면 용산리 223-9, 알펜시아 리조트

알펜시아 바이애슬론 경기장

알펜시아 리조트 북동쪽 스키점프장 옆에 위치하고 있다. 코스 길이는 4km, 3.3km, 3km, 2.5km, 2km이고, 사격장은 75.9×50m, 관중 수용 능력은 2만 명이다. 바이애슬론은 스키와 사격이 결합된 스포츠다.

위치 평창군 대관령면 용산리 223-9, 알펜시아 리조트

대관령 삼양 목장 大關嶺 三養 牧場

평창 북동쪽 대관령 자락에 위치한 목장으로 동양 최대 규모인 600여만 평의 땅에 900여 두의 육우와 젖소를 기른다. 대관령 능선에 동해 바다가 한눈에 보이는 동해 전망대, 휙휙 돌아가는 거대 프로펠러가 인상적인 풍력 발전 단지가 있고 능선 아래에 목축지, 타조와 양 방목지, 걷기 코스가 있어 즐거운 한때를 보낼 수 있다. 라면 판매장에서는 삼양의 컵라면을 맛볼 수 있으니 고원에서 먹는 라면의 맛을 경험해 보자.

위치 평창군 대관령면 횡계리 산1-107, 평창 북동쪽
교통 승용차로 평창에서 31번 국도 이용, 장평 방향. 장평에서 6번 국도 이용, 진부 방향. 진부면에서 59번 국도 이용, 월정사 방향. 월정삼거리에서 456번 지방도 이용, 대관령면에서 목장 방향
요금 대인 9,000원, 소인 7,000원
시간 08:30~17:30(11~1월 16:00, 2·10월 16:30, 3·4·9월 17:00)
전화 033-335-5044
홈페이지 www.samyangranch.co.kr

대관령 하늘 목장

하늘 목장은 1974년 조성된 대관령 대표 목장으로 월드컵 경기장 500개 넓이인 약 1,000㎡에 달하고 해발 1,057m의 대관령 최고봉인 선자령, 대관령 삼양 목장과 인접해 있다. 목장 능선인 대관령에 오르면 백두대간의 드넓은 선자령과 줄지어 선 풍력 발전기들이 한눈에 들어온다. 목장 내에서는 양떼 체험과 승마 체험을 해볼 수 있고 산책을 하거나 트렉터 마차를 이용해 보는 것도 즐겁다.

위치 평창군 대관령면 횡계리 468
교통 승용차로 횡계 대관령 면사무소에서 횡계초교 지나 대관령 하늘 목장(대관령 삼양 목장) 방향
요금 입장료 대인 7,000원, 소인 5,000원, 양떼 체험 2,000원, 트렉터 마차 7,000원, 승마 체험 10,000원
시간 09:00~18:00(4~9월), 09:00~17:30(3~10월) / 마감 1시간 전까지 입장 가능)
전화 033-332-8061
홈페이지 www.skyranch.co.kr

대관령 양떼 목장

평창 북동쪽 대관령 능선에 위치한 목장으로 해
발 850~900m, 넓이 20만 4,959㎡의 초지에서
양을 방목한다. 푸른 초원에 양들이 한가롭게 풀
을 뜯는 모습은 한 폭의 그림이다. 양들에게 건초
주기도 재미있다. 매년 4~6월에는 양털 깎는 모
습을 볼 수 있다.

위치 평창군 대관령면 횡계리 14-104, 평창 북동쪽

교통 ❶ 승용차로 평창에서 31번 국도 이용, 장평 방향. 장
평에서 6번 국도 이용, 진부 방향. 진부면에서 59번 국도 이
용, 월정사 방향. 월정삼거리에서 456번 지방도 이용, 대관
령면, 횡계 지나 대관령휴게소 도착 ❷ 횡계시외버스터미
널 하차하여 목장 주차장까지 택시 이용

요금 대인 6,000원, 소인 4,000원

시간 09:00~18:00 | 전화 033-335-1966

홈페이지 www.yangtte.co.kr

용평 리조트 Youngpyong Resort

평창 북동쪽에 위치한 리조트. 용평 스키장은 우
리나라 최초의 스키장이다. 스키장 외에도 피크
아일랜드라 불리는 워터 파크와 골프장도 갖추
고 있어, 진정한 휴양을 만끽할 수 있는 곳이다.

위치 평창군 대관령면 용산리 130, 알펜시아 리조트 남쪽

교통 승용차로 평창에서 31번 국도 이용, 장평 방향. 장평에
서 6번 국도 이용, 진부 방향. 진부면에서 59번 국도 이용,
월정사 방향. 월정삼거리에서 456번 지방도 이용, 대관령
면 거쳐 용평 리조트 도착

전화 033-335-5757

홈페이지 www.yongpyong.co.kr

풀내음

이효석 문학관 북동쪽에 위치한 전통 음식점으로 입구에 놓인 커다란 물레방아가 인상적이다. 옛 초가 건물을 식당으로 사용하고 있어 운치가 있고 막국수, 메밀전병, 수육 등이 맛있다. 메밀전병과 수육에 막걸리를 곁들이면 시간 가는 줄 모를 수 있으니 주의하자.

위치 평창군 봉평면 원길리 763, 이효석 문학관 북동쪽
교통 ❶ 평창에서 봉평행 농어촌버스 이용, 봉평에서 문학관 방향 도보 10분 ❷ 승용차로 평창에서 31번 국도 이용, 봉평 방향. 장평에서 6번 국도 이용, 봉평면 방향
메뉴 메밀막국수(물) 7,000원, 메밀막국수(비빔) 7,000원, 메밀전병 6,000원
전화 033-335-0034

현대 막국수

봉평 시내에 위치한 막국수집으로 갓 뽑은 막국수에 고추장 양념을 두르고 상추, 채 썬 양배추를 올린 후 김 가루와 깨로 마무리했다. 약간 매콤하며 달짝지근한 맛이 나고 막국수와 함께 메밀부침이나 메밀전병을 맛보아도 좋다.

위치 평창군 봉평면 창동리 384-4, 봉평 시내
교통 ❶ 평창에서 봉평행 농어촌버스 이용, 봉평에서 막국수집 방향 도보 5분 ❷ 승용차로 평창에서 31번 국도 이용, 봉평 방향. 장평에서 6번 국도 이용, 봉평면 방향
메뉴 메밀막국수(물) 7,000원, 메밀막국수(비빔) 8,000원, 메밀전병 7,000원, 수육 20,000원
전화 033-335-0314

계방산장

평창 계방산 남쪽, 운두령 아래에 위치한 커피 전문점으로 직접 볶은 커피 원두로 드립 커피, 아메리카노, 카페라떼 같은 커피를 선보인다. 각종 커피 원두 샘플과 인테리어 소품으로 장식한 실내가 예쁘고, 야외 좌석에서는 계방산의 산바람을 맞으며 커피를 맛볼 수 있다.

위치 평창군 용평면 노동리 183-3
교통 승용차로 평창에서 31번 국도 이용, 장평·속사 지나 운두령 방향, 윗삼거리 부근
메뉴 드립커피, 아메리카노, 카푸치노 등 5,000원 내외
전화 033-333-4441

오대산 서울식당

평창 진부에서 월정사 방향에 위치한 산채 전문 식당으로 가볍게 먹을 수 있는 산채비빔밥, 황태해장국부터 황태와 다양한 산채를 맛볼 수 있는 황태구이백반, 황태정식 등의 메뉴가 있다. 오대산 인근에서 채취한 곰취, 고사리, 취나물, 다래순 등 산나물 반찬이 한 상 가득이다.

위치 평창군 진부면 간평리 109-9, 진부초등학교 월정분교 부근
교통 ❶ 진부에서 월정사행 농어촌버스 이용, 동산 하차. 식당 방향 도보 3분 **❷** 승용차로 평창에서 31번 국도 이용, 장평 방향. 장평에서 6번 국도 이용, 진부 방향. 병안삼거리에서 월정사 방향
메뉴 산채비빔밥 9,000원, 황태해장국 10,000원, 더덕구이백반 15,000원, 황태산채정식 20,000원
전화 033-332-6600

황태 덕장

횡계 인근 대관령 지역은 고도가 높고 기온차가 커 최상의 황태를 만들기 좋은 조건을 갖춘 곳이다. 이곳에서 생산된 황태를 이용해 맛 좋은 요리를 내는 집이 바로 황태 덕장. 푸짐하게 황태를 넣고 끓인 황태미역국이 시원하고 산나물, 감자, 두부, 김치 등 반찬도 먹을 만하다.

위치 평창군 대관령면 횡계리 348-7, 눈마을길
교통 ❶ 평창에서 횡계행 농어촌버스 이용, 횡계시외버스터미널에서 도보 10분 **❷** 승용차로 평창에서 31번 국도 이용, 장평 방향. 장평에서 6번 국도 이용, 진부 방향. 월정삼거리에서 456번 지방도 이용, 횡계 방향
메뉴 황태해장국·황태미역국 각 8,000원, 황태구이정식 13,000원, 황태전골 중 35,000원
전화 033-335-5942
홈페이지 hwangtae-duckjang.in.gangwon.kr

263

부림식당

진부 시내에 위치한 산채 전문 식당으로, 구수
한 된장찌개에 고등어조림, 마늘장아찌, 두부조
림, 도토리묵, 김치, 표고버섯, 브로콜리 등의 반
찬과 곰취, 막나물, 도라지, 고사리, 취나물, 다
래순, 참두릅 등의 산나물이 나온다.

위치 평창군 진부면 하진부리 100–17, 진부 축협 부근
교통 ❶ 평창에서 진부행 농어촌버스 이용. 진부시외버스
터미널에서 길 건너 도보 5분 **❷** 승용차로 평창에서 31번
국도 이용, 장평 방향. 장평에서 6번 국도 이용, 진부 방향
메뉴 산채백반 10,000원, 산채정식 15,000원, 더덕구이
12,000원
전화 033–335–7576

다키닥팜

KTX 평창역과 가까운 평창 강가에 있는 오리
구이 전문점이다. 직접 운영하는 오리 농장에서
오리를 가져온다. 대표 메뉴인 생오리숯불구이
나 오리한방백숙이 맛있고, 하루 전에 예약하면
오리 육회도 맛볼 수 있다.

위치 평창군 봉평면 금당계곡로 1731–5
교통 KTX 평창역에서 금당천 방향, 자동차 10분
메뉴 생오리숯불구이 21,000~35,000원, 오리한방백숙
60,000원
전화 033–333–5262

700 빌리지

평창 장암산 동쪽 기슭에 위치한 펜션으로 2층 목조 건물로 되어 있다. 이곳은 레포츠업을 겸하고 있어 패러글라이딩, 래프팅 등을 하려는 사람에게 편리한 곳이다. 한적한 산 속에 위치하여 조용한 시간을 보내려는 사람에게도 좋다.

위치 평창군 평창읍 조동리 279-1, 평창 북동쪽
교통 ❶ 평창에서 조동리행 농어촌버스 이용, 조동리 하차, 산쪽 펜션 방향 도보 20분 **❷** 승용차로 평창에서 42번 국도 이용, 노론리에서 조동리 방향
요금 비수기 주중 100,000~300,000원
전화 033-334-5600
홈페이지 700village.co.kr

별빛나루

평창 북쪽 뇌운 계곡가에 위치한 펜션으로 2층 목조 건물로 되어 있고, 객실은 예쁜 인테리어 소품으로 꾸몄다. 뇌운 계곡이 가까워 낚시나 래프팅을 즐기기 좋고, 무료로 대여하는 MTB를 타고 인근을 둘러봐도 즐겁다.

위치 평창군 평창읍 뇌운리산 14-2, 평창 북쪽
교통 승용차로 평창에서 북쪽 다수삼거리에서 뇌운리 방향
요금 비수기 주중 100,000~250,000원
전화 033-334-2252, 011-375-3099
홈페이지 www.starps.net

숲 속 작은 마을

평창 가리왕산 북쪽 자락에 위치한 펜션으로 흰색의 목조 건물로 되어 있다. 펜션 옆에 개울이 흘러 아이들이 놀기 좋고 야외에서 바비큐를 해 먹어도 즐겁다. 산속에 위치하고 있어 조용한 시간을 보내려는 사람에게도 적합하다.

위치 평창군 진부면 막동리 147, 평창 북동쪽
교통 ❶ 진부터미널에서 막동리행 농어촌버스 이용, 막동리 하차, 산쪽 펜션 방향 도보 25분 **❷** 승용차로 평창에서 31번 국도 이용, 장평 방향, 장평에서 6번 국도 이용, 진부 방향, 진부면에서 59번 국도 이용, 막동리 방향
요금 비수기 100,000~250,000원
전화 033-334-9812
홈페이지 www.smalltown.co.kr

별이 빛나는 밤에

평창 금당 계곡 인근 금당산 북서쪽 자락에 위치한 펜션으로 유럽풍 목조 건물로 되어 있다. 넓은 정원에서 아이들이 뛰놀기 좋고 토굴 와인 저장소에서 잘 숙성된 와인도 즐길 수 있다.

위치 평창군 용평면 재산리 1612-3
교통 ❶ 평창 또는 장평에서 재산리행 농어촌버스 이용, 재산리 하차, 산쪽 펜션 방향 도보 15분 **❷** 승용차로 평창에서 31번 국도 이용, 재산리 방향
요금 비수기 주중 90,000~190,000원
전화 033-333-9339, 011-715-9192
홈페이지 www.starvill.net

뜨라래 펜션

평창 남동쪽 동강어름치마을에 위치한 펜션으로 동강이 한눈에 보이는 곳에 있다. 동강 래프팅에서 직영하는 펜션이어서 동강에서 래프팅을 즐기려는 사람에게 좋다. 인근에 백룡 동굴 등이 있어 즐거운 한때를 보낼 수 있다.

위치 평창군 미탄면 마하리 198-7, 동강어름치마을
교통 ❶ 영월 또는 미탄에서 마하리행 농어촌버스 이용, 동강어름치마을 하차 **❷** 승용차로 평창에서 42번 국도 이용, 미탄 교차로에서 백룡 동굴 · 미탄 방향
요금 비수기 주중 180,000~230,000원
전화 033-333-6689, 010-9444-7953
홈페이지 www.raft.kr

금당 아트 펜션

평창 북쪽 금당 계곡 부근에 위치한 펜션으로 숲
속에 있어 조용한 것을 즐기는 사람에게 좋다.
펜션 가까운 곳에 금당 계곡이 있어 낚시나 물놀
이하기 좋고 레포츠를 좋아한다면 래프팅을 즐
겨도 괜찮다. 부대시설로 족구장, 황토방, 텃밭,
정자, 바비큐장 등이 있다.

위치 평창군 봉평면 유포리 302, 평창 북쪽
교통 ❶ 장평터미널에서 유포리행 농어촌버스 이용, 버들
개 하차. 산쪽 펜션 방향 도보 10분 ❷ 승용차로 평창에서
31번 국도 이용, 대화면 방향. 하안미사거리에서 424번 지
방도 이용, 유포리 방향
요금 비수기 주중 80,000~180,000원
전화 033-332-7048, 011-761-7048
홈페이지 art700.co.kr

숙소 리스트

이름	위치	전화
오리엔트 리조트 & 호텔	평창군 봉평면 무이리 762-1	033-333-7979
휘닉스 리조트	평창군 봉평면 면온리 1095	033-330-6001
켄싱턴플로라 호텔	평창군 진부면 간평리 221-1	033-330-5000
드래곤밸리 호텔(용평 리조트 내)	평창군 대관령면 용산리 132-13	033-335-5168
인터컨티넨탈 호텔(알펜시아 내)	평창군 대관령면 용산리 223-9	033-339-0000
홀리데이 인 리조트(알펜시아 내)	평창군 대관령면 용산리 223-9	033-339-0000
알펜시아 리조트	평창군 대관령면 용산리 223-9	033-339-0000
용평 리조트	평창군 대관령면 용산리 130	033-335-5757
기람황토 민박	평창군 봉평면 창동4리	033-335-0516
강변 민박	평창군 방림면 방림리 1612	033-332-5300
평창가마골 농박	평창읍 대하리(가마골) 235-1	033-333-6333, 011-375-0508
알리아 펜션	평창군 진부면 거문리 1반 26리	033-332-5285, 010-5372-1575

1일차 시작!

① 이효석 문학관
〈메밀꽃 필 무렵〉의 소설가 이효석을 만난다.

승용차 15분

② 이효석 문학의 숲
〈메밀꽃 필 무렵〉 작품 속의 장면을 만난다.

숙박

④ 허브나라
흥정 계곡가에 펼쳐진 백만 송이 허브의 향연!

③ 평창 무이예술관
그림, 서예 작품, 조각, 도자기를 감상한다.

2일차 시작!

① 로하스 가든
다양한 편의 시설을 갖춘 멀티 테마파크에서의 즐거운 시간!!

숙박

⑤ 한국 자생식물원
한국 고유 품종 식물을 만난다.

② 한국 앵무새학교
국내 유일의 앵무새 공연을 관람한다.

③ 이승복 기념관
"나는 공산당이 싫어요!"를 외쳤던 이승복 군을 만난다.

④ 방아다리 약수
몸에 좋다는 약수 한 잔 들이킨다.

평창 2박 3일 코스 ★ 문학과 불교, 자연이 함께하는 삼색 여행

평창의 볼거리라 하면 이효석의 봉평, 월정사의 진부, 대관령의 횡계로 나눌 수 있다. 봉평은 〈메밀꽃 필 무렵〉의 이효석 문학관과 생가, 문학의 숲이 있어 가을이면 흰색의 메밀꽃과 함께 문학의 향기가 폴 폴 풍기고, 진부는 〈조선왕조실록〉을 보관하던 오대산 사고가 있던 월정사, 부처님의 진신 사리를 모 신 상원사가 있어 불교 문화를 접할 수 있으며, 횡계는 대관령 삼양 목장, 대관령 양떼 목장이 있어 대 관령의 자연을 온몸으로 느낄 수 있다.

3일차 시작!

귀가

① 월정사
호젓한 산사, 전나무 숲길을 산책한다.

⑤ 알펜시아 리조트
2018년 평창동계올림픽 메인스타디움
과 스키점프대를 둘러본다.

② 상원사
조용한 산사에서 명상에 잠겨 본다.

④ 대관령 양떼 목장
양에게 먹이 주기 체험을 해 본다.

③ 대관령 삼양 목장
광활한 푸른 초지의 그림 같은 풍경을 즐
긴다.

정선

세계무형유산 아리랑과
구불구불 동강의 고장

동강에 뗏목을 실어 보내며 부르던 노래가 정선 아리랑이다. "아리 아리 아
라리요" 하는 노래를 부르며 힘든 노동의 수고를 잊었다. 아리랑의 감성을
닮은 동강과 아라리촌, 폐선된 철로를 달리는 레일바이크, 사람들로 북적이
는 시골 장터 정선 오일장을 둘러본다.

정선

Access 🚌

시외·고속 동서울종합터미널에서 정선시외버스터미널까지 2시간 30분 소요, 07:00~19:15, 약 1시간 30분 간격, 요금 20,000원

기차 🚆

❶ 태백선 누리로(무궁화)로 청량리에서 영월을 거쳐 정선의 민둥산, 사북, 고한까지 3시간 20분 소요, 07:05~23:20, 요금 14,300원
❷ 정선 아리랑 열차로 서울에서 정선까지 3시간 43분 소요, 청량리 08:35(정선 12:18), 요금 26,100원 (2, 7, 12 ,17, 22, 27, 토요일만 운행)

승용차 🚐

서울에서 성남, 성남에서 경기광주JC, 경기광주JC에서 광주─원주 고속도로 이용, 원주JC에서 영동고속도로 이용, 새말 IC에서 42번 도로 이용, 평창 거쳐 정선 방향

INFORMATION

정선군 관광 안내 1544─9053 | **정선 레일바이크** 033─563─8787 | **정선군 문화관 광과** 033─560─2365 | **강원도 관광 안내** 033─1330 | **전국 관광 안내** 1330

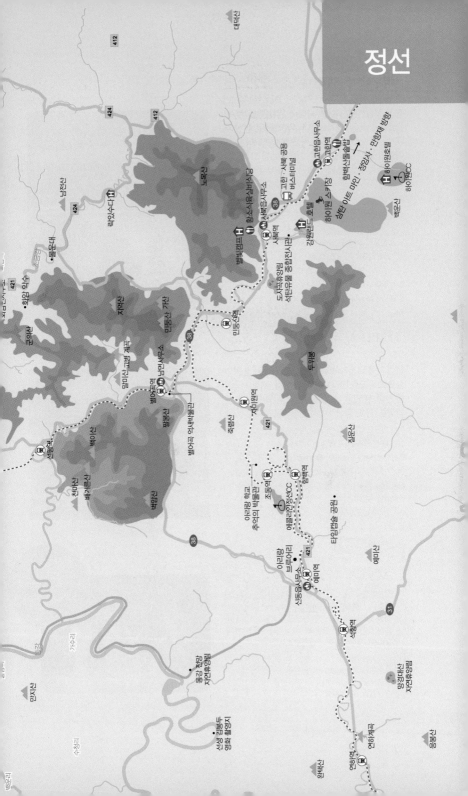

정선

대덕산

412

424

군위산

424

매봉산

화암산

421

물운대

레잇수다리

421

취음도시어수

남성산

노목산

황소소유림실험림

고한·거룡 공원
버스터미널

고한역

고한읍사무소

하이원호텔

하이원CC

백운산

38

사북역

사북

별빛린프H

강원랜드 호텔

하이원 스키장

철탄 이트 마인·정암사·만항재 방향

지장산

만봉산 가산

도시유휴림
석탄유물 종합전시관

38

두위봉

만봉산위

남면사무소

별어곡역

별어곡

별어곡 어새비물관

죽렴산

자미역

421

진안산

천마산

배기운산

구절리역

박대산

백암산

예미역

정암사

예미

아리랑 학교
추억의 박물관

조동역

에를린인정선CC

함백역

타임캡슐 공원

진미봉

38

동강 전망
자연휴양림

아리랑 부루어리

신동읍사무소

421

예미역

수미역

석항역

31

신성 검룡두
영화 촬영지

민지산

가수리

연하역

온제산

연하계곡

운봉산

민마대산
자연휴양림

온백산

백두대간 생태수목원 白頭大幹 生態樹木園

정선 석병산(1,049m) 남쪽에 위치한 생태수목
원으로 화목원, 향기원, 암석원, 나리원 등 19개
주제관에 1,200여 종의 식물이 식재되어 있다.
다양한 꽃과 식물을 보며 수목원 내에 조성된 둘
레길을 걷기 좋고, 공기 좋은 숲 속에서의 숙박을
원한다면 수목원 내 숙소를 이용할 수 있다.

위치 정선군 임계면 임계리 산47, 정선 북동쪽
교통 승용차로 정선에서 42번 국도 이용, 여량면 · 임계면
지나 임계리 백두대간 생태수목원 방향
요금 입장료 1,000원, 숙소_주중 30,000~70,000원, 주
말 · 공휴일 35,000~90,000원
시간 10:00~18:00(동절기 17:00, 매주 월요일 휴관)
전화 033-563-9011
홈페이지 www.baekdu.go.kr

아라리 인형의 집

정선 서쪽 나전리에 위치한 인형 박물관 겸 공연
장으로 폐교를 단장해 만든 곳이다. 세계 각국의
줄 인형, 봉 인형, 손 인형 등이 전시되어 있다. 매
년 7월 정선인형극제에서 인형극을 한다.

위치 정선군 북평면 나전리 182, 정선 서쪽
교통 ❶ 정선에서 나전리행 농어촌버스 이용, 나전리 하차,
인형의 집 방향 도보 5분 ❷ 승용차로 42번 국도 이용, 나
전삼거리에서 나전교 지나 샛길로 아라리 인형의 집 방향
요금 1,000원
전화 033-563-9667
홈페이지 www.arari.net

정선인형극제

정선인형극제는 인형극 정선아리랑의 다양화를 추
구하는 실험적인 공연과 지역적 특성을 살려 관광
지를 찾아가는 거리 공연 등으로 진행된다. 공연 장
소는 정선역 광장, 정선국민체육센터, 정선문화예
술회관, 아라리 인형의 집 등으로 다양하다.

시기 매년 7월
장소 아라리인형의집, 정선읍 일원
요금 무료
전화 033-563-9667

정선 레일바이크 Rail-bike

정선선 종점이 북쪽 구절리역에서 남쪽 아우라지역으로 바뀌면서 기차가 다니지 않는 구절리역에서 아우라지역까지 인력으로 움직이는 레일바이크가 다닌다. 레일바이크는 구절리역을 출발해 정선의 산하를 감상하며 아우라지역에 도착한다. 레일바이크를 타는 중간에 휴게소가 있어 잠시 쉬어 갈 수 있으나 미리 간식과 음료를 준비하면 레일바이크를 타는 동안 입도 눈도 즐거운 시간이 된다. 종착지에 도착하면 뒤따라온 풍경 열차를 타고 출발지인 구절리역으로 편안하게 되돌아갈 수 있다.

위치 구절리역_정선군 여량면 구절리 290-82, 정선 북동쪽
교통 승용차로 정선에서 42번 국도 이용, 여량면 방향. 아우라지삼거리에서 구절리역 방향
요금 2인승 30,000원, 4인승 40,000원
시간 1일 5회 운행(08:40, 10:30, 13:00, 14:50, 16:40)11~2월 운행 안 함)
신청 현장 신청 및 인터넷 예약(성수기, 주말 인터넷 예약 필수)
코스 구절리역 → 1터널 → 2터널 → 제1휴게소 → 제2휴게소 → 3터널 → 아우라지역(7.2km, 약 1시간 소요)
전화 033-563-8787
홈페이지 www.railbike.co.kr

아우라지

정선 구절리에서 흘러내린 송천과 삼척 중봉산에서 발원한 임계면 골지천이 합류하여 어우러지는 지점을 아우라지라고 한다. 예부터 뗏목이 출발하던 배터였고 아우라지 전설을 노래로 만든 정선 아리랑 중 애정편의 발상지이다. 인근에 정선 아리랑 전수관, 아우라지 선착장 등이 있다.

위치 강원도 정선군 여량면 여량5리, 정선 북동쪽
교통 ❶ 정선에서 여량면행 농어촌버스 이용, 여량면 하차. 아우라지 방향 도보 10분 ❷ 승용차로 정선에서 42번 국도 이용, 여량면 방향
전화 033-562-4301

백두대간 약초나라

정선 북동쪽 중봉산(1,284m) 북쪽에 위치한 마을로 약초와 농촌 체험을 할 수 있는 곳. 1만 2천 평의 넓은 땅에 약 100여 종의 약초가 식재되어 있고 약초 체험, 모노레일 타기, 승마, 활쏘기, 황기엿 만들기 등을 할 수 있다.

위치 정선군 임계면 도전리 749-3, 정선 북동쪽
교통 ❶ 임계 또는 동해에서 시내버스, 농어촌버스 이용, 도전리 하차. 약초나라 방향 도보 5분 ❷ 정선에서 42번 국도 이용, 여량면 · 임계면 지나 도전리 백두대간 약초나라 방향
요금 성수기 50,000~150,000원, 바비큐그릴+참숯 10,000원(4인 기준)
시간 모노레일 09:10, 10:40, 13:00, 14:30, 16:00
전화 033-562-1103
홈페이지 baekdu.invil.org

체험 프로그램

구분	내용	시간	가격
모노레일+심마니	풍경 마차(바이크)+모노레일+약초 · 야생화 탐방	1시간 20분	성인 12,000원	어린이 9,000원
말 · 당나귀 타기	동물 농장 트랙 두 바퀴	30분	성인 13,000원	어린이 10,000원
전통 활쏘기	1인 20발	30분	성인 5,000원	어린이 3,500원
체질 찾기 미로 체험	사상 체질로 나의 체질 점검	30분	성인 5,000원	어린이 3,500원
황기엿 만들기	선물용 황기엿 만들기	30분	성인 · 어린이 8,000원
맨손 송어 잡기	계곡에서 송어 잡기	1시간	성인 · 어린이 15,000원
부부 보약 체험	식사 제공+장뇌삼 캐먹기+체험	1박 2일	부부 200,000원
약초 · 산채 캐기 · 뜯기 체험	약초 및 산채류 캐기 · 뜯기	1시간	시가

아우라지호

아우라지를 건너는 전통 나룻배로, 정선아리랑 가사 중 '아우라지 지장구 아저씨 배 좀 건네주게'라는 가사에도 등장한다. 지장구는 지씨 성을 가진 아우라지 뱃사공으로 장구를 잘 쳤고 정선아리랑을 잘 불렀다고 한다. 현재 아우라지호는 주민의 통행과 관광객의 체험을 위해 운행된다.

요금 무료
시간 3~11월 09:00~18:00(동절기 17:00, 매주 화요일 휴무)

병방치 스카이워크

정선 서쪽 병방산 절벽에 돌출된 유리 바닥의 전 망대로 굽이쳐 흐르는 동강과 정선의 산하가 한 눈에 보인다. 전망대 옆에는 병방치에서 광하리 동강생태체험학습장을 연결하는, 세계에서 두 번째, 아시아에서 첫 번째로 긴 1.1km 집와이어 가 설치되어 있어 흥미를 더한다. 그 외에도 집코 스터, 집라인, 어드벤처, ATV까지 즐길거리가 많다.

위치 정선군 정선읍 귤암리 병방산, 정선 서쪽
교통 ❶ 정선시외버스터미널에서 병방치 산 방향으로 도보 1시간 ❷ 승용차로 정선에서 정선시외버스터미널 거쳐 병 방치 스카이워크 방향
요금 스카이워크 2,000원, 집와이어 40,000원, 집코스터 13,000원, 집라인 10,000원, 어드벤처 10,000원, ATV · 글 램핑(성수기) 소 110,000, 대 120,000원
홈페이지 www.ariihills.co.kr

정선 아리랑 시장

정선읍에 위치한 재래시장으로 약초와 산나물, 생활용품 등을 판매하고 있다. 약초, 산나물 등 무게와 부피가 나가는 상품을 구입했다면 택배 로 부치는 것이 편리하다. 시장 내 먹자골목(동문 · 남문쪽)에서는 올챙이국수, 콧등치기국수, 메 밀전병과 같은 강원도 전통 음식을 맛볼 수 있다.

위치 정선군 정선읍 정선로 1359
교통 정선읍에서 시장 방향 도보 3분

소금강 小金剛

금강산의 풍경을 닮았다는 정선의 소금강은 화 암리에서 몰운리에 이르는 계곡길. 화암면 부근 의 용마소, 거북바위, 화암2교 부근의 화표주를 지나면 기암괴석이 있는 소금강이 나오고, 몰운 대, 광대곡으로 이어진다. 이들을 화암 8경이라 부르고, 드라이브 코스로 즐겨도 좋다.

위치 정선군 화암면 몰운리 529-2, 정선 북동쪽
교통 승용차로 정선에서 59번 국도 이용, 덕우리 방향. 덕 우삼거리에서 424번 지방도 이용, 화암리 방향. 화암2교에 서 421번 지방도 이용, 몰운리 방향

정선 오일장 旌善 五日場

정선 오일장은 시골 장터의 사람 사는 정취를 느낄 수 있음은 물론, 약초와 산나물 등을 저렴하게 구입할 수 있다. 장날에는 전통 음식 체험, 정선 아리랑극 공연 등으로 즐거움을 더한다. 정선 아리랑 열차를 이용하면 편리하게 다녀올 수 있다.

위치 정선군 정선읍 정선로 1359 정선 전통시장
교통 정선 아리랑 열차로 서울에서 정선까지, 4시간 30분 소요. 청량리 출발 08:10, 정선 출발 17:37. 정선읍에서 시장 방향 도보 3분
시기 아리랑 열차_목~월 / 화, 수요일이 장날(2, 7, 12, 17, 22, 27일)이고, 공휴일인 경우 운행
요금 정선 아리랑 열차 26,100원
전화 렛츠코레일 1544/1588-7788
홈페이지 www.letskorail.com

Travel Tip

강원도의 진한 향수, 전통시장 즐기기

진짜 강원도의 사람과 강원도의 지역색을 만나려면 관광지가 아닌 각 지역의 재래시장이나 오일장에 가야 한다. 정겨운 사람 냄새가 있고, 추억의 옛 모습을 간직한 재래시장과 오일장에서는 소박한 강원도의 풍경을 담은 얼굴로 푸근한 인심을 베푸는 진짜 강원도 사람을 만날 수 있다.

재래시장

강원도 각 시군마다 두세 곳의 재래시장이 있으나 근년에 농어촌 인구 감소로 다소 한산한 느낌이 든다. 그 중 규모가 크고 활기찬 재래시장으로는 춘천 중앙시장, 원주 중앙시장과 민속풍물시장, 정선 재래시장, 속초 관광수산시장(종합중앙시장), 강릉 중앙시장, 주문진 수산시장 등이 있다. 재래시장에서 농산물, 산나물 등을 살 때 시장 안보다 시장 밖의 좌판이 더 양이 푸짐하고 가격도 좀 더 저렴한 경우가 있으니 참고하자.

오일장

오일장은 5일마다 열리는 장터를 말하나 간격이 10일인 곳도 있다. 강원도 대표 오일장으로는 횡성 오일장(매 1일, 6일), 원주 오일장(매 2일, 7일), 정선 오일장(매 2일, 7일), 태백 통리 오일장(매 5, 10일), 동해 북평 오일장(매 3일, 8일) 등이 있다. 정선 오일장은 서울에서 출발하는 오일장 기차가 있어 편리하게 다녀올 수 있고 다른 오일장은 여행 일자를 오일장 날짜에 맞춰 다녀오는 것이 좋다. 오일장에는 농산물, 산나물 등만 판매하는 것이 아니라 강원도의 전통 음식인 막국수, 닭갈비, 메밀전병, 콧등치기국수, 올챙이국수 등을 파는 간이식당이 열리니 강원도의 맛도 놓치지 말자.

아라리촌

정선 남쪽 강 건너에 위치한 강원도 전통 가옥촌으로 한옥, 굴피집, 너와집, 저릅집, 돌집, 귀틀집, 서낭당, 물레방아 등을 볼 수 있다. 굴피집, 너와집 등은 나무껍질, 나무판으로 지붕을 만든 집을 말한다. 이들 전통 가옥은 관람뿐만 아니라 비교적 저렴한 요금으로 체험 숙박이 가능하다.

위치 정선군 정선읍 애산리 560, 정선 남쪽 강 건너
교통 ❶ 정선에서 아라리촌행 농어촌버스 이용, 여성회관 하차. 아라리촌 방향 도보 3분 ❷ 승용차로 정선에서 정선 제2교 건너 아라리촌 방향
요금 입장료 1,000원, 숙소_100,000~300,000원(굴피 · 저릅 · 귀틀집 하계만 이용)
시간 09:00~18:00
전화 033-560-2059
홈페이지 정선시설관리공단 www.jsimc.or.kr

화암 약수 畵岩 藥水

화암 동굴 남쪽에 위치한 약수로 하부 쌍약수와 상부 본약수로 나뉘고, 각 약수에는 두 곳의 약수탕이 있다. 쇠 맛에 약간 톡 쏘는 느낌이 나고 철분, 칼슘, 탄산 등을 함유하여 위장병, 피부병에 좋다고 한다. 약수터 인근에 작은 계곡과 야영장이 있어 가족 여행지로 좋다.

위치 정선군 화암면 화암리 1183, 화암 동굴 남쪽
교통 ❶ 정선에서 화암리행 농어촌버스 이용, 화암리 하차. 약수 방향 도보 15분 ❷ 승용차로 정선에서 59번 국도 이용, 덕우리 방향. 덕우삼거리에서 424번 지방도 이용, 화암리 방향. 화암 동굴, 화암면 지나 화암 약수 도착
요금 야영 노지 20,000원, 데크 20,000~30,000원. 캠핑카 카라반 비수기 평일 60,000~80,000원
전화 야영, 캠핑카라반 033-562-7062
홈페이지 정선시설관리공단 www.jsimc.or.kr

 Travel Tip

정선 아리랑극 공연

정선 아리랑의 고향, 정선에서 열리는 공연으로 공연 제목은 〈메나리〉이다. 메나리는 강원도, 경상도, 충청도 등에서 불리던 옛 민요 가락을 통칭하는 말로, 정선에서는 아리랑의 원조쯤 된다고 볼 수 있다. 아리랑극의 내용은 정선 민초들의 사랑과 삶에 대한 이야기로 매년 주제와 내용이 조금씩 바뀐다.

위치 정선군 정선읍 봉양리 253-1, 정선군청 옆 문화

예술회관 3층 공연장
요금 정선 아리랑 상품권(1인 5,000원 이상) 소지자
시기 4~12월, 매 장날(끝자리 2일, 7일)
2 · 7 · 12 · 17 · 22 · 27일. 12월은 2 · 22일 공연
시간 14:00~15:10
전화 정선 관광 안내 1544-9053, 정선군 문화관광과 033-560-2562

정선 향토박물관 旌善 鄕土博物館

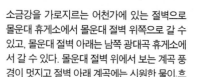

정선 동남쪽 화암 동굴 앞에 있는 향토박물관으로 산골 생활을 엿볼 수 있는 베틀, 국수틀, 써레, 채독 등을 전시하고 있다. 정선 향토박물관 옆에는 옛 금광촌을 재현한 천포 금광촌도 있어 둘러볼 만하다.

위치 정선군 화암면 화암리 534, 정선 동남쪽

교통 ❶ 정선에서 화암리행 농어촌버스 이용, 천포(화암동굴) 하차 ❷ 승용차로 정선에서 59번 국도 이용, 덕우리 방향. 덕우삼거리에서 424번 지방도 이용, 화암리 방향

시간 09:30~17:30(동절기 16:30, 매주 월요일 휴관)

전화 033-560-2058

홈페이지 정선시설관리공단 www.jsimc.or.kr

몰운대 沒雲臺

소금강을 가로지르는 어천가에 있는 절벽으로 몰운대 휴게소에서 몰운대 절벽 위쪽으로 갈 수 있고, 몰운대 절벽 아래는 남쪽 광대곡 휴게소에서 갈 수 있다. 몰운대 절벽 위에서 보는 계곡 풍경이 멋지고 절벽 아래 계곡에는 시원한 물이 흐른다.

위치 정선군 화암면 몰운리 산43-1, 정선 남동쪽

교통 ❶ 정선에서 몰운리행 농어촌버스 이용, 몰운리 하차. 몰운대 방향 도보 20분 ❷ 승용차로 정선에서 59번 국도 이용, 덕우리 방향. 덕우삼거리에서 424번 지방도 이용, 화암리 방향. 화암2교에서 421번 지방도 이용, 몰운리 방향

화암 동굴 畫岩 洞窟

국내 최초의 테마형 동굴로 원래 금을 캐던 천포 광산이었다. 상부 갱도 515m는 옛 금광을 재현했고, 상부 갱도와 하부 갱도 연결부 90m에서는 석회석 동굴의 종유석과 석순을 볼 수 있으며, 하부 갱도 676m는 동화의 나라, 금의 나라 등의 테마로 꾸며져 있다.

위치 정선군 화암면 화암리, 정선 동남쪽

교통 ❶ 정선에서 화암리행 농어촌버스 이용, 천포(화암 동굴) 하차, 도보 5분. 매표소에서 동굴 입구까지 도보 20분, 모노레일 5분 ❷ 승용차로 정선에서 59번 국도 이용, 덕우리 방향. 덕우삼거리에서 424번 지방도 이용, 화암리 방향

요금 입장료 성인 5,000원, 청소년 3,500원, 어린이 2,000원 / 모노레일 성인 3,000원, 청소년 2,000원, 어린이 1,500원

시간 09:00~17:00(입장 시간), 동굴 관람 1시간 30분~2시간 소요(총 1,803m)

전화 033-560-2578

홈페이지 정선시설관리공단 www.jsimc.or.kr

민둥산

정선 남동쪽에 위치한 산(1,117m)으로 정상으로 가는 길에 억새 군락지가 펼쳐진다. 억새꽃은 10월 중순에서 11월 초순까지 피어 은빛 물결을 이룬다. 민둥산역 부근 증산초교나 민둥산 동쪽 능전마을에서 민둥산 정상으로 오르는 길이 있다.

위치 정선군 남면 무릉리, 정선 남동쪽
교통 ❶ 정선에서 민둥산역행 농어촌버스 또는 서울 청량리에서 기차 이용, 민둥산역 하차. 등산로 입구 증산초교까지 도보 25분. 민둥산 정상까지 도보 1시간 30분 ❷ 승용차로 정선에서 59번 국도 이용, 덕우리 방향. 남면에서 38번 국도 이용, 민둥산 방향
코스 증산초교(민둥산역) – 민둥산 정상(약 4km, 3시간), 능전마을(민둥산 동쪽) – 민둥산 정상(약3km, 2시간 40분)
전화 033-562-3911

석탄유물 종합전시관

정선 사북역 남쪽에 위치한 전시관으로 예전 동양 최대 민영 탄광이었던 동원 탄광이 있던 곳. 낡은 광부들의 탈의실, 작업실 등을 돌아보며 한때 산업 역군으로 칭송 받던 광부들의 치열한 삶을 느낄 수 있어 가슴이 찡하다.

위치 정선군 사북읍 사북리 387-31, 사북역 남쪽
교통 ❶ 정선 남면 또는 고한사북터미널에서 농어촌버스 이용, 사북 하이원 리조트 입구 하차. 도보 20분 또는 터미널에서 택시 이용 ❷ 승용차로 정선에서 59번 국도 이용, 덕우리 방향. 남면에서 38번 국도 이용, 민둥산 거쳐 고한 · 사북 방향. 사북 하이원 리조트 입구에서 리조트 방향
시간 10:00~17:00(매주 월요일 휴관). 갱도 체험 매시 출발 (인원 적을 시, 출발하지 않음) | 전화 033-592-4333

억새 전시관

정선 선평역과 민둥산역 사이 남면에 위치한 별어곡역을 새롭게 단장해 만든 전시관이다. 억새로 유명한 민둥산의 사계와 억새 공예품 등이 전시된다.

위치 정선군 남면 문곡리 127-10, 정선 남동쪽
교통 ❶ 정선에서 남면행 농어촌버스 이용, 남면 하차. 별어곡역 방향 도보 3분 ❷ 승용차로 정선에서 59번 국도 이용, 덕우리, 남면 방향
시간 09:00~18:00(동절기 17:00)
전화 남면사무소 033-591-1004

아리랑 브루어리

정선군 신동읍에 위치한 수제 맥주 양조장으로 폐광촌의 애환과 희망을 담은 아라비어를 생산하고 있다. 양조장 견학 및 체험 프로그램도 있어서, 맥주 설비를 둘러볼 수 있고 시음도 가능하다. 청아랑(정선아리랑시장 청년몰)에서 아라비어를 맛볼 수 있는 펍도 운영한다.

위치 정선군 신동읍 예미2길 26-55
교통 정선군 신동읍 행정복지센터에서 자동차 2분, 도보 14분
전화 033-378-7177
요금 10,000원
홈페이지 www.아리랑브루어리.com

아리랑학교 추억의 박물관

탄광촌인 정선 신동읍 함백 부근에 위치한 아리랑학교 내에 있는 근·현대사 박물관으로 아리랑 자료, 고서, 고지도, 옛 교과서, 잡지, 생활용품, 광업 자료 등이 전시된다. 박물관 인근 함백의 탄광촌 풍경을 둘러보는 것도 색다른 재미다.

위치 정선군 신동읍 방제리 162, 정선 남쪽
교통 ❶ 영월 또는 예미역에서 함백행 농어촌버스 이용, 함백 하차, 박물관 방향 도보 30분 ❷ 승용차로 정선에서 59번 국도 이용, 덕우리 방향. 남면에서 421번 지방도 이용, 함백, 방제리 방향
요금 2,000원 | 시간 10:30~17:00(토·일요일만 개방)
전화 033-378-7856
홈페이지 www.ararian.com

삼탄 아트 마인

1964년부터 2001년까지 38년간 석탄을 캐던 삼척탄좌를 문화 시설로 변모시킨 곳이다. 삼탄 역사 박물관, 예술가를 위한 스튜디오 등으로 구성된 아트 센터, 수직 갱도가 있는 레일 바이 뮤지엄, 미술 전시가 열리는 동굴 갤러리와 레스토랑 같은 시설들이 있다. 정암사와 만항재 가는 길에 들르기 좋다.

위치 정선군 고한읍 고한리 함백산로 1445-44
교통 ❶ 고한·사북터미널에서 정암사행 농어촌버스 이용, 못골 찜질방 하차 ❷ 승용차로 정선에서 59번 국도 이용, 덕우리 방향. 남면에서 38번 국도 이용, 민둥산 거쳐 고한·사북 방향, 고한 지나 삼갈래 교차로에서 414번 지방도 이용
요금 13,000원 | 시간 09:00~18:00(11~4월 10:00~18:00, 월요일 휴관), 레스토랑 11:00~21:00 | 전화 033-591-3001
홈페이지 www.samtanartmine.com

정암사 淨巖寺

신라시대 선덕여왕 5년에 승려 자장이 창건했다. 사찰 뒤에 있는 보물 제410호 수마노탑에는 승려 자장이 중국에서 가져온 부처의 정골사리, 가사, 염주 등이 모셔져 있다고 전해진다. 인근 계곡에 천연기념물 제73호 열목어 서식지가 있다.

위치 정선군 고한읍 고한리 214-1, 정선 남동쪽
교통 ❶ 고한 · 사북터미널에서 정암사행 농어촌버스 이용, 못골 하차. 정암사 방향 도보 10분 **❷** 승용차로 정선에서 59번 국도 이용, 덕우리 방향. 남면에서 38번 국도 이용, 민둥산 거쳐 고한 · 사북 방향. 고한 지나 상갈래 교차로에서 414번 지방도 이용, 정암사 도착
전화 033-591-2469
홈페이지 www.jungamsa.com

만항재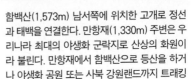

함백산(1,573m) 남서쪽에 위치한 고개로 정선과 태백을 연결한다. 만항재(1,330m) 주변은 우리나라 최대의 야생화 군락지로 산상의 화원이라 불린다. 만항재에서 함백산으로 등산을 하거나 야생화 공원 또는 사북 강원랜드까지 트래킹을 할 수도 있다.

위치 정선군 고한읍 고한리 216-35, 정선 남동쪽
교통 승용차로 정선에서 59번 국도 이용, 덕우리 방향. 남면에서 38번 국도 이용, 민둥산 거쳐 고한 · 사북 방향. 고한 지나 상갈래 교차로에서 414번 지방도 이용, 정암사 지나 만항재 도착
코스 만항재 – 함백산 약 2.5km, 만항재 – 백운산 – 사북 20km, 만항재 – 야생화 공원 1.5km

타임캡슐 공원

정선군 신동읍 조동리 새비재에 위치한 곳으로, 영화 〈엽기적인 그녀〉의 촬영지다. 현재 타임캡슐 공원으로 조성되었다. 엽기 소나무를 중심으로 설치된 블록에 각자의 소원을 담은 타임캡슐을 묻을 수 있다. 새비재 일대 고랭지 배추 재배단지의 풍경이 이채롭고, 신동읍 조동리 함백의 쇠락한 옛 탄광마을 풍경은 쓸쓸함을 자아낸다.

위치 정선군 신동읍 조동리 산70-13, 정선 남쪽
교통 승용차로 정선에서 59번 국도 이용, 덕우리 방향. 남면에서 421번 지방도 이용, 함백 방향. 함백에서 농로 이용, 타임캡슐 공원 방향
요금 타임캡슐 100일 대여 10,000원, 구입 40,000원
전화 033-375-0121 | **홈페이지** time.jsimc.or.kr

정선 양떼 목장

정선읍 동쪽 산기슭 해발 860m 지점에 위치한 국내 최대 양떼 목장이다. 드넓은 목자에 양과 한우를 방목하고 있고 당나귀, 공작새, 닭 등도 사육한다. 양떼에게 건초를 주며 즐거운 시간을 보내기 좋다.

위치 정선군 정선읍 오반동길 471
교통 승용차로 정선읍에서 오반동, 정선 양떼 목장 방향
요금 대인 6,000원, 소인 4,000원 (먹이 주기 포함)
시간 09:00~18:00
전화 033-562-8834
홈페이지 www.hwpasture.com

하이원 리조트 High1 Resort

정선 사북 · 고한의 백운산 북쪽에 있는 스키장, 골프장, 카지노, 숙소 등을 갖춘 리조트. 스키장은 초급, 중급, 상급 코스, 골프장은 백운산 코스, 함백산 코스로 이루어져 있다. 하계 시즌에는 관광 곤돌라를 타고 백운산을 조망하거나 마운틴 탑에서 백운산 트래킹을 해도 즐겁다.

위치 정선군 고한읍 7길 399, 정선 남동쪽
교통 ❶ 정선 남면 또는 고한에서 농어촌버스 이용, 사북역 하차, 사북역에서 택시 이용. **❷** 승용차로 정선에서 59번 국도 이용, 덕우리 방향. 남면에서 38번 국도 이용, 민둥산 거쳐 고한 · 사북 방향
요금 리프트권(주간) 70,000원, 관광곤돌라 20,000원, 눈썰매장 12,000원 내외
전화 1588-7789
홈페이지 www.high1.com

아리랑 브루어리 펍

정선 시내 청아랑몰 3층에 있는 펍으로 아리랑 브루어리에서 생산된 IPA, 페일에일, 스타우트, 바이젠, 필스너, 생맥주 등을 맛볼 수 있다.

위치 정선군 정선읍 봉양리 346-4, 청아랑몰 3층
교통 정선 아리랑 시장에서 바로
시간 10:00~17:30(목 ~21:30까지)
전화 033-378-7177

회동집

정선 장터 먹자골목에 위치한 식당으로 백종원의 3대 천왕, 생생정보통 등 여러 방송에 소개된 맛집이다. 메뉴는 곤드레밥, 콧등치기국수, 올챙이국수, 모듬전 등 부담 없이 맛볼 수 있는 것들이다.

위치 정선군 정선읍 5일장길 37-10
교통 정선 아리랑 시장에서 바로
메뉴 곤드레밥 7,000원, 콧등치기국수, 올챙이국수 각 5,000원, 모듬전 7,000원
전화 033-562-2634

아리랑 맛집

정선 아리랑 시장 먹자골목 안에 위치한 식당으로 올챙이국수, 콧등치기국수, 곤드레밥, 수수부꾸미, 메밀전병 등 강원도의 전통 음식을 맛볼 수 있다. 아리랑 맛집 이외의 먹자골목의 다른 식당들도 비슷한 메뉴를 취급하므로 본인이 마음에 드는 곳으로 가도 좋다.

위치 정선군 정선읍 봉양리 344-4, 정선 아리랑 시장 내 동문쪽 먹자골목
교통 정선읍에서 시장 내 먹자골목 방향 도보 5분
메뉴 올챙이국수 5,000원, 콧등치기국수 5,000원, 곤드레밥 7,000원
전화 033-563-1050

고산 한우타운

임계면 한우 골목에 위치한 셀프 식당으로 정육점에서 쇠고기를 구입해 세팅비를 내고 구워 먹을 수 있다. 한우 이외에 불고기백반이나 육회비빔밥도 먹을 만하다. 한우 셀프 식당 골목에 여러 식당이 있으나 메뉴는 비슷한 편.

위치 정선군 임계면 송계리 772-3, 임계면사무소 옆 셀프 한우 골목

교통 ❶ 정선에서 임계면행 농어촌버스 이용, 임계시외버스터미널 하차. 한우촌 방향 도보 5분 ❷ 승용차로 정선에서 42번 국도 이용, 여량면 거쳐 임계면 방향

메뉴 상차림비 1인 3,000원, 고깔밥 15,000원, 육회비빔밥 25,000원 | **전화** 033-563-6161

황소식육실비 식당

정선의 유명한 한우 연탄 구이 전문점으로 각종 한우 부위들을 연탄불에 구워 먹을 수 있는 곳이다. 한우가 맛있고 지역에서 생산된 재료를 이용한 밑반찬도 먹을 만하다.

위치 정선군 사북읍 사북중앙로 40-1

교통 사북역에서 황소식육실비식당 방향, 도보 4분

메뉴 갈비살, 차돌박이, 한우주물럭, 등심 각 32,000원

전화 033-591-8005

함백산돌솥밥

곤드레 향 가득한 곤드레돌솥밥 정식 전문점이다. 돌뚜껑 열고 곤드레나물과 하얀 김 나는 돌솥밥에 양념간장 넣어 비벼먹으면 어느새 돌솥 바닥이 보인다. 반찬으로 나오는 여러 산나물도 맛이 좋다.

위치 정선군 고한읍 함백산로 1675

교통 ❶ 정선 남면 또는 고한·사북시외버스터미널에서 고한읍행 농어촌버스 이용, 고한 파출소 하차. 갈래 초교 방향 ❷ 승용차로 정선에서 59번 국도 이용, 덕우리 방향. 남면에서 38번 국도 이용, 민둥산 거쳐 고한·사북 방향. 고한읍 도착

메뉴 곤드레돌솥정식 12,000원, 함백산 돌솥밥 10,000원

전화 033-591-5564

한치식당

정선읍 동쪽 정선제일장로교회 부근에 위치한 식당으로 콧등치기국수, 감자옹심이, 황기족발 등의 메뉴가 있다. 콧등치기국수는 멸치 또는 쇠고기 육수에 호박, 김치 등을 넣은 담백한 국물에 메밀국수를 넣어 끓인 음식이다.

위치 정선군 정선읍 봉양리 55-7, 정선읍 동쪽, 정선제일장로교회 부근

교통 ❶ 정선읍에서 봉양5리행 농어촌버스 이용, 봉양5리 하차. 식당 방향 도보 5분 ❷ 승용차로 정선읍에서 정선제2교 건너 큰길에서 한 블록 동쪽길

메뉴 콧등치기국수 6,000원, 감자옹심이 7,000원, 황기족발 중 32,000원

전화 033-562-1068

락있수다

정선 남동쪽에 위치한, 이름 그대로 즐거움이 있는 펜션으로 건축가 문훈이 디자인하였다. 외관부터 시선을 끈다. 락있수다의 수영장에서 즐거운 한때를 보내거나 스페인블루와 바비핑크 객실에 딸린 노천탕도 즐겨 보자.

위치 정선군 화암면 호촌리 172-1, 정선 남동쪽
교통 ❶ 정선에서 호촌리행 농어촌버스 이용, 호명 하차, 펜션 방향 도보 15분 ❷ 승용차로 정선에서 59번 국도 이용, 덕우리 방향. 덕우삼거리에서 424번 지방도 이용, 화암리 방향. 화암2교에서 421번 지방도 이용, 몰운리·호촌리 방향
요금 비수기 주중 100,000~200,000원
전화 070-8840-9387, 010-9081-9387
홈페이지 www.rockitsuda.com

아우라지 강변 펜션

아우라지역이 있는 여량면에서 여량교 건너에 위치한 펜션이다. 펜션 앞에 강이 있어 풍경이 아름답고 걸어서 여량면으로 마실을 나가기도 적당하다. 구절리역과 아우라지역 간을 운행하는 레일바이크를 이용하는 것도 편리하다.

위치 정선군 여량면 서동로 2979-20
교통 ❶ 정선에서 나전행 버스 이용, 여량버스터미널 하차. 여량교 건너, 도보 13분 ❷ 승용차로 정선에서 42번 국도 이용, 여량면 방향. 여량 제교 건너, 펜션 방향
요금 비수기 80,000~200,000원
전화 033-562-7002
홈페이지 auraji.co.kr

동마루 펜션

반륜산 아래에 위치한 펜션으로 유럽풍 목조 건물과 예쁜 인테리어가 눈에 띈다. 펜션 옆으로 작은 시내가 있어 아이들이 놀기 적당하고 구절리역으로 가기 편리해 레일바이크를 즐기기도 좋다.

위치 정선군 여량면 고양리 264, 정선 북동쪽
교통 ❶ 정선에서 고양리행 농어촌버스 이용, 고양리 하차, 산쪽 펜션 방향 도보 30분 **❷** 승용차로 정선에서 42번 국도 이용, 여량면 방향, 여량면에서 고양리 방향
요금 비수기 50,000~90,000원
전화 070-8733-3297
홈페이지 dongmaroo.com

기차 펜션

구절리역 내에 위치한 이색 숙소로 실제 경부선과 경춘선을 운행했던 기관차를 활용해 펜션으로 꾸몄다. 기차 모양의 외부는 여행의 묘미를 살려 주고, 온돌이나 침대방으로 된 내부도 편의 시설을 잘 갖추고 있다.

위치 정선군 여량면 구절리 290-4, 구절리역 내
교통 승용차로 정선에서 42번 국도 이용, 여량면 방향, 아우라지삼거리에서 구절리역 방향
요금 기차 펜션 비수기 80,000~100,000원, 개미 펜션 비수기 200,000원
전화 033-563-8787
홈페이지 www.railbike.co.kr

별빛캠프

정선 남동쪽 노옥산 자락에 위치한 펜션으로 해발 800m 지점이어서 내려다보는 전망이 기가 막힌다. 유럽풍 목조 건물 외관이 멋있고, 예쁘게 꾸민 객실도 볼 만하다. 조용한 산중에서 산책을 하기도 괜찮다.

위치 정선군 사북읍 직전리 507-6, 정선 남동쪽
교통 ❶ 고한·사북시외버스터미널에서 직전리행 농어촌버스 이용, 발전 하차, 산쪽 펜션 방향 도보 20분 **❷** 승용차로 정선에서 59번 국도 이용, 덕우리 방향, 남면에서 38번 국도 이용, 민둥산 거쳐 고한·사북 방향, 도사곡에서 직전리 방향
요금 비수기 주중 80,000~150,000원
전화 010-7122-0958
홈페이지 www.campstar.co.kr

정선 통나무 펜션

정선 북동쪽 문곡리에 위치한 펜션으로 통나무 집으로 되어 있고 객실에는 온돌을 놓았다. 쌀쌀한 날 뜨끈한 온돌이 몸을 녹여 주고 조용한 주변은 산책로로 그만이다. 공기 좋은 야외에서 즐기는 바비큐 맛은 잊을 수 없다.

위치 정선군 북평면 문곡리 175, 정선 북동쪽

교통 ❶ 정선에서 문곡리행 농어촌버스 이용(1일 1회), 문곡 종점 하차. 산쪽 펜션 방향 도보 30분 **❷** 승용차로 42번 국도 이용, 덕송리 방향. 조양강 건너기 전 문곡리 방향

요금 비수기 50,000~160,000원

전화 033-563-6975, 010-4213-6975

홈페이지 tongnamu.kr

숙소 리스트

이름	위치	전화
강원랜드 호텔, 하이원 호텔, 마운틴 콘도, 밸리 콘도 (하이원 리조트 내)	정선군 고한읍 고한리 산17	1588-7789
하이랜드 호텔	정선군 고한읍 고한리 274-104	033-591-3500
호텔 인	정선군 사북읍 사북리 356-224	033-591-8111
스타 호텔	정선군 사북읍 사북리 356-80	033-592-2500
엘스 호텔	정선군 사북읍 사북리 356-87	033-591-7300
자개골 민박집	정선군 여량면 유천리 742-1	011-753-7376
리버틴 민박	정선군 정선읍 귤암리 187-13	033-562-6185
황토참숯 민박	정선군 화암면 석곡2리	033-562-7484
정선의 달 게스트하우스	정선군 정선읍 회동리 61-5	033-563-5506

BEST TOUR 정선

1일차 시작!

1 정선 아리랑 시장
청정 강원도의 약초와 산나물 구입의 최적지!

승용차 40분

2 정선 레일바이크
정선의 산하를 감상하며 레일 위를 달린다.(예약 필수)

승용차 20분

숙박

3 아우라지
송천과 골지천이 합쳐진 아우라지를 감상한다.

2일차 시작!

숙박

4 백두대간 약초나라
약초 체험, 모노레일, 승마, 활쏘기 등 다양한 체험

1 병방치 스카이워크
병방치 전망대에서 동강의 풍경 감상과 집트랙 체험

2 아라리촌
굴피집, 너와집, 저릅집, 돌집, 귀틀집 등 전통 가옥 감상

3 백두대간 생태수목원
회목원, 향기원, 암석원 등에서 다양한 식물 관람

정선 2박 3일 코스 ★ 정선 오일장과 화암 동굴, 만항재를 둘러보는 자연 여행

강원도에서 산촌의 모습을 가장 잘 간직한 곳이 바로 정선. 이웃 영월은 산중이면서 평지 느낌이 나고, 태백은 탄광 느낌이 강하다. 정선은 첩첩산중에 동강이 흘러 산수가 조화를 이루는 곳이기도 하다. 정선 오일장에는 청정 자연에서 채취한 약초와 산나물이 넘쳐 나고, 화암 동굴은 자연의 신비의 장이며, 야생화 천국 만항재는 우리나라에서 차를 이용하여 오를 수 있는 가장 높은 곳으로, 여름에는 야생화, 겨울에는 눈꽃으로 장관을 이룬다.

3일차 시작!

귀가

① 화암 동굴과 정선 향토박물관
테마형 동굴을 탐험하고, 정선 향토 생활을 둘러본다.

④ 만항재
1,330m 고지의 한국 최대 야생화 군락지 감상!

② 석탄유물 종합전시관
옛 동원 탄광에서 광부들의 삶을 엿본다.

③ 정암사
호젓한 산사를 거닐고, 수마노탑을 둘러본다.

291

영월

단종이 유배되었던
지붕 없는 박물관의 도시

숙부에게서 왕위를 빼앗기고 영월로 유배를 온 단종, 끝내 서울로 돌아가지
못하고 영월 장릉에 묻히게 된다. 영월 장릉에서 비운의 왕 단종과 역사를
되새겨 보고, 한반도 지형, 선돌, 동강사진박물관, 별마로 천문대, 동강, 고씨
굴 등을 돌아본다.

영월

Access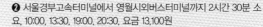

시외·고속 ❶ 동서울종합터미널에서 영월시외버스터미널까지 약 2시간 소요, 07:00～22:00, 약 1시간 간격, 요금 우등 20,700원, 일반 15,900원 ❷ 서울경부고속터미널에서 영월시외버스터미널까지 2시간 30분 소요, 10:00, 13:30, 19:00, 20:30, 요금 13,100원

기차 ❶ 청량리역에서 영월역까지 2시간 20분 소요, 07:05～23:20, 약 2시간 간격, 요금 11,400원 ❷ 정선 아리랑 열차로 서울에서 영월까지 2시간 18분 소요, 청량리 08:35(영월 10:53), 요금 20,700원(2, 7, 12 ,17, 22, 27, 토요일만 운행)

승용차 서울에서 성남, 성남에서 경기광주JC, 경기광주JC에서 광주—원주 고속도로 이용, 신평JC에서 중앙고속도로 이용, 제천IC에서 38번 도로 이용, 영월 방향

INFORMATION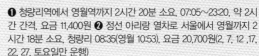

영월 관광 안내 1577-0545, 033-370-2542 | 종합관광안내소(장릉) 033-374-4215 | 영월 문화관광과 033-370-2460 | 강원도 관광 안내 033-1330 | 전국 관광 안내 1330

선돌 立石

영월 북서쪽 영월읍 방절리 서강(평창강)가에 위치한 70m 높이의 기암으로 신선암이라고도 한다. 선돌 전망대에서 내려다보는 선돌과 서강, 남애마을의 풍경이 멋지다. 조선시대 순조 20년(1820년) 영월부사 홍이간과 뛰어난 문장가 오희상 등이 선돌의 경관에 반해 시를 읊으면서 선돌의 암벽에 운장벽(雲莊壁)이라는 글자를 새겼다고 한다.

위치 영월군 영월읍 방절리 산122, 영월 북서쪽

교통 ❶ 영월에서 문곡리행 농어촌 버스 이용, 두목 하차. 선돌 방향 도보 10분 ❷ 승용차로 영월에서 31번 국도 이용, 문곡리 방향. 선돌 입구 도착

영월 곤충박물관 寧越 昆蟲博物館

영월 문곡리에 위치한 곤충 전문 박물관으로 제1전시실에 500종의 나비·나방류 1,000점, 제2전시실에 500종의 갑충·잠자리 등 1,000점, 제3전시실에 영월, 동강 유역 900종의 곤충 1,000여 점, 복도 전시실에 생태 사진을 전시한다.

위치 영월군 북면 문곡리 604-1, 영월 북서쪽

교통 ❶ 영월에서 문곡리행 농어촌버스 이용, 곤충박물관 하차 ❷ 승용차로 영월에서 31번 국도 이용, 문곡리 방향

요금 성인 5,000원, 청소년·어린이 3,000원

시간 09:00~18:00(동절기 17:00, 매주 월요일 휴관, 여름방학 동안 무휴)

전화 033-374-5888

홈페이지 www.insectarium.co.kr

강원도 탄광문화촌

영월 화력 발전소에 쓸 석탄을 캐기 위해 개발된 탄광이 현재는 탄광 생활을 엿볼 수 있는 문화 시설로 탈바꿈하였다. 탄광과 광부들의 모습을 볼 수 있는 탄광 생활관, 탄광 체험관, 야외 전시관 등이 있다.

위치 영월군 북면 마차리 786-4

교통 ❶ 영월에서 마차·미탄행 농어촌버스 또는 마차·미탄·마하행 버스 이용, 마차 샘터 하차 ❷ 승용차로 영월에서 31번 국도 이용, 문곡리 지나 마차리 방향

요금 성인 2,000원, 청소년 1,400원, 어린이 1,000원

시간 3~10월 09:00~18:00(11~2월 10:00~17:00), 월요일 휴관 | 전화 033-372-1520

홈페이지 www.coaltour.com

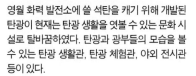

영월 닥종이 갤러리

영월 북서쪽에 위치한 갤러리로 박복례 작가의 닥종이 인형을 전시하고 있다. 제1전시관에서는 우리의 지난 일상을 다룬 50여 점의 닥종이 인형을 전시하고 제2전시관은 닥종이 카페로 이용되어 닥종이 제품을 둘러보고 구입할 수 있다.

위치 영월군 북면 연덕리 755-2, 영월 북서쪽

교통 ❶ 영월에서 마차·공기·덕상행 농어촌버스 이용, 연덕2리 하차. 원동재로 방향 도보 15분 ❷ 승용차로 영월에서 31번 국도 이용, 문곡리 지나 연덕리 방향

시간 10:00~19:00(매주 월요일 휴관)

전화 033-372-1268, 010-3750-3846

홈페이지 cafe.daum.net/rae9014

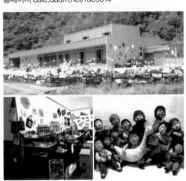

요선암 & 요선정 遶仙岩 & 遶僊亭

영월 북서쪽 주천강과 법흥 계곡이 시작되는 지점에 위치한 바위와 정자. 조선시대 서예가이자 평창 군수를 지낸 양사언이 주천강 반석에 요선암이라 새긴 글자에서 유래했다. 요선정은 요선암 위 풍경 좋은 곳에 있는 정자로 1913년 세워졌다. 주변과 어우러진 경치가 뛰어나다.

위치 영월군 수주면 무릉리 139, 호야지리박물관 서쪽 강가

교통 호야지리박물관에서 주천강 방향 도보 5분

영월 중부 지역

한반도 지형 韓半島 地形

영월 북서쪽 옹정리 서강(평창강)가에 위치한 지형으로 그 모양이 한반도를 닮았다. 평창강이 오랜 세월 동안 산과 땅을 깎아 만든 자연의 신비라고 할 수 있다. 최근 주차장이 신설되어 주차장에서 전망대로 갈 수 있게 되었다. 주차장에서 한반도 지형 전망대까지 가는 길은 왕복 2.1km의 서강길과 왕복 1.6km의 옛길이 있다.

위치 영월군 한반도면 옹정리, 영월 북서쪽

교통 승용차로 영월에서 38번 국도 이용, 남면 방향. 남면에서 88번 지방도 이용, 주천 방향. 옹정소공원 지나 좌회전, 한반도지형 전망대 도착

당나귀 타는 원시마을

영월 연당리 조양마을 부근에 위치한 곳으로 당나귀에게 먹이를 주거나 직접 타는 것도 가능하다. 당나귀는 생각보다 몸집이 크나 성질이 온순한 편으로 당나귀가 좋아하는 당근이나 채소를 준비하면 당나귀와 빨리 친해질 수 있다.

위치 영월군 남면 연당리 944-2, 영월 북서쪽
교통 ❶ 영월에서 연당리행 농어촌버스 이용, 조양마을 입구 하차 **❷** 승용차로 영월에서 38번 국도 이용, 남면 방향. 연당교차로에서 연당리 방향
요금 20,000원
시간 09:00~18:00(동절기 17:00, 약 15~20분 소요)
코스 평지 코스, 산악 코스(약 15~20분 소요), 인터넷 홈페이지 신청
전화 070-4170-6663, 033-372-8952
홈페이지 donkeytown.co.kr

호야 지리박물관

지리학자인 호야 양재룡 선생이 설립한 국내 최초의 지리 테마 박물관이다. 지리학의 역사와 종류, 체험 등 다양한 정보를 얻고, 재미있게 지리에 접근할 수 있도록 하고 있다. 양재룡 선생의 지리 해설을 청해 들으면 더욱 좋다.

위치 영월군 수주면 무릉리 1090-6, 영월 북서쪽
교통 ❶ 제천역 또는 주천에서 340, 주천에서 345, 350번 시내버스 이용, 주천 또는 영월에서 농어촌버스 이용, 무릉(호야 지리박물관) 하차 **❷** 승용차로 영월에서 38번 국도 이용, 남면 방향. 남면에서 88번 지방도 이용, 주천 방향. 주천에서 법흥사 방향
요금 성인 5,000원, 초중고생 4,000원
시간 10:00~19:00(매주 월요일 휴관)
전화 033-372-8872
홈페이지 www.geomuseum.co.kr

세계민속악기박물관 世界民俗樂器博物館

영월 연당리에 위치한 악기박물관으로 세계 각국에서 수집한 민속 악기 2,000여 점을 전시한다. 1층은 발라폰·젬베·보공·하프 등의 이색 악기를 전시하고, 2층에서는 동북아시아, 동남아시아, 인도, 중동, 아프리카, 아메리카 등 세계의 민속 악기를 볼 수 있다.

위치 영월군 남면 연당리 880-9, 영월 북서쪽
교통 ❶ 영월에서 연당리행 농어촌버스 이용, 조양 하차. 박물관 방향 도보 3분 **❷** 승용차로 영월에서 38번 국도 이용, 남면 방향. 연당교차로에서 남면사무소 방향
요금 성인 5,000원, 초중고생 4,000원
시간 10:00~17:30(매주 월요일 휴관)
전화 033-372-5909
홈페이지 www.e-musictour.com

영월 종교미술박물관 寧越 宗教美術博物館

영월 문곡리 산골에 위치한 박물관으로 1관은 이탈리아 미래주의의 거장 카를로 카라의 제자 최바오로 작가의 역작인 성화 · 성상 조각, 2관은 성서 내용을 조각한 100여 점의 작품이 전시된다. 박물관 뜰에도 각종 종교 조각상들이 많이 있어 신성함을 자아낸다.

위치 영월군 북면 문곡리 101, 영월 북서쪽
교통 ❶ 영월에서 문곡리행 농어촌버스 이용, 두목 하차. 박물관 방향 도보 20분 **❷** 승용차로 영월에서 31번 국도 이용, 문곡리 방향. 두목에서 박물관 방향 농로 이용
요금 5,000원
시간 10:00~18:00(매주 화요일 휴관)
전화 033-378-0153

Travel Tip

주천 다하누촌

영월 북서쪽 주천면 전통 시장에 위치한 셀프 한우 식당촌으로 한우 브랜드인 다하누를 쓴다. 다하누 광장을 중심으로 중앙점, 섶다리점, 행복점, 옛날점, 목장점 등 10여 곳의 셀프 한우 식당이 있는데, 정육점에서 쇠고기를 산 뒤, 식당에서 쇠고기를 구워 먹으면 된다.

목장점

주천 다하누 광장 내에 위치한 셀프 한우 식당으로 목장에서 잘 기른 한우를 공급 받아 신선하고 질 좋은 쇠고기를 손님에게 내놓는다. 때때로 간과 천엽을 서비스로 제공한다.
위치 영월군 주천면 주천리 1232-11 다하누 광장 내
교통 ❶ 영월에서 주천행 농어촌버스 이용, 주천터미널 하차. 다하누 광장 방향 도보 5분 **❷** 승용차로 영월에서 38번 국도 이용, 남면 방향. 남면에서 88번 지방도 이용, 주천 방향
전화 033-372-7736
홈페이지 www.dahanoo.com

시장 정육식당

주천 다하누 광장 내에 위치한 정육식당으로 1990년 개업하였다. 다하누촌 일대는 원래 주천시장이 있던 자리로, 시장이 있었을 때부터 맛 좋은 쇠고기와 꺼먹돼지를 제공하고 있다.
위치 영월군 주천면, 주천리, 다하누 광장 내
교통 주천면에서 다하누 광장 방향 도보 5분
전화 033-372-7163

법흥사 法興寺

신라시대 선덕여왕 12년(643년) 승려 자장이 흥녕사라는 이름으로 창건했다. 사찰 뒤쪽에 자장이 중국에서 가져온 부처의 진신사리를 모신 적멸보궁이 있다. 법흥사로 가는 길의 법흥 계곡이 아름답고 사찰 주위의 구봉대산, 사자산이 웅장하다.

위치 영월군 수주면 법흥리 422-1, 영월 북서쪽

교통 ❶ 주천에서 345, 350번 시내버스 이용(각 1일 1회), 주천 또는 영월에서 법흥사행 농어촌버스 이용, 법흥사 종점 하차 ❷ 승용차로 영월에서 38번 국도 이용, 남면 방향. 남면에서 88번 지방도 이용, 주천 방향. 주천에서 법흥 계곡, 법흥사 방향

전화 033-374-9177

홈페이지 www.bubheungsa.or.kr

영월 장릉 寧越 莊陵

영월 장릉은 조선 6대 왕 단종이 잠든 곳으로 처음부터 왕릉으로 조성된 것이 아니라서 능의 배치, 부속 건물 등이 일반 능과 다소 다르다. 일반 왕릉은 봉분과 혼유석, 정자각, 홍살문이 일자 배치이나 영월 장릉은 봉분과 혼유석에서 오른쪽으로 약 90도 꺾어 정자각이 있고 다시 정자각에서 왼쪽으로 약 90도 꺾여 홍살문이 배치되어 있다. 단종은 12세에 왕위에 올랐다가 3년 후 숙부인 수양대군에게 왕위를 빼앗기고 영로로 유배되었다가 목숨을 잃었다. 동강에 버려진 시신을 영월 호장 엄흥도가 몰래 수습해 동을지산 자락에 묻었고 조선 중종 때 영월 군수 박충원이 묘를 찾아내 묘역을 정비하였다. 조선 숙종 때 단종으로 추복되어 명예를 회복하며 장릉으로 지정되었다.

위치 영월군 영월읍 영흥리 산133-1, 영월 북서쪽

교통 ❶ 영월에서 장릉행 농어촌버스 이용, 장릉 하차 ❷ 승용차로 영월에서 31번 국도 이용, 장릉 방향

요금 성인 2,000원, 청소년 1,500원, 어린이 1,000원

시간 09:00~19:00(동절기 18:00, 매주 월요일 휴관)

전화 033-370-2619

관풍헌 觀風軒

조선시대 영월 객사의 동헌 건물로 정면 3칸 측면 2칸의 단층 맞배 지붕을 하고 있다. 관풍헌 옆에는 백운루 또는 관풍루라 불리는 누각도 보인다(현재 매죽루라 되어 있다). 1457년 청령포로 유배 온 단종이 홍수로 관풍헌에 잠시 머물렀고 그 해 10월 세조로부터 사약을 받아 최후를 맞이한 곳이기도 하다.

위치 영월군 영월읍 영흥리 984-3, 중앙로 청록다방 건너편

교통 영월 시내에서 관풍헌 방향 도보 5분

시간 09:00~18:00

동강사진박물관 東江寫眞博物館

영월 군청 남쪽에 위치한 국내 유일의 군립 사진박물관으로 상설전시실 1실, 기획전시실 2실을 갖추고 있다. 한국 대표 다큐멘터리 사진작가의 작품과 동강국제사진제 참여 작가의 작품은 물론, 다양한 사진기가 전시된다. 사진 애호가라면 한번쯤 찾아볼 만한 곳!

위치 영월군 영월읍 하송리 217-2, 영월군청 남쪽

교통 ① 영월에서 군청행 농어촌버스 이용, 군청 하차, 박물관 방향 도보 5분 **②** 승용차로 영월에서 동강사진박물관 방향

요금 성인 3,000원, 청소년 1,500원, 어린이 1,000원

시간 09:00~18:00

전화 033-375-4554

홈페이지 www.dgphotomuseum.com

Travel Tip

영월 요리 골목

영월 요리 골목은 1960년~1980년대 한창 석탄 산업이 붐을 이룰 때 형성된 음식점 골목이나 1989년 석탄산업 합리화 정책으로 탄광이 문을 닫으며 쇠퇴했다. 2006년 영월군에서 옛 요리 골목의 명성을 되살리고자 지붕 없는 미술관 프로젝트를 실시해 요리 골목에 예쁜 벽화를 그리고 조각품을 설치하여 음식과 예술이 있는 거리를 만들었다. 주요 볼거리로는 시인 안도현의 시 <연탄재>, 영화배우 유오성의 조각상, 쥐를 노리는 고양이 그림 등이 유명하다. 영화 <라디오스타>의 안성기, 박중훈의 대형 그림이 있는 영월 맨션이나 청록다방 뒤쪽으로 접근하는 것이 편하다.

위치 요리 골목길 [영월종합상가(영월 맨션)~청록다방 뒤]

교통 영월 시내에서 영월종합상가(영월 맨션) 방향 도보 5분

식당·상점 강산회관(한정식, 033-373-1010), 길성이백숙(백숙, 033-374-7700), 하얀집(염소탕, 033-374-2996), 미락회관(고기구이, 033-374-3770), 골목식품(구멍 가게)

청령포 淸泠浦

단종이 노산군으로 강등되어 유배된 곳으로 동·남·북 삼면이 강으로 둘러싸이고 서쪽은 험준한 암벽이 솟아 있는 섬과도 같은 곳이라서 배를 타야만 들어갈 수 있다. 굽이져 흐르는 서강과 울창한 소나무 숲이 어우러져 뛰어난 풍경을 만들어 낸다. 현재 그가 살았던 어가와 그가 살았음을 알리는 단묘유지비, 단종이 한양 쪽을 바라보며 시름에 잠겼다는 노산대, 영조가 외인의 접근을 막기 위해 세운 금표비 등이 남아 있다.

위치 영월군 남면 광천리 산67–1, 영월 서쪽

교통 ❶ 영월에서 청령포행 농어촌버스 이용, 청령포 하차
❷ 승용차로 영월에서 청령포 방향

요금 성인 3,000원, 청소년 2,500원, 어린이 2,000원
(도선료 포함)

시간 09:00~18:00(입장은 17:00까지)

별마로 천문대

영월 봉래산 정상에 위치한 천문대로 지름 800mm의 주 망원경과 보조 망원경, 천체 투영실 등을 갖추고 있다. 오후에 천체 관측을 할 수 있고 전망대에서는 영월과 동강 일대의 아름다운 풍경을 눈에 담는다. 천문대로 향하는 길은 심한 굴곡에 급경사라 운전에 유의해야 한다.

위치 영월군 영월읍 영흥리 산59, 영월 북동쪽

교통 승용차로 영월에서 삼옥리 방향. 삼옥교 건너 별마로 천문대 방향

요금 성인 7,000원, 청소년 6,000원, 어린이 5,000원

시간 태양·천체 관측_15:00~23:00(입장은 22:00, 1일 5회, 매주 월요일 휴관) | 전화 033-374-7460

홈페이지 www.ywfmc.or.kr(홈페이지 관측 예약)

국제현대미술관 國際現代美術館

영월 북동쪽 삼옥리에 위치한 미술관으로 세계 70여 개국의 조각품 350점을 소장, 전시하고 있다. 야외 조각 공원에는 40여 종의 대형 조각 작품과 영월조각축제 때 완성된 조형물이 세워져 있다. 조각을 감상하며 한가롭게 산책하기 좋은 곳이다.

위치 영월군 영월읍 삼옥리 590–2, 영월 북동쪽

교통 ❶ 영월에서 삼옥리행 농어촌버스 이용, 삼옥1리 하차. 미술관 방향 도보 5분 ❷ 승용차로 영월에서 삼옥리 방향. 삼옥교 건너 국제현대미술관 방향

요금 성인 5,000원, 초중고 4,000원, 유치원 3,000원

시간 09:00~18:00(매주 월요일 휴관)

전화 033-375-2751

동강 東江

평창군 오대산에서 발원한 오대천과 정선 북부의 조양강이 합류해 영월 방향으로 흐르는 강으로, 굴곡이 심해 래프팅을 즐기려는 이들이 많이 찾는다. 주요 래프팅 출발지는 영월 북동쪽 어라연 일대이다. 맑고 깨끗한 물속에 어름치, 쉬리 등이 살고, 숲에는 동강할미꽃, 백부자 등의 희귀 식물이 자란다.

위치 강원도 정선~영월읍
교통 ❶ 영월에서 거운리행 농어촌버스 이용, 섭세(어라연) 하차 ❷ 승용차로 영월에서 동강로 이용, 거운리 방향

동강생태공원 東江生態公園

영월 북동쪽 동강가에 위치한 생태공원으로 동강 생태 정보센터와 정원으로 되어 있다. 정보센터에는 동강 일대에서 볼 수 있는 조류 92종, 어류 32종, 곤충 1,514종이 전시되고 정보센터 내 3D 체험관에서는 가상으로 동강 래프팅을 즐길 수 있다.

위치 영월군 영월읍 삼옥리 890, 영월 북동쪽
교통 ❶ 영월에서 거운리행 농어촌버스 이용, 목골 하차. 공원 방향 도보 20분 ❷ 승용차로 영월에서 동강로 이용, 거운리 방향
요금 성인 5,000원, 레프팅 3D+곤충 4D 6,000원
전화 033-375-1155

 Travel Tip

영화 〈라디오 스타〉 촬영지

영월은 한물간 스타(박중훈)와 나이 많은 매니저(안성기)의 인생 이야기를 다룬 이준익 감독의 영화 〈라디오 스타〉의 주 무대였다. 영화 속 영월의 아름다운 자연과 시간이 멈춘 듯 소박한 모습을 간직하고 있는 시내 전경을 보고 있으면 한 번쯤 영월에 가 보고 싶다는 생각이 들게 한다. 영월에 가면 곳곳에서 영화 촬영지를 만날 수 있으니, 이 영화가 인상적이었다면 방문해서 영화 속 장면들을 추억해 보자.

KBS 영월방송국 영월군 영월읍 영흥리 893-1
별마로 천문대 영월군 영월읍 영흥리 산59
033-374-7460
동강사진박물관 영월군 영월읍 하송리 217-2
033-375-4554
청록다방 영월군 영월읍 영흥리 940-21
033-373-2126
곰세탁소 영월군 영월읍 영흥리 944, 033-374-2633
창흥인쇄소 영월군 영월읍 영흥리 945
033-374-4263
영빈관 영월군 영월읍 영흥리 959-34
033-372-2220
청령포 모텔 영월군 영월읍 방절리 155
033-372-1004

영월 아프리카 미술박물관

영월 고씨굴 관광 단지 내에 위치한 아프리카 전문 미술박물관으로 상설 전시장, 기획 전시장, 특별 전시장으로 되어 있다. 박물관장이 아프리카 주재 대사였을 때 모은 수집품과 주한 아프리카 대사관에서 출품한 300여 점을 전시한다.

위치 영월군 김삿갓면 진별리 592-3, 영월 남동쪽
교통 ❶ 영월에서 진별리 농어촌버스 이용, 고씨굴 관광 단지 하차 ❷ 승용차로 영월에서 88번 지방도 이용, 고씨굴 관광 단지 도착
요금 성인 5,000원, 초중고생 4,000원, 유치원생 3,000원
시간 09:00~18:00(동절기 17:00, 매주 월요일 휴관)
전화 033-372-3229
홈페이지 www.aamy.kr

영월 동굴생태관 寧越 洞窟生態館

영월 고씨굴 관광 단지 내에 위치한 동굴생태관으로 〈즐거운 거꾸로〉, 〈거꾸로 세계를 만나자〉, 〈신나는 거꾸로 세계〉 등의 테마별로 구성되어 있다. 이들 테마를 둘러보며 동굴의 환경, 생물, 탐험 등에 대해 자세히 알 수 있어 흥미롭다.

위치 영월군 김삿갓면 진별리 506-22, 영월 남동쪽
교통 ❶ 영월에서 진별리 농어촌버스 이용, 고씨굴 관광 단지 하차 ❷ 승용차로 영월에서 88번 지방도 이용, 고씨굴 관광 단지 도착
요금 성인 3,000원, 초중고 · 유치원생 2,000원
시간 09:00~18:00(매주 월요일 휴관)
전화 033-372-6828
홈페이지 www.ywmuseum.com

고씨굴 高氏窟

영월 남동쪽 남한강에 위치한 석회석 동굴로 주굴의 길이 0.95km, 지굴의 길이 2.4km, 총 3.4m 규모이고, 개방된 부분은 0.5km 정도이다. 동굴 입구에서 헬멧을 쓰고 자유 탐방으로 종유석, 석순, 석주, 동굴 산호 등을 볼 수 있다. 동굴 바닥에 물기가 있어 미끄러우니 주의하자.

위치 영월군 김삿갓면 진별리 산 262, 영월 남동쪽
교통 ❶ 영월에서 진별리 농어촌버스 이용, 고씨굴 관광 단지 하차. 다리 건너 도보 5분 ❷ 승용차로 영월에서 88번 지방도 이용, 고씨굴 관광 단지 도착
요금 성인 4,000원, 청소년 3,000원, 어린이 2,000원
시간 09:00~18:00(매표 17:00까지)
전화 033-370-2621

조선 민화박물관 朝鮮 民畵博物館

영월 남동쪽에 위치한 국내 최초의 민화 전문 박
물관으로 제1전시관에서 조선시대 진본 민화, 제
2전시관에서 전국민화공모전 수상작, 제3전시
관에서 기증 작품과 춘화를 전시한다. 전시품 중
조선시대 민화가 3,800점에 이른다. 민화, 민화
합죽선 만들기 체험도 할 수 있다.

위치 영월군 김삿갓면 와석리 841-1, 영월 남동쪽
교통 ❶ 영월에서 김삿갓면행 농어촌버스 이용, 민화박물
관 하차 ❷ 승용차로 영월에서 88번 지방도 이용, 고씨굴
방향. 고씨굴 지나 와석리 방향
요금 성인 5,000원, 초중고생 4,000원, 유치원생 3,000원
시간 09:00~18:00(동절기 17:00, 매주 월요일 휴관)
전화 033-375-6100
홈페이지 www.minhwa.co.kr

김삿갓 문학관

영월 남동쪽에 위치한 난고(蘭皐) 김병연의 문학
관으로 인근에 그의 묘가 있다. 김삿갓이란 별칭
은 김병연의 조부가 홍경래의 난 당시 항복하여
집안이 파탄난 후, 큰 갓을 쓴 채로 전국을 방랑
하면서 붙여진 것이다. 그의 시와 서신을 통해 비
판적이고 때론 해학적인 김삿갓을 만나게 된다.

위치 영월군 하동면 와석리 913, 영월 남동쪽
교통 ❶ 영월에서 김삿갓면행 농어촌버스 이용, 문학관 종
점 하차 ❷ 승용차로 영월에서 88번 지방도 이용, 고씨굴
방향. 고씨굴 지나 와석리 방향
요금 성인 2,000원, 청소년 1,500원, 어린이 1,000원
시간 09:00~18:00(매주 월요일 휴관)
전화 033-375-7900

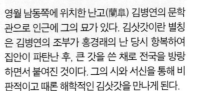

묵산 미술박물관 墨山 美術博物館

한국 화가 묵산 임상빈의 작업실 겸 전시장으로
근현대 작품을 감상할 수 있는 현대 미술관, 세계
각국 어린이의 작품을 감상할 수 있는 세계 어린
이 미술관, 조선시대의 미술품을 감상할 수 있는
고미술 전시관 등이 있다. 무인 카페, 미술체험실
도 운영한다.

위치 영월군 김삿갓면 와석리 605, 영월 남동쪽
교통 ❶ 영월에서 김삿갓면행 농어촌버스 이용, 든돌(묵산
미술박물관) 하차 ❷ 승용차로 영월에서 88번 지방도 이용,
고씨굴 방향. 고씨굴 지나 와석리 방향
요금 성인 5,000원, 초중고생 4,000원, 유치원생 3,000원
시간 09:00~18:00(동절기 17:00, 매주 월요일 휴관)
전화 033-374-7249
홈페이지 cafe.daum.net/muksan-art

다하누 주천점

다하누촌에 위치한 셀프 한우 식당으로 정육점에서 한우를 구입해 세팅비를 내고 구워 먹을 수 있다. 한우 말고도 전국 최고의 맛을 자랑하는 소머리국밥이나 우설수육도 먹을 만하다. 소머리국밥 특을 주문하면 국거리 쇠고기에 우설을 추가로 넣어 준다.

위치 영월군 주천면 주천리 1237-1, 다하누광장 내
교통 ❶ 영월에서 주천행 농어촌버스 이용, 주천터미널 하차. 다하누 광장 방향 도보 5분 **❷** 승용차로 영월에서 38번 국도 이용, 남면 방향. 남면에서 88번 지방도 이용, 주천 방향.
메뉴 상차림비 1인 3,5000원, 소머리곰탕 8,000원, 우설수육 소 30,000원
전화 033-372-7779

장릉 보리밥집

보리밥으로 유명세를 얻은 식당이다. 가정집을 개조한 식당 분위기가 편안하고 감자 들어간 보리밥에 나물과 고추장 넣고 쓱쓱 비벼 먹는 맛이 일품이다. 단, 식사 시간에는 긴 줄이 있는 경우가 많으니 일찍 가거나 조금 늦게 가자.

위치 영월군 영월읍 영흥리 1101-1
교통 영월 장릉에서 바로
메뉴 보리밥 8,000원, 도토리묵 6,000원, 감자메밀부침 5,000원
전화 033-374-3986

명가

곤드레밥을 내던 청산회관이 명가로 상호를 바꿨다. 곤드레밥은 여전히 나오고 그 외 부대찌개, 버섯생불고기 같은 메뉴가 눈에 띈다. 내부도 청산회관 때의 모습과 달라진 것이 없어 예전에 방문했던 사람에게도 낯설지 않다.

위치 영월군 영월읍 영흥리 945-10, 중앙로 중간
교통 영월시외버스터미널에서 관풍헌 방향 도보 5분
메뉴 곤드레밥 9,000원, 부대찌개 8,000원, 버섯생불고기 14,000원
전화 033-372-0081

영월 중부지역

하얀집

영월 요리 골목 내에 위치한 식당으로 염소탕을 전문으로 한다. 흔히 접하기 어려운 염소탕, 염소수육 같은 보신 메뉴를 맛볼 수 있다. 간판 위의 작은 염소가 이 집의 마스코트. 염소탕에 산초, 고춧가루 양념을 넣고 먹으면 더 맛있다.

위치 영월군 영월읍 영흥리 946, 요리 골목 내
교통 영월시외버스터미널에서 영월 맨션, 요리 골목 방향 도보 5분
메뉴 염소탕 15,000원, 염소수육 30,000원
전화 033-374-2996

다슬기향촌 성호식당

다슬기 해장국 전문 식당으로, 다슬기 해장국의 시원한 국물이 일품이다. 정갈하게 담아 내오는 김치, 더덕, 굴, 산나물 같은 반찬도 맛있다. 다슬기 해장국을 먹을 때 다슬기는 바닥에 가라앉아 있으므로 다슬기 없다 말고 숟가락으로 바닥을 확인해 보자.

위치 영월군 영월읍 덕포리 497, 영월역 앞
교통 영월역 건너편 도보 1분
메뉴 다슬기해장국 8,000원, 다슬기순두부 8,000원, 다슬기비빔밥 10,000원
전화 033-374-3215

김인수 할머니 순두부

영월 중앙로 관풍헌 옆길로 가면 단종로 16번
길이 나오고 그곳에 김인수 할머니 순두부집이
있다. 직접 만든 순두부를 이용한 두부 요리가
담백하다. 보통 일반 순두부보다 얼큰 순두부나
두부전골을 많이 먹는다.

위치 영월군 영월읍 영흥리 991-9, 단종로 16번 길
교통 영월시외버스터미널에서 중앙로 관풍헌 옆길, 도보
10분
메뉴 순두부 · 비지장 각 8,000원, 청국장 · 얼큰 순두부
각 9,000원, 특순두부 11,000원
전화 033-375-3698

동강 다슬기

영월역 인근이라 찾기 쉬운 다슬기 전문 식당으
로 다슬기 해장국의 시원하고 개운한 맛 때문에
술 마신 뒤 해장으로 그만이다. 물고둥이라고도
하는 다슬기는 하천과 호수 등 물이 깊고 물살이
센 곳에 사는 것으로, 동강이 유명하다.

위치 영월군 영월읍 덕포리 497-5, 영월역 앞
교통 영월역 건너편 도보 1분
메뉴 다슬기 해장국 · 다슬기 비빔밥 · 다슬기 순두부 각
10,000원, 다슬기 무침 25,000원
전화 033-374-2821

고향 칡칼국수(고향식당)

영월 고씨굴 관광 단지 내에 위치한 식당으로 칡
을 이용한 음식을 선보인다. 칡은 한방에서는
갈근이라 부르며 발한, 해열에 좋다고 알려져
있다. 칡칼국수, 칡냉면이 쫄깃하고 맛있다.

위치 영월군 김삿갓면 진별리 506-33, 고씨굴 관광 단지 내
교통 ❶ 영월에서 진별리 농어촌버스 이용, 고씨굴 관광
단지 하차 ❷ 승용차로 영월에서 88번 지방도 이용, 고씨
굴 관광 단지 도착
메뉴 칡칼국수 · 칡냉면 · 칡콩국수 각 7,000원, 도토리묵
10,000원
전화 033-372-9117

구름정원 펜션

영월 남동쪽 감삿갓면 와석리 묵산 미술박물관 건너편에 위치한 펜션으로 작은 수영장이 있어 아이들이 놀기 좋다. 산속에 위치해 조용히 하룻밤을 보낼 사람에게 적당하고, 인근 김삿갓 문학관을 둘러보기 편하다.

위치 영월군 김삿갓면 와석리 652, 영월 남동쪽
교통 ❶ 영월에서 김삿갓면행 농어촌버스 이용, 든돌(묵산미술박물관) 하차. 펜션 방향 도보 10분 ❷ 승용차로 영월에서 88번 지방도 이용, 고씨굴 방향. 고씨굴 지나 와석리 방향
요금 비수기 70,000~220,000원
전화 033-375-0244, 010-6595-6110
홈페이지 www.cloudgarden.net

강변의 아침

영월 북서쪽 남면 연당리 평창강 인근에 위치한 펜션으로 한옥 스타일의 외관이 특이하다. 별채, 2층, 3층 등 독채로 대여를 한다. 인근에 세계민속악기박물관, 당나귀 타는 원시마을이 있어 구경 가기 좋다.

위치 영월군 남면 연당리 876-11, 영월 북서쪽
교통 ❶ 영월에서 연당리행 농어촌버스 이용, 조양 하차. 서강쪽 펜션 방향 도보 3분 ❷ 승용차로 영월에서 38번 국도 이용, 남면 방향. 연당교차로에서 남면사무소 방향
요금 150,000~250,000원
전화 033-372-1250, 011-743-5639
홈페이지 www.ywriver.com

라메종 펜션

영월 북동쪽 영월읍 거운리 어라연 입구에 위치한 펜션으로 2층 목조 건물로 되어 있다. 동강과 가까워 동강 래프팅을 즐기기 편하고 어라연 트래킹을 하기도 좋다. 한가롭게 동강 주위를 거닐거나 낚시를 해도 즐겁다.

위치 영월군 영월읍 거운리 564-3, 영월 북동쪽
교통 ❶ 영월역에서 거운리행 농어촌버스 이용, 거운리 어라연 입구 하차. 펜션 방향 도보 5분 ❷ 영월에서 영월역 거쳐 동강로 이용, 삼옥리, 거운리 방향
요금 비수기 주중 60,000~80,000원
전화 033-375-7997
홈페이지 lamaison.modoo.at

은솔 펜션

영월 북서쪽 주천강가에 위치한 펜션으로 유럽풍 목조 건물로 되어 있다. 깔끔한 인테리어의 객실과 날씨 좋은 날 야외에서 즐길 수 있는 바비큐장이 있다. 인근 한반도 지형, 선돌 등의 관광지에 가기도 편리하다.

위치 영월군 한반도면 신천리 산 338, 영월 북서쪽
교통 ❶ 제천역에서 550번 시내버스 이용, 서면 하차. 펜션 방향 도보 5분 ❷ 승용차로 영월에서 38번 국도 이용, 남면 방향. 남면에서 88번 지방도 이용, 한반도면 방향. 한반도면 지나 현대교 건너 은솔 펜션 방향
요금 비수기 주중 80,000~100,000원
전화 010-9465-6783
홈페이지 www.eunsolps.com

강과별 펜션

영월 북동쪽 동강 가까운 곳에 위치한 펜션으로 2층의 목조 건물이다. 객실 내외부 전경이 훌륭하고, 별마로 천문대와 가까워 천문대 방문 계획이 있다면 이용하기 좋은 곳이다. 동강에서의 래프팅도 겸할 수 있다.

위치 영월군 영월읍 삼옥3리1586-4, 영월 북동쪽
교통 ❶ 영월에서 삼옥리행 농어촌버스 이용, 둥글바위 하차. 펜션 방향 도보 5분 ❷ 승용차로 영월에서 영월역 거쳐 동강로 이용, 삼옥리 방향
요금 60,000~120,000원
전화 033-375-3311, 011-518-7648
홈페이지 www.eriverstar.com

동강 오토캠핑장

영월 북동쪽 동강가에 위치한 오토캠핑장으로 오토캠핑사이트, 카라반사이트, 머시룸하우스 등을 갖추고 있다. 동강 인근이라 동강에서 래프팅하기 편리하고 영월 시내와도 가까워 장릉이나 청령포 등을 방문하기 좋다.

위치 영월군 영월읍 삼옥리 1574-2, 영월 북동쪽
교통 ❶ 영월에서 삼옥리행 농어촌버스 이용, 둥글바위 하차. 동강 방향 도보 3분 ❷ 승용차로 영월에서 영월역 거쳐 동강로 이용, 삼옥리 방향
요금 비수기 주중 캠프사이트·카라반사이트 각 25,000원, 머시룸하우스 60,000원
전화 070-4213-8188, 011-377-0237
홈페이지 www.ywcamping.com

숙소 리스트

이름	위치	전화
호텔 어라연	강원도 영월군 영월읍 하송리 180-12	033-375-8880
게스트하우스 영월	영월군 영월읍 영월로 2103-1	010-3973-7714
장릉숲 게스트하우스	영월군 영월읍 영월로 1763	033-373-7170
김삿갓 민박	영월군 김삿갓면 와석1리 566	033-374-9595

BEST TOUR 영월

1일차 시작!

① 법흥사
한적한 산사, 시원한 물이 흐르는
법흥 계곡을 산책한다.

② 호야 지리박물관
국내 최초의 지리 테마 박물관
을 관람한다.

③ 요선암과 요선정
요선암과 요선정이 있는 아름
다운 경치를 감상한다.

2일차 시작!

① 동강 사진박물관
국내 유일의 군립 사진박물관을
둘러본다.

② 영월 장릉
조선 6대 왕 단종이 잠든 곳

③ 청령포
단종이 유배되었던 곳을 살펴
본다.

3일차 시작!

① 별마로 천문대
799.8m 높이의 봉래산에서 천
문을 관찰하고 영월 시내를 조
망한다.

② 동강생태공원
유유히 흐르는 동강 조망, 공원
에서 민물고기 생태 관찰

③ 고씨굴
석회석 동굴 내 종유석, 석순,
석주, 동굴 산호를 본다.

영월 2박 3일 코스 ★ 단종의 비운의 삶을 되돌아보는 역사 여행

비운의 왕, 단종은 삼촌 세조에게 왕위를 빼앗기고 노산군으로 강등되어 영월 청령포로 귀양을 오고 훗날 영월 장릉에 묻히게 된다. 영월에서 영화 〈라디오스타〉가 촬영되어 화제가 되면서 단종의 슬픈 역사가 다시 한 번 주목받게 되었다. 영화 촬영지인 별마로 천문대, 동강, 청록다방 등은 영월 여행에서 빠지지 않는 인기 여행지가 되었다. 또한 다양한 종류의 박물관이 많은 영월은 박물관의 도시라는 별칭을 가지고 있다.

5 선돌
전망대에 올라 70m 높이의 기암과 서강을 조망한다.

숙박

4 한반도 지형
한반도 모양을 꼭 닮은 지형을 조망한다.

4 영월 종교미술박물관
최바오로 작가의 성화, 성상, 조각 등을 관람한다.

5 영월 곤충박물관
나비, 나방, 잠자리 등 다양한 곤충의 세계에 빠져 본다.

6 당나귀 타는 원시마을
당나귀 먹이 주기, 당나귀 타기 체험을 한다.

숙박

4 영월 아프리카 미술박물관
진귀한 아프리카 미술과 풍물을 둘러본다.

5 영월 동굴생태관
동굴의 생태와 탐험 방법을 알아본다.

6 김삿갓 문학관
난고 김병연의 삶과 문학을 돌아본다.

귀가

313

태백

하늘에 제를 올리던
신령스러운 고원 도시

예부터 하늘에 제를 올리던 땅이자 대한민국의 대표적인 강인 한강과 낙동
강이 발원하는 곳인 태백은 신령스러운 기운이 맴돈다. 신비한 기를 간직한
태백산을 올라 보고, 커다란 풍력발전기의 날개가 인상적인 매봉산과 귀네
미마을의 독특한 풍경도 놓치지 말자.

Access

🚌 시외 · 고속 동서울종합터미널에서 태백시외버스터미널까지 3시간 10분 소요, 06:00~23:00, 약 30분 간격, 요금 우등 31,900원 일반 24,600원

🚆 기차 청량리역에서 태백역까지 4시간 10분 소요, 07:05~23:20, 약 2시간 간격, 요금 15,200원

🚗 승용차 서울에서 성남, 성남에서 경기광주JC, 경기광주JC에서 광주─원주 고속도로 이용, 신평JC에서 중앙고속도로 이용, 제천IC에서 38번 도로 이용, 영월 거쳐 태백 방향

INFORMATION 태백 관광안내소 033-550-2828, 033-552-8363 | 태백시 문화관광과 033-550-2083 | 강원도 관광 안내 033-1330 | 전국 관광 안내 1330

태백

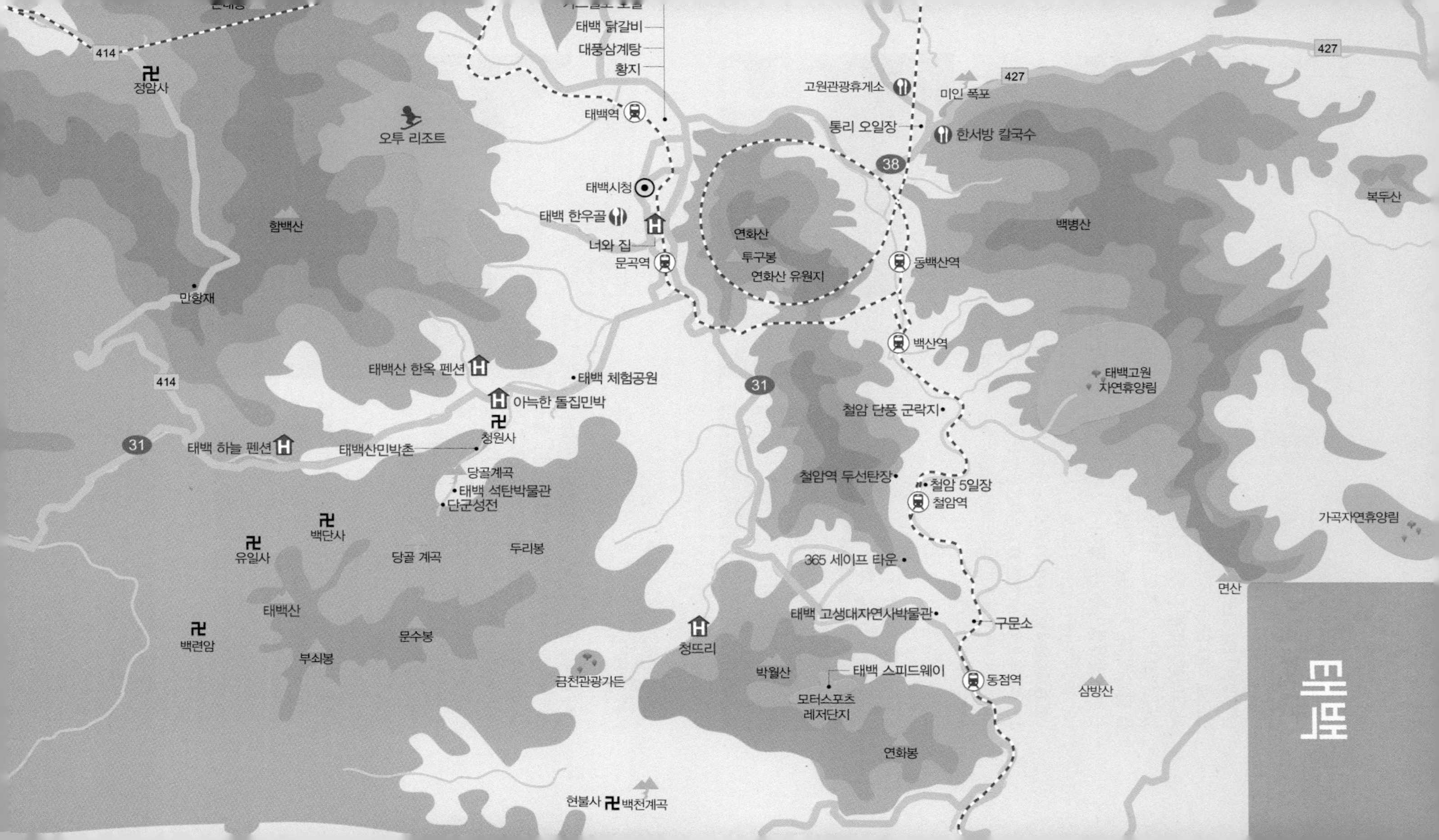

427

독두산

가곡자연휴양림

면산

태백고원
자연휴양림

설방산

백병산

427

마인 폭포

한서방 김구수

구문소

동점역

태백 스피드웨이

연화동

고원관광휴게소

통리 오일장

38

동백산역

백산역

철암 단종 군검지

청암 5일장

철암역

모타스포츠
레저단지

태백 고생대자연사박물관

박월산

38

철암역 두선탄장

365 세이프 타운

31

연화산

연화산 유원지

투구봉

청포리

현불사 卍 백천계곡

금천관광가든

가느그느호ㅇ르

태백 닭갈비

태백역

대종상계들

황지

태백 한우골

너와 집

문역역

태백시장

이눅한 돌집민박

태백 체험공원

두리봉

태백 한우펜션

청원사 卍

당골계곡

태백 석탄박물관
단군성전

오투 리조트

태백산민박촌

태백산 한옥 펜션션

태백산민박촌

두리봉

문수봉

함백산

卍 백단사

태백 하늘 펜션션 H

유일사 卍

태백산
卍 망경사

부쇠봉

만항재

414

31

卍 청암사

414

추전역 杻田驛

남한에서 해발 고도가 가장 높은 곳에 있는 기차역으로 해발 855m 지점에 있다. 서쪽에 함백산과 금대봉 사이를 관통하는 정암터널(4.5km)이 있다. 역사 내에서 철도원 복장을 하고 기념 촬영을 할 수 있다. 가장 높은 곳에 있는 기차역이라는 비석 앞에서 인증샷은 필수!

위치 태백시 화전동 산123, 태백 북서쪽
교통 ❶ 태백에서 10, 11, 12번 시내버스 이용, 추전역삼거리 하차. 추전역 방향 도보 18분 ❷ 승용차로 태백에서 38번 국도 이용, 화전동 방향. 추전역삼거리에서 추전역 방향
전화 033-553-8550

삼수령 三水嶺

태백 매봉산 동쪽에 위치한 고개로, 이곳에서 한강(서쪽), 낙동강(남쪽), 오십천(동쪽)이 분기된다고 하여 삼수령이란 이름이 붙었다. 정상에는 전망대 역할을 하는 정자각과 '빗물의 운명'이라는 조형물이 있고, 주변은 공원으로 꾸며져 있다. 동쪽으로 고랭지 배추단지, 바람의 언덕(풍력발전단지) 등이 있는 매봉산으로 향할 수 있다.

위치 태백시 적각동 62-1, 태백 북쪽
교통 ❶ 태백에서 13번 시내 · 좌석버스 이용, 삼수령(피재) 하차 ❷ 승용차로 태백에서 35번 국도 이용, 삼수령 방향

용연 동굴 龍淵 洞窟

태백 금대봉 동쪽 기슭에 위치한 석회 동굴로 남한에서 가장 높은 해발 920m 지점에 있다. 동굴 길이는 843m이고 석순, 종유석, 석주 등이 관찰된다. 동굴 안 석회석 기둥이 신비롭지만 평일엔 관람객이 적어 으스스한 느낌을 주기도 한다. 용연 동굴 인근에 금대봉을 거쳐 두문동재에 이르는 등산로(약 7km, 4시간)가 있으니 울창한 숲 속을 걷는 것도 좋다.

위치 태백시 화전동 산47-69, 태백 북서쪽
교통 ❶ 태백에서 10, 11, 12번 시내버스 이용, 용연 동굴 입구 하차. 용연열차(버스) 또는 도보(20분)로 용연 동굴 도착 ❷ 승용차로 태백에서 38번 국도 이용, 화전동 방향. 용연삼거리에서 용연 동굴 방향
요금 성인 3,500원, 학생 2,500원, 유치원생 1,500원
시간 09:00~18:00
전화 033-550-2727, 033-553-8584

바람의 언덕

삼수령에서 임도를 따라 올라가면 자작나무 숲
이 있고 매봉산 중턱에 다다르면 넓은 고랭지 배
추 재배단지, 풍력발전단지, 전망대 등이 보인다.
바람의 언덕에 세워진 풍차가 낭만적이고 가을
배추 수확철에는 녹색의 벌판을 볼 수도 있다. 바
람의 언덕에서 백두대간 매봉산까지 등산을 해
도 즐겁다. 한여름에는 시원한 바람이 불어 바람
의 언덕이라는 이름이 어울리나 한겨울에는 매
서운 바람이 불어 옷깃을 여미기 바쁘다. 넓은 고
랭지 배추 재배단지를 덮고 있는 눈벌판을 바라
보고 있으면 설국에 와 있는 느낌이 든다.

태백
중부 지역

위치 태백시 화전동 47–1, 매봉산 내
교통 ❶ 태백에서 13번 시내버스 이용(1일 2회), 삼수령(피
재) 하차. 삼수령에서 매봉산 전망대까지 도보 50분. 바람
의 언덕에서 매봉산 정상(1,303m)까지 도보 30분 **❷** 승용차
로 태백에서 35번 국도 이용, 삼수령 방향. 삼수령에서 임도
따라 매봉산 방향(급경사, 급커브길로 동절기 · 우천 · 안
개 시 운행 주의)
코스 삼수령 – 자작나무 숲 – 바람의 언덕(약 1.4km) – 매
봉산 정상(약 0.7km), 1시간 20분~2시간
전화 태백시 문화관광과 033–550–2081

귀네미마을

태백 덕항산(1,077m) 북쪽 산정에 위치한 고랭
지 채소 재배단지가 있는 마을. 근년에 풍력발전
단지가 조성되어 넓은 배추밭 사이로 보이는 풍
력발전기의 풍경이 이색적이다. 귀네미골에서
귀네미마을까지 대중교통이 없으므로 승용차를
이용하는 것이 좋다. 가을 배추가 한창 자랄 때쯤
시기를 잘 맞춰 방문해야 황량한 벌판만 보고 오
는 일을 피할 수 있다.

위치 태백시 하사미동 524-5, 태백 북쪽
교통 ❶ 태백에서 13번 시내버스 이용(1일 2회), 귀네미골
하차. 귀네미마을까지 도보 1시간 ❷ 승용차로 태백에서 35
번 국도 이용, 삼수령 방향. 삼수령 지
나 귀네미골. 귀네미골에서 귀네미마
을 방향(귀네미길, 동절기 · 우천 · 안
개 시 운전 주의)
전화 033-552-1376

검룡소 儉龍沼

태백 금대봉 북동쪽 기슭에 위치한 연못으로 한
강의 발원지다. 검룡소라는 이름은 물이 솟아나
는 연못 속에 검룡이 산다고 해서 붙여진 것. 연
중 섭씨 9도로 매일 2,000~3,000톤씩 끊임없이
솟아오르는 물줄기가 신기하고, 침식된 기암괴
석이 있는 주위 풍경이 이채롭다. 검룡소 주위로
울창한 산림이 둘러싸고 있어 신비함을 더하고
검룡소에서 분주령, 금대봉을 거쳐 두문동재에
이르는 등산로도 걸어 볼 만하다.

위치 태백시 창죽동 146-2, 태백 북쪽
교통 ❶ 태백에서 13번 시내버스 이용(1일 2회), 검룡소 입
구 하차. 검룡소까지 도보 30분 ❷ 승용차로 태백에서 35번
국도 이용, 삼수령 방향. 삼수령 지나 좌회전, 검룡소 방향
코스 검룡소 - 분주령 - 금대봉 - 두문동재(6.6km, 4시간)
전화 033-552-1360

오투 리조트 O2 Resort

함백산(1,573m) 동쪽 자락에 위치한 리조트로 스키장, 골프장, 숙소 등을 갖추고 있다. 스키장은 초급, 중급, 상급자 슬로프, 골프장은 백두 Sky, 함백 Sky 코스 등으로 이루어져 있다. 태백 함백산 자락에 있어 주변 경치가 뛰어나고 수도권 스키장에 비해 한산한 편이다.

위치 태백시 황지동 산176-28, 태백 서쪽
교통 ❶ 태백시외버스터미널에서 택시 이용 ❷ 무료 셔틀버스 이용(태백역 09:48) ❸ 승용차로 서울에서 경부고속도로 이용, 신갈 JC, 중부고속도로 호법 JC에서 영동고속도로, 영동고속도로 만종 JC에서 중앙고속도로 이용. 중앙고속도로 제천 IC에서 38번 국도 이용, 석항 방향. 석항에서 31번 국도 이용, 태백 방향. 약 3시간 소요
요금 리프트권(주간) 60,000원, 관광곤돌라 12,000만원, 눈썰매장 15,000원 내외
전화 033-580-7000
홈페이지 www.o2resort.com

오투 리조트에서 골프 즐기기

해발 1,100m 산중에 조성된 골프장으로 27홀이고 함백스카이(9홀), 태백스카이(9홀), 백두스카이(9홀) 등 3개 코스가 있다. 청정 고원에서 자연과 호흡하며 즐기는 골프가 재미있다.
요금 그린피 70,000원, 캐디피 18홀 120,000원, 카트료 18홀 80,000원

황지 黃池

태백 시내에 위치한 연못으로 낙동강의 발원지
중 하나다. 예전에는 하늘 못이라는 의미의 천황
(天潢)이라 불렸다. 상지, 중지, 하지 등 3개의 연
못에서 하루 5,000톤의 물이 솟아오른다. 황지
주변을 공원으로 꾸며 놓아 잠시 쉬어 가기 좋다.
인근에 위치한 황지자유시장도 구경하자.

위치 태백시 황지동 25-4, 태백 시내
교통 태백시외버스터미널에서 황지 방향 도보 10분
전화 033-550-2081

통리 오일장

통리는 태백 서쪽 연화산과 백병산 사이에 위치
한 산골마을로 이곳의 지세가 마치 소의 여물통
같이 생겼다고 하여 통리라는 이름이 붙었다. 통
상 오일장이라 부르지만 매달 5일, 15일, 25일,
즉, 열흘마다 장이 서는데 이는 태백에서 가장 큰
재래 시장이다.

위치 태백시 통동 69-1, 태백 서쪽
교통 ❶ 태백에서 1, 4번 시내버스 이용, 통리 건널목 하차
❷ 승용차로 태백에서 38번 국도 이용, 통리 방향

단군성전 檀君聖殿

태백산 당골 내에 위치한 성전으로 국조 단군을
모시고 있는 곳. 단군의 뜻을 따르는 국조단군봉
사회가 1982년 지역민의 성금을 모아 성전을 세
웠고 성전 안에는 단군의 영정이 모셔져 있다. 매
년 10월 3일 개천절에 단군제례를 지낸다.

위치 태백시 소도동 184, 태백산 당골
교통 ❶ 태백에서 7, 8번 시내버스 이용, 태백산 당골 종점
하차. 단군성전 방향 도보 15분 ❷ 승용차로 태백에서 35번
국도 이용, 상장삼거리에서 31번 국도 이용, 태백산 방향
전화 033-552-9788

태백산 太白山

태백 남서쪽에 위치한 산으로 산 정상에 예부터 하늘에 제사를 지내던 천제단이 있어 영험한 산으로 알려져 있다. 산 정상 주변의 주목 군락과 철쭉이 아름답고 산세가 험하지 않아 오르기 어렵지 않다. 태백산 정상에서 보는 일출과 겨울의 설경이 볼 만하다. 등산로는 당골이나 유일사 입구에서 오르는 것이 일반적이다. 천상의 화원이라 불리는 금대봉~대덕산 구간은 탐방 예약제(5~10월)로 운영 중이다.

위치 태백시 소도동 335, 태백 남서쪽
교통 ❶ 태백에서 7, 8번 시내버스 이용, 태백산 당골 종점 하차. 또는 태백에서 3, 6, 8번 시내버스 이용, 백단사 입구 또는 유일사 입구 하차 ❷ 승용차로 태백에서 35번 국도 이용, 상장삼거리에서 31번 국도 이용, 태백산 방향. 당골·백단사 입구 또는 유일사 입구 도착
전화 033-550-0000
홈페이지 태백산국립공원 taebaek.knps.or.kr
금대봉-대덕산(예약) reservation.knps.or.kr

태백 체험공원 太白 體驗公園

태백 남서쪽에 위치한 석탄촌 문화공원으로 옛 탄광촌을 재현한 탄광사택촌 전시관과 탄광 작업실, 갱도를 둘러볼 수 있는 현장 학습관으로 되어 있다. 열악한 환경 속에서 석탄을 캐던 광부들의 삶의 애환이 느껴져 가슴이 찡해지는 곳.

위치 태백시 소도동 산3, 태백 남서쪽
교통 ❶ 태백에서 1-4, 3, 6, 7, 8번 시내버스 이용, 태백 체험공원 하차
요금 성인 1,000원, 학생 700원, 어린이 500원
전화 033-550-2718, 033-550-2095

철암 단풍 군락지 鐵岩 丹楓 群落地

태백 연화산 남쪽 자락에 위치한 단풍 군락지로 가을이면 붉게 물든 단풍을 볼 수 있는 곳. 철암초등학교에서 낙동강 상류인 작은 하천을 건너면 철암 단풍 군락지로 가는 산책로가 나오고 산책로 길가 곳곳에 단풍나무가 있다.

위치 태백시 철암동 64-1, 태백 동남쪽
교통 ❶ 태백에서 1번 시내버스 이용, 철암초등학교 하차, 단풍 군락지 방향 도보 10분 ❷ 승용차로 태백에서 31번 국도 이용, 구문소 방향, 구문소에서 철암역 방향

태백 고생대자연사박물관 太白 古生代自然史博物館

태백 구문소 부근에 위치한 박물관으로 1, 2층의 전시실에서는 선캄브리아시대, 중기 고생대, 후기 고생대, 중생대, 신생대의 다양한 생물 화석을 볼 수 있고, 지하 1층 체험 전시실에서는 지질 탐험과 화석 발굴에 관한 전시 관람과 체험이 가능하다.

위치 태백시 동점동 295, 태백 남동쪽
교통 ❶ 태백에서 1, 1–5번 시내버스 이용, 박물관 하차 ❷ 승용차로 태백에서 31번 국도 이용, 구문소 방향.
요금 성인 2,000원, 학생 1,500원, 어린이 1,000원
시간 09:00~18:00(매표 17:00)
전화 033–581–3003
홈페이지 www.paleozoic.go.kr

철암역 두선탄장

두선탄장은 철암역 뒤에 위치한 석탄 선별 · 가공장으로 한국 근대 산업사를 상징하는 곳 중 하나. 쇠락한 탄광 마을의 풍경을 박제처럼 간직한 이 일대에서 과거로의 시간 여행을 경험할 수 있다. 마을 곳곳에는 당시 주민들의 삶을 엿볼 수 있는 벽화가 있고, 영화 〈인정사정 볼 것 없다〉의 철길 격투신을 찍었던 철로도 볼 수 있다.

위치 태백시 철암동 87–1, 태백 남동쪽 철암역 상부
교통 ❶ 태백에서 1번 시내버스 이용, 철암역 또는 철암주민센터 하차 ❷ 영동선 기차 이용, 철암역 하차 ❸ 승용차로 태백에서 31번 국도 이용, 구문소 방향. 구문소에서 철암역 방향

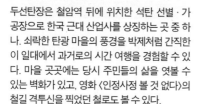

태백 스피드웨이

태백 남쪽 박월산 산정에 위치한 모터 스포츠 경기장으로 국내에서는 유일하게 국제자동차연맹(FIA)의 공인을 받은 서킷. 서킷은 폭 13~18m, 직선 거리 900m, 총 길이 2.5km로 최대 300km/h의 속도를 낼 수 있다. 엄청난 속도로 달리는 자동차의 질주를 볼 수 있어 즐겁다.

위치 태백시 동점동 372, 태백 박월산 내
교통 승용차로 태백에서 31번 국도 이용, 태백 고생대자연사박물관 방향. 박물관에서 스피드웨이 방향
요금 라이선스 바이크 · 차량 88,000원, 스포츠 주행(20분) 38,500원, 버기카 15,000원, 카트 15,000원
전화 033–581–3012
홈페이지 taebaekspeedway.com

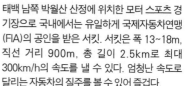

365 세이프 타운

365 세이프 타운은 재난·소방 안전 체험 테마 파크이다. 세이프 타운은 크게 한국청소년안전 체험관 내 HERO 체험관(산불, 지진 체험)이 있는 장성 지구, 챌린지월드 내 HERO 어드벤처(트리트렉, 플라잉폭스)가 있는 중앙 지구, 강원도 소방학교 내 HERO 아카데미(소방 안전 체험)이 있는 철암 지구 등으로 나뉜다. 각 체험은 사전 예약을 하는 것이 좋고 곤돌라를 이용해 각 지구로 이동할 수 있다.

위치 강원도 태백시 평화길(장성동) 15, 한국 청소년 안전 체험관(365 세이프 타운)
교통 ❶ 태백 시내에서 1, 1–4, 3번 시내버스, 1–5, 15번 좌석버스 이용, 구문소 동사무소 하차, 365 세이프 타운 방향, 도보 5분 ❷ 승용차로 태백 시내에서 구문소, 태백공고 방향

요금 자유이용권 22,000원, 챌린지월드 12,000원, 키즈랜드 12,000원, 9D VR 2,000원
시간 09:00∼18:00(매주 월요일 휴관) / 트리트렉과 소방 안전 교육_10:00, 13:00, 15:00
＊소방 안전 교육 20인 이상, 사전 예약 033–550–3120
전화 : 033–550–3101∼5
홈페이지 www.taebaek.go.kr/365safetown

구문소 求門沼

구문소는 커다란 굴이 있는 늪을 말한다. 황지천을 따라 흐르던 물의 오랜 침식 작용으로 석회암산이 뚫려서 만들어진 일종의 동굴로, 물은 구문소를 지나 철암천으로 흘러간다. 구문소 부근 석회암에서 전기 고생대의 퇴적 환경과 생물상을 볼 수 있어 천연기념물 제417호로 지정되었다.

위치 태백시 동점동 505–1, 태백 남동쪽
교통 태백 고생대자연사박물관에서 구문소 방향 도보 5분

태백 석탄박물관 太白 石炭博

태백산 당골 내에 위치한 석탄박물관으로 제1관 지질관, 제2관 석탄의 생성·발견관, 제3관 석탄의 채굴·이용관, 제4관 광산 안전관 등으로 되어 있다. 제1관 지질관은 다양한 암석과 화석이 많아 작은 자연사박물관이라 불릴 만하고, 제8관 갱도체험관에서는 실제와 비슷하게 만들어진 갱도를 지나며 석탄 채굴 과정을 체험한다.

위치 태백시 소도동 166, 태백산 당골 내
교통 ❶ 태백에서 7, 8번 시내버스 이용, 태백산 당골 종점 하차, 박물관 방향 도보 10분 ❷ 승용차로 태백에서 35번 국도 이용, 상장삼거리에서 31번 국도 이용, 태백산 방향
요금 성인 2,000원, 학생 1,500원
시간 09:00∼18:00 | 전화 033–552–7730
홈페이지 www.taebaek.go.kr/coalmuseum

태백의 맛집

태백 닭갈비

춘천 닭갈비가 물기가 적은 건식 닭갈비라면 이
곳은 육수가 있는 습식 닭갈비라고 할 수 있다.
닭갈비와 닭도리탕의 중간 정도여서 물닭갈비
라고도 한다. 닭갈비와 육수, 채소를 넣고 잘 조
려, 먹으면 쫄깃하고 매콤한 맛을 느낄 수 있다.

위치 태백시 중앙남1길 10
교통 태백역, 태백시외버스터미널에서 황지공원 방향, 도
보 13분
메뉴 태백닭갈비 7,000원, 볶음밥 2,000원, 우동 1,500원
전화 033-553-8119

너와집

이 식당은 소나무 널빤지로 지붕을 이은 너와집
으로 되어 있다. 태백 산골에 있던 너와집을 옮
겨 왔다고 하는데 독특한 내·외관이 눈길을 끈
다. 산채비빔밥과 너와정식이 맛있다.

위치 태백시 상장동 208-9, 태백터미널 남쪽
교통 ❶ 태백터미널에서 10, 11, 12번 시내버스 이용, 서학
레저단지 입구 하차. 유진2차 아트빌아파트 방향 도보 5
분. 또는 태백에서 택시 이용 ❷ 승용차로 태백에서 유진2
차 아트빌아파트 방향
메뉴 산채비빔밥 9,000원, 너와정식 22,000원, 소갈비찜
정식 40,000원
전화 033-553-4669

태백 한우골

태백산 고원에서 자라 육질이 단단하고 고소한 태백산 한우를 연탄불에 구워 먹는 곳으로 고기 맛이 소문이 나서인지 연일 손님이 많다. 고기를 먹고 난 뒤에는 이 식당에서 개발했다는 된장소면을 맛보아도 좋다.

위치 태백시 황지동 405-15, 태백터미널 남쪽

교통 ❶ 태백터미널에서 9, 10, 11, 12번 시내버스 이용, 현대아파트 하차. 강원관광대학 방향 도보 5분. 또는 태백에서 택시 이용 ❷ 승용차로 태백에서 강원관광대학 방향

메뉴 갈비살, 생주물럭, 육회 각 32,000원

전화 033-554-4599, 554-4799

철암 오일장

철암은 남한에서 가장 큰 저탄장인 두선탄장을 가지고 있는 전형적인 탄광마을로 5일 간격의 오일장이 아닌 10일 간격의 10일장이 열린다. 매달 10, 20, 30일에 철암시장 일대에서 펼쳐지는 오일장에는 순대국밥, 소머리국밥, 생선회 같은 다양한 먹거리가 있다.

위치 태백시 철암동 352-38, 철암시장 일대

교통 ❶ 태백에서 1번 시내버스 이용, 철암시장 하차 ❷ 영동선 기차 이용, 철암역 하차 ❸ 승용차로 태백에서 31번 국도 이용, 구문소 방향. 구문소에서 철암역 방향

메뉴 순대국밥 7,000원, 소머리국밥 8,000원, 송어회+광어회 15,000원, 공기밥 1,000원

대풍 삼계탕

태백 시내 황지 북서쪽에 위치한 삼계탕 전문점으로 초벌로 삶은 육계를 뚝배기에 넣어 데워 내온다. 잘 삶은 육계의 살이 부드럽고, 닭죽도 맛이 있다. 삼계탕을 먹기 전에 나오는 인삼주는 삼계탕의 맛을 돋운다. 진한 국물의 삼계탕을 맛보고 싶다면 강력 추천!

위치 태백시 황지동 253-100, 황지 북서쪽

교통 태백 시내에서 황지 방향 도보 5분

메뉴 삼계탕 12,000원, 매운 삼계탕 13,000원, 전복 삼계탕 16,000원

전화 033-552-2625

327

한서방 칼국수

태백 통리 건널목 건너편에 위치한 칼국수집으로 주인장이 직접 홍두깨로 밀가루 반죽을 펴고 면을 썰어 칼국수를 만드는 과정을 볼 수 있다. 육수가 진한 닭칼국수, 멸치칼국수가 맛있고 냉콩국수는 담백하다. 부담 없는 가격으로 백숙을 맛봐도 좋다.

위치 태백시 황연동 69-41, 통리 건널목 건너
교통 ❶ 태백에서 1, 4번 시내버스 이용, 통리 건널목 하차 ❷ 승용차로 태백에서 38번 국도 이용, 통리 방향
메뉴 닭칼국수 · 멸치칼국수 · 냉콩국수 각 7,000원, 백숙 15,000원
전화 033-554-3300

광천 막국수

태백 추전역삼거리에 위치한 막국수 전문 식당이다. 약간 매콤한 것이 맛을 즐기고 싶다면 비빔으로 즐기고, 같이 나온 육수를 넣어 물 막국수로 즐겨도 좋다.

위치 태백시 화전동 147, 태백 북서쪽
교통 ❶ 태백에서 10, 11, 12번 시내버스 이용, 추전역삼거리 하차 ❷ 승용차로 태백에서 38번 국도 이용, 화전동 방향, 추전역삼거리 도착
메뉴 광천 막국수 7,000원, 회국수 8,000원, 수육 중 25,000원
전화 033-552-1191

초막고갈두

현지인도 줄을 서 먹는 생선조림 · 두부조림 맛집이다. 시내에서 조금 떨어져 있지만 언제나 손님으로 붐빈다. 매봉산 바람의 언덕 가는 길에 방문하기 좋다.

위치 태백시 백두대간로 304
교통 태백 시내에서 자동차로 10분
메뉴 고등어조림 7,000원, 갈치조림 10,000원, 두부조림 7,000원
전화 033-553-7388

태백하늘 펜션

태백산 백단사 매표소와 유일사 매표사 중간에
위치한 펜션으로 태백산 풍경을 즐기기 좋은 곳
이다. 양지 바른 곳에 있어 한낮의 햇볕이 따스
하고 산바람이 시원하다. 펜션에서 유일사 매표
소가 가까우므로 유일사 코스로 태백산에 오르
기 좋다.

위치 태백시 태백산로 4309-25
교통 태백 시외버스터미널에서 상동행 버스 이용, 새번지
정류장 하차. 도보 4분
요금 성수기 주중 100,000원, 주말 120,000원
전화 033-553-3951
홈페이지 taebaeksky.com

카스텔로 호텔

태백시외버스터미널과 황지공원 사이에 위치
한 호텔이다. 객실은 일반실 48개, 특실 24개 등
총 72개이고 호텔 내에 레스토랑이 있어 이용하
기 편리하다. 호텔 인근 황지공원이나 황지자유
시장까지 도보로 갈 수 있으며 근교는 시외버스
터미널을 이용하면 된다.

위치 태백시 연지로 6
교통 태백 시외버스터미널에서 태백시 농업기술센터 방
향, 도보 7분
요금 일반실 70,000원 내외
전화 033-553-2211
홈페이지 www.castellohotel.co.kr

청뜨리

태백 남쪽 박월산 자락에 위치한 펜션형 민박으로 대학생 MT나 회사의 야유회 같은 단체 이용객에게 적합한 곳이다. 민박이 있는 금천은 태백에서 처음으로 석탄을 채굴한 곳으로 인근의 태백 고생대자연사박물관, 구문소 등을 둘러보기 좋은 위치에 있다.

위치 태백시 금천동 12, 태백 남쪽
교통 ❶ 태백에서 1~4번 시내버스 이용, 금천1동 하차. 펜션 방향 도보 5분 ❷ 승용차로 태백에서 35번 국도 이용, 금천동 방향
요금 10인 내외 200,000원, 성수기 가격 문의, 바비큐장 · 운동장 대여 각 50,000원
전화 033-581-5371
홈페이지 www.chung3.com

아늑한 돌집 민박

태백산 당골 입구에 위치한 민박으로 3층 건물로 되어 있다. 태백산 당골과 가까워 태백산을 등산하거나 석탄박물관, 체험공원에 들르기 편하다. 태백산 당골 식당가에서 식사를 하거나 태백산 당골까지 산책을 하기도 좋다.

위치 태백시 소도동 126, 태백산 당골 입구
교통 ❶ 태백에서 7, 8번 시내버스 이용, 청원사 하차. 민박 방향 도보 1분 ❷ 승용차로 태백에서 35번 국도 이용, 상장삼거리에서 31번 국도 이용, 태백산 방향
요금 비수기 주중 30,000~90,000원
전화 033-553-3432
홈페이지 www.dolhouse.co.kr

태백산 민박촌

태백산 당골에 위치한 시립 민박촌으로 15동 93실, 최대 수용 인원이 600명에 이르는 큰 규모를 자랑한다. 태백산 당골과 가까워 태백산 등산객이 이용하기 좋은 곳이다. 해발 700m 이상의 지역으로 연중 서늘하여 한여름의 더위를 피하기에 그만이다.

위치 태백시 소도동 331-1, 태백산 당골 내
교통 ❶ 태백에서 7, 8번 시내버스 이용, 태백산 민박촌 하차 ❷ 승용차로 태백에서 35번 국도 이용, 상장삼거리에서 31번 국도 이용, 태백산 방향
요금 비수기 30,000~90,000원
전화 033-553-7440
홈페이지 국립공원공단 res.knps.or.kr/information/residenceStatInfo.action

태백산 한옥 펜션

태백산 당골 입구 부근에 위치한 펜션으로 한옥으로 되어 있다. 황토와 적송을 이용한 한옥은 머무는 동안 편안함을 주고 한겨울에는 따뜻한 온돌에서 몸을 지질 수 있어 좋다. 태백산 당골 입구와 가까워 태백산 등산이나 태백 석탄박물관을 둘러보기 편하다.

위치 태백시 소도동 267-2, 태백산 당골 입구 부근
교통 ❶ 태백에서 3, 6, 8번 시내버스 이용, 소롯골 입구 하차, 펜션 방향 도보 5분 ❷ 승용차로 태백에서 35번 국도 이용, 상장삼거리에서 31번 국도 이용, 태백산 방향. 태백산 당골 입구 지나 소롯골 방향
요금 2인 100,000~130,000원, 독채 100,000~200,000원, 바비큐 그릴 무료(참숯, 석쇠 준비)
전화 033-552-2367

숙소 리스트

이름	위치	전화
동아호텔	태백시 먹거리길 36	033-552-3605
태백관광호텔 쏘라노	태백시 기장밭길 9	033-553-8080
통리 게스트하우스	태백시 통리길 65-1	033-554-5026
예쁜 민박	태백시 문곡소도동 311-2	033-553-3331
공주 민박	태백시 소도동 316-48	033-552-4318

1일차 시작!

도보 5분

2 황지자유시장
황지를 둘러본 후 소박한 풍경을 간직한 재래시장에서 쇼핑!

하슬라 20분

1 황지
낙동강의 발원지를 둘러본다.

3 태백 고생대자연사박물관
태백의 지질과 화석, 동굴에 대해 알아본다.

2일차 시작!

1 태백 체험공원
석탄촌 문화공원에서 사택촌과 탄광을 둘러본다.

숙박

2 추전역
남한에서 해발 고도가 가장 높은 곳에 위치한 역

6 검룡소
산골 오지 속 한강의 발원지를 찾는다.

3 용연 동굴
남한에서 가장 높은 해발 고도 920m에 위치한 동굴 탐험

4 삼수령
한강, 낙동강, 오십천이 분기되는 삼수령을 돌아본다.

5 바람의 언덕
매봉산 중턱의 풍력발전단지와 고랭지 채소단지를 본다.

태백 2박 3일 코스 ★ 산업 전사 광부들의 삶을 엿보는 '그때 그 시절' 여행

오랜 동안 석탄은 우리 생활에 없어서는 안 되는 에너지원이었다. 한겨울 추위로부터 우리를 따뜻하게 해 주었으나 광부들의 삶은 여간 힘든 것이 아니었다. 과거 태백 일대에는 많은 석탄 광산이 있었지만 현재는 석유, 가스 같은 대체 에너지에 밀려 쇠퇴 일로를 걷고 있다. 태백 석탄박물관, 태백 체험공원, 철암역 두선탄장 등에서 태백 산업의 근간이 되었던 석탄 산업을 엿본다. 태백산과 낙동강의 발원지인 황지, 한강의 발원지인 검룡소 등 자연의 신비함을 간직한 곳들도 놓치지 말자.

④ 구문소
전기 고생대의 퇴적 환경을 간직한 신비한 석회암 지대

⑤ 철암역 두선탄장
산더미처럼 쌓인 석탄산의 웅장함!

숙박

3일차 시작!

귀가

④ 태백 석탄박물관
태백의 지질과 화석, 석탄 채굴 과정을 둘러본다.

① 단군성전
태백산 당골에서 국조 단군을 만난다.

② 태백산
하늘에 제사를 지내던 영험한 산(1,567m)

③ 망경사
태백산 천제단 아래의 사찰로 가을 단풍이 멋지다.

333

고성

진부령 넘어
금강산 가는 길

동해안 동북단에 위치한 고성은 수려한 자연 풍광의 산과 바다가 있고, 통일 전망대에 오르면 금강산과 해금강이 손에 잡힐 듯 한눈에 들어온다. 관동팔경 중 하나인 청간정, 철새가 날아드는 송지호, 김일성 별장이라 불리는 화진포의 성 등 돌아볼 곳이 많다.

 Access

시외·고속 ❶ 동서울종합터미널에서 간성시외버스터미널까지 2시간 30분 소요, 06:49~21:10, 약 1시간 간격, 요금 21,100원
❷ 동서울종합터미널 또는 서울경부고속터미널에서 속초, 속초시외버스터미널에서 간성행 버스 이용, 30분 소요, 09:10·11:25·14:12·22:30, 요금 3,600원

승용차 서울에서 서울-양양고속도로 이용, 춘천 방향, 동홍천 IC에서 44번 국도 이용, 인제 방향, 인제 지나 46번 국도(진부령길) 이용, 고성 방향

 INFORMATION **고성 관광문화체육과** 033-680-3361~3 | **강원도 관광 안내** 033-1330 | **전국 관광 안내** 1330

통일전망대
DMZ 박물관

명파초등학교 ↗ 명파 해변
해당화 펜션

통일전망대
출입신고소 •
무송정 펜션 (숙박)

↗ 마차진 해변

대진초등학교 ↗ 대진항
초도 해변 ↗

대진고등학교
박포수 가든 (맛집)

↘ 초도항

화진포 해양박물관
화진포 생태박물관
화진포의 성(김일성 별장)
이기붕 별장

화진포

이승만 별장 & 기념관

원당리

↗ 거진 해변
↘ 거진항
거진 종합터미널
↗ 거진읍사무소 ↗ 거진암 해변

제베호 식당 (맛집)
송향만 역사사료관

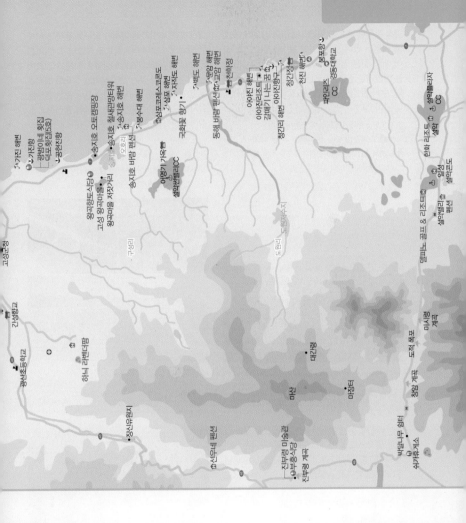

고성교

간성대교

교암리 해변

천진 해변

봉포항 경동대학교

파인리조트 CC

한화 리조트
설악 델피노 CC

설악 별이 펜션

엘파인 골프 & 리조트

미시령 계곡

도적폭포 계곡

청간 계곡

박달나무 쉼터

쉬가유게스

봉포 해변

청간정

아야진 해변
아야진리조트
길매기 나는 곳
교암리 해변 아야진항구

동해 바람 펜션 천학정

송암포 그리스스콜로드
천진 해변
자작도 해변

백도 해변

국화포 항기 송지호

여명기기옥
설악썬밸리CC

송지호 바람 펜션

봉수대 해변

송지호 해변

구성리

오호리
송지호 철새관망타워
송지호 오토캠핑장
왕곡 왕마마을 저잣거리
고성 왕마마을
왕포항토드섬당섬

봉호천진항

공현진이네 횟집
덕로 횟집(5호)

공현진항

가진 해변

고성교

경선초등학교

하늬 라벤더팜

장신우목장지

미시유위 펜션

감천

대간령

미정터

진부령 미술관
무루흥식당

진부령 계곡

화진포 花津浦

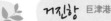

고성 북쪽에 위치한 둘레 16km의 석호다. 호수에 염분이 있어 도미, 연어 등 바닷물고기와 붕어, 메기 같은 민물고기가 함께 서식하고 겨울에는 천연기념물 제201호로 지정된 백조가 찾아온다. 수복 전 김일성이 별장으로 사용했다는 건물이 남아 있다.

위치 고성군 현내면 초도리~거진읍 화포리
교통 ❶ 고성(간성) 또는 속초에서 1, 1-1번 시내버스 이용, 초도 하차. 화진포 해양박물관까지 도보 10분 ❷ 승용차로 고성에서 7번 국도 이용, 화진포 방향

거진항 巨津港

고성 북쪽 바닷가에 위치한 항구로 동쪽과 서쪽에 방파제가 있어 피항지로도 적합하다. 한때 전국 명태 출하량의 60% 이상을 차지해 '거진항에는 거지가 없다'라는 말이 생겨날 정도로 호황을 누렸으나 현재는 동해의 중소 항구로서 명맥을 유지하고 있다. 소박한 어촌 풍경을 둘러보고 싱싱한 해산물을 구입하러 들르는 여행객이 많다.

위치 고성군 거진읍 거진리 148, 고성 북쪽
교통 ❶ 고성(간성)에서 거진행 버스 이용, 거진시외버스터미널 하차. 거진항 방향 도보 5분 ❷ 승용차로 고성에서 7번 국도 이용, 거진항 방향 | 전화 033-680-3361

화진포의 성(김일성 별장)

고성 화진포 야산 위에 위치한 별장으로 일명 김일성 별장으로 불린다. 1938년 독일인 H. 베버가 지하 1층, 지상 2층의 건물로 지었고 1948년부터 1950년까지 김일성 일가가 여름 별장으로 사용했다. 한국 전쟁을 치르면서 훼손돼 방치되다가 2005년 복원되어 역사 안보 전시장으로 운영되고 있다.

위치 고성군 거진읍 화포리 606, 화진포 동쪽
교통 ❶ 고성(간성) 또는 속초에서 1, 1-1번 시내버스 이용, 초도 하차. 화진포의 성까지 도보 30분 ❷ 승용차로 고성에서 7번 국도 이용, 화진포 방향
요금 성인 3,000원, 학생·어린이 2,300원(이승만 별장, 이기붕 별장 관람 포함)
시간 09:00~17:20(동절기 16:20) | 전화 033-680-3469

화진포 해변 花津浦 海邊

고성 화진포 동쪽 바닷가에 위치한 해변으로 타
원형 길이 1.7km, 폭이 70m에 이른다. 조개껍
데기와 바위가 부서져 만들어진 백사장은 흰색
의 주단을 연상케 하고, 화진포의 성이 있는 야산
에는 소나무가 울창해 자연 경관이 수려한 해변
이다. 수심이 낮아 가족끼리 물놀이하기 좋다.

위치 고성군 현내면 초도리 99, 화진포 동쪽
교통 ❶ 고성(간성) 또는 속초에서 1, 1-1번 시내버스 이용,
초도 하차, 화진포 해양박물관 거쳐 화진포 해변까지 도보
10분 ❷ 승용차로 고성에서 7번 국도 이용, 화진포 방향
전화 033-680-3352

고성

동부 지역

통일전망대 統一展望臺

민통선 안에 위치한 안보 여행지로 전시실과 전
망대가 있는 통일관, 통일 기원 범종, 6·25 전쟁
체험전시관 등으로 이루어져 있다. 전망대에서
북쪽으로 금강산이 손에 잡힐 듯 가깝고, 우측으
로 푸른 동해 바다가 한눈에 들어온다. 승용차와
관광버스만 입장할 수 있으며, 도보, 자전거, 오
토바이로는 입장이 불가능하다는 점 잊지 말자.

위치 고성군 현내면 마차진리 188, 고성 북쪽
교통 승용차로 고성에서 7번 국도 이용, 통일안보공원(출입
신고소)을 거쳐 통일전망대 방향
요금 대인 3,000원, 소인 1,500원
신고&이동 통일안보공원 내 출입신고소에서 신청서 작성,
안보 교육(영상물 시청) 받은 후 승용차 이용, 이동
시간 09:00~17:30(동절기 15:50, 봄·가을 16:20)
전화 033-682-0088
홈페이지 www.tongiltour.co.kr

 Travel Tip

금강산 여행

금강산은 계절마다 풍경이 다르다 하여 봄 금
강산, 여름 봉래산, 가을 풍악산, 겨울 개골산으
로 불린다. 그리고 금강산의 최고봉인 비로봉
(1,638m)을 중심으로 서쪽을 내금강, 동쪽을
외금강, 외금강 남쪽을 신금강, 동쪽 해안을 해
금강이라 한다. 1998년 11월 처음으로 현대 그
룹을 통해 금강산 관광이 시작되어 이후 해로 관
광에서, 육로 관광으로 바뀌어 2008년까지 북
한 땅을 밟아 볼 수 있었지만 현재는 금강산 관
광이 중단된 상태다.
출입사무소 관광이 가능했을 당시 북한 출입을 위
해서는 고성 동해선남북출입사무소에서 여권과 신
분증을 제시하고, 신청서를 작성한 후 이동했다.

DMZ 박물관

동해안 최북단인 군사분계선과 인접한 민통선 내에 건립한 안보전시관이다. 유일한 분단 국가 의 상징이라 할 수 있는 DMZ를 통해 휴전선이 갖는 역사적 의미와 이산의 아픔, 사람의 손길이 닿지 않은 원형 그대로의 환경 등을 전시물이나 영상물을 통해 전하고 있다.

위치 고성군 현내면 송현리 174-1, 고성 북쪽

교통 승용차로 고성에서 7번 국도 이용. 통일안보공원(출입 신고소)을 거쳐 통일전망대 방향

요금 무료(통일안보공원에서 민통선 출입 신고 및 안보 교 육 후 통일전망대 입장료 납부)

(통일전망대 입장료 및 주차료 납부 후 관람 가능, DMZ 박 물관만 관람은 불가)

시간 09:00~18:00(동절기 17:00, 매주 월요일 휴관)

전화 033-680-8463

홈페이지 www.dmzmuseum.com

화진포 해양박물관 花津浦 海洋博物館

고성 화진포 동쪽에 위치한 해양박물관으로 조 개류, 갑각류, 화석 등 1,500여 종, 40,000여 점 을 전시하는 패류박물관과 명태, 가오리 등 125 종 3,000여 마리를 전시하는 어류박물관으로 나 뉜다. 동해 최초이자 최대 해양박물관이나 대형 아쿠아리움과 비교한다면 조금 아쉽다.

위치 고성군 현내면 초도리 94-1, 화진포 동쪽

교통 ❶ 고성(간성) 또는 속초에서 1, 1-1번 시내버스 이용. 초도 하차. 화진포 해양박물관까지 도보 10분 ❷ 승용차로 고성에서 7번 국도 이용, 화진포 방향

요금 성인 5,000원, 학생 4,000원, 어린이 3,000원

시간 09:00~18:00(동절기 17:00)

전화 033-682-7300

이승만 별장 李承晩 別莊

화진포가 내려다보이는 곳에 이승만이 부인과 자주 찾았다는 별장이 있다. 1954년에 세워져 1961년부터 방치되던 것을 1997년 육군이 재건 축한 것이다. 별장 내 집무실, 거실, 침실 등이 재 현되어 있다. 별장 뒤쪽 기념관에는 이승만 대통 령의 친필 휘호, 의복, 편지 등을 전시한다.

위치 고성군 현내면 죽정리 1-1, 화진포 중간

교통 ❶ 고성(간성) 또는 속초에서 1, 1-1번 시내버스 이용. 초도 하차. 화진포 해양박물관 거쳐 도보 30분 ❷ 승용차로 고성에서 7번 국도 이용, 화진포 방향

요금 성인 3,000원, 학생 · 어린이 2,300원(화진포의 성, 이 기붕 별장 관람 포함)

시간 09:00~17:20(동절기 16:20) | 전화 033-680-3677

화진포 생태 박물관

고성 화진포 국민 관광지 내에 위치한 생태 박물관으로 화진포 호수와 관련한 생태계를 관찰, 학습할 수 있는 곳이다. 층별로 1층 지역 생태관으로 동물, 조류, 물개, 해수어의 모형을 볼 수 있고 2층 생태 체험관, 3층 기후 환경관으로 꾸며져 있다.

위치 고성군 거진읍 화진포길 278
교통 화진포의 성에서 도보 3분
요금 3,000원(화진포의 성, 이승만 별장 등 통합 입장권)
시간 09:00~18:00(하절기 19:00)
전화 033-681-8311

이기붕 별장 李起鵬 別莊

고성 화진포 동쪽에 위치한 별장으로 이기붕 별장이라 불린다. 1920년 외국 선교사들이 지었고 북한 공산당 간부의 휴양소로 사용되다가 훗날 이기붕 부통령의 부인 박마리아 여사의 별장이 되었다. 별장 내에는 이기붕 부통령과 박마리아 여사가 사용하던 물품을 전시한다.

위치 고성군 거진읍 화포리 606, 화진포 동쪽
교통 화진포의 성에서 도보 5분
요금 성인 3,000원, 학생 · 어린이 2,300원(화진포의 성, 이승만 별장 관람 포함)
시간 09:00~17:20(동절기 16:20)
전화 033-680-3469

송지호 해변 松池湖 海邊

화진포 해변과 같은 성분의 백사장이 펼쳐진 해변으로 해마다 수많은 피서객이 찾아오는 곳이다. 해변 앞에는 경관이 수려한 죽도라는 바위섬이 있어 죽도 해변이라고도 불린다. 고성에서 제일 알려진 해변이다. 인근에 송지호와 송지호 오토캠핑장이 있다.

위치 고성군 죽왕면 오호리 1-4, 고성 남쪽
교통 ❶ 고성(간성) 또는 속초에서 1번 시내버스 이용, 오호리 하차. 해변 방향 도보 5분 ❷ 승용차로 고성 또는 속초에서 7번 국도 이용, 오호리 방향
요금 야영장 10,000원, 비치파라솔 10,000원, 샤워장 2,000원, 튜브 대 10,000원, 소 7,000원(행정지도 요금)
전화 033-632-0301

고성 왕곡마을 高城 旺谷村

고성 남쪽 죽왕면 오봉리에 위치한 민속마을로
바닷가와 멀지 않으나 여러 야산에 둘러싸여 예
전에는 오지 아닌 오지였다. 방과 거실, 부엌, 외
양간이 'ㄱ'자 형태로 배치되고 앞 담장이 없는
북방식 전통 가옥이 잘 보존되어 있다. 마을 입구
저잣거리에서 떡, 한과, 두부 만들기 등을 체험할
수도 있다.

위치 고성군 죽왕면 오봉리 504, 고성 남쪽
교통 ❶ 고성(간성) 또는 공현진에서 왕곡마을행 시내버스
이용, 왕곡마을 입구 하차 ❷ 승용차로 고성 또는 속초에서
7번 국도 이용, 송지호 방향. 송지호 해변공원 부근에서 왕
곡마을 방향
요금 전통가옥 숙박 성수기 50,000~100,000원
시간 09:00~18:00(왕곡마을 자유 관람, 실제 사람이 살고
있으므로 관람 시 주의)
전화 왕곡마을보존회 033-631-2120, 체험·한과 판매 문
의 010-2800-3429
홈페이지 www.wanggok.kr

송지호 松池湖

고성 남쪽 오호리, 오봉리, 인정리에 걸쳐 있는
호수다. 바다로 통하던 곳이 막혀 호수가 된 석호
(潟湖)로 도미, 전어 같은 바닷물고기와 붕어,
잉어 같은 민물고기가 함께 살고, 겨울 철새인
고니의 도래지이기도 하다. 소나무가 울창한 호
숫가 산책로인 송지호 산소길이 왕곡마을까지
이어진다.

위치 고성군 죽왕면 오봉리 171, 고성 남쪽
교통 ❶ 고성(간성) 또는 속초에서 1번 시내버스 이용, 송지
호공원 하차 ❷ 승용차로 고성 또는 속초에서 7번 국도 이
용, 송지호 방향
코스 송지호 철새관망타워 – 왕곡마을 2.2km, 왕복 1시간
30분
전화 033-680-3352

송지호 철새관망타워

고성 송지호 동쪽에 위치해 있으며, 4층 높이에 조류박제전시관, 옥외전망대, 전망타워 등을 갖추고 있다. 조류박제전시관에서는 총 89종, 240여 점의 살아 있는 듯한 조류 박제를 전시하고, 전망타워에서는 천연기념물 제201호인 고니를 관찰할 수 있다.

위치 고성군 죽왕면 오봉리 24, 송지호 동쪽
교통 ① 고성(간성) 또는 속초에서 1번 시내버스 이용, 송지호공원 하차 **②** 승용차로 고성 또는 속초에서 7번 국도 이용, 송지호 방향
요금 성인 1,000원, 청소년 · 어린이 800원
시간 09:00~18:00(하절기 20:00)
전화 033-680-3556

백도 해변 白島 海邊

고성 죽왕면 문암진리 바닷가에 위치한 길이 200m, 폭 50m에 이르는 해변이다. 수심이 낮아 가족끼리 물놀이하기 좋고 백사장에서 족구를 해도 즐겁다. 인근 자작도 해변, 삼포 해변, 봉수대 해변 등도 한산하여 가 볼 만하다.

위치 고성군 죽왕면 문암진리 19-3, 고성 남쪽
교통 ① 고성(간성) 또는 속초에서 1번 시내버스 이용, 문암리 하차. 해변 방향 도보 10분 **②** 승용차로 고성 또는 속초에서 7번 국도 이용, 문암리 방향
요금 야영장 10,000원, 비치파라솔 10,000원, 샤워장 2,000원, 튜브 대 10,000원, 소 7,000원(행정지도 요금)
전화 033-680-3357

교암 해변 橋巖 海邊

고성 토성면 교암리에 위치한 해변으로 길이는 1km 정도이다. 교암리 마을 앞에 있는 해변이라 번잡한 유흥업소 없이 한적한 느낌이 난다. 유영 폭이 좁으니 수영한계선을 넘지 않도록 주의하고, 인근에 있는 청간정, 천학정을 둘러본다.

위치 고성군 토성면 교암리 12, 고성 남쪽
교통 ① 고성(간성) 또는 속초에서 1번 시내버스 이용, 교암1리 하차. 해변 방향 도보 5분 **②** 승용차로 고성 또는 속초에서 7번 국도 이용, 교암리 방향
요금 야영장 10,000원, 비치파라솔 10,000원, 샤워장 2,000원, 튜브 대 10,000원, 소 7,000원(행정지도 요금)
전화 고성관광문화체육과 033-680-3361

국화꽃 향기

고성 죽왕면 문암진리 자작도 해변에 위치한 아트홀 겸 카페이고, 펜션도 운영한다. 소설 〈국화꽃 향기〉를 쓴 김하인 작가가 운영하고 있다. 1층은 도자기와 천연 염색 물품을 전시 판매와 카페로 이용하고, 2층은 도서관과 펜션, 지하층은 도자기 체험장으로 운영된다.

위치 고성군 죽왕면 문암진리 460-67, 고성 남쪽
교통 ❶ 고성(간성) 또는 속초에서 1번 시내버스 이용, 송암리 하차. 자작도 해변 방향 10분 ❷ 승용차로 고성 또는 속초에서 7번 국도 이용, 문암진리 방향
전화 033-636-5679
홈페이지 www.kimhain.com

천학정 天鶴亭

고성 토성면 교암리 바닷가 야산 절벽에 위치한 정자로 1931년 지역 유지들이 뜻을 모아 겹처마 팔작지붕에 정면 2칸, 측면 2칸의 건물을 지었다. 천학정에서 보는 일출 풍경이 아름답고 주위에 울창한 소나무 숲이 있어 쉬어 가기 좋다.

위치 고성군 토성면 교암리 177, 고성 남쪽
교통 ❶ 고성(간성) 또는 속초에서 1번 시내버스 이용, 교암2리 하차. 천학정 방향 도보 3분 ❷ 승용차로 고성 또는 속초에서 7번 국도 이용, 교암리 방향
전화 고성관광문화체육과 033-680-3361

청간정 淸澗亭

고성 토성면 청간리 바닷가 언덕에 위치한 정자로 강원도의 절경을 일컫는 관동8경의 하나로 꼽힌다. 청간정에서 바라보는 일출과 달이 떠 있는 한밤의 풍경이 일품이라 알려져 있다. 정자에서 내려다 보이는 동해의 경치도 멋있다.

위치 고성군 토성면 청간리 89-2, 고성 남쪽
교통 ❶ 고성(간성) 또는 속초에서 1번 시내버스 이용, 청간리 하차. 청간정 방향 도보 5분 ❷ 승용차로 고성 또는 속초에서 7번 국도 이용, 청간리 방향
전화 고성관광문화체육과 033-680-3361

델피노 골프 & 리조트 Delpino Golf & Resort

설악산의 비경과 어우러져 멋진 경관을 선사하는 곳에 자리하고, 워터파크, 골프장, 숙소를 갖춘 리조트다. 휴양과 숙박을 한꺼번에 해결할 수 있어 단기 여행자 혹은 가족 여행자에게 유용한 시설이다. 아쿠아월드는 약알카리성 탄산나트륨 온천수를 이용한 실내, 야외 풀을 운영한다.

위치 고성군 토성면 원암리 403-1

교통 ❶ 장사항 또는 속초에서 3-1번 시내버스 이용, 델피노 리조트 도착 ❷ 서울 잠실운동장에서 델피노 리조트까지 셔틀버스 이용, 3시간 소요, 요금 왕복 36,000원 ❸ 승용차로 서울에서 서울-춘천 고속도로 이용, 춘천 방향. 동홍천 IC에서 44번 국도 이용, 인제 방향. 인제 지나 56번 지방도(미시령길) 이용 또는 속초에서 56번 지방도 이용

요금 아쿠아월드 30,000원 내외, 사우나 13,000원

전화 1588-4888

홈페이지 www.daemyungresort.com/delpino

실향민 역사사료관

실향민 역사사료관은 잊혀 가는 이북 도민들의 애환을 달래는 것은 물론, 전통 생활 모습 체험과 평화 통일을 염원하는 문화 공간이다. 1층에 북고성 5개 읍면 상세도, 전쟁 전후 생활, 포토존 등을 살펴볼 수 있다.

위치 강원도 고성군 거진읍 거평로 60

교통 거진 버스터미널에서 거진 중학교 방향, 도보 7분

시간 10:00 ~ 16:00(월·화요일 휴무)

요금 무료

전화 033-682-0067

건봉사 乾鳳寺

신라시대 법흥왕 7년(520년) 승려 아도가 원각사란 이름으로 창건했다. 임진왜란 때 왜군이 통도사에서 가져간 부처님 진신사리를 왜란 후 사명대사가 되찾아 건봉사에 봉안하였다. 구한말에는 봉명학원이 설립되어 개화 사상과 신문화 교육을 전파하기도 했다. 6·25 전쟁으로 사찰이 폐허가 되었다가 1994년부터 재건되었다. 주요 건물로는 대웅전, 불이문, 9층탑, 부도 등이 있다. 비무장지대 인근 동북단에 위치하여 조용한 산사에서 산책이나 명상을 즐기기 좋다.

위치 고성군 거진읍 냉천리 36, 고성 북서쪽
교통 승용차로 고성에서 해상리 거쳐 냉천리 건봉사 방향(통일전망대에서 건봉사 방향은 군인이 지키는 검문소 통과)
전화 033-682-8100
홈페이지 www.geonbongsa.org

고성 온천 여행

설악산과 접한 고성군 토성면 원암리 일대에 온천이 있어 찾아볼 만하다. 이곳의 온천은 알카리성 탄산 온천으로 혈액 순환, 피부병, 위장병에 효과가 있는 것으로 알려져 있다. 파인리즈 리조트의 아젤리아 스파, 일성 설악콘도미니엄의 온천 사우나, 델피노 리조트의 아쿠아월드, 아이파크 콘도미니엄의 온천 사우나 등이 있다.

구분	위치·전화	요금
파인리즈 리조트 내 아젤리아 스파 www.pineridge.co.kr	고성군 토성면 신평리 154-22 033-630-6700	온천 사우나 7,000원 찜질방 10,000원
일성 설악 온천 콘도 & 리조트 www.ilsungresort.co.kr	고성군 토성면 원암리 331-2 033-636-0013	온천 사우나 12,000원 온천 사우나+수영장 14,000원
델피노 리조트 내 아쿠아월드 www.daemyungresort.com	고성군 토성면 원암리 403-1 1588-4888	사우나 13,000원
아이파크 콘도미니엄 www.i-parkcondo.co.kr	고성군 토성면 원암리 362-1 033-635-9300	온천 사우나 12,000원 야외 수영장 24,000원

하늬 라벤더팜 Lavender Farm

라벤더 체험마을에 위치한 라벤더 농장으로 라
벤더 재배지, 라벤더 전시장, 갤러리 카페 등을
갖추고 있다. 라벤더는 지중해 연안이 원산지인
약 25종의 식물로 6~9월 중에 보라색이나 흰색
의 꽃이 핀다. 주로 꽃과 식물 줄기에서 향유를
추출하기 위해 재배하고 관상용으로 키우기도
한다. 한여름 들판에 만개한 라벤더의 풍경은 잊
지 못할 추억이 된다. 6~7월에 라벤더, 실레네,
라반딘 등이 개화하고, 라벤더 축제가 열리므로
시기를 고려해 방문하는 것이 좋다.

위치 고성군 간성읍 어천리 788, 고성 서남쪽
교통 ❶ 고성(간성) 또는 속초에서 1-1번 시내버스 이용, 어
천리 보건소 하차. 라벤더팜 방향 도보 25분 **❷** 승용차로 고
성에서 46번 국도 이용, 진부령 방향, 광산초등학교 지나 좌
회전 라벤더팜 방향
시간 09:00~18:30(동절기 17:30)
전화 033-681-0005
홈페이지 www.lavenderfarm.co.kr

진부령 미술관

고성 진부령 고개에 위치한 미술관으로 〈달과 까
마귀〉, 〈가족〉, 〈소와 새와 게〉 등 화가 이중섭의
작품과 기획 전시의 작품이 전시된다. 진부령 고
개에 있어 공기가 상쾌하고, 번잡하지 않아 좋다.

위치 고성군 간성읍 흘3리 32-5, 고성 남서쪽
교통 ❶ 고성(간성)에서 진부령행 시내버스 이용, 원통에서
진부령행 농어촌버스 이용, 진부령 하차 **❷** 승용차로 고성
에서 46번 국도 이용, 진부령 방향
시간 09:00~17:30(동절기 17:00, 매주 월요일 휴관)
전화 033-681-7667

고성의 맛집

제비호식당

거진항 내 위치한 식당으로 매일매일 입고되는 식자재에 따라 메뉴가 바뀐다. 시원하게 끓인 동태지리탕이 맛이 있고 가자미식해, 동태조림, 오징어볶음 같은 반찬이 15가지나 된다. 비교적 저렴한 가격에 최고의 맛을 즐길 수 있다.

위치 고성군 거진읍 거진리 287-215, 거진항 내
교통 ① 고성(간성)에서 거진행 버스 이용, 거진시외버스터미널 하차. 거진항 방향 도보 5분 **②** 승용차로 고성에서 7번 국도 이용, 거진항 방향
메뉴 동태정식 10,000원, 가자미조림 · 임연수어매운탕 · 우럭매운탕 각 15,000원 내외
전화 033-682-1970

자매횟집

고성 가진항 회센터 내에 위치한 횟집으로 1층은 수족관, 2층은 식당으로 되어 있다. 1층에서 싱싱한 횟감을 고르면 잘 손질해 2층 식당으로 가져다준다. 회를 먹은 뒤에는 가진항이나 가진항과 연결된 가진 해변을 둘러보자.

위치 고성군 죽왕면 가진해변길 123, 가진항 회센터 내
교통 ① 고성(간성) 또는 속초에서 1, 1-1번 시내버스 이용, 가진리 하차. 거진항 방향 도보 10분 **②** 고성 또는 속초에서 7번 국도 이용, 가진항 방향
메뉴 물회 10,000원, 삼숙이매운탕 중 40,000원, 모듬회 소 60,000원, 활어 시가
전화 033-681-1213

부흥식당

고성 진부령 고개에 위치한 식당으로, 집에서 만든 구수한 청국장으로 조리한 청국장 정식이 가장 인기 있는 메뉴다. 진부령 산골에서 채취한 산나물 반찬도 푸짐하게 나온다. 맛있게 익은 열무김치도 은근한 밥도둑이다.

위치 고성군 간성읍 흘리 32-25
교통 ❶ 고성(간성)에서 진부령행 시내버스 이용, 원통에서 진부령행 농어촌버스 이용, 진부령 하차 ❷ 승용차로 고성에서 46번 국도 이용, 진부령 방향
메뉴 황태해장국 8,000원, 산채비빔밥 9,000원, 황태구이 정식 10,000원
전화 033-681-3006

박포수 가든

3대를 이어온 전통을 자랑하는 막국수집이다. 고성 막국수는 특이하게 동치미 육수에 말아 먹는데 그 맛이 별미다. 동해 고유의 명태식해와 함께 먹는 수육도 먹을 만하다. 여기서 '식해'는 전통 음료가 아니라 생선을 삭힌 것.

위치 고성군 현내면 죽정리 298-5, 화진포 서쪽
교통 ❶ 고성(간성) 또는 속초에서 1, 1-1번 시내버스 이용, 산학리 하차. 식당 방향 도보 5분 ❷ 고성 또는 속초에서 7번 국도 이용, 화진포 방향
메뉴 막국수 8,000원, 수육보쌈 23,000원, 도토리묵 11,000원
전화 033-682-4856

왕곡 향토식당

고성 왕곡마을 입구의 저잣거리에 위치한 향토식당으로 한옥으로 지은 건물이 멋스럽다. 두부전골을 시키니 직접 만든 고소한 두부에 팽이버섯, 해물, 쑥갓 등이 푸짐하게 담겨 나온다. 김치, 산나물, 김치전, 호박전 같은 반찬도 맛있다.

위치 고성군 죽왕면 오봉리 302, 왕곡마을 저잣거리 내
교통 ❶ 고성(간성) 또는 공현진에서 왕곡마을행 시내버스 이용, 왕곡마을 입구 하차 ❷ 승용차로 고성 또는 속초에서 7번 국도 이용, 송지호 방향. 송지호 해변공원 부근에서 왕곡마을 방향
메뉴 막국수 · 추어탕 · 산채비빔밥 각 7,000원, 꼬물이 만두 · 메밀전병 각 5,000원
전화 왕곡마을보존회 033-631-2120, 010-2800-3429

고성의 숙소

갈매기 나는 꿈

고성 아야진 해변에 위치한 펜션으로 예쁜 인테리어의 객실이 인상적인 곳이다. 객실에서 보이는 아야진 해변의 풍경이 멋지고 물놀이를 즐기기도 편하다. 인근 관광지인 청간정, 천학정에 가거나 속초와도 가까우니 속초에 들러보는 것도 좋다.

위치 고성군 토성면 아야진리 173-8, 아야진 해변
교통 ❶ 고성(간성) 또는 속초에서 1, 1-1번 시내버스 이용, 아야진2리 하차. 펜션 방향 도보 10분. 또는 속초에서 88번 시내버스 이용, 아야진 경로당 하차 ❷ 고성 또는 속초에서 7번 국도 이용, 아야진 해변 방향
요금 비수기 주중 90,000~150,000원
전화 033-631-0231, 010-5492-5938
홈페이지 www.galmaegipension.com

동해 바람 펜션

교암 해수욕장에 있는 3층 건물로 된 펜션이다. 바다를 마주 보고 있어 객실에서 일출을 감상할 수 있다. 객실은 깔끔하고 야외 바비큐장에서 고기를 구워 먹기 편하다. 옥상 테라스에 서면 동해 바다와 설악산의 풍경이 한눈에 들어온다.

위치 고성군 죽왕면 천학정길 55
교통 교암리 해수욕장에서 바로
요금 주중 60,000원~180,000원
전화 033-633-7156
홈페이지 uriminbak.penbang.com

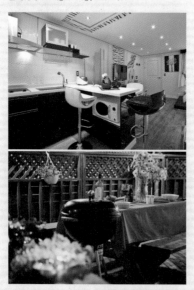

무송정 펜션

인근에 통일안보공원 출입신고소가 있어 통일전망대로 가기 편한 위치에 있다. 마차진 해변에서는 가족끼리 물놀이하기 좋고 대진항과 가까워서 항구로 나가 신선한 회를 즐기기도 괜찮다.

위치 고성군 현내면 마차진리 204-3, 마차진 해변 부근
교통 ❶ 고성(간성) 또는 속초에서 1, 1-1번 시내버스 이용, 송암리 하차. 펜션 방향 도보 15분 **❷** 고성 또는 속초에서 7번 국도 이용, 자작도 해변 방향
요금 비수기 70,000~150,000원
전화 033-681-0114, 010-5280-6962
홈페이지 www.무송정펜션.com

송지호 바다 펜션

고성 죽왕면 오호리에 위치한 펜션으로 송지호 해변에서 물놀이를 즐길 계획이라면 좋은 위치다. 송지호나 송지호 철새관망타워를 방문하거나 고성, 속초로 가기도 좋다. 죽왕면 내에 있어 식당을 이용하거나 생필품을 구하기도 쉽다.

위치 고성군 죽왕면 오호리 15, 송지호해변
교통 ❶ 고성(간성) 또는 속초에서 1, 1-1번 시내버스 이용, 오호리 하차. 펜션 방향 도보 10분 **❷** 고성 또는 속초에서 7번 국도 이용, 죽왕면 방향
요금 비수기 주중 80,000~220,000원
전화 033-637-1224, 010-4008-0086
홈페이지 www.seapension.kr

숙소 리스트

이름	위치	전화
금강산 콘도	고성군 현내면 마차진리 239	033-680-7800
코레스코-삼포 콘도미니엄	고성군 죽왕면 삼포리 243-13	1666-5683
설악썬밸리 리조트	고성군 죽왕면 삼포리 산134	033-638-5362,5308
아이파크 콘도	고성군 토성면 원암리 362-1	033-635-9300
델피노 리조트	고성군 토성면 원암리 403-1	033-635-8311
일성설악 콘도	고성군 토성면 원암리 331-2	033-636-0013
켄싱턴 리조트 설악밸리	고성군 토성면 신평리 산129	033-633-0100
파인리즈 리조트	고성군 토성면 신평리 산23	1577-6399
켄싱턴 동해비치 콘도	고성군 토성면 봉포리 40-9	033-631-7601
정희 민박	고성군 현내면 대진1리 8반 362-6	033-681-5818
상수 민박	고성군 죽왕면 오호리 7-26 송지호 해수욕장	033-632-1967

BEST TOUR 고성

1일차 시작!

❶ 청간정
관동 8경 중 한 곳으로 일출 경관이 일품이고, 동해 조망도 좋다.

승용차 15분

❷ 천학정
교암리 일대 바다를 조망하기 좋다.

❸ 아트홀 국화꽃 향기
소설 〈국화꽃 향기〉의 김 작가를 만난다.

2일차 시작!

❶ 거진항
명태의 고향, 거진항을 돌아본다.

❷ 화진포의 성과 이기붕 별장
근대 역사의 흔적!

❸ 화진포 해양박물관
패류박물관과 어류박물관에서 다양한 생물을 본다.

❻ 화진포
드넓은 석호를 돌아보며 산책한다.

숙박

❺ 이승만 별장
초대 대통령 이승만의 흔적을 만난다.

❹ 화진포 해변
백사장을 거닐어 보자.

고성 2박 3일 코스 ★ 통일전망대에서 북녘과 금강산을 돌아보는 통일 여행

강원도 동북쪽에 위치한 고성은 긴 해안선을 가진 곳으로 교암리, 백도, 자작도, 삼포, 봉수대, 송지호, 반암, 화진포, 마차진, 명파 해변 등 가는 곳마다 수려한 풍경을 자랑한다. 북쪽 해안선의 끝에는 DMZ 박물관과 통일전망대가 있어 분단의 현실을 실감하게 된다. 통일전망대에서 바라보는 북녘의 모습과 금강산 풍경은 같은 듯 다른 느낌을 자아낸다. 화진포의 성(김일성 별장), 이기붕 별장, 이승만 별장과 기념관에서는 근대사 중요 인물들의 흔적을 엿볼 수 있다.

④ 송지호 철새관망타워
송지호를 내려다보고 철새를 관찰한다.

⑤ 고성 왕곡마을
북방식 전통 가옥을 살펴본다.

숙박

① 건봉사
유서 깊은 사찰을 산책한다.

3일차

시작!

귀가

② 통일안보공원
통일전망대 출입신고소

④ 통일전망대
금강산과 해금강이 한눈에 들어온다.

③ DMZ 박물관
세계 유일의 분단 국가의 상징, DMZ

속초

강원도 대표 명산 설악산이
손에 잡힐듯

속초 청호동 아바이마을은 북에서 내려온 실향민들이 많이 모여 사는 곳인데, TV 드라마 〈가을동화〉 촬영지와 맛있는 오징어 순대를 맛볼 수 있는 곳으로 더 유명하다. 강원도 대표 명산 설악산, 드넓은 청초호와 속초 해변, 속초 관광수산시장 등 속초의 산과 바다를 돌아보자.

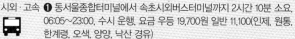

Access

시외·고속 ❶ 동서울종합터미널에서 속초시외버스터미널까지 2시간 10분 소요,
06:05~23:00, 수시 운행, 요금 우등 19,700원 일반 11,100(인제, 원통,
한계령, 오색, 양양, 낙산 경유)
❷ 서울경부고속터미널에서 속초고속버스터미널까지 2시간 25분
소요, 06:00~23:30분, 30분 간격, 요금 프리미엄 26,300원, 우등
20,300원, 일반 15,600원

승용차 서울에서 서울–양양고속도로 이용, 양양JC에서 동해고속도로(삼척–
속초) 이용, 속초 방향, 북양양IC에서 속초 시내 방향

INFORMATION 속초 종합관광안내소 033–639–2690 | 설악해맞이공원 관광안내소 033–635–
2003 | 속초시 관광과 033–639–2365 | 강원도 관광 안내 033–1330 | 전국 관광
안내 1330

속초

파인리즈CC

경동대학교
켄싱턴 설악비치

캔싱턴 리조트
설악밸리

강원도 세계
잼버리 수련장

금강산 화암사

성천리

학사평 콩꽃마을 순두부촌
김영애 할머니 순두부

등대 해변

7

영랑호

속초시외버스터미널

속초 등대전망대

사돈집

영랑호CC

영금정

테디베어팜

56

벨피노CC

설악플라자CC

한화리조트 설악

더하우스 호스텔

동명항

속초항

국립산악박물관

속초 관광수산시장
88생선구이

청호동 아바이마을
아바이식당

학사평 저수지

그레이스 하임

속초시립박물관

설악산방

석봉도자기미술관

청초동

외옹치해수욕장

울산바위

속초 자생 식물원

청초호 호수공원

청초수물회

HJ 하우스

내원암

척산 온천

동우대학교

속초고속버스터미널

속초 해변

엑스포 타워

속초해변 자연박물관

달마봉

금호 설악
리조트

사조리조트
설악콘도

설악해맞이공원
혜선이네

선녀 펜션
외옹치항

작은황새굴

설악동

신흥사

설악 켄싱턴
스타 호텔

462

호텔 설악파크

주봉산

여행자의 집

대포항

7

비선대

권금성

육담 폭포

학무정

호박꽃
펜션

462

비룡 폭포

설악산
오토캠핑장

토왕성 폭포

강선리

물치리

물치 해변

장관봉

오련 폭포

만경대 계곡

염주 폭포

화채봉

송암산

하복리

상복리

중복리

장산리

정암리

정암 해변

회룡리

용호리

석교리

간곡리

설악산

적은리

광석리

방축리

둔전 계곡

진전사

사교리

금풍리

기리

관모산

석벽산

회일리

백암 폭포

장승리

서서리

푸른 계곡

가라피리

44

44

임천리

서면사무소

상평리

북평리

송어리

송천리

용천리

북암리

59

속초 등대전망대 東草 燈臺展望臺

등대 건물에 전망대가 설치되어 있다. 등대의 높이는 10m 남짓 되나 언덕 위에 있어 북쪽으로 멀리 고성과 금강산, 남쪽으로 청초호, 속초 시내, 설악산이 한눈에 보인다. 동해의 푸른 물결을 감상하기 좋은 곳!

위치 속초시 영랑동 1−7, 동명항 북쪽
교통 ❶ 속초에서 1번 시내버스 이용, 영금정 입구 하차. 등대전망대 방향 도보 15분 ❷ 승용차로 속초에서 동명항 방향
시간 09:00~18:00
전화 033−633−3406

영랑호 永郎湖

속초시 북쪽에 위치한 석호로 둘레가 7.8km에 달한다. 영랑호라는 이름은 신라시대 화랑 영랑이 호수를 발견했다고 하여 붙여졌고, 그 후 화랑들의 수련장으로 이용되었다. 영랑호 둘레로 산책로가 잘 정비되어 있고, 기묘한 형상의 범바위를 볼 수 있다.

위치 속초시 금호동, 속초 북쪽
교통 ❶ 속초에서 1번 시내버스 이용, 장사항 하차. 영랑호 방향 도보 5분 ❷ 승용차로 속초에서 영랑호 방향
전화 033−639−2545

영금정 靈琴亭

속초 동명항 북쪽 해안에 크고 작은 바위들이 펼쳐져 있는 암반 지대가 있는데, 지금은 보통 그곳에 있는 정자를 영금정이라 일컫는다. 본래는 정자가 있는 자리에 바위산이 있었는데 파도가 바위산에 부딪힐 때마다 신비한 거문고 소리가 들린다고 해서 그 바위산을 영금정이라 이름 붙였다고 한다. 정자에서 보는 동해 풍경이 아름답다.

위치 속초시 동명동 1−185, 동명항 북쪽
교통 ❶ 속초에서 1번 시내버스 이용, 영금정 입구 하차. 영금정 방향 도보 10분 ❷ 승용차로 속초에서 동명항 방향

속초 관광수산시장 東草 觀光水産市場

속초시 중앙동에 위치한 재래시장으로 원래 이름은 속초 중앙시장이었으나 관광객을 대상으로 하면서 속초 관광수산시장으로 명칭을 바꿨다. 1층에 수산물, 젓갈, 청과물, 2층에 의류, 잡화, 지하에 수산물 등을 취급하는 상점들이 있다.

위치 속초시 중앙동 471-4, 속초시청 남쪽
교통 ❶ 속초에서 1번 시내버스 이용, 속초 관광수산시장 하차 ❷ 승용차로 속초에서 중앙시장입구삼거리 지나 속초 관광수산시장 방향
전화 033-633-3501

석봉도자기미술관 石峰陶瓷器美術館

석봉 조무호 선생이 설립한 도자기미술관이다. 이곳에는 국가 심의를 거친 1,103점의 소장품이 전시되어 있고, 옛날 도자기 제작 과정과 생활 문화를 202개의 흙인형으로 설명하고 있다. 흙을 직접 만지고, 도자기를 만들어 볼 수 있는 체험 교실이 있어 아이들이 좋아할 만한 곳이다.

위치 속초시 교동 668-57, 청초호 서쪽
교통 ❶ 속초에서 1번 시내버스 이용, 속초농협 하차. 미술관 방향 도보 5분 ❷ 승용차로 속초에서 교동사거리 지나 석봉도자기미술관 방향
요금 성인 5,000원, 학생·어린이 3,000원
시간 09:00~18:00(매주 월요일 휴관, 7~8월 무휴)
전화 033-638-7712 | 홈페이지 www.dogong.net

청호동 아바이마을

속초 동쪽 바닷가에 위치한 청호동 아바이마을은 이북 실향민들이 정착한 곳으로 갯배라는 나룻배를 타고 들어간다. 갯배는 네모난 나룻배로 양안을 이은 쇠줄을 끌고 이동하는데 쇠줄은 갈고리로 뱃사공과 손님이 함께 끈다. 이곳에서 TV 드라마 〈가을동화〉가 촬영되었고 이북식 순대인 아바이 순대, 오징어 순대를 맛볼 수 있다.

위치 속초시 청호동 1076, 속초 동쪽
교통 ❶ 속초에서 1번 시내버스 이용, 갯배 입구 하차. 갯배 선착장에서 갯배 이용 ❷ 승용차로 속초고속버스터미널에서 청호동 아바이마을 방향
요금 갯배 편도 500원
전화 033-633-3171
홈페이지 www.abai.co.kr

청초호 호수공원 靑草湖 湖水公園

청초호 주변으로 청초호 호수공원이 조성되어
있다. 공원에는 엑스포타워, 속초요트마리나, 놀
이동산인 속초엑스포월드 등이 있어 즐거운 한
때를 보내기 좋다. 청초호 동쪽으로는 아치가 있
는 설악대교가 보인다.

위치 속초시 조양동 1544-2, 청초호 남쪽
교통 ❶ 속초에서 1번 시내버스 이용, 조양우체국 하차. 청
초호 방향 도보 5분 ❷ 승용차로 속초에서 7번 국도 이용,
청초호 호수공원 방향

Travel Tip

속초 유람선, 요트 여행

속초 유람선과 요트 여행은 청초호의 엑스포 유람
선과 요트마리나 선착장에서 출발한다. 엑스포 유
람선은 1코스 청초호-거북선(봉포), 2코스 청초
호-조도-낙산, 3코스 청초호-조도 등 3개 코스가
있고, 요트는 청초호-조도-외옹치-속초 해변 코스
가 있다. 엑스포 유람선과 요트 여행을 통해 청초호
와 속초 앞바다의 아름다움을 느낄 수 있어 즐겁다.

위치 속초시 조양동 청초호 호수공원 내 엑스포 유람
선·요트마리나 선착장
시간 엑스포 유람선_09:00~18:00(동절기 17:00).
주중 10인 이상 출항, 주말 1시간마다 출항. 요트 체
험_09:00, 10:30, 12:00, 13:30, 15:00, 16:30
전화 엑스포 유람선 033-631-1212, 요트마리나 033-
632-0006
홈페이지 www.sokcho-pleasureboat.co.kr

유람선, 요트 코스

구분	코스·시간	요금
엑스포 유람선	1코스_청초호 선착장-거북선(봉포) ㅣ 왕복 1시간 10분	대인 14,000원 ㅣ 소인 8,000원
	2코스_청초호 선착장-조도-낙산 ㅣ 왕복 1시간 30분	대인 16,000원 ㅣ 소인 10,000원
	3코스_청초호 선착장-조도 ㅣ 왕복 1시간	대인 8,000원 ㅣ 소인 6,000원
요트 체험 (속초항 관광)	청초호 선착장-조도-외옹치-속초 해변-청초호 선착장 1시간 소요	대인 35,000원 ㅣ 소인 20,000원
	청초호 선착장-북방파제	10,000원(3인 이상)
요트 임대	1시간 30분	300,000원

엑스포 타워 Expo Tower

속초시 청초호 호수공원 내에 위치한 나선형 타
워로 1999년 강원국제엑스포를 기념해 세워졌
다. 엑스포 타워의 총 높이는 73.4m, 15층 전망
대 높이는 65m. 전망대 서쪽으로 대청봉, 울산
바위 등 설악산 전경이, 동쪽으로 속초 해변, 동
해가 한눈에 들어온다.

위치 속초시 조양동 1544-1, 청초호 호수공원 내
교통 ❶ 속초에서 1번 시내버스 이용, 조양우체국 하차. 엑
스포 타워 방향 도보 5분 ❷ 승용차로 속초에서 7번 국도 이
용, 청초호 호수공원 방향
요금 성인 2,500원, 청소년 2,000원, 어린이 1,500원
시간 09:00~21:30 | 전화 033-637-4504

속초해변 자연박물관 東草海邊 自然博物館

속초 해변 입구에 위치한 자연박물관으로 상가
2, 3층에 있다. 2층에는 40여 종, 100여 점의 원석
이, 3층에는 동물·어류 박제, 범선 등이 전시되어
작은 자연사 박물관을 연상케 한다. 속초 해변,
청초호, 엑스포 타워 등이 가까워 둘러보기 좋다.

위치 속초시 조양동 1450-143, 속초 해변 입구
교통 ❶ 속초에서 1번 시내버스 이용, 속초고속버스터미널
하차. 해변 방향 도보 10분 ❷ 승용차로 속초에서 7번 국도
이용, 속초 해변 방향
요금 무료
시간 10:00~17:00(매주 월요일 휴관)

속초 해변 東草 海邊

속초 청초호 동쪽에 위치한 해변으로 길이가
2km에 달하고 남쪽으로 외옹치 해변과 연결된
다. 백사장 폭이 넓고 수심이 낮아 아이들이 놀기
에도 적합하다. 속초고속버스터미널, 청초호, 속
초 시내, 아바이마을과 가까워 둘러보기 좋다.

위치 속초시 조양동 1450, 속초 동쪽
교통 ❶ 속초에서 1번 시내버스 이용, 속초고속버스터미널
하차. 해변 방향 도보 10분 ❷ 승용차로 속초에서 7번 국도
이용, 속초 해변 방향
요금 성인 2,500원, 청소년 2,000원, 어린이 1,500원
전화 033-639-2665

대포항 大浦港

속초시 대포동 바닷가에 위치한 항구로 속초 시내와 가까워 늘 관광객들로 붐비는 곳이다. 이른 아침이면 고기를 잡아 돌아오는 어선을 볼 수 있다. 어민들이 세운 활어 난전과 튀김거리가 유명하다. 한적함을 원한다면 대포항 북쪽 외옹치항으로 가는 것도 좋다.

위치 속초시 대포동 421-50, 속초 남쪽
교통 ❶ 속초에서 1번 시내버스 이용, 대포항 하차 ❷ 승용차로 속초에서 7번 국도 이용, 대포항 방향

설악 해맞이공원

속초시 대포항 남쪽에 위치한 공원으로 본래 내물치(內勿淄)로 불리던 곳. 해맞이 명소로 이미 유명하고, 공원에서 박영근의 〈바다에서〉, 최명룡의 〈달맞이〉 등 30여 점의 조각상도 감상할 수 있다. 해맞이가 끝났다면 공원 내 회센터에서 싱싱한 회로 배를 채우자.

위치 속초시 대포동 178-9, 속초 남쪽
교통 ❶ 속초에서 1번 시내버스 이용, 설악산 입구 하차 ❷ 승용차로 속초에서 7번 국도 이용, 설악 해맞이공원 방향
전화 033-635-2003

속초시립박물관 東草市立博物館

우리 조상들이 사용하던 전통 생활 양식을 직접 볼 수 있는 시립박물관이다. 발해 역사와 실향민 문화, 속초의 역사와 민속 문화 등을 다루는 전시관으로 이루어져 있다. 만주 대륙을 평정했던 발해의 역사, 분단 국가의 현실을 가늠하게 하는 속초에 사는 실향민의 문화, 속초에서 발굴된 유물 등을 볼 수 있다.

위치 속초시 노학동 736-1, 속초 동쪽
교통 ❶ 속초에서 3, 3-1번 시내버스 이용, 한옥마을 하차. 박물관 방향 도보 5분 ❷ 승용차로 속초에서 56번 지방도(미시령로) 이용, 학사평거리에서 속초시립박물관 방향
요금 성인 2,000원, 학생 1,500원, 어린이 700원 / 한옥 숙박 체험 40,000~80,000원(홈페이지 예약)
시간 09:00~18:00(동절기 17:00) / 11:00, 14:00(상모판굿 또는 사물 공연) / 월요일 휴관
전화 033-639-2977
홈페이지 sokchomuse.go.kr

국립산악박물관

대한민국의 등산 역사와 문화를 재조명하기 위해 건립된 산악 전문 박물관이다. 층별로 1층 우리나라 명산과 아름다운 숲길 전시실, 기획전시실, 2층 암벽 체험실, 고산 체험실, 산악 교실, 3층 등반의 역사와 인물, 문화실을 무료 관람할 수 있다. 암벽과 고산 체험, 산악 교실은 예약을 통해 이용할 수 있으므로 신청해보자.

위치 속초시 노학동 735-3
교통 속초에서 3번 시내버스 이용, 한옥 마을 하차.
시간 09:00~18:00(매주 월요일 휴관)
전화 033-635-2003
홈페이지 www.forest.go.kr

척산 온천 尺山 溫泉

속초시 노학동에 위치한 온천으로 강알칼리성 단순천으로 부인병, 신경통, 관절염에 좋다고 한다. 용출 온도가 섭씨 53도 정도여서 온천수를 데우지 않고 이용한다. 척산 온천 지구 내의 척산 온천 휴양촌, 척산 온천장, 파인 리조트 가든스파 등에서 온천을 즐길 수 있다.

위치 속초시 노학동 972-1, 속초 동쪽
교통 ❶ 속초에서 3, 3-1번 시내버스 이용, 척산 온천 하차 ❷ 승용차로 속초에서 척산 온천 방향
요금 척산 온천 휴양촌 대인 9,000원, 온천+찜질방 14,000원 / 척산 온천장 대인 7,000원
전화 척산 온천 휴양촌 033-636-4000, 척산 온천장 033-636-4806
홈페이지 척산 온천 휴양촌 www.choksan.co.kr, 척산 온천장 www.chocksanspa.co.kr

테디베어팜 Teddy Bear Farm

속초시 노학동에 위치한 테디베어 인형 전시장으로 결혼식, 크리스마스, 세계 어린이 동화, 세계 민속 의상, 봄·여름·가을·겨울 등 아이들이 좋아할 만한 다양한 테마로 전시가 이루어진다.

위치 속초시 노학동 1073-66, 속초 동쪽
교통 ❶ 속초에서 3, 3-1번 시내버스 이용, 학사평 하차. 테디베어팜 방향 도보 5분 ❷ 승용차로 속초에서 56번 지방도(미시령로) 이용, 미시령 방향
요금 성인 7,000원, 청소년 5,000원, 어린이 3,000원
시간 09:30~18:00
전화 033-636-3680
홈페이지 www.teddyfarm.net

학사평 콩꽃마을 순두부촌

속초 학사평에는 순두부를 전문으로 하는 식당들이 모여 있어 콩꽃마을 순두부촌이라 불린다. 이곳에서는 동해의 깨끗한 바닷물로 순두부를 만든다. 척산 온천 휴양촌에서 학사평사거리에 이르는 관광로에도 순두부 전문 식당이 여럿 생겨, 새로운 순두부촌을 형성하고 있다.

위치 속초시 노학동 1058-1, 속초 동쪽
교통 ❶ 속초에서 3, 3-1번 시내버스 이용, 설악한화콘도 하차. 순두부촌 방향 도보 3분 ❷ 승용차로 속초에서 56번 지방도(미시령로) 이용, 미시령 방향
전화 033-632-1700

한화 리조트(설악 쏘라노)

숙소와 휴양 시설을 모두 갖춰 이미 많은 사람이 찾고 있는 유명한 리조트로, 워터파크, 테마파크, 골프장, 숙소 등을 갖추고 있다. 설악워터피아는 흥미로운 물놀이 시설을 갖춰 찾는 이가 많다. 설악권 최대 규모의 영상테마파크 설악씨네라마에서 드라마 촬영지를 둘러보는 것도 잊지 말자.

위치 속초시 장사동 24-1, 속초 동쪽
교통 ❶ 속초에서 3, 3-1번 시내버스 이용, 한화리조트 설악 하차 ❷ 승용차로 속초에서 56번 지방도(미시령로) 이용, 미시령 방향
요금 설악워터피아(종일) 70,000원 내외, 사우나 12,000원, 설악씨네라마 4,500원
전화 033-635-7700
홈페이지 www.hanwharesort.co.kr

설악워터피아

한화 리조트 내에 위치한 100% 천연 온천수 워터파크로 파도 풀인 샤크블루, 17m 높이의 슬라이드를 추락하는 메일스트롬, 유수 풀, 사우나 등이 있어 하루를 즐겁게 보내기 좋다.

설악산 雪嶽山

속초시, 양양군, 인제군, 고성군에 걸쳐 있는 산
으로 가장 높은 봉우리는 대청봉(1,708m)이다.
설악산 북쪽에 향로봉, 금강산, 남쪽에 점봉산,
오대산이 있고 대청봉 북쪽에 마등령, 미시령, 남
쪽에 한계령 등의 고개가 있다. 대청봉을 기준으
로 서쪽을 내설악, 동쪽을 외설악이라 하고 설악
동, 울산바위, 신흥사, 권금성, 비선대 등이 있는
외설악은 속초를 통해 들어간다. 설악산에는 눈
잣나무, 눈주목 같은 북방계 고산식물과 소나무,
벚나무, 개박달나무, 신갈나무, 굴참나무, 떡갈
나무 같은 882종의 식물이 자생하고 사향노루,
산양, 하늘다람쥐 등 39종의 포유류, 62종의 조
류, 곤충 등이 서식하여 1982년 유네스코 세계
생물권보존지역으로도 선정되기도 했다. 강원도
최고의 명산을 넘어 대한민국 제일의 명산으로
꼽히는 설악산은 등산 여행지로 인기가 높다.

위치 설악동탐방지원센터_속초시 설악동 227
교통 ❶ 속초에서 7, 7-1번 시내버스 이용, 소공원(설악동탐
방지원센터) 하차 ❷ 승용차로 속초에서 7번 국도 이용, 대
포항 방향, 설악 해맞이공원에서 462번 지방도 이용, 설악
산 방향
요금 성인 3,500원, 학생 1,000원, 어린이 500원
전화 033-636-7700
홈페이지 seorak.knps.or.kr

울산바위

설악동 소공원 북서쪽 외설악에 위치한 바위산
으로 해발 650m. 조물주가 금강산을 만들 때 경
상도 울산의 거대한 바위가 금강산으로 찾아가
다가 여기에 자리 잡게 되어 울산바위가 되었다
는 재미있는 전설이 있다. 울산바위 남쪽으로 대
청봉, 북쪽으로 고성군 일대가 한눈에 보인다.

위치 속초시 설악동 소공원 북서쪽
교통 설악동 소공원에서 울산바위 방향 도보 2시간 30분
코스 설악동 소공원 – 신흥사 – 흔들바위(2.4km) – 울산바
위(1km)
전화 033-636-7700
홈페이지 seorak.knps.or.kr

학무정 鶴舞亭

속초시에서 설악산 가는 길 중간, 도문동 쌍천 옆
송림 사이에 위치한 육각 정자로, 속초8경 중 하
나다. 1934년 성리학자 오윤환이 건립하여 선비
들과 글을 짓고, 시를 읊으며 강론하는 교육의 장
으로 삼았다고 한다. 송림 속 육모정이 운치 있다.

위치 속초시 도문동 33-1, 도문동 한옥마을 남쪽
교통 ❶ 속초에서 7, 7-1번 시내버스 이용, 한옥마을 하차.
학무정 방향 도보 5분 ❷ 승용차로 속초에서 7번 국도 이용,
대포항 방향, 설악 해맞이공원에서 462번 지방도 이용, 설
악산 방향, 도문동 한옥마을 안 학무정 방향

신흥사 神興寺

설악동 소공원 내에 위치한 사찰로 신라시대 승
려 자장이 창건하였고, 조선 중기의 승려 운서,
연옥, 혜원이 같은 꿈을 꾸고 신흥사를 재건했다.
설악산 등반 시 주요 문화재인 보물 제443호인
향성사지 삼층 석탑을 보고, 쉬어 가기 좋다.

위치 속초시 설악동 170, 설악산 소공원 내
교통 설악산 소공원에서 신흥사 방향 도보 5분
전화 033-636-7044
홈페이지 www.sinhungsa.or.kr

권금성 權金城

설악산 소공원 남쪽 산 위에 있는 성터로 소공원
에서 케이블카를 타고 올라간다. 현재 성벽은 거
의 허물어지고, 터만 남아 있다. 고려 말 몽고의
침입을 피해 인근 주민들이 성을 쌓아 피란했다
는 설이 있다. 권금성에서 북쪽과 북서쪽으로 달
마봉, 울산 바위, 서쪽으로 공룡 능선이 한눈에
보인다.

위치 속초시 설악동 146-2, 설악산 소공원 내
교통 ❶ 속초에서 7, 7-1번 시내버스 이용, 소공원(설악동
탐방지원센터) 하차. 케이블카 정류장까지 도보 10분. 케이
블카 타고 권금성까지 10분 ❷ 승용차로 속초에서 7번 국도
이용, 대포항 방향, 설악 해맞이공원에서 462번 지
방도 이용, 설악산 방향
요금 케이블카_성인 · 학생 11,000원, 어
린이 7,000원
시간 08:30~17:30
전화 설악산관리사무소 033-636-7700,
케이블카 033-636-4300

속초의 맛집

헤선이네

설악 해맞이공원 설악항 회센터 내에 위치한 횟집으로 주인장이 직접 고깃배를 운영하기 때문에 싱싱한 생선과 해산물을 제공한다. 속초나 설악산 구경 전후 식사하기 좋고, 식사 후 설악 해맞이공원을 산책해도 즐겁다.

위치 속초시 대포동 178, 설악 해맞이공원 설악항 회센터 내
교통 ❶ 속초에서 1번 시내버스 이용, 설악산 입구 하차 **❷** 승용차로 속초에서 7번 국도 이용, 설악 해맞이공원 방향
메뉴 광어, 도미 등 활어 시가, 물회 15,000원 내외
전화 033-636-8582

여행자의 집

속초시 대포항 내 튀김거리에 있는 튀김 전문점으로 새우튀김, 오징어튀김의 고소한 기름 냄새가 그냥 지나칠 수 없게 만든다. 깨끗한 기름을 사용해 신선한 해산물을 튀겨 내므로 안심하고 먹을 수 있다. 가격이 저렴하고 양도 푸짐하다.

위치 속초시 대포동 421, 대포항 내 튀김거리
교통 ❶ 속초에서 1번 시내버스 이용, 대포항 하차 **❷** 승용차로 속초에서 7번 국도 이용, 대포항 방향
메뉴 오징어순대 1마리 10,000원, 아바이순대 10,000원, 왕새우 2마리 3,000원, 작은 새우 10마리 3,000원

사돈집

아귀를 닮은 물곰 또는 곰치라 불리는 생선을 이용한 탕으로 유명한 식당이다. 생선의 흐물거리는 성분은 콜라겐으로 특유의 식감이 있고 맑은 국물은 어느 생선으로 끓인 탕보다 시원한 맛이 난다. 매운탕이나 지리로 먹을 수도 있다. 여럿이라면 가자미회무침이나 가자미조림을 추가해도 좋다. 이곳 외에도 속초 우체국 길 건너 옥미 식당도 물곰탕으로 유명한 식당!

위치 속초시 영랑동 133, 동명항 입구 부근
교통 속초 시내에서 영금정행 시내버스 이용, 영금정 입구 하차, 사돈집 방향, 도보 2분
메뉴 물곰탕 1인분 17,000원, 가자미조림 소 27,000원, 가자미구이 23,000원 | **전화** 033-633-0915

아바이식당

속초시 청호동 아바이마을 내에 위치한 식당으로 북한식 아바이순대, 오징어순대, 순대국밥 등을 낸다. 속초 여행에서 진짜 순대를 맛보는 것은 빼놓지 말아야 할 일. 아바이식당 말고도 단천식당, 다신식당, 북청아바이식당 등이 유명하다.

위치 속초시 청호동 748, 아바이마을 내
교통 ❶ 속초에서 1번 시내버스 이용, 갯배 입구 하차. 갯배 선착장에서 갯배 이용 ❷ 승용차로 속초고속버스터미널에서 청호동 아바이마을 방향
메뉴 순대국밥 8,000원, 가자미식해 13,000원, 아바이순대 12,000원, 오징어순대 15,000원
전화 033-635-5310

청초수물회

엑스포 타워에서 청초호 산책로를 따라서 바다 쪽으로 걷다 보면 나오는 대형 횟집이다. 해삼, 활전복, 가자미, 방어, 오징어, 멍게 등의 모둠회인 해전물회와 섭국이 대표 메뉴이고 일반 물회와 성게알 비빔밥도 먹을 만하다.

위치 속초시 엑스포로 12-36
교통 속초 시내에서 청초호 방향에 위치
메뉴 1인 해전물회 23,000원, 섭국 12,000원, 일반 물회, 성게알비빔밥 각 16,000원
전화 033-635-5050

김영애 할머니 순두부

속초 노학동 학사평 콩꽃마을 내에 위치한 순두부집으로 50년 전통을 자랑한다. 국산 콩으로 직접 만든 순두부가 고소하고 콩비지탕도 맛이 있다. 반찬으로 나온 갓 담근 김치, 오이무침, 산나물도 먹을 만하다.

위치 속초시 노학동 1011-39, 속초 서쪽
교통 ❶ 속초에서 3, 3-1번 시내버스 이용, 한화 리조트 설악 하차. 도보 3분 ❷ 승용차로 속초에서 56번 지방도(미시령로) 이용, 미시령 방향
메뉴 순두부 9,000원
전화 033-635-9520

88생선구이

속초 갯배 선착장 부근에 위치한 생선구이집으로 생선구이 모듬을 시키면 고등어, 꽁치, 오징어, 가자미, 메로, 임연수어, 황열갱이, 도루묵, 삼치, 청어, 송어 같은 생선을 맛볼 수 있다. 종업원이 적당한 때에 뒤집어 노릇노릇 구워 준다. 늘 붐비는 곳!

위치 속초시 중앙동 468-55, 갯배 선착장 부근
교통 ❶ 속초에서 1번 시내버스 이용, 갯배 입구 하차 ❷ 승용차로 속초에서 갯배 선착장 방향
메뉴 생선구이 15,000원, 오징어젓갈 1통 25,000원
전화 033-633-8892

그레이스 하임

속초시 노학동에 위치한 펜션으로 유럽풍으로
지은 건물이 멋있다. 펜션 내 수영장과 농구장
이 있어 아이들과 놀기 좋고, 바비큐장에서 고
기를 구워 먹어도 즐겁다. 무료로 자전거를 대
여해 주변을 둘러보거나 라운지에서 커피를 마
시며 쉴 수도 있다.

위치 속초시 노학동 1000-77, 속초 서쪽
교통 ❶ 속초에서 3-1번 시내버스 이용, 자활촌 교회 하
차. 펜션 방향 도보 5분 ❷ 승용차로 속초에서 56번 지방
도(미시령로) 이용, 콩꽃마을 교차로에서 그레이스 하임
방향
요금 비수기 120,000~250,000원
전화 033-638-0902, 010-9119-9074
홈페이지 www.graceheim.co.kr

HJ 하우스

속초시 조양동 속초 해변 부근에 위치한 콘도형
펜션으로 A~C동 3개의 건물로 되어 있다. 속초
해변과 가까워 여름에 해수욕을 즐기기 좋고,
속초 해변가 식당에서 식사를 하기도 편하다.
청초호, 속초 시내, 대포항 등도 멀지 않아 여행
하기 좋다.

위치 속초시 조양동 1442-2, 속초 해변 부근
교통 ❶ 속초에서 1번 시내버스 이용, 속초고속버스터미
널 하차. 해변 방향 도보 10분 ❷ 승용차로 속초에서 7번
국도 이용, 속초 해변 방향
요금 비수기 70,000~120,000원
전화 033-632-8606, 011-9026-5862
홈페이지 www.hj-house.co.kr

선녀 펜션

속초 남쪽 대포동에 위치한 펜션으로 4층 건물로 되어 있다. 외옹치항과 외옹치 해변 중간에 있어 항구와 해변으로 가기 편하고 대포항도 멀지 않다. 바다로 향한 전망 좋은 객실에서는 아침에 뜨는 해를 바라볼 수 있어 더 좋다.

위치 속초시 대포동 664-9, 속초 남쪽
교통 ❶ 속초에서 1번 시내버스 이용, 대포농공단지 하차. 외옹치항 방향 도보 10분 **❷** 승용차로 속초에서 7번 국도 이용, 대포항 방향. 대포농공단지 앞 사거리에서 외옹치항 방향
요금 비수기 45,000~160,000원
전화 033-635-6874, 010-8877-2670
홈페이지 www.fairypension.com

설악산 오토캠핑장

8동의 카라반 사이트를 포함 400동의 야영지를 갖추고 있다. 학무정과 설악산 소공원을 둘러보거나 대포항이나 속초로 나가기도 좋다. 설악산 자락에서의 캠핑을 원한다면 추천한다. 선착순 이용.

위치 속초시 설악동 370, 학무정 서쪽
교통 ❶ 속초에서 7, 7-1번 시내버스 이용, 야영장 하차 **❷** 승용차로 속초에서 7번 국도 이용, 대포항 방향, 설악 해맞이공원에서 설악동, 설악산 방향
요금 비수기 15,000원 성수기 19,000원
전화 033-801-0903
홈페이지 reservation.knps.or.kr/main.action

더하우스 호스텔

속초시외버스터미널 인근에 위치한 호스텔로 모텔 건물을 리모델링하여 사용한다. 도미토리는 4인실과 6인실이 있고 룸은 싱글에서 더블, 패밀리룸까지 인원에 따라 이용하기 좋다. 무료 조식, 무료 자전거 대여, 관광지 추천 등 여행을 아는 주인장의 세심한 서비스가 돋보인다.

위치 속초시 동명동 452-5
교통 속초시외버스터미널에서 수복탑 삼거리 방향, 삼거리에서 우회전, 더하우스 호스텔 방향. 도보 5분
요금 비수기 도미토리 18,000원, 싱글룸 25,000원, 더블룸 35,000원, 패밀리룸 50,000~80,000원
전화 033-633-3477/3408
홈페이지 www.thehouse-hostel.com

호박꽃 펜션

속초시 설악산으로 향하는 설악로 중간에 위치한 펜션으로 객실이 깔끔하고, 정원과 산책로가 잘 정돈되어 있는 편이다. 설악산과 가까워 케이블카를 타고 권금성에 가거나 신흥사, 울산바위까지 다녀오기도 좋다.

위치 속초시 도문동 1308-2, 속초 남쪽
교통 ❶ 속초에서 6, 7, 7-1번 시내버스 이용, 중도문 하차. 펜션 방향 도보 5분 **❷** 승용차로 속초에서 7번 국도 이용, 대포항 방향, 설악 해맞이공원에서 도문동, 설악산 방향
요금 비수기 주중 80,000~130,000원
전화 033-636-1984, 010-9191-1984
홈페이지 www.hobakflower.com

설악산 방

2층의 깔끔한 건물 외관이 멋진 곳이다. 펜션에서 보이는 설악산 풍경도 아름답다. 인근 속초시립박물관, 척산 온천, 설악워터피아 등을 방문하기 좋다. 간단한 조식과 펜션 카페를 운영하고, 픽업 서비스도 가능하다.

위치 속초시 노학동 739-73, 속초 서쪽
교통 ➊ 속초에서 3, 3-1번 시내버스 이용, 한옥마을 하차. 속초시립박물관 지나 도보 20분 **➋** 승용차로 속초에서 56번 지방도(미시령로) 이용, 속초시추모공원에서 설악산 방향
요금 비수기 주중 80,000원, 주말 120,000원
전화 033-636-6964, 010-3348-3524
홈페이지 www.srsb.co.kr

속초

동부 지역

숙소 리스트 ★

이름	위치	전화
설악켄싱턴스타 호텔	속초시 설악동 106-1	033-635-4001
굿모닝 가족호텔	속초시 조양동 1432-1	033-637-9900
더케이 설악산 가족호텔	속초시 도문동 155	033-639-8100
이스턴 호텔	속초시 중앙동 청초호반로 317	033-631-8700
아마란스 호텔	속초시 온천로55	033-636-5252
마레몬스 호텔	속초시 대포동 동해도로 3705	033-630-7000
영랑호 리조트	속초시 금호동 600-7	033-633-0001
설악파인 리조트	속초시 노학동 746-96	033-635-5800
금호설악 리조트	속초시 노학동 795-4	033-636-8000
현대수 콘도미니엄	속초시 노학동 729-3	033-635-9090
동해 콘도미니엄	속초시 대포동 790-4	033-635-9631
설악한옥 민박	설악동 상도문길 58	033-636-6727
풍년콘도식 민박	속초시 도문동 1687	033-635-3600
외갓집 민박	속초시 도문동 259	033-636-7444

1일차 시작!

1 설악 해맞이공원
일출 감상과 조각 공원 둘러보기

신흥사 20분 | 도보 40분

3 신흥사
한적한 산사와 소공원 산책

2 설악산 권금성
설악산 소공원 남쪽 산 위에서
보는 설악산의 풍경

숙박

2일차 시작!

숙박

1 속초 해변
여름이면 늘 해수욕을 즐기려는
사람으로 붐비는 곳

5 청호동 아바이마을
함경도식 아바이순대와 가자
미회냉면 맛보기!

2 대포항
분주한 항구와 활어 난전 튀김
거리 구경하기

석봉 도자기 미술관

4 석봉도자기미술관
다양한 도자기 전시와 체험

**3 청초호 호수공원과 엑스
포 타워**
엑스포 타워에 올라 청초호와
설악산 바라보기

속초 2박 3일 코스 ★ 아바이마을에서 실향민의 아픔을 느껴 보는 공감 여행

청호동 아바이마을은 속초의 작은 어촌 마을이다. 드라마 〈가을동화〉의 촬영지로 더 알려져 있으나 실은 북쪽에서 내려온 실향민이 정착한 마을이다. 곧 돌아갈 생각에 모래땅에 판자집을 짓고 산 것이 어느덧 수십 년이 흘러 버렸다. 속초시립박물관 내 실향민 문화촌에 가면 초기 청호동 아바이마을의 모습을 볼 수 있다. 아바이마을에 간다면 이곳의 대표 먹거리인 함경도식 아바이순대와 가자미회냉면은 꼭 맛보자. 강원도를 대표하는 명산인 설악산 등반도 필수 코스.

3일차

시작!

① 영금정과 속초 등대전망대
동해와 속초 시내를 한눈에 조망하기 좋은 곳!

귀가

⑤ 테디베어팜
아이들이 너무 좋아하는 테디베어 인형 전시장

② 속초 관광수산시장
수산물, 젓갈, 청과, 잡화 등 없는 것이 없는 재래시장

④ 척산 온천
강알카리성 온천에서 여행 피로 풀기

③ 속초시립박물관
지역의 전통 양식과 역사가 한곳에!

373

양양

남대천 연어와 청정 자연 속
송이의 고장

양양 내륙에는 톡 쏘는 맛이 일품인 오색 약수와 주전골이 있고, 양양 해변 쪽으로 가면 해수관음보살이 미소 짓는 고찰 낙산사, 강원도 대표 해변인 낙산 해변, 일출 명소 하조대가 있다. 늦가을 설악산으로 단풍 여행을 떠난다면 남대천 연어 축제와 송이 축제도 빼놓지 말자.

Access

시외·고속 ❶ 동서울종합터미널에서 양양시외종합버스터미널까지 1시간 40분 ~2시간 40분 소요, 06:30~18:40, 약 30분 간격, 요금 우등 16,400원, 일반 15,100원
❷ 서울경부고속터미널에서 양양시외종합터미널까지 2시간 소요, 06:30~23:30분, 약 30분 간격, 요금 프리미엄 23,500원, 우등 18,100원, 일반 14,000원

비행기 제주 국제공항, 부산 국제공항에서 양양 국제공항까지, 1시간 내외 소요

승용차 서울에서 서울–양양고속도로 이용, 양양JC에서 양양 시내 방향

Information

낙산(양양) 종합관광안내소 033–670–2397~8 | **양양군 문화관광과** 033–670–2724 | **강원도 관광 안내** 033–1330 | **전국 관광 안내** 1330

375

양양

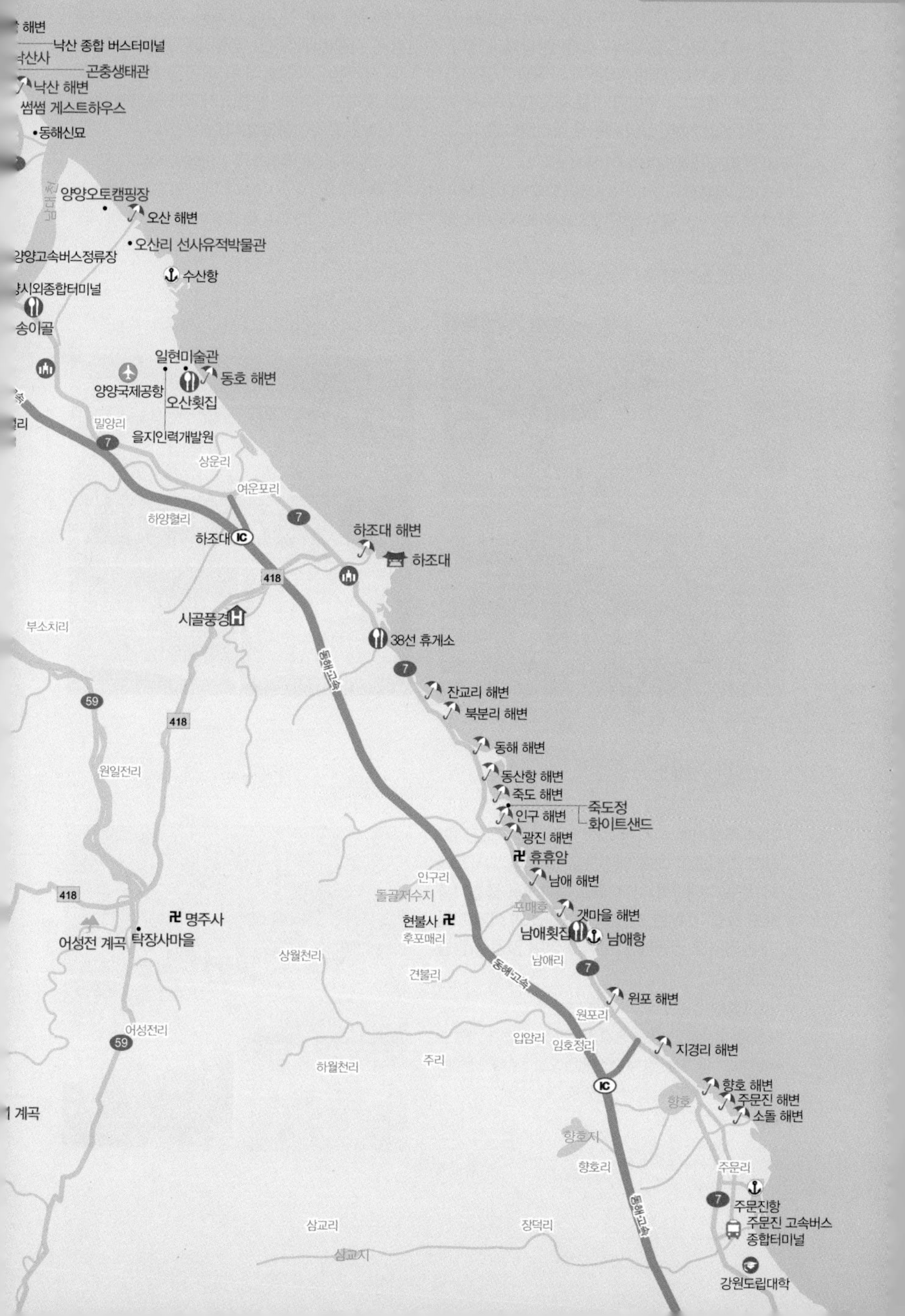

해변
낙산 종합 버스터미널
낙산사 ── 곤충생태관
낙산 해변
쌈쌈 게스트하우스
동해신묘

양양오토캠핑장
오산 해변
오산리 선사유적박물관
강양고속버스정류장
수산항
시외종합터미널
송이골

일현미술관
양양국제공항
동호 해변
오산횟집
밀양리
을지인력개발원
상운리
리
여운포리
하양혈리
하조대 해변
하조대
IC
418
하조대
시골풍경 H
부소치리
38선 휴게소
7
59
418
잔교리 해변
북분리 해변
동해 해변
원일전리
동산항 해변
죽도 해변
죽도정
인구 해변
화이트샌드
광진 해변
휴휴암
남애 해변
418
인구리
돌골저수지
명주사
현불사
갯마을 해변
어성전 계곡 탁장사마을
후모매리
남애횟집
남애항
상월천리
포매호
건불리
남애리
7
원포 해변
어성전리
원포리
59
입암리 임호정리
지경리 해변
하월천리
주리
IC
향호 해변
1 계곡
주문진 해변
소돌 해변
향호지
향호
향호리
주문리
삼교리
장덕리
7
주문진항
주문진 고속버스
종합터미널
삼교지
삼교지
강원도립대학

물치항

양양 물치리 바닷가에 위치한 항구로 속초와 가깝고 속초, 낙산, 오색에서 오는 관광객이 많다. 항구 내 물치회센터는 어촌계 가족들이 운영하고 있어 저렴하고 푸짐한 회를 제공한다. 식사 후 인근의 정암 해변, 설악 해변을 둘러봐도 좋다.

위치 양양군 강현면 물치리 7, 양양 북동쪽

교통 ❶ 양양에서 9, 9-1, 9-2 시내버스, 오색행 농어촌버스 이용, 물치 하차 ❷ 승용차로 양양에서 7번 국도 이용, 물치항 방향

전화 양양군청 해양수산과 033-670-2411

곤충생태관 昆蟲生態館

양양 낙산 해변 입구에 위치한 곤충생태관으로 1층은 관광안내소이고, 2층이 곤충생태관이다. 나비, 잠자리, 딱정벌레 등의 곤충 표본이 살아 있는 듯하고, 한쪽에 민물고기, 바닷물고기 등 어류 생태관도 자리하고 있다.

위치 양양군 강현면 주청리 117-1, 양양 북동쪽

교통 ❶ 양양에서 9, 9-1, 9-2 시내버스, 석교 · 오색행 농어촌버스 이용, 낙산 하차 ❷ 승용차로 양양에서 7번 국도 이용, 낙산 해변 방향

요금 무료

시간 09:00~18:00

전화 033-670-2329

낙산 해변 洛山 海邊

양양 주청리에 위치한 해변으로 강릉 경포대와 함께 강원도의 대표 해변으로 꼽힌다. 백사장에서 족구나 배구를 하기 좋고 해변에서 물놀이를 해도 즐겁다. 해변 가까운 곳에 숙소와 식당이 많아 편리하고 인근에 낙산사가 있어 많은 사람들이 찾는다.

위치 양양군 강현면 주청리 1, 양양 북동쪽

교통 ❶ 양양에서 9, 9-1, 9-2 시내버스, 석교 · 오색행 농어촌버스 이용, 낙산 하차. 해변 방향 도보 5분 ❷ 승용차로 양양에서 7번 국도 이용, 낙산 해변 방향

전화 033-670-2518

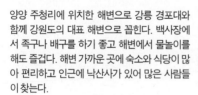

낙산사 洛山寺

신라시대인 문무왕 11년(671년) 의상대사에 의해 창건된 절로, 국내 3대 관음기도 도량이자 관동팔경 중 하나. 사찰 내 관음보살이 위치를 알려주었다는 원통보전, 거대한 해수관음상, 바다에서 관음보살이 나타났다는 홍련암, 의상대, 의상기념관 등 명소가 많다. 연중 찾는 사람이 많으니 평일이나 주말 오전에 방문하는 것이 좋다. 해수관음상 불전 아래에는 두꺼비가 있는데 두 가지 소원을 들어준다고 하니 잊지 말고 두꺼비를 잘 쓰다듬으며 마음속으로 소원을 빌어 보자.

위치 양양군 강현면 전진리 55, 양양 북동쪽
교통 ❶ 양양에서 9, 9-1, 9-2 시내버스, 석교 · 오색행 농어촌버스 이용, 낙산 하차. 낙산사 방향 도보 15분 ❷ 승용차로 양양에서 7번 국도 이용, 낙산사 방향
요금 성인 3,000원, 학생 1,500원, 어린이 1,000원
전화 033-672-2417
홈페이지 www.naksansa.or.kr

오산리 선사유적박물관 鰲山里 先史遺跡博物館

양양 오산리 습지인 쌍호의 선사 유적에서 발굴된 어로, 사냥, 토기 제작 등에 관한 유물을 전시하는 박물관으로, 유적 옆에 건립되었다. 선사시대에 사용했던 돌칼, 돌도끼, 돌화살, 토기 등이 전시되어 선사시대에 대한 호기심을 충족시켜준다. 단체일 경우 해설을 들을 수도 있다. 유물에 대한 탄소 연대 측정에 따르면 우리나라 신석기 유적 중에 가장 이른 기원전 6,000년경으로 추정된다.

위치 양양군 손양면 오산리 51, 양양 동쪽
교통 ❶ 양양에서 동호리 · 수산리행 농어촌버스 이용, 동호리 하차. 박물관 방향 도보 5분 ❷ 승용차로 양양에서 7번 국도 이용, 동호리 방향
요금 성인 1,000원, 학생 500원, 어린이 300원
시간 09:00~18:00(매주 월요일 휴관)
전화 033-671-2000
홈페이지 www.osm.go.kr

남대천 南大川

양양을 가로지르는 하천으로 오대산 부연동 계곡, 두로봉 등에서 발원하여 삼산리, 법수치리, 어성전리, 양양읍 등을 거쳐 동해로 빠져나간다. 영동에서 가장 물이 맑고 긴 강이어서 연어가 회귀하는 곳으로 유명하다. 양양 시내 송이조각공원 옆에서 남대천을 볼 수 있다.

위치 양양군 양양읍 송암리 584, 송이조각공원 옆
교통 양양 시내에서 도보 30분 또는 택시 이용

동호 해변 銅湖 海邊

양양 동호리 바닷가에 위치한 직선의 해변으로 길이 500m, 폭 65m이다. 해변 뒤의 소나무 숲이 운치 있고, 펜션 여럿이 자리 잡고 있으나 여느 알려진 해변들과 달리 유흥가가 없어 조용한 느낌이 든다. 동호 해변 중간에 펜션과 북쪽에 몇몇 식당이 있어 편리하게 이용할 수 있다.

위치 양양군 손양면 동호리 1-21, 양양 남동쪽
교통 ❶ 양양에서 동호리행 농어촌버스 이용, 동호리 하차 ❷ 승용차로 양양에서 7번 국도 이용, 동호리 방향
전화 033-672-9797

하조대 해변 河趙臺 海邊

양양 하광정리 바닷가에 위치한 타원형 해변으로 수심이 얕은 편이라 가족끼리 물놀이하기 좋고 해변 뒤쪽으로 송림이 우거져 있어 여름이면 야영하는 사람들이 많다. 해변에서 물놀이를 즐긴 뒤, 남쪽 야산에 위치한 하조대에 들르면 좋다.

위치 양양군 현북면 하광정리 80, 양양 남동쪽
교통 ❶ 양양에서 대치 · 어수전 · 지경리행 농어촌버스 이용, 하광정리 하차, 해변 방향 도보 5분 ❷ 승용차로 양양에서 7번 국도 이용, 하조대 방향
전화 033-670-2516

일현미술관

양양 지역의 최초이자 동해안 최북단의 미술관으로 야외 전시장에 국내외 유명 작가들의 조각품이 전시되고 있다. 실내 미술관에서는 작가별, 테마별 전시가 수시로 열린다. 야외에 있는 디디에 포스티노의 전망대 작품은 높이 약 18.3m로 전망대 정상에 서면 동해와 동호 해변이 한눈에 들어온다.

위치 양양군 손양면 동호리 191-8, 을지인력개발원 내
교통 ❶ 양양에서 동호리행 농어촌버스 이용, 동호리 하차. 미술관 방향 도보 5분 ❷ 승용차로 양양에서 7번 국도 이용, 동호리 방향
요금 무료 또는 전시회에 따른 요금
시간 10:00~18:00(매주 월요일 휴관)
전화 033-670-8450
홈페이지 www.ilhyunmuseum.or.kr

하조대 河趙臺

양양 하정광리 바닷가 야산에 위치한 바위 지대를 말하는 것으로, 야산 정상에 하조대라는 정자가 있다. 바닷가 야산의 기암괴석과 노송, 동해, 등대가 어우러져 절경을 이루고 이른 아침 일출을 보기도 좋다. 하조대 북쪽으로는 하조대 해변이 조성되어 있다.

위치 양양군 현북면 하광정리 산3, 양양 남동쪽
교통 ❶ 양양에서 지경리행 농어촌 버스 이용, 하조대 하차. 하조대 방향 도보 15분 ❷ 승용차로 양양에서 7번 국도 이용, 현북면사무소에서 하조대 방향
전화 033-670-2516

양양 스킨스쿠버 여행

청정 양양 앞바다에서 펀다이빙이나 스킨스쿠버를 즐겨도 즐겁다. 펀다이빙의 경우 비전문가도 즐길 수 있는 다이빙 프로그램이고 스킨스쿠버의 경우 테크니컬 다이빙뿐만 아니라 오픈워터, 어드밴스드, 스페셜티 같은 교육 과정도 운영된다.

위치 양양군 현남면 남애리 48-1, 남애항 내
교통 ❶ 양양에서 지경리행 농어촌버스, 주문진에서 325, 326번 시내버스 이용, 남애초교 하차. 남애항 방

향 도보 10분 ❷ 승용차로 양양에서 7번 국도 이용, 남애항 방향
요금 펀다이빙 80,000원, 체험 다이빙 100,000원 내외
전화 남애스쿠버리조트 033-673-4567, 양파다이브 010-3815-4656, 파라다이스 스킨스쿠버 033-671-6973
홈페이지 남애스쿠버리조트 www.namaescuba.com, 양파다이브 yangpadive.com

죽도정 竹島亭

양양 인구리 바닷가에 위치한 동산이 죽도이고 죽도 정상에 있는 정자가 죽도정이다. 죽도는 높이 53m, 둘레 1km로 송죽이 많아 죽도라 하고 원래 육지와 떨어진 섬이었으나 현재 육지와 연결되었다. 죽도정에서 보는 주변 경치는 양양8경에 꼽힐 만큼 훌륭하다.

위치 양양군 현남면 인구리 1-1, 양양 남동쪽
교통 ❶ 양양에서 지경리행 농어촌버스 이용, 두창시변리 하차. 죽도정 방향 도보 10분 ❷ 승용차로 양양에서 7번 국도 이용, 남애항 방향. 시변리삼거리에서 죽도정 방향

휴휴암 休休庵

양양 광진리 바닷가에 위치한 사찰로 관세음보살 형상의 바위가 바닷가에 누워 있다고 전해진다. 동해 바닷가 언덕에 있어 경치가 좋고 사찰 내에서 묘적전, 비룡관음전, 황금 종각, 해수관음보살상 등을 돌아볼 수 있다. 불교 행사가 있는 날이면 찾는 사람들로 붐빈다.

위치 양양군 현남면 광진리 1, 양양 남동쪽
교통 ❶ 양양에서 지경리행 농어촌버스, 주문진에서 325번 시내버스 이용, 광진리 하차. 휴휴암 방향 도보 3분 ❷ 승용차로 양양에서 7번 국도 이용, 남애항 방향
전화 033-671-0093

남애항 南涯港

양양 남애리 바닷가에 위치한 항구로 삼척 초곡항, 강릉 심곡항과 함께 강원도 3대 미항으로 꼽히며 강원도의 베네치아라고도 불린다. 북쪽과 남쪽의 방파제가 항구를 감싸고 있고 동해의 추암과 더불어 강원도 최고의 일출 명소이다. 인근 남애1리와 남애3리 해변은 백사장이 넓고 수심이 낮아 아이들이 물놀이하기 좋고, 북쪽에 그보다 규모가 큰 남애 해변이 있다.

위치 양양군 현남면 남애리 2-77, 양양 남동쪽
교통 ❶ 양양에서 지경리행 농어촌버스, 주문진에서 325, 326번 시내버스 이용, 남애초교 하차. 남애항 방향 도보 10분 ❷ 승용차로 양양에서 7번 국도 이용, 남애항 방향
전화 033-670-2411

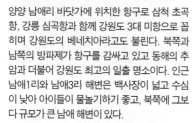

오색 그린야드 호텔

양양 오색리에 위치한 호텔로 객실, 레스토랑, 멕시코전시관, 탄산온천 등을 갖췄다. 멕시코전시관에서는 AD100~900년 올메크·톨텍·마야·아즈텍 문화를 보여주는 조각품들을 만날 수 있다. 호텔 내 탄산온천에서는 탄산온천수에 몸을 담그며 피로를 풀 수 있어 좋다.

위치 양양군 서면 오색리 511, 양양 서쪽
교통 ❶ 양양에서 오색행 농어촌버스 이용, 오색 하차. 도보 10분 ❷ 승용차로 양양에서 44번 국도 이용, 오색 방향
요금 탄산온천 12,000원, 탄산온천+홀론면역 20,000원(찜질복 지급)
전화 033-670-1000
홈페이지 www.greenyardhotel.com

오색 약수 五色 藥水

양양 오색리 주전골 입구에 위치한 약수로 철분
이 많기로 유명하다. 진한 쇠맛이 나며 약간 톡
쏘는 느낌이 나는데 예전에 비해 용출량이 줄어
든 느낌이 든다. 위쪽과 아래쪽에 두 곳의 약수
터가 있는데 위쪽은 철분, 아래쪽은 탄산이 많다
고 한다.

위치 양양군 서면 오색리 1-20, 양양, 서쪽

교통 ❶ 양양에서 오색행 농어촌버스 이용, 오색 하차. 약수
방향 도보 5분 ❷ 승용차로 양양에서 44번 국도 이용, 오색
방향

오색 주전골 五色 鑄錢谷

양양 오색리에 위치한 계곡으로 남설악에서 가
장 크고, 가을 단풍이 유명하다. 주전골이라는 이
름은 옛날 이곳에서 승려를 가장한 도둑들이 위
조 엽전을 만들었다고 해서 붙여졌다고도 하고,
용소 폭포 입구의 바위가 엽전을 쌓아 놓은 것 같
다 하여 이름 붙여진 것이라고도 한다. 주전골 트
레킹은 보통 오색 약수터에서 출발해 성국사, 선
녀탕을 거쳐 용소 폭포 탐방지원센터로 나오거
나 오색 약수로 되돌아온다. 용소 폭포를 지나 흘
림골까지 연장해 트레킹을 즐겨도 괜찮다.

위치 양양군 서면 오색리 460, 오색 주전골 계곡

교통 ❶ 양양에서 오색행 농어촌버스 이용, 오색 하차. 약수
방향 도보 5분 ❷ 승용차로 양양에서 44번 국도 이용, 오색
방향

코스 오색 약수 탐방지원센터 – 성국사 – 선녀탕 – 용소 폭
포 탐방지원센터

전화 033-672-2883

홈페이지 www.osaek.info

오색 온천 五色 溫泉

양양 오색리에 위치한 온천으로 1500년경에 온
정골(溫井谷), 일제시대에 조선 온천, 훗날에는
미인 온천 등으로 불렸다. 해발 650m에서 분출
하는 온천은 알칼리성 나트륨 온천으로 피로 회
복, 혈액 순환 등에 좋다고 알려져 있다. 주전골
트레킹 후 온천을 이용하면 더욱 좋다.

위치 양양군 서면 오색리 460-7, 양양 서쪽
교통 ❶ 양양에서 오색행 농어촌버스 이용, 오색 하차. 약수 방
향 도보 5분 **❷** 승용차로 양양에서 44번 국도 이용, 오색 방향
요금 10,000원 내외
전화 오색온천장_033-672-3635, 설악온천장_033-672-
2645

어성전 · 법수치 계곡 漁城田 · 法水峙 溪谷

양양 어성전리와 법수치리에 위치한 어성전 계
곡과 법수치 계곡은 폭이 넓고 수량이 많아 물고
기들이 살기 적합하다. 어성전은 계곡에서 물고
기를 잡기 좋고 땅이 넓어 농사짓기 어려움이 없
어 배불리 먹고 산다는 뜻을 가지고 있다. 어성전
계곡 남쪽의 법수치 계곡은 오지 중의 오지로 계
곡에서 낚시를 하거나 물놀이를 하기 좋으나 위
급 시 인근에 도와줄 사람이 없으므로 주의한다.

위치 어성전 계곡_양양군 현북면 어성전리 799, 법수치 계
곡_양양군 현북면 법수치리 27
교통 승용차로 59번 국도 이용, 어성전리 · 법수치리 방향

Travel Tip

양양 서피 비치에서 서핑 즐기기

한여름 보드에 몸을 싣고 파도를 타는
모습은 보는 것만으로 시원하다. 최
근 하조대 해변에 국내 최초로 서핑
전용 서피 비치가 마련되어 교육을 받고 서핑을 즐길 수
있다. 서피 비치는 바다 쪽으로 약 30m까지 평균 수심
80cm를 유지해 안전하게 서핑을 즐기기 좋다.

위치 양양군 현북면 중광정리 508
교통 ❶ 양양에서 지경리행 농어촌 버스 이용, 하조
대 하차, 하조대 방향 도보 15분 **❷** 승용차로 양양에

서 7번 국도 이
용, 현북 면사무소에서 하조대 방향
시간 서핑 강습_봄, 가을 10:00, 13:00, 15:00, 여름
09:00, 10:30, 13:00, 14:30, 15:00
요금 서핑 체험 강습 75,000원, 기초 서핑 PART1
95,000원, 서프보드 30,000원, 전신 웨트슈트
10,000원
전화 033-672-0695
홈페이지 www.surfyy.com

한계령 寒溪嶺

양양 서면 오색리와 인제군 북면·기린면 경계에 위치한 고개(1,004m)로 내설악과 외설악을 연결하고 있다. 옛날에는 소동라령, 현재 양양에서는 오색령으로 부르기도 한다. 한계령에서 보면 동쪽으로 설악산과 오색, 서쪽으로 인제군 산하 풍경이 멋있다. 한계령에서 귀떼기청봉이나 서북릉을 지나 대청봉으로 오를 수 있다. 산행 코스는 자신의 체력과 여유 시간에 맞게 정하고 위급한 상황에 대비해 위치 푯말을 잘 살펴본다.

위치 양양군 서면 오색리, 양양 서쪽
교통 ❶ 양양시외종합터미널에서 한계령행 시외버스 이용, 한계령 하차 **❷** 승용차로 양양에서 44번 국도 이용, 오색 지나 한계령 방향
코스 한계령 – 한계령 갈림길 – 귀떼기청봉(당일 왕복), 한계령 – 한계령 갈림길 – 서북능선 – 대청봉 – 오색(당일 산행), 한계령 – 한계령 갈림길 – 서북능선 – 대청봉 – 설악동(1박 2일 산행)

송천 떡마을

마을 인근을 흐르는 송천 계곡의 맑은 물과 장작불에 삶은 떡쌀로 전통 떡을 만든다. 평소에는 마을 입구의 떡 매점과 양양 장날 아양시장에서 송천떡을 구입할 수 있다. 떡 만들기 체험은 10인 이상일 때 진행된다.

위치 양양군 서면 송천리 178, 양양 서쪽
교통 ❶ 양양에서 공수전·영덕리행 농어촌버스 이용, 송천 떡마을 또는 송천리 하차. 송천리 정류장에서 떡마을 방향 도보 15분 **❷** 승용차로 양양에서 44번 국도 이용, 서면 방향. 서면사무소 지나 56번 국도 이용, 송천리 방향
요금 인절미 만들기 6,000원, 찹쌀떡 만들기 7,000원
전화 033–673–7020, 011–364–4310
홈페이지 songcheon.invil.org

선림원지 禪林院址

양양 서림리 미천골 자연휴양림 내에 위치한 신라시대 사찰터로, 804년 승응법사가 창건한 것으로 알려져 있다. 현재, 보물 제4호 선림원지삼층석탑, 보물 제5호 선림원지석등, 보물 제6호 홍각선사탑비 귀부 및 이수, 보물 제7호 선림원지부도 등이 남아 있다.

위치 양양군 서면 서림리 89, 미천골 자연휴양림 내

교통 승용차로 양양에서 44번 국도 이용, 서면 방향. 서면 사무소 지나 56번 국도 이용, 서림리 미천골 자연휴양림 방향. 미천골 자연휴양림에서 도보 15분 또는 승용차 이용

구룡령 九龍嶺

양양 서면 갈천리와 홍천군 내면 명개리 사이의 고개(1,013m)로, 가는 길이 가파르고 구불구불하여 마치 용이 하늘로 올라가는 듯하다 하여 구룡령이란 이름이 붙었다. 주변 산림이 울창하여 멧돼지나 고라니 같은 동물들이 살고 연중 안개 끼는 날이 많아 우천ㆍ동절기 자동차 운행에 주의해야 한다.

위치 양양군 서면 갈천리, 양양 남서쪽

교통 승용차로 양양에서 44번 국도 이용, 서면 방향. 서면 사무소 지나 56번 국도 이용, 구룡령 방향 (56번 국도 송천 떡마을 부근 농협 주유소 외에는 주유소 없음)

명주사 부도군 明珠寺 浮屠群

고려시대 목종 12년(1009년)에 승려 대주, 혜명이 창건하였다. 부도란 승려의 유골이나 사리를 모셔 두는 탑이다. 명주사 부도군에는 총 12기의 부도가 있는데 7기가 원당형, 5기가 석종형이며 부도 외에도 4기의 비석이 남아 있다. 한적한 명주사와 주변 계곡을 둘러보는 것도 좋다.

위치 양양군 현북면 어성전리 59, 명주사 내

교통 ❶ 양양에서 어성전행 농어촌버스 이용, 어성전 하차. 명주사 방향 도보 30분 ❷ 승용차로 59번 국도 이용, 어성전리 방향. 어성전사거리에서 명주사 방향

전화 033-673-1526

탁장사마을

양양 어성전리에 위치한 산골 마을로 조선 말 경복궁 중건 시, 이 마을의 탁장사가 경복궁 중건에 쓰일 좋은 나무를 두고 강릉의 권장사와 겨뤘다는 이야기가 전해진다. 산골 마을이어서 평소 사람을 보기 힘드나 여름철에 탁장사 나무지기놀이, 떡메치기 등의 체험을 할 수 있다.

위치 양양군 현북면 어성전리 153-9, 양양 남쪽

교통 ❶ 양양에서 어성전행 농어촌버스 이용, 어성전 하차. 탁장사마을까지 도보 30분 ❷ 승용차로 59번 국도 이용, 어성전리 방향. 어성전사거리에서 탁장사마을 방향

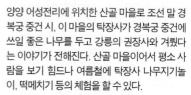

남애횟집

양양 남애항 내에 위치한 횟집으로 갓 잡은 생선을 이용한 물회, 모듬회가 맛이 있다. 물회는 고추장 육수에 히라스와 광어를 쓰고 그 위에 무채, 당근채, 파채 등을 올려낸다. 탱탱한 회가 쫄깃하고 고추장 육수가 시원하다.

위치 양양군 현남면 남애리 2, 남애항 내
교통 남애항에서 식당 방향 도보 5분
메뉴 물회 20,000원, 회덮밥 15,000원, 모듬회 소 60,000원, 매운탕 40,000원
전화 033-671-7265

오색식당

양양 오색리에 위치한 식당으로 40여 년의 전통을 자랑한다. 청정 오색골에서 채취한 산나물을 이용한 산채비빔밥, 산채정식, 황태해장국 등이 맛이 있다. 주전골을 산책한 후 가볍게 감자전에 막걸리 한잔을 해도 좋은 곳!

위치 양양군 서면 오색리 460, 오색약수 관광지 내
교통 ❶ 양양에서 오색행 농어촌버스 이용, 오색 하차. 약수 방향 도보 5분 ❷ 승용차로 양양에서 44번 국도 이용, 오색 방향
메뉴 산채비빔밥 9,000원, 산채정식 12,000원
전화 033-672-3180

송이골

양양 시내 양양대교 건너 손양면 송현리에 위치한 송이 요리 전문점으로 양양 산골에서 채취한 송이를 이용한 송이칼국수, 송이해장국, 송이덮밥, 송이소금구이 등을 낸다. 적송 아래에서 자라는 송이는 소나무의 향기를 갖고 있고, 송이버섯 특유의 맛을 낸다.

위치 양양군 손양면 송현리 234-1, 양양 시내 강 건너
교통 ❶ 양양에서 송현리행 농어촌버스 이용, 양양청년회의소 하차, 식당 방향 도보 5분 ❷ 승용차로 양양에서 양양대교 건너 송현 사거리 방향
메뉴 송이칼국수 · 송이해장국 각 8,000원, 송이덮밥 12,000원, 송이영양돌솥밥 18,000원
전화 033-672-8040

오산횟집

양양 동호 해변 입구에 위치한 횟집으로 섭조개를 이용한 음식으로 알려져 있다. 섭조개는 홍합의 일종으로 살이 부드럽고 맛이 좋다. 섭국은 섭조개를 넣은 매운탕으로 시원한 국물과 부드러운 섭조개의 맛이 일품이다.

위치 양양군 손양면 동호리 1~4, 동호 해변 입구

교통 ❶ 양양에서 동호리행 농어촌버스 이용, 동호리 하차 **❷** 승용차로 양양에서 7번 국도 이용, 동호리 방향

메뉴 섭국 12,000원, 섭죽 12,000원, 모듬회 소 80,000원, 매운탕 40,000원

전화 033-672-4168

영광정 메밀국수

속초와 양양 중간 석교리에 위치한 메밀국수집이다. 동해안에서는 물치 해수욕장에서 석교리로 들어가면 된다. 길가 허름한 시골집을 식당으로 이용해, 정감이 있고 쫄깃한 면발과 새콤달콤한 양념이 식욕을 더한다.

위치 양양군 강현면 진미로 446

교통 ❶ 양양시외버스터미널에서 상복 21번 버스 이용, 석교리 하차. 도보 4분 **❷** 승용차로 양양에서 금풍리 거쳐, 석교리 방향

메뉴 막국수 8,000원, 메밀전병 7,000원, 감자전 10,000원, 편육 23,000원

전화 033-673-5254

남설악식당

양양 오색리에 위치한 식당으로 오색 산골에서 채취한 산나물을 이용한 산채비빔밥, 산채정식 등을 낸다. 별것 아닌 산나물 비빔밥 같지만 자연의 향을 품은 다양한 나물은 물리지 않는 정겨운 맛을 낸다. 집에서 담은 된장으로 끓인 된장찌개, 산나물 반찬도 맛있다.

위치 양양군 서면 오색리 460, 오색 약수 관광지 내

교통 ❶ 양양에서 오색행 농어촌 버스 이용, 오색 하차. 약수 방향 도보 5분 **❷** 승용차로 양양에서 44번 국도 이용, 오색 방향

메뉴 남설악정식 15,000원, 산채비빔밥 9,000원, 불고기백반 15,000원

전화 033-672-3159

썸썸 게스트하우스

낙산 해변에 위치한 게스트하우스로 밤마다 바비큐 파티로 열리는 곳으로 유명하다. 게스트하우스에서 진행하는 서핑 강습에 참여해도 좋고 밤이면 루프톱바에서 맥주 한잔을 해도 괜찮다.

위치 양양군 양양읍 해맞이길 95-13
교통 낙산 해수욕장에서 프레야낙산 콘도 방향, 바로
요금 도미토리(최대 8인실) 20,000~30,000원, 2인실 50,000~80,000원
전화 010-6577-0303
홈페이지 sumsumguest.modoo.at

설악산 오색 펜션

양양 서면 오색리에 위치한 펜션으로 2층 목조 건물로 되어 있다. 객실마다 월풀 스파가 있어 여행의 피로를 풀기에 좋고 농구장, 배구장에서 아이들과 뛰어놀아도 즐겁다. 인근에 있는 오색약수, 주전골 등을 방문하거나 설악산 등산을 해도 좋다.

위치 양양군 서면 오색리 202-1, 양양 서쪽
교통 ❶ 양양에서 오색행 농어촌버스 이용, 굴아우 하차. 펜션 방향 도보 5분 **❷** 승용차로 오색에서 44번 국도 이용, 오색 방향
요금 비수기 주중 90,000~150,000원
전화 033-672-3700, 010-4286-0680
홈페이지 www.osaekpension.com

양양 오토캠핑장

울창한 소나무 숲 2만여 평의 땅에 3,000여 명이 동시에 야영을 즐길 수 있는 오토캠핑장이다. 길 건너 오산 해변은 길이 900m, 폭 60m로 수심이 얕아 가족끼리 물놀이하기 좋고 캠핑장 남쪽 오산리 선사유적박물관을 찾아도 괜찮다.

위치 양양군 손양면 송전리 26, 양양 동쪽

교통 ❶ 양양에서 동호리·수산리행 농어촌버스 이용, 동호리 하차, 캠프장 방향 도보 10분 **❷** 승용차로 양양에서 7번 국도 이용, 동호리 방향

요금 비수기 야영 30,000원(1박2일), 패키지 대여 90,000원, 방갈로 60,000원, 전기 5,000원

전화 033-672-3702

홈페이지 www.camping.kr

들꽃내음 펜션

양양 서면 서림리 미천골 자연휴양림 내에 위치한 펜션으로 미천골 산속에 있어 조용히 쉬기 좋다. 미천골 계곡에서 아이들이 물놀이하기 즐겁고 휴양림 내 선림원지를 둘러보기도 편하다.

위치 양양군 서면 서림리 422-5, 양양 남서쪽

교통 승용차로 양양에서 44번 국도 이용, 서면 방향, 서면사무소 지나 56번 국도 이용, 서림리, 미천골 자연휴양림 방향

요금 비수기 주중 90,000~180,000원

전화 070-8886-3440, 010-9159-3440

홈페이지 www.awildflower.co.kr

화이트 샌드

양양 현남면 시변리에 위치한 펜션으로 예쁘게 꾸며 놓은 객실이 보기 좋다. 인근에 죽도정, 죽도 해변이 있어 해변을 거닐거나 물놀이를 해도 즐겁다. 무료 조식 서비스나 펜션에서 자전거를 대여해 주변을 돌아보아도 좋다.

위치 양양군 현남면 시변리 33-15, 양양 남동쪽

교통 ❶ 양양에서 지경리행 농어촌버스 이용, 두창시변리 하차, 펜션 방향 도보 10분 **❷** 승용차로 양양에서 7번 국도 이용, 남애항 방향, 시변리삼거리에서 죽도정 방향

요금 비수기 주중 80,000~110,000원(서핑보드 대여 30,000원, 서핑 강습 80,000원)

전화 033-673-9366

홈페이지 www.whitesand.co.kr

시골풍경

넓은 잔디밭과 아기자기하게 꾸며진 정원에서 아이들이 뛰어놀기 좋고, 펜션 앞 시냇물에서 물놀이를 할 수도 있다. 인근 관광지로 하조대, 하조대 해변이 있으니 여름에 방문한다면 해수욕을 즐기기도 좋다.

위치 양양군 현북면 상광정리 416-1, 양양 남동쪽
교통 ❶ 양양에서 대치·어성전행 농어촌버스 이용, 상광정리 하차, 펜션 방향 도보 10분 ❷ 승용차로 양양에서 7번 국도 이용, 하조대 방향, 하조대에서 418번 지방도 이용, 상광정리 방향
요금 비수기 주중 70,000~90,000원
전화 033-672-3387, 010-4377-3387
홈페이지 www.sppension.co.kr

숙소 리스트

이름	위치	전화
오색그린야드 호텔	양양군 서면 오색리 511	033-670-1000
스위트 호텔 낙산	양양군 양양읍 조산리 440-5	033-670-1100
낙산비치 호텔	양양군 강현면 전진리 3-2	033-672-4000
양양공항 호텔	양양군 손양면 상운리 112-2	033-671-0128
대명리조트 쏠비치	양양군 손양면 오산리 23-4	1588-4888
오션벨리 리조트	양양군 양양읍 조산리 399-31	033-672-4200
대명 민박	양양군 양양읍 남문리 3-97	033-671-9163
사랑방 민박	양양군 현북면 하광정리 175-1	033-672-9183
별 게스트하우스	양양군 강현면 주청2길 7	010-7646-5161
누룽지 게스트하우스	양양군 손양면 수산2길 14	010-5480-0220
낙산 톡게스트하우스	양양군 강현면 해맞이길 42-1	010-4686-9477
양양 파티 게스트하우스 낙산점	양양군 강현면 해맞이길 4 2F	010-6555-9282

1일차 시작!

① 한계령
양양 서쪽 서면 오색리와 인제군
북면 · 기린면 경계

숙박

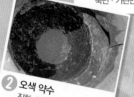

② 오색 약수
진한 쇠맛이 나며 약간 톡 쏘
는 약수를 맛보자.

**⑤ 오색 그린야드 호텔
멕시코전시관**
고대 멕시코의 올메크 · 톨텍
· 마야 · 아즈텍을 만난다.

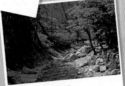

③ 오색 주전골
가을 단풍이 아름다운 곳

④ 오색 온천
알칼리성 나트륨 성분의 온천
을 즐기자.

2일차 시작!

④ 물치항
한적한 항구에서 싱싱한 회 맛
보기

숙박

① 낙산사
3대 관음기도 도량이자 관동팔
경 중 하나

③ 낙산 해변
여름철 해수욕을 즐기는 피서
객이 북적이는 곳

② 양양 곤충생태관
다양한 곤충, 민물고기를 만난다.

송이의 고장 양양의 명소로는 낙산사와 하조대, 오색 약수를 꼽을 수 있다. 의상대, 홍련암, 해수관음 상 등 볼거리가 많은 고찰 낙산사, 동해 일출이 멋진 하조대, 진한 쇠맛이 나는 오색 약수는 양양의 세 가지 색을 보여 주는 곳이라 해도 좋다. 낙산사와 하조대 사이에는 정암, 설악, 낙산, 오산, 동호리, 하 조대, 죽도, 남애 해변 등 크고 작은 해변이 많아 여름철 해수욕을 즐기기에 그만이다. 단풍이 드는 가 을에는 주전골로 트레킹을 가도 좋다.

3일차 시작!

귀가

① 남대천
연어가 회귀하는 남대천의 풍경 을 감상한다.

⑥ 휴휴암
해수관음상을 보고 동해를 조 망하기 좋은 곳

② 오산리 선사유적박물관
오산리 쌍호에서 출토된 선사 유물을 관람한다.

⑤ 하조대
바닷가 기암괴석과 등대, 정자 구경하기

③ 일현미술관
양양 지역 최초이자 동해안 최 북단의 미술관 관람

④ 하조대 해변
여름이면 해변에서 물놀이, 다 른 계절에는 산책

강릉

경포대, 강릉 단오제, 강릉 커피까지
강원도의 **관광 메카**

예부터 경포대, 경포 해변, 오죽헌 등은 강원도 동해안의 주요 관광지라 할 수 있다. 여기에 강릉 단오제가 세계무형유산으로 선정되어 세계적인 관광지로 거듭났다. 오징어의 천국 주문진, 새로운 커피의 명소 안목 해변, 드라마 〈모래시계〉의 촬영지이자 일출 명소인 정동진까지 볼 것이 너무 많다.

강릉

Access

🚌 시외·고속 ❶ 동서울종합터미널에서 강릉시외버스터미널까지 2시간 20분 소요, 06:32∼21:35 수시 운행, 요금 15,600원
❷ 서울경부고속터미널에서 강릉고속버스터미널까지 2시간 50분 소요, 06:00∼23:40, 30분 간격, 요금 프리미엄 23,700원, 우등 21,500원, 일반 14,600원

🚆 기차 청량리에서 강릉까지 KTX 1시간 30분, 05:32∼23:20 수시 운행, 요금 KTX 26,000원

🚗 승용차 서울에서 성남, 성남에서 경기광주JC, 경기광주JC에서 광주─원주 고속도로 이용, 원주JC에서 영동고속도로 이용, 강릉IC에서 강릉 시내 방향

INFORMATION **강릉 종합관광안내소** 033-640-4414 | **강릉역 관광안내소** 033-640-4534 | **정동진 관광안내소** 033-640-4536 | **주문진 관광안내소** 033-640-4535 | **강원도 관광 안내** 033-1330 | **전국 관광 안내** 1330

설

진항

카페 보헤미안

연곡 해변

천

선

교리

하평 해변

사천진 해변

사천진항

노리

소

순포 해변

마당이 동해

순긋 해변

백야 펜션

사근진 해변

참소리축음기&

에디슨과학박물관

경포 해변

샌드파인GC

강문 해변

경포호

경포대

허균 · 허난설헌 기념공원

아쿠아리움

초당순두부마을(토담 순두부, 옛날 초당순두부,

선교장

매월당 김시습기념관

초당 원조순두부, 100년 전통 초당순두부)

동양자수박물관

동심막국수 강릉짬뽕순두부 동화가든

송정 해변

죽헌저수지

강릉 오죽헌

안목 해변

안목 해변 커피거리

강릉항

강릉원주대학교

남항진 해변

강릉 임영관

강릉역

경동대학

강릉고속

강릉 중앙시장

버스터미널

진주식당

염전 해변

메이플비치CC

해성횟집

안인역

안인 해변

관동대학교

강릉 단오문화관

폴리텍3 강릉캠퍼스

안인역

클럽버디CC

강동면사무소

강릉통일공원 함정전시관

장현저수지

덕한리

7

등명낙가사

휴게소

모전리

하슬라아트월드

등명 해변

65

굴산사지 당간지주&석불

정동진 레일바이크

동해고속

정동진

정동진 해변

남강릉

카페 테라로사

모래시계공원

동막저수지

IC

칠성저수지

65

동해고속

썬크루즈리조트

름 솔향수목원

단경골 계곡

임곡리

심곡항

산성우리

언별리

65

헌화로

7

금진항

칠성산

금진 해변

피래산

옥계 해변

옥계항

북동리

옥계저수지

낙풍리

옥계

IC

옥계면사무소

옥계휴게소

주문진항 注文津港

강릉 주문진읍 주문리 바닷가에 위치한 항구로 강원도 동해의 대표적인 항구 중 하나이다. 이른 아침이면 오징어, 명태, 꽁치를 잡은 고깃배가 항구로 들어오고 많은 횟집과 건어물 가게가 있어 연중 관광객으로 붐빈다. 관광 유람선인 이사부크루즈가 출항하는 곳이기도 하다.

위치 강릉시 주문진읍 주문리 312, 강릉 북쪽
교통 ❶ 강릉 · 안목에서 300, 301, 302번. 강릉에서 315번, 주문진에서 323, 325번 시내버스 이용, 중앙공원 하차. 주문진항 방향 도보 5분 ❷ 승용차로 강릉에서 7번 국도 이용, 주문진 방향
요금 아라나비 20,000원
전화 033-640-5420
홈페이지 aranaby.com

주문진 해변 注文津 海邊

수심이 낮고 물이 맑으며 해변 뒤로 송림이 우거져 가족 피서지로 좋다. 주문진 해변과 연결된 소돌 해변에는 '아라나비'라는 집와이어가 설치되어 인기를 끌고 있다. 집와이어는 해변 양 끝단 타워에 연결된 쇠줄을 타고 이동하는 레포츠.

위치 강릉시 주문진읍 향호리 33, 강릉 북쪽
교통 ❶ 강릉 · 안목에서 300, 301, 302번. 강릉에서 315번, 주문진에서 323, 325번 시내버스 이용, 신영초교 하차. 주문진 해변 방향 도보 10분 ❷ 승용차로 강릉에서 7번 국도 이용, 주문진 방향
요금 아라나비 왕복 19,000원
시간 아라나비 10:00~17:00(매주 월요일 휴무)
전화 주문진 해변 033-640-4535, 와바다다(아라나비) 033-641-9002

참소리축음기&에디슨과학박물관

강릉 경포호에 위치한 박물관으로 세계 각국의 오래된 축음기와 뮤직박스 등을 전시하는 참소리 축음기 박물관과 축음기, 영사기, 전구 등 에디슨의 발명품을 전시하는 과학 박물관이다. 오래된 TV와 라디오 등을 전시하는 손성목 영화 · 라디오 · TV박물관 등을 한 번에 관람할 수 있다.

위치 강릉시 저동 36, 경포호 서쪽
교통 ❶ 강릉에서 202, 313번 시내버스 이용, 경포대 하차 ❷ 승용차로 강릉에서 경포호 방향
요금 성인 17,000원, 중 · 고생 14,000원, 어린이 11,000원
시간 09:00~17:00(하절기 18:00)
전화 033-655-1130
홈페이지 www.edisonmuseum.kr

경포대 鏡浦臺

강릉 경포호의 호안에 위치한 정면 6칸, 측면 5칸, 기둥 32주의 팔작지붕 겹처마기와집의 누대로, 율곡 이이의 〈경포대부〉, 숙종의 어제시 등 여러 명사들의 기문과 시판이 걸려 있다. 경포대에서 내려다보면 경포호가 한눈에 들어온다.

위치 강원도 강릉시 저동 94, 경포호 서쪽
교통 ❶ 강릉에서 202, 313번 시내버스 이용, 경포대 하차
❷ 승용차로 강릉에서 경포호 방향
전화 033-640-4471

경포호 鏡浦湖

둘레 4km, 수심 1~2m의 호수로, 경호라고도 불린다. 주변에 경포대, 경포 해변, 선교장, 오죽헌 등 많은 명소를 가지고 있다. 소나무와 벚꽃, 조각상 등으로 조성된 경포호 둘레길은 산책이나 조깅을 하거나 자전거를 타는 사람이 많다.

위치 강릉시 저동 94, 강릉 북쪽
교통 ❶ 강릉에서 202, 313번 시내버스 이용, 경포대 하차
❷ 승용차로 강릉에서 경포호 방향
전화 033-644-2800

📷 Travel Tip

강릉-울릉도-독도 여객선 여행

강릉항(안목항)에서 쾌속선 씨스타 5호와 11호가 교대로 울릉도로 출발한다. 강릉에서 울릉도까지의 소요 시간은 약 2시간 40분 정도. 단, 출항 시간이 수시로 변동되기 때문에 홈페이지를 확인하는 것이 좋다. 강릉에서 울릉도 도착 후 이어서 독도까지 여행 가능하다.

위치 강릉시 견소동 286-10, 강릉항(구 안목항) 내
교통 ❶ 강릉에서 102, 214, 221, 501번 등 안목 종점행 시내버스 이용, 안목 종점 하차 ❷ 승용차로 강릉에서 강릉항(구 안목항) 방향
시간 월~일 08:00~17:00(출항 시간 수시 변동, 홈페이지 확인)

요금 강릉-울릉도 61,000원, 울릉도-독도 55,000~51,000원
전화 강릉항여객터미널_1577-8665
홈페이지 씨스포빌_www.seaspovill.co.kr

경포 해변 鏡浦 海邊

강릉 경포호 북쪽에 위치한 해변으로 동해안의 대표 해변이라고 할 수 있다. 실질적으로는 석호인 경포호와 동해 사이의 모래 언덕인 사빈이 해변이 된 것이다. 경포 해변은 수심이 완만하고 해변 뒤쪽에 소나무 숲이 있어 가족 피서지로 인기가 높다. 경포 앞바다에서 모터보트, 바나나보트 등 수상 레포츠도 즐기고, 인근 경포호, 선교장, 오죽헌 등을 둘러보기 편하다.

위치 강릉시 안현동 산1, 강릉 북쪽
교통 ❶ 강릉에서 202, 202–1, 312번, 안목에서 202–1번 시내버스 이용, 경포 해변 하차 ❷ 승용차로 강릉에서 경포 해변 방향
전화 033–640–5129

허균·허난설헌 기념공원

강릉 초당동에 위치한 공원으로 인근에 허균과 허난설헌의 생가터가 있다. 허균은 조선 중기 문신이자 소설가로 〈홍길동전〉을 썼고 허난설헌은 여류 시인이자 허균의 누나로 중국에서 〈난설헌집〉이 간행되었다. 공원에 허씨가의 문장가 5인의 시비가 세워져 있고, 기념관에서 허균과 허난설헌의 작품을 소개하고 있다.

위치 강릉시 초당동 475–3, 경포호 동쪽
교통 ❶ 강릉에서 229, 230, 230–1번 시내버스 이용, 초당 순두부마을 하차. 기념공원 방향 도보 10분 ❷ 승용차로 강릉에서 경포호, 초당 순두부마을 방향
전화 033–640–5118

매월당 김시습기념관 梅月堂 金時習記念館

강릉 선교장 옆에 위치한 기념관으로 매월당 김시습의 일대기와 그의 작품 등을 전시한다. 김시습은 조선 전기 학자이자 생육신 중 한 명으로 유교와 불교에 능하고 최초의 한문 소설인 〈금오신화〉, 여행기인 〈탕유관서록〉 등을 남겼다.

위치 강릉시 운정동 288–1, 선교장 옆
교통 ❶ 강릉에서 202번 시내버스 이용, 선교장 하차 ❷ 승용차로 강릉에서 경포주민센터 지나 선교장 방향
시간 09:30~18:00(동절기 17:00, 매주 월요일 휴관)
전화 033–644–4600
홈페이지 www.maewd.com

경포 아쿠아리움

경포대(누각) 건너편에 위치한 아쿠아리움으로 1,000톤 규모의 실내 전시 시설에 255여 종 25,000여 마리의 생물이 전시되어 있다. 전시장에서 세계의 대형 어류, 아마존의 피라냐, 한국의 수달, 무태장어 등 물고기와 바다 생물을 살펴보기 좋다. 야외에는 배타기, 고기잡이 체험장도 마련되어 있다.

위치 강원도 강릉시 난설헌로 131

교통 ❶ 강릉에서 229, 230, 230-1번 시내버스 이용, 초당순두부마을 하차. 경포 아쿠아리움 방향 15분 또는 택시 이용 ❷ 승용차로 강릉에서 경포호, 경포 아쿠아리움 방향

요금 성인 18,000원, 청소년 16,000원, 어린이 14,000원

시간 주중 10:00~19:00, 주말 10:00~20:00

전화 033-645-7887

홈페이지 gg-aqua.com

노추산 모정탑길

4남매 중 2명의 자녀를 잃은 차옥순 할머니가 꿈속에서 3천 개의 돌탑을 쌓으면 가정의 평안이 온다는 산신령의 말을 듣고 쌓은 돌탑길이다. 각고의 고난을 이기고 2011년 3천 개의 돌탑이 완성되었다. 마을에서 노추산 계곡으로 가는 길에 수많은 돌탑이 쌓여 있는 풍경은 위대한 모정의 힘을 잘 보여준다.

위치 강원 강릉시 왕산면 대기리 1687-1

교통 ❶ 강릉에서 507번 시내버스, 벌말(대기리정보화마을) 하차 ❷ 강릉에서 35번 국도-왕산로 이용, 대기리정보화마을 방향

전화 033-647-2540(대기리정보화마을)

Travel Tip

해피아워 크루즈 여행

한국 최초의 선상 카페 크루즈로 전 승무원이 바리스타 출신으로 구성됐다. 주요 상품은 주문진 앞바다를 둘러보는 해상 관광 크루즈, 화려한 선상 공연과 불꽃놀이를 즐길 수 있는 불꽃 크루즈, 공연도 즐기고 맛있는 음식도 맛볼 수 있는 디너 크루즈 등이다. 강릉 여행 중 유람선을 타고, 로맨틱한 시간을 보내고 싶다면 예약해 보자.

위치 강원도 강릉시 주문진읍 해안로 1737-1, 주문진항

교통 ❶ 강릉 교보생명 앞에서 300, 302번 시내버스, 작은 다리 정류장(주문진) 하차 ❷ 강릉에서 7번 국도 이용, 주문진항 방향

요금 해상 관광 크루즈_20,000원, 불꽃 크루즈_35,000원

시간 해상 관광 크루즈_11:30, 14:00, 16:00, 불꽃 크루즈_19:30(토)

전화 1899-3393

홈페이지 https://hhcruise.kr

선교장 船橋莊

강릉 운정동에 위치한 고택으로 세종대왕의 형인 효령대군의 11대손 이내번에 의해 처음 지어졌고, 이후 10대에 이르기까지 증축되었다. 동별당, 서별당, 연지당, 외별당, 사랑채, 중사랑, 행랑채, 사당 등 99칸의 전형적인 사대부집 건축 유형을 보여준다.

위치 강릉시 운정동 431, 강릉 북쪽
교통 ❶ 강릉에서 202번 시내버스 이용, 선교장 하차 ❷ 승용차로 강릉에서 경포주민센터 지나 선교장 방향
요금 성인 5,000원, 학생 3,000원, 어린이 2,000원, 한옥 체험 100,000원~, 다도 체험, 한과 만들기 등 실비
시간 09:00~18:00(동절기 17:00)
전화 033-648-5303
홈페이지 www.knsgj.net

강릉 오죽헌 江陵 烏竹軒

조선 중기에 지어진 정면 3칸, 측면 2칸에 단층 팔작지붕의 건물이다. 보물 제165호로 이곳에서 율곡 이이가 태어났다. 오죽헌의 오죽은 줄기의 색이 검은 대나무를 말하는데, 오죽헌 주위로 오죽이 심어진 것을 볼 수 있다. 오죽헌 관광지 내에 강릉시립박물관, 향토박물관이 있어 함께 둘러보면 좋다.

위치 강릉시 죽헌동 201, 강릉 북쪽
교통 ❶ 강릉에서 200, 201, 203, 204, 205번 시내버스 이용, 오죽헌 하차 ❷ 승용차로 강릉에서 오죽헌 방향
요금 성인 3,000원, 학생 2,000원, 어린이 1,000원(오죽헌, 시립박물관, 향토박물관 통표)
시간 08:00~18:00(동절기 17:30, 매주 월요일 휴관)
전화 033-640-4457

동양자수박물관 東洋刺繡博物館

강릉 죽헌동 강릉예술창작인촌 내에 위치한 자수 전문 박물관으로 한·중·일의 전통 자수를 전시한다. 강릉예술창작인촌은 옛 경포초교 자리에 만들어진 공예인, 예술가들의 창작 공간으로 이곳에서 여러 작가들의 작품을 감상하거나 구입할 수 있다.

위치 강릉시 죽헌동 140-2, 강릉 북쪽 강릉예술창작인촌 내
교통 ❶ 강릉에서 200, 201, 203, 204, 205번 시내버스 이용, 오죽헌 하차. 강릉예술창작인촌 방향 도보 2분 ❷ 승용차로 강릉에서 오죽헌 방향
요금 성인 6,000원, 초중고생 5,000원, 유치원생 4,000원
시간 09:00~18:00
전화 033-644-0600
홈페이지 www.orientalembroidery.org

강릉 중앙시장 江陵 中央市場

강릉 시내 번화가에 위치한 시장으로 농산물, 잡화, 해산물 등을 취급한다. 떠들썩한 시장 풍경이 재미있고 시장에서 파는 닭강정, 빈대떡, 떡볶이, 순대 같은 주전부리를 사 먹는 즐거움도 제법 크다. 시장 지하 어시장에서 싱싱한 회를 맛보거나 길 건너 먹자골목에 들러도 좋다.

위치 강릉시 성남동 50, 강릉 시내
교통 ❶ 강릉에서 101, 102, 103, 104번 등 신영극장행 시내버스 이용, 신영극장 하차. 시장 방향 도보 5분 ❷ 승용차로 강릉에서 성남동, 중앙사장 방향
전화 033-648-2285

강릉 임영관 江陵 臨瀛館

고려와 조선시대에 있었던 객사터로 고려시대인 태조 19년(936년)에 전대청, 중대청, 동대청, 낭청방, 서헌, 월랑, 삼문 등 83칸 규모로 창건되었고 1927년 일제에 의해 헐린 것을 일부 복원했다. 조선시대의 강릉을 만날 수 있는 곳.

위치 강릉시 용강동 58-1, 강릉 시내
교통 ❶ 강릉에서 104, 105, 214번 등 임영관행 시내버스 이용, 객사문 하차 ❷ 승용차로 강릉에서 명주동, 강릉 임영관 방향
전화 033-642-0955

 Travel Tip

바다열차 여행

바다열차는 강릉에서 삼척을 잇는 동해안의 아름다운 해안선을 따라 달리는 열차로, 큰 창으로 바다를 감상할 수 있다. 경유지인 정동진, 묵호, 동해, 추암, 삼척 해변 등을 갈 때에 편리하게 이용할 수 있고 역에 내리면 바로 바닷가를 만날 수 있는 것이 큰 장점.

요금 특실 1·2호 16,000원, 일반 14,000원, 프러포즈실 50,000원(2인)
전화 033-573-5474, 1544-7786 / 삼척지사 033-573-5474
홈페이지 www.seatrain.co.kr

바다열차 시간표

구 분	강릉역	정동진역	묵호역	동해역	추암역	삼척해변역
주말 임시 열차	07:51	08:16	08:40	08:50	08:59	09:02
강릉 – 삼척해변 (연중 운행)	10:47	11:07	11:31	11:41	11:49	11:52
	14:46	15:07	15:32	15:40	15:49	15:52
구 분	삼척해변역	추암역	동해역	묵호역	정동진역	강릉역
주말 임시 열차	09:28	09:32	09:42	09:50	10:16	10:39
삼척해변 – 강릉 (연중 운행)	12:00	12:04	12:13	12:23	12:49	13:11
	15:59	16:03	16:12	16:20	16:46	17:14

소금강 계곡 小金剛 溪谷

오대산 자락에 위치한 계곡으로 그 모습이 아름다워 예부터 강릉 소금강, 명주 소금강으로 불렸다. 무릉계를 중심으로 상류를 내소금강, 하류를 외소금강이라 하고 십자소, 연화담, 금강사, 구룡폭포 같은 명승지가 있다. 한여름에는 계곡에서 야영을 하고 물놀이하는 사람들로 붐빈다. 소금강에서 진고개까지 등산을 해도 좋은데 반대로 진고개에서 소금강으로 내려오는 것이 힘이 덜든다.

위치 강릉시 연곡면 삼산리 369, 강릉 북서쪽
교통 ❶ 강릉에서 303번 시내버스 이용, 소금강 종점 하차 ❷ 승용차로 강릉에서 7번 국도 이용, 연곡면 방향. 연곡교차로에서 6번 국도 이용, 소금강 방향
등산 코스 만물상 코스_약 6km, 4시간 소요, 소금강관리사무소 → 청학산장 → 구룡 폭포 → 만물상 → 소금강관리사무소 노인봉 코스_약 15km, 6시간 소요, 소금강관리사무소 → 청학산장 → 구룡 폭포 → 만물상 → 노인봉 → 진고개

소금강 양떼목장

장천마을 내에 위치한 양떼목장으로 입장료를 내면 양들에게 먹일 건초를 준다. 넓은 풀밭을 뛰노는 양떼의 풍경이 낭만적이다. 양떼 체험 외 피자, 치즈, 비누 만들기 체험도 할 수 있다.

위치 강릉시 연곡면 삼산리 739, 강릉 북서쪽 장천마을 내
교통 ❶ 강릉에서 304번 시내버스 이용, 삼산소 하차. 양떼마을 방향 도보 5분 ❷ 승용차로 강릉에서 7번 국도 이용, 연곡면 방향. 연곡교차로에서 6번 국도 이용, 소금강 방향. 소금강 지나 소금강 양떼마을 도착
요금 양떼 체험_성인 5,000원, 청소년 4,000원
시간 09:00~19:00(동절기 17:00)
전화 033-661-3395, 011-9878-3395
홈페이지 www.psheep.kr

헌화로 獻花路

심곡항에서 금진항에 이르는 해안길로 동해와 바닷가 기암괴석이 어우러져 아름다운 풍경을 자아낸다. 이곳은 한 노인이 수로부인에게 절벽 위에 핀 철쭉을 꺾어 바치며 불렀다는 신라 향가 〈헌화가〉의 배경이 된 곳이기도 하다.

위치 강릉 강동면 심곡리 심곡항~옥계면 금진리 금진항
교통 승용차로 강릉에서 7번 국도 이용, 강동면 방향. 강동면 지나 해안도로 이용, 정동진 방향. 썬크루즈 리조트에서 심곡항 방향 (헌화로의 굴곡이 심하므로 운전 주의)

강릉 단오문화관 江陵 端午文化館

강릉 노암동에 위치한 문화관으로 강릉 단오제에 관한 것들을 전시한다. 강릉 단오제는 단오 때에 열리는 향토신제로 대관령 국사성황, 대관령 국사여성황, 대관령 산신에 대한 제사를 지내고 산과 바다에서의 풍작과 안전을 기원한다. 축제 기간 중 굿과 관노가면극, 그네 타기, 씨름 등 각종 행사가 열린다. 강릉 단오제는 유네스코가 지정하는 인류구전 및 무형유산걸작으로 선정됐다.

위치 강릉시 노암동 722-2, 남대천 남쪽
교통 ❶ 강릉에서 210, 211, 227-1번 시내버스 이용, 단오문화관 하차 ❷ 승용차로 강릉에서 남대천 건너 단오문화관 방향
전화 033-640-4951
홈페이지 www.danocenter.kr

강릉 솔향수목원

강릉 칠성산 북쪽 계곡에 위치한 수목원으로 숲체험학습원, 천년숲길 치유로드, 수목전시원 등으로 되어 있다. 금강소나무, 관목 등 1,000여 종의 수목 15만 그루가 식재되어 자연학습장을 이룬다. 조용히 숲길을 산책하기 좋으나 강릉에서도 외진 곳에 속하므로 일행과 함께 방문하고 늦은 시간을 피한다.

위치 강릉시 구정면 구정리 135, 강릉 남쪽
교통 ❶ 강릉에서 104, 104-1, 106번 시내버스 이용, 구정 종점 하차. 수목원 방향 도보 15분 ❷ 승용차로 강릉에서 장현저수지 지나 구정면 구정리, 솔향수목원 방향
시간 09:00~18:00(동절기 17:00)
전화 033-640-5911

굴산사지 당간지주 & 석불 堀山寺址 幢竿支柱 & 石佛

강릉 학산리 옛 굴산사터에 위치한 당간지주와 석불로, 굴산사는 신라시대인 847년 문성왕 9년 범일국사가 창건하였으나 고려 말경 폐사되었다. 당간지주 주변으로 절터 흔적은 찾을 수 없고 넓은 벌판에 논만 보인다. 현재 보물 제86호인 높이 5.4m의 국내에서 가장 큰 당간지주와 석불좌상, 보물 제85호인 부도 등이 남아 있다.

위치 강릉시 구정면 학산리, 강릉 남쪽
교통 ❶ 강릉에서 101, 105번 시내버스 이용, 사이말교 하차. 당간지주 도보 5분, 석불은 굴산교 건너 도보 10분 ❷ 승용차로 강릉에서 장현저수지 지나 구정면 학산리 방향

대관령박물관 大關嶺博物館

강릉 어흘리 대관령 기슭에 위치한 박물관으로 홍귀숙 선생이 기증한 고미술품을 전시한다. 백호, 현무, 청룡, 주작 등으로 이름 붙여진 전시실에 선사시대의 옹관, 석관, 신라시대의 토우, 토기, 고려시대의 고려청자, 조선시대의 목기, 백자 등을 선보인다.

위치 강릉시 성산면 어흘리 374-3, 강릉 서남쪽

교통 ❶ 강릉에서 214, 503, 503-1번 시내버스 이용, 대관령박물관 하차 ❷ 승용차로 강릉에서 35번 국도 이용, 성산면 방향. 성산면에서 456번 지방도 이용, 대관령 방향

요금 성인 1,000원, 학생 700원, 어린이 400원

시간 09:00~18:00

전화 033-640-4482

홈페이지 daegwallyeongmuseum.gn.go.kr

보현사 普賢寺

강릉 선자령 북동쪽 기슭에 위치한 사찰로 신라시대 낭원국사 보현이 창건하였고 지장선원이라 불리다가 보현사로 그 명칭이 바뀌었다. 사찰 내에 보물 제191호 보현사 낭원대사오진탑, 보물 제192호 낭원대사오진탑비가 있다. 보현사에서 선자령으로 등산을 해도 즐겁다.

위치 강릉시 성산면 보광리 산542, 강릉 서쪽

교통 ❶ 강릉에서 214, 504번 시내버스 이용, 보광리 하차. 보현사 방향 도보 40분 ❷ 승용차로 강릉에서 35번 국도 이용, 금산리 지나 보현사 방향

코스 대관령 – 새봉 – 선자령 – 나즈목이 – 보현사, 약 8km, 3시간

전화 033-648-9431

강릉통일공원 함정전시관 江陵統一公園 艦艇展示館

강릉 안인진리 바닷가에 위치한 안보전시관으로 한국 퇴역 함정인 3,471t급 전북함과 1996년 침투한 북한 잠수정을 전시한다. 평소 보기 힘든 함정 내부를 둘러볼 수 있고 함정 안 전시실에서는 해군과 해양 문화에 관해 전시한다. 함정전시관 북쪽 강릉임해자연휴양림 입구에도 안보전시관이 있다.

위치 강릉시 강동면 안인진리 3-5, 강릉 남동쪽

교통 ❶ 강릉에서 111, 111-1, 112, 113, 119번 시내버스 이용, 함정전시관 하차 ❷ 승용차로 강릉에서 7번 국도 이용, 강동면 방향. 강동면 지나 해안도로 이용, 강릉 통일공원 방향. 강릉 통일공원 지나 함정전시관 도착

요금 성인 3,000원, 학생 2,000원, 어린이 1,500원

시간 09:00~18:00(동절기 17:00)

전화 033-640-4470

홈페이지 강릉개발공사 gtdc.co.kr

하슬라아트월드 Haslla Art World

강릉 정동진리 바닷가에 위치한 야외 조각공원, 하슬라미술관, 호텔이 있는 복합 문화 공간으로 조각공원과 하슬라미술관에서 유명 작가의 작품을 볼 수 있고, 미술 체험 학습도 할 수 있다. 바다가 보이는 야외 조각공원에서 산책을 하며 한가로운 시간을 보내기 좋다.

위치 강릉시 강동면 정동진리 산33-1, 강릉 남동쪽
교통 ❶ 강릉에서 111, 112, 113, 119번 시내버스 이용, 하슬라아트월드 하차 ❷ 승용차로 강릉에서 7번 국도 이용, 강동면 방향, 강동면 지나 해안도로 이용, 하슬라아트월드 방향
요금 자유관람권 12,000원, 도슨트 16,000원
전화 033-644-9411
홈페이지 www.haslla.kr

썬크루즈리조트 Sun Cruise Resort

강릉 정동진리 바닷가 언덕에 위치한 해돋이 공원, 조각공원, 썬크루즈 전망대, 썬크루즈 전시관, 숙소를 갖춘 리조트이다. 크루즈선 전망대에서 바라보는 정동진과 동해의 풍경이 아름답고, 조각상이 있는 해돋이 공원, 조각공원을 산책해도 즐겁다. 강릉을 찾는 여행객과 수학여행단이 즐겨 찾는 명소이다.

위치 강릉시 강동면 정동진리 50-10, 강릉 남동쪽
교통 ❶ 강릉에서 109번 좌석버스 이용, 썬크루즈 종점 하차, 또는 112번 시내버스 이용, 썬크루즈 하차 ❷ 승용차로 강릉에서 7번 국도 이용, 강동면 방향, 강동면 지나 해안도로 이용, 정동진 방향
요금 테마공원 입장료_대인 5,000원, 소인 3,000원
시간 공원_일출 30분 전~일몰 시
전화 033-610-7000
홈페이지 www.esuncruise.com

정동진 正東津

정동진리에 있는 간이역으로 드라마 〈모래시계〉
에 등장한 후 유명 관광지가 되었다. 인근 모래시
계공원의 거대한 모래시계는 모래가 다 떨어지
는데 1년이 걸린다고 한다. 공원 내 증기 기차의
객차에는 시간의 역사를 알려 주는 시간 박물관
이 있다.

위치 강릉시 강동면 정동진리 303, 강릉 남동쪽
교통 ❶ 강릉에서 111, 111-1, 112, 113, 119번 시내버스 이용,
정동진 하차. 정동진역 방향 도보 5분 ❷ 기차로 서울 청량
리(07:00~23:00, 1일 7회)·삼척에서 바다열차 이용 ❸ 승
용차로 강릉에서 7번 국도 이용, 강동면 방향, 강동면 지나
해안도로 이용, 정동진 방향
요금 정동진역 입장료 500원, 시간 박물관 7,000원
전화 033-644-5062, 코레일 1544-7788

정동진 레일바이크

코레일관광개발에서 운영하는 레일바이크로 정
동진역에서 모래시계 공원을 왕복한다. 선로가
바다와 인접해 바닷바람을 느낄 수 있으며 페달
을 밟으면 동해 바다 위를 신나게 달리는 기분이
든다. 레일바이크 출발역은 정동진역 근처와 모
래시계 공원역이 있으므로 편한 곳을 이용하면
된다.

위치 강릉시 강동면 정동역길 17
교통 정동진역에서 바로
요금 2인승 25,000원, 4인승 35,000원
시간 3~10월_09:00, 10:00, 11:00, 13:00, 14:00, 15:00,
16:00, 17:00(11~2월 미 운행)
전화 033-655-7786
홈페이지 www.sunbike.kr

⭐강릉 커피여행

강릉의 커피 문화는 강릉 북쪽 영진 해변에 있는 카페 보헤미안에서 시작되었다. 커피 명인 박이추 선생이 서울에서 오대산을 거쳐 영진 해변에 자리를 잡자, 자연스레 강릉 커피가 소문이 나기 시작했다. 커피점마다 조금씩 다른 커피맛을 느껴 본다면 즐거운 여행이 될 것이다. 커피박물관에서 커피의 역사와 다양한 커피기구에 대한 정보를 얻고, 체험도 가능하다. 커피 명소로 이름을 떨치게 된 강릉에서 열리는 10월의 커피 축제도 놓치지 말자. 강릉 커피의 역사 사진전, 커피 공예 체험, 커피콩 볶기 체험 등의 행사를 즐길 수 있다.

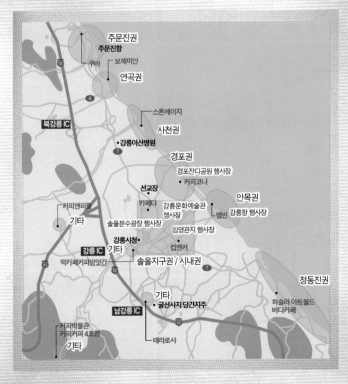

♣ 카페 보헤미안 Cafe Bohemian

강릉 북쪽 영진 해변 마을에 위치한 카페로 박이추 선생이 운영하는 곳. 박이추 선생은 80년대 중반 커피를 접한 후 서울 혜화동, 경포대 등을 거쳐 연곡에 카페를 열었다. 세계 각국의 커피를 맛볼 수 있어 좋고, 커피를 들고 가까운 영진 해변을 거닐어도 좋다. 경포대에 분점을 열었다. www.ebohemian.co.kr

♣ 커피박물관

강릉 왕산면 왕산리에 위치한 커피박물관으로 커피 전문점 커피커퍼에서 운영한다. 커피 로스팅관, 커피 그라인더관, 커피 추출기구관 등으로 구성되고, 온실에서 커피나무를 볼 수 있다. 로스팅, 핸드드립 등 커피 체험도 가능하다. cupper.kr

♣ 안목 해변 커피거리

안목 해변을 따라 여러 곳의 커피 전문점이 자리 잡고 있어 강릉의 새로운 명소, 커피거리로 알려지게 되었다. 커피거리의 시작은 해변 자판기였다. 인근에 강릉항(구 안목항), 아라나비, 솔바람 다리 등이 있어 둘러볼 만하다.

펠리체
〈1박2일〉에서 이승기가 방문해 원두커피를 마셨던 카페 중 한 곳. 커피씨엘, 퀸베리, 엘빈 등 선택은 자유!

커피커퍼 1·2호점
왕산리 커피박물관을 운영하는 카페로 〈1박2일〉에서 이승기가 방문해 카푸치노를 마셨다.

♣ 카페 테라로사 Cafe Terarosa

강릉 남쪽 구정면 어단리에 위치한 카페 겸 커피 공장으로 세계 각국의 다양한 커피를 선보인다. 화분에 심은 커피나무도 볼 수 있다. 카페 손님 중에는 멀리서 일부러 찾아온 사람도 많다. 강릉 임당동과 경포대에 분점이 있다. www.terarosa.com

강릉의 맛집

강릉짬뽕순두부 동화가든

짬뽕과 순두부를 결합한 짬뽕순두부를 처음 개발한 식당으로 다수의 맛집 방송에 소개되었다. 짬뽕순두부를 짬순이라고 하는데, 짬뽕의 매콤함과 순두부의 고소함이 어우러져 색다른 맛을 낸다. 웨이팅이 상당하므로 일찍 방문하자.

위치 강릉시 초당순두부길 77번길 15

교통 KTX 강릉역에서 초당동 방향, 자동차로 10분

메뉴 원조짬순 10,000원, 얼큰순두부 8,000원, 초두부 9,000원, 청국장 9,000원

전화 033-652-9885

중앙시장

다양한 먹거리 하면 지역 시장을 빼놓을 수 없다. 먹음직한 먹거리가 발길을 끈다. 지하 회센터에서는 홍어무침, 모듬회가 맛이 있고 튀김과 닭강정 골목도 그냥 지나치지 말자. 닭강정, 떡갈비 냄새가 발길을 잡는다. 강릉시장 건너편 강릉 먹자골목에서도 각종 부침과 김밥, 국수, 떡 등을 맛볼 수 있다.

위치 강릉시 성남동 50, 중앙시장

교통 ❶ 강릉에서 101, 102, 103, 104번 등 신영극장행 시내버스 이용, 신영극장 하차, 시장 방향 도보 5분 ❷ 승용차로 강릉에서 성남동, 중앙시장 방향

메뉴 홍어무침 10,000원, 모듬회 30,000원 내외, 닭강정 중 6,000원, 튀김 3,000원 내외, 빈대떡 2,000원

411

진주식당

강릉 중앙시장 국밥 골목에 위치한 식당으로 소 머리국밥, 순대국밥, 닭국밥 등을 낸다. 닭국밥 은 진한 닭육수에 살코기가 푸짐하게 들어가 있 어 아침 해장으로 좋고, 술 한잔이 생각난다면 소머리수육을 시켜도 좋다.

위치 강릉시 성남동 51-19, 중앙시장 내

교통 ① 강릉에서 101, 102, 103, 104번 등 신영극장행 시내 버스 이용, 신영극장 하차, 시장 방향 도보 5분 **②** 승용차 로 강릉에서 성남동, 중앙시장 방향

메뉴 소머리국밥 7,000원, 닭국밥 7,000원, 순대국밥 6,000원, 소머리수육 소 20,000원

전화 033-646-1411

산촌

강릉 성산먹거리촌 내에 위치한 식당으로 황태 요리와 버섯 요리를 잘한다. 황태뚝배기는 커다 란 뚝배기에 넉넉하게 홍합을 깔고 콩나물, 버 섯, 황태를 넣고 끓인 것으로 시원한 국물 맛이 감동이다. 홍합, 버섯, 황태 등 푸짐한 건더기를 건져 먹는 맛이 있다.

위치 강릉시 성산면 구산리 319, 강릉 남서쪽 성산먹거리촌

교통 ① 강릉에서 214, 501, 502, 503번 등 성산면행 시내 버스 이용, 성산 종점 하차 **②** 승용차로 강릉에서 35번 국 도 이용, 성산면 방향

메뉴 황태뚝배기 9,000원, 황태구이정식 12,000원

전화 033-641-9230

동심 막국수

강릉 초당동에 위치한 막국수집으로 채소와 과 일로 육수를 만든다. 막 뽑은 막국수에 고추장 양념을 올리고 김 가루, 깨를 뿌린 뒤 계란 반쪽 을 올린 모양을 보면 군침이 돈다. 약간 매콤하 면서 달콤한 것이 맛이 있다.

위치 강릉시 초당동 4-2, 초당순두부마을 내

교통 ① 강릉에서 229, 230, 230-1번 시내버스 이용, 초당 순두부마을 하차 **②** 승용차로 강릉에서 경포호, 초당순두 부마을 방향

메뉴 비빔·물 막국수 각 8,000원, 수육 23,000원

전화 033-651-7798

해성집(해성횟집)

강릉 중앙시장 내에 위치한 식당으로 삼숙이탕 과 알탕이 메뉴다. 삼숙이는 아귀를 닮은 못생 긴 물고기로 예전에는 버리는 생선이었다. 고추 장을 조금 풀고 삼숙이를 넣어 끓인 것이 삼숙이 탕으로 국물이 시원하다.

위치 강릉시 성남동 50, 중앙시장빌딩 2층 30호

교통 ① 강릉에서 101, 102, 103, 104번 등 신영극장행 시내 버스 이용, 신영극장 하차, 시장 방향 도보 5분 **②** 승용차 로 강릉에서 성남동, 중앙시장 방향

메뉴 삼숙이탕 10,000원, 알탕 10,000원

전화 033-648-4313

백야 펜션

강릉 안현동 사근진 해변에 위치한 펜션으로 객실에서 동해가 내려다보여 전망이 좋다. 펜션 앞 사근진 해변은 경포 해변에 비해 한가한 편이라 물놀이하기 좋고 경포 해변, 경포대, 강릉으로 나가기도 편리하다. 일부 객실에는 스파가 있어 여행의 피로를 풀기 좋다.

위치 강릉시 안현동 18, 강릉 북쪽 사근진 해변
교통 ❶ 강릉에서 313번 시내버스 이용, 사근진 해변 하차. 펜션 방향 도보 5분 ❷ 승용차로 강릉에서 경포 해변 거쳐 해안길로 안현동, 사근진 해변 방향
요금 비수기 주중 50,000~160,000원
전화 033-644-7204
홈페이지 www.whitenightpension.com

마운틴밸리

소금강 계곡 아래에 위치한 펜션으로 넓은 잔디밭에서 족구나 배드민턴을 즐길 수 있고 펜션 앞 소금강 계곡에서 물놀이하기도 좋다. 펜션 내 농원에서 복숭아, 사과, 체리 등의 과수원 체험도 할 수 있다.

위치 강릉시 연곡면 삼산2리 141, 소금강 계곡 아래
교통 ❶ 강릉에서 303번 시내버스 이용, 소금강 계곡 주차장 하차. 펜션 방향 도보 5분 ❷ 승용차로 강릉에서 7번 국도 이용, 연곡면 방향. 연곡교차로에서 6번 국도 이용, 소금강 방향. 소금강 입구 삼거리에서 소금강 방향
요금 비수기 주중 80,000~200,000원
전화 010-9090-7239
홈페이지 www.m-v.co.kr

하늘과 계곡 사이

이름처럼 계곡 옆 한적한 곳에 위치한 펜션으로, 자연을 벗 삼아 휴식의 시간을 보내기 좋다. 펜션 앞 넓은 잔디밭은 족구나 배드민턴을 즐기기 좋고, 용연 계곡에서 물놀이를 해도 즐겁다. 인근 사기막저수지에서 낚시로 저녁거리를 마련해도 좋다.

위치 강릉시 사천면 사기막리 803-3, 강릉 북서쪽
교통 ① 강릉에서 308번 시내버스 이용, 사기막 종점 하차. 펜션 방향 도보 10분 **②** 승용차로 강릉에서 35번 국도 이용, 구산리 방향. 성산면사무소에서 북쪽 사기막리 방향
요금 비수기 주중 70,000~200,000원
전화 033-647-7776, 010-5253-4153
홈페이지 nightstar.cafe24.com

마당이 동해 펜션

순긋 해변과 순포 해변 가까이에 있는 펜션으로 물놀이하기 좋다. 이들 해변은 사람 많은 경포 해변과 달리 한가하여 온전히 동해를 즐길 수 있다. 펜션에서 경포 해변, 경포대, 강릉으로 가기도 편리하다.

위치 강릉시 안현동 247-3, 강릉 북쪽
교통 ① 강릉에서 313번 시내버스 이용, 순긋 하차. 펜션 방향 도보 3분 **②** 승용차로 강릉에서 경포 해변 거쳐 해안 길로 안현동, 순긋 해변 방향
요금 비수기 주중 100,000~200,000원
전화 010-2770-9363
홈페이지 www.eastsea.ne.kr

오대산 오토캠핑장

소금강 계곡에 위치한 국립 오대산 오토캠핑장은 9동의 카라반 사이트를 포함한 250동의 야영 사이트가 있다. 캠핑족이 증가하면서 저렴한 비용으로 캠핑이 가능한 이곳은 주말이나 여름철이면 매우 붐비는 편이다. 선착순 이용.

위치 강릉시 연곡면 삼산리 56, 소금강 계곡 내
교통 ① 강릉에서 303번 시내버스 이용, 종점 하차 **②** 승용차로 강릉에서 7번 국도 이용. 연곡교차로에서 6번 국도 이용, 소금강 방향. 소금강 입구 삼거리 에서 소금강 방향
요금 비수기 15,000원, 성수기 19,000원
시기 5~11월(12~4월 휴장)
전화 1670-9201, 033-661-4161
홈페이지 reservation.knps.or.kr/main.action

래미안 펜션

강릉 사천면 석교리 구라미 온천 부근에 위치한 펜션으로 실내는 물론 건물 외관도 예쁘다. 작은 수영장이 있어 아이들이 놀기 좋고, 자전거를 대여해 인근을 돌아보는 것도 좋다.

위치 강릉시 사천면 석교리 343-1, 강릉 북쪽
교통 ① 강릉에서 300, 302, 303, 304, 305번 시내버스 이용, 구라미 하차. 펜션 방향 도보 5분 **②** 승용차로 강릉에서 7번 국도 이용, 사천면 방향. 소금강 방향 교차로에서 래미안 펜션 방향
요금 비수기 주중 70,000~160,000원
전화 033-645-4567, 010-6376-8730
홈페이지 www.raemianpension.co.kr

숙소 리스트

이름	위치	전화
MGM 호텔	강릉시 안현동 856-2	033-644-2559
포시즌 비치 관광호텔	강릉시 안현동 10-5	033-655-9900
경포 비치 호텔	강릉시 강문동 303-4	033-643-6699
경포 에메랄드 호텔	강릉시 강문동 305-5	033-644-4810
헤렌하우스 호텔	강릉시 견소동 287-21	033-651-4000
동아 호텔	강릉시 임당동 129-2	033-648-9011~6
주문진 리조트	강릉시 주문진읍 향호리 8-92	033-661-7400
라카이 샌드 파인 리조트	강릉시 안현동 89-87	1644-3001
썬크루즈 리조트	강릉시 강동면 정동진리 50-10	033-610-7000
하얀집 민박	강릉시 주문진읍 교항리 81-13	033-662-4810
해피하우스	강릉시 송정동 1061	010-6382-9993
강릉 게스트하우스	강릉시 안현동 403-3	033-642-1155
감자려인 숙이	강릉시 강문동 154-5	033-653-2205
어린왕자	강릉시 안현동 856-1	033-644-2266
바우길 게스트하우스	강릉시 성산면 보광1리 403	033-645-0990	070-4218-0990
솔 게스트하우스 정동진점	강릉시 강동면 헌화로 1096-1	010-3679-6823
춘자 게스트하우스	강릉시 강동면 헌화로 1089	010-7330-6311
썬 게스트하우스	강릉시 강동면 헌화로 1088	010-4521-2082
정동진 게스트하우스	강릉시 강동면 정동역길 83	010-3054-5577

BEST TOUR 강릉

1일차 시작!

🏠 숙박

① 경포대와 경포호
경포대에서 경포호를 조망한다.

② 허균 · 허난설헌 기념공원
허균과 허난설헌의 자취를 만난다.

⑤ 안목 해변
커피거리에서 커피를 맛보고 해변을 산책한다.

③ 경포 해변
넘실대는 파도와 해변을 가득 메운 인파로 활기 가득!

④ 선교장
조선 사대부의 99칸 고택을 본다.

2일차

시작!

🏠 숙박

① 강릉 오죽헌
신사임당과 율곡 이이를 만난다.

⑤ 강릉 솔향수목원
울창한 수목 사이에서 산림욕!

② 중앙시장
분주한 재래시장 구경, 닭강정, 빈대떡 맛보기

④ 강릉 단오문화관
단오제의 유래와 내용을 알아본다.

③ 강릉 임영관
고려와 조선시대의 객사터

강릉 3박 4일 코스 ★ 경포대와 정동진, 소금강을 둘러보는 강릉 완전 정복 여행

강릉의 관광지는 소금강과 주문진, 강릉 시내, 정동진으로 나눌 수 있다. 오대산 소금강은 여름이면 시원한 계곡에서 물놀이를 하고, 야영장에서 야영을 하려는 사람들로 북적인다. 주문진에서는 관광객과 상인들의 활기찬 풍경을 만나고, 강릉 앞바다를 돌아보는 유람선을 탈 수도 있다. 강릉 시내의 경포대, 경포 해변, 선교장, 오죽헌과 정동진의 정동진역, 새천년모래시계, 썬크루즈 리조트도 강릉 하면 빼놓을 수 없는 여행지다.

3일차 시작!

① 카페 보헤미안
커피 명인 박이추 선생을 만난다.

숙박

② 주문진항
분주한 항구와 건어물상, 식당가를 돌아본다.

③ 오대산 소금강 계곡
계곡과 숲길 탐방, 여름에는 시원한 계곡에서 물놀이

④ 소금강 양떼마을
양떼에게 먹이 주기 체험을 하고, 기념 촬영도 잊지 말자.

4일차 시작!

① 통일공원 함정전시관
퇴역함인 전북함과 북한 잠수정을 본다.

② 하슬라 아트 월드
야외 조각공원과 미술관을 둘러본다.

③ 정동진
정동진 일출을 보고, 해변과 모래시계공원을 걸어 본다.

귀가

④ 썬크루즈 리조트
해맞이공원, 조각공원, 전망대를 둘러본다.

417

동해

애국가 화면에 등장하는
바다와 일출의 도시

TV 방송이 시작되거나 끝날 때 애국가가 흐르며 나오는 장면인, 동해 추암
의 일출은 장관이 아닐 수 없다. 바다와 일출의 도시, 동해에서는 강원도 대
표 해변 중 하나인 망상 해변, 강원도 대표 항구인 묵호항, 일출 명소 추암,
오일장 명소 북평, 무릉 계곡 등을 돌아보면 좋다.

Access

🚌 시외·고속 ❶ 동서울종합터미널에서 동해시외버스터미널까지 2시간 50분 소요, 06:30~21:35, 수시 운행, 요금 우등 24,300원, 일반 19,000원
❷ 서울경부고속터미널에서 동해종합터미널까지 3시간 소요, 06:30~23:30, 약 40분 간격, 프리미엄 28,500원, 우등 25,800원, 일반 17,500원

🚆 기차 청량리에서 동해까지 KTX 07:22~20:15, 2시간 7분 소요, 요금 29,700원 / 누리로(무궁화) 07:05~23:20, 4시간 40분 소요, 요금 19,200원

🚗 승용차 서울에서 성남, 성남에서 경기광주JC, 경기광주JC에서 광주—원주 고속도로 이용, 원주JC에서 영동고속도로 이용, 강릉JC에서 동해고속도로(삼척—속초) 이용, 동해 방향

INFORMATION **망상 종합관광안내소** 033-532-5963, 033-530-2905 | **추암 관광안내소** 033-521-5396, 033-530-2869 | **무릉계곡 관광안내소** 033-534-9323, 033-530-2870 | **강원도 관광 안내** 033-1330 | **전국 관광 안내** 1330

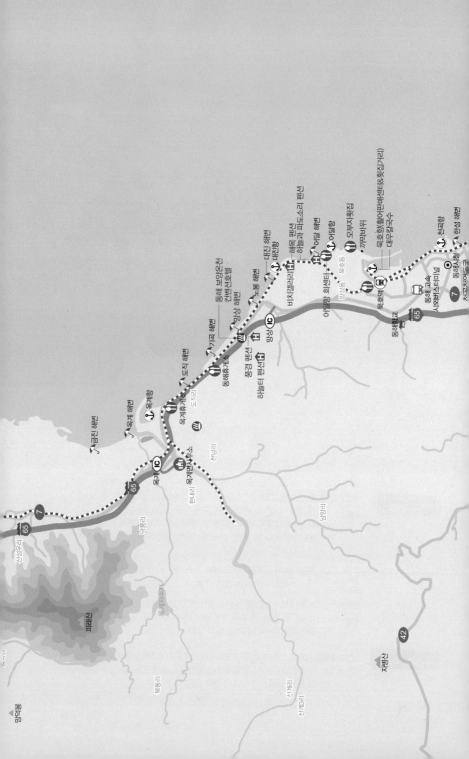

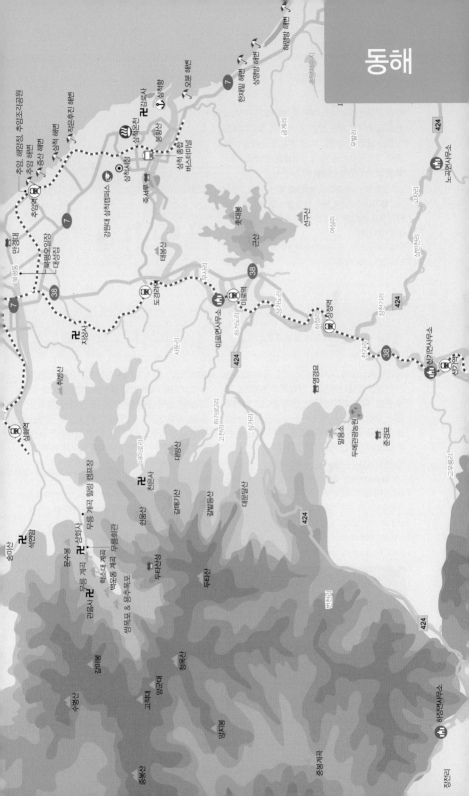

망상 해변 望祥 海邊

강원도 동해안의 대표 해변 중 하나로, 관광객의 선호도가 매우 높은 곳이다. 가보지 않았더라도 이름은 알 만큼 유명한 해변이다. 최근 해변 산책로가 조성되어 관광객의 편의성을 높였고, 대규모 휴양 리조트가 건립될 예정이다.

위치 동해시 망상동 393-16, 동해 북서쪽

교통 ❶ 동해에서 12-4, 13-3, 15-3, 31-1, 31-3번 시내버스 이용, 망상 해변 하차 ❷ 승용차로 동해에서 7번 국도 이용, 망상 해변 방향

요금 샤워장 성인 · 청소년 2,000원, 어린이 1,000원

전화 033-530-2867

동해 보양온천 東海 保養溫泉

동해시 망상동에 위치한 온천으로 동해 보양온천 컨벤션 호텔 내에 있다. 알칼리성 온천으로 혈액 순환, 피로 회복, 위장병 등에 좋다고 알려져 있다. 열탕, 황토탕, 옥사우나, 수영장 등의 시설을 갖추고 있어 여행의 피로를 풀기 좋고, 온천 후 망상 해변을 산책해도 즐겁다.

위치 동해시 망상동 396-18, 동해시 북서쪽

교통 ❶ 동해에서 12-4, 13-3, 15-3, 31-1, 31-3번 시내버스 이용, 망상 해변 하차. 컨벤션 호텔 방향 도보 5분 ❷ 승용차로 동해에서 7번 국도 이용, 망상 해변 방향

요금 보양온천 10,000원, 해수 수영장 20,000원

전화 033-534-6682

홈페이지 www.msgh.kr

동해 약천온천 東海 藥泉溫泉

동해시 망상동에 위치한 온천으로 동해 약천온천 실버타운 내에 있고 중탄산나트륨천으로 피로 회복, 혈액 순환 등에 좋다고 한다. 황토지장수탕, 해수소금탕, 사우나, 온천풀장(7~8월만 개장) 등을 갖추고 있다. 실버타운 입주객은 물론 일반 여행자도 온천과 구내 식당을 자유롭게 이용할 수 있다.

위치 동해시 망상동 459-10, 동해시 북서쪽

교통 ❶ 동해에서 31-3, 41, 43, 91번 시내버스, 91번 좌석버스 이용, 석두골 하차. 실버타운 방향 도보 20분 ❷ 승용차로 동해에서 7번 국도 이용, 망상동 방향. 석두골(망상 오토 캠프장 입구)에서 동해 약천온천 방향

요금 약천온천 7,000원, 온천풀장 18,000원

전화 033-534-6502

홈페이지 www.donghaesilver.com

대진 해변 大津海邊

대진 해변이 있는 대진 마을은 서울 경복궁의 정동방에 위치하고 있다. 깨끗한 백사장과 맑고 드넓은 바다가 운치 있는 대진 해변은 많은 사람이 찾는 곳이다. 대진항 수산물센터에서 신선한 회를 맛보거나 인근의 어달 해변과 어달항을 둘러보는 것도 좋다.

위치 동해시 대진동 204, 동해시 북쪽

교통 ❶ 동해에서 13-1, 14-1, 31-3, 32-2, 32-3번 시내버스 이용, 대진 하차. 해변 방향 도보 3분 **❷** 승용차로 동해에서 7번 국도 이용, 망상 해변 방향

까막바위

동해시 묵호항 북쪽 바닷가에 위치한 정방형 바위로 이곳에 까마귀가 새끼를 쳤다 하여 까막바위라 한다. 까막바위 옆 문어 동상에는 조선 중기 망상현(현 묵호동) 호장이 거대한 문어로 환생해 왜구를 물리쳤고, 그 영혼이 바위 밑 굴에 살고 있다는 전설이 전해진다.

위치 동해시 묵호진동 2-418, 동해시 북쪽

교통 ❶ 동해에서 13-1, 14-1, 32-4번 시내버스 이용, 까막바위 하차 **❷** 승용차로 동해에서 7번 국도 이용, 묵호항 방향

묵호항

동해시 묵호진동에 위치한 항구로 주로 강원도에 풍부한 시멘트, 석탄을 실어 나르는 역할을 하고, 작은 고깃배들도 드나든다. 묵호항 활어센터와 횟집거리는 싱싱한 회나 게를 맛보려는 관광객들로 붐비고, 묵호항에서 여객선을 타고 울릉도로 여행을 떠날 수도 있다.

위치 동해시 동해시 묵호진동 15–40, 동해시 북쪽
교통 ❶ 동해에서 13–1, 14–1, 31–3, 32–3, 32–4번 시내버스 이용, 묵호항 하차 ❷ 승용차로 동해에서 7번 국도 이용, 묵호항 방향
전화 033–531–5891

🈂 Travel Tip

동해–울릉도–독도 여객선 여행

동해 묵호항에서 울릉도행 씨스타 3호, 씨스타 1호가 출발한다. 소요 시간은 약 2시간 40분이다. 탑승권 구입과 탑승 수속을 위해 출발 30분 전에 도착하는 것이 좋다. 묵호항에서 아침 일찍 출발하면 울릉도를 거쳐 독도까지 하루에 돌아볼 수 있다.

위치 동해시 발한동 80–171, 묵호항 내
교통 ❶ 동해에서 21–2, 43번 시내버스 이용, 삼정아파트 하차. 선착장까지 도보 10분 ❷ 승용차로 동해에서 7번 국도 이용, 묵호항 방향
요금 묵호항–울릉도 일반석 55,500원 묵호항 터미널 이용료 1,500원 울릉도–독도 55,000원
시간 씨스타 3호 묵호 출항 08:50 울릉도(도동) 출항 17:50 / 씨스타 1호 묵호 출항 08:50, 울릉도(사동) 출항 16:00, 울릉도→독도 11:00, 13:00(출항 시간 수시 변동, 홈페이지 확인)
전화 묵호항 033–531–5891
홈페이지 www.sspvjd.co.kr

천곡천연동굴 泉谷天然洞窟

동해 시내 천곡동에 위치한 석회석 동굴로 총 길이가 1.4km에 달한다. 전국 유일하게 도심에 있는 동굴이라 더 신기하다. 커튼형 종유석, 석화화 단구, 용식구를 볼 수 있고, 동굴 주변에 석회석 지대 주요 성분인 탄산칼슘이 물에 녹으면서 깔대기 모양으로 패인 웅덩이인 돌리네 지역이 있다.

위치 동해시 천곡동 1003, 동해 시내
교통 ❶ 동해에서 14-1, 15-1, 15-3, 31-1번 등 시내버스 이용, 천곡동굴 하차 ❷ 승용차로 동해 시내에서 천곡동, 천곡천연동굴 방향
요금 성인 4,000원, 중고생 3,000원, 어린이 2,000원
시간 09:00~18:00(여름성수기 08:00~20:00)
전화 033-532-7303
홈페이지 www.dhsisul.org

블라디보스톡, 사카이미나토 여객선 여행

동해항에서 DBS 크루즈훼리를 타고 러시아 블라디보스톡이나 일본 사카이미나토로 여행을 할 수 있다. 블라디보스톡은 러시아 동해 연안의 가장 큰 항구이자 군항으로 시베리아횡단철도가 출발하는 곳이고, 사카이미나토는 돗토리현 북서단에 위치한 항구로 넓은 백사장과 소나무 숲이 유명하다.

위치 동해시 송정동 1147, 동해항 국제여객터미널
교통 ❶ 동해에서 12, 12-1, 13-1번 시내버스 이용, 동해항 하차 ❷ 승용차로 동해에서 송정동 동해항 방향
요금 동해-블라디보스톡 편도 222,000원, 동해-사카이미나토 편도 117,000원(이코노미 기준)

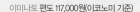

시간 블라디보스톡 동해 출항 일요일 14:00, 블라디보스톡 출항 수요일 14:00 / 사카이미나토 동해 출항 목요일 17:30, 사카이미나토 출항 토요일 19:00(홈페이지 출항 일시 확인)
비자 러시아_최대 60일 관광 목적, 무비자 / 일본_최대 90일 관광 목적, 무비자
전화 DBS 크루즈훼리 033-531-5611~2
홈페이지 DBS 크루즈훼리 www.dbsferry.com

북평오일장 北坪五日場

동해시 북평동에서 열리는 오일장으로 장날은 매달 3, 8, 13, 18, 23, 28일이다. 조선 중기부터 장이 열리기 시작해 주로 정선과 삼척의 물품이 모였다고 한다. 장날에는 우시장, 가축시장이 서고 생선, 잡화 등을 파는 상인들로 북적인다. 우리나라 3대 삼베로 꼽는다는 강포가 유명하다.

위치 동해시 북평동 491-1, 동해 남쪽

교통 ❶ 동해에서 12-1, 12-4, 13-1, 13-3번 등 시내버스 이용, 북평우체국 하차 ❷ 승용차로 동해에서 북평 방향. 북평 사거리에서 북평오일장 방향

전화 033-521-3675

만경대 萬景臺

동해 동쪽 구미동 야산에 위치한 정자로 조선시대 광해군 5년(1613년) 벼슬에서 낙향한 김훈이 세웠다. 만경이라는 이름은 1660년 현종 원년 문신 허목이 붙였다. 서쪽으로 두타산, 북쪽으로 진천, 동쪽으로 동해항이 있으나 울창한 숲에 가려 잘 보이지 않는다.

위치 동해시 구미동 산53, 북평 동쪽

교통 ❶ 동해에서 12, 12-1, 12-4, 13-1번 등 시내버스 이용, 북평주민센터 하차. 동쪽 만경대 방향 도보 15분 ❷ 승용차로 동해에서 북평 방향. 북평에서 동쪽 만경대 방향

전화 033-244-0088

호해정 湖海亭

동해 동쪽 구미동 바닷가 야산에 위치한 정자다. 호해정은 조국 광복을 기념하기 위해 지역 주민들이 세웠다고 한다. 정자 오른쪽 계단을 오르면 해안 절벽 위에 직경 2.5m의 할미바위가 있다.

위치 동해시 구미동 2, 북평 동쪽 행복한 해적 횟집 안쪽

교통 ❶ 동해에서 12, 12-1, 12-4, 13-1번 등 시내버스 이용, 북평주민센터 하차. 동쪽 만경대 방향, 도보 30분 ❷ 승용차로 동해에서 북평 방향. 북평에서 동쪽 만경대 방향

추암조각공원 湫岩彫刻公園

추암 촛대바위가 있는 추암 해변 인근에 조성된 조각공원으로 유명 작가들의 조각 작품이 전시되어 있고 연못, 야외무대, 산책로 등의 휴게 시설을 갖추고 있어 조각을 감상하며 산책하기 좋다. 추암 여행의 관문 역할을 하는 곳이기도 하다.

위치 동해시 추암동 72, 동해 남동쪽

교통 ❶ 동해에서 61번 시내버스 이용, 추암 해변 하차. 조각공원 방향 도보 5분 ❷ 바다열차로 강릉, 정동진, 묵호, 동해 지나 추암역 도착. 문의 033-573-5473~4, 1544-7786 ❸ 승용차로 동해에서 북평동 지나 추암 해변 방향

전화 추암 관광안내소 033-521-5396, 033-530-2869

추암 湫岩

추암은 동해 남동쪽 추암동 바닷가에 위치한 기암괴석들로 일명 능파대라고도 한다. 추암의 가느다란 촛대바위는 TV의 동해 일출 장면에서 자주 등장한다. 추암 해변은 물이 맑고, 잘게 부서진 백사장이 아름답기로 유명하다. 수심이 얕아 물놀이하기도 괜찮다. 강릉과 삼척에서 출발한 바다열차가 추암역에서 정차하니 바다열차를 타고 바다 구경을 하다 내려서 추암을 둘러보아도 좋다.

위치 동해시 추암동 69, 동해 남동쪽
교통 추암역에서 추암 방향 도보 5분
전화 추암 관광안내소 033-521-5396, 033-530-2869

해암정 海岩亭

동해 추암동 바닷가에 위치한 정자로 고려시대 공민왕 10년(1361년) 삼척 심씨의 시조 심동로가 낙향하여 세웠다. 현재 건물은 조선시대 중종 25년(1530년)에 새로 지은 것으로 정면 3칸 측면 2칸이다. 해암정에 앉아 있으면 동해 작은 어촌의 쓸쓸함이 느껴진다.

위치 동해시 추암동 474-1, 추암 서쪽
교통 추암역에서 해암정 방향 도보 5분
전화 추암 관광안내소 033-521-5396, 033-530-2869

삼화사 三和寺

동해시 무릉 계곡 내에 위치한 사찰로 신라시대 선덕여왕 11년(642년)에 승려 자장이 흑련대라는 이름으로 세웠다. 원래 무릉 계곡 하류에 위치했으나 시멘트 공장이 들어서면서 현 위치로 이전했다. 보물 제1227호 삼층석탑, 보물 제1292호 철불 등의 문화재가 있다.

위치 동해시 삼화동 176, 무릉 계곡 내
교통 무릉 계곡 매표소에서 삼화사 방향 도보 10분
전화 033-534-7661
홈페이지 www.samhwasa.or.kr

무릉 계곡 武陵 溪谷

동해 두타산과 청옥산 북서쪽에 위치한 계곡으로 호암소에서 용추폭포까지 약 4km에 달한다. 무릉이란 이름은 조선 선조 때 삼척 부사 김효원이 지은 것으로 알려져 있는데 경치가 아름다워 무릉도원이라 불리기도 했다. 계곡 내 무릉반석, 금란정, 삼화사, 쌍폭포, 용추폭포 등 볼거리가 많다.

위치 동해시 삼화동 859, 동해 남서쪽

교통 ❶ 동해에서 12-1, 12-4, 무릉 계곡 종점 하차 ❷ 승용차로 동해에서 7번 국도 이용, 북평동 방향. 북평동 전 42번 국도 이용, 삼화동 방향. 삼화동에서 무릉 계곡 방향

요금 입장료 성인 2,000원, 청소년 1,500원, 어린이 700원, 야영장 1박 7,000원

전화 033-534-7306

쌍폭포 & 용추폭포 雙瀑布 & 龍湫瀑布

동해시 무릉 계곡 내에 위치한다. 양쪽에서 폭포수가 쏟아진다고 하여 쌍폭포, 상중하 3단의 바위 용소를 지나며 떨어진다고 하여 용추폭포라고 한다. 두 폭포 모두 호쾌하게 쏟아지는 폭포수와 주변 경관이 일품이다. 가뭄이 심할 때는 용추폭포에서 기우제를 지내기도 한다.

위치 동해시 삼화동 267, 무릉 계곡 내

교통 무릉 계곡 매표소에서 쌍폭포 방향 도보 1시간

동해의 맛집

대성집

동해시 북평오일장 거리에 위치한 국밥집으로 35년이 넘는 전통을 가지고 있다. 소머리국밥을 시키니 소 사골을 푹 고아 만든 진한 육수 국물이 담백하고, 부드러운 수육이 먹을 만하다. 장날의 분주한 분위기 속에서 먹는 따끈한 국밥 한 그릇이 빈속을 든든히 채워 준다.

위치 동해시 구미동 503, 북평오일장 거리 내
교통 ❶ 동해에서 12-1, 12-4, 13-1, 13-3번 등 시내버스 이용, 북평우체국 하차 ❷ 승용차로 동해에서 북평 방향. 북평사거리에서 북평오일장 방향
메뉴 소머리국밥·선지국밥, 선지국 각 8,000원
전화 033-521-5450

무릉회관

동해시 무릉 계곡 입구에 위치한 식당으로 산채비빔밥, 산채백반, 산채정식백반 등을 낸다. 강원도 어느 지역이든 산나물 음식은 빠지지 않는다. 산채비빔밥이 식상하거나 여럿이 식사한다면 닭백숙을 먹는 것도 괜찮다.

위치 동해시 삼화동 858, 무릉 계곡 식당가 내
교통 ❶ 동해에서 12-1, 12-4, 무릉 계곡 종점 하차 ❷ 승용차로 동해에서 7번 국도 이용, 북평동 방향. 북평동 전 42번 국도 이용, 삼화동 방향. 삼화동에서 무릉 계곡 방향
메뉴 산채비빔밥 8,000원, 산채솥밥정식 12,000원, 토종닭백숙 50,000원
전화 033-534-9990

묵호항 활어판매센터와 횟집거리

묵호항 내에 위치한 활어판매센터에서 활어를 구입해 숙소로 가져가면 저렴하게 회를 맛볼 수 있다. 아니면 묵호항에 즐비한 횟집에서 편안히 회나 곰치국, 물회를 맛보아도 좋다. 식사 후에는 묵호항 건어물가게에서 오징어, 명태 같은 수산물 쇼핑을 해도 좋다.

위치 동해시 묵호진동 15-40, 동해시 북쪽
교통 ❶ 동해에서 13-1, 14-1, 31-3, 32-3, 32-4번 시내버스 이용, 묵호항 하차 ❷ 승용차로 동해에서 7번 국도 이용, 묵호항 방향
메뉴 광어, 돔, 히라스 등 시가

오부자횟집

더덕을 갈아 넣어 생선의 비린내를 잡은 육수로 만든 물회가 맛있는 곳이다. 독특하게 물회를 양푼이 아닌 냄비에 담아 주어 냄비 물회라고 부른다고. 물회에 밥과 면이 제공되어 함께 먹을 수 있고 후식으로 나오는 감자송편도 먹을 만하다.

위치 동해시 일출로 151

교통 동해시외버스터미널에서 32-1번 버스 이용, 삼양 회센터 하차, 도보 1분 / 승용차로 동해시에서 까막바위, 어달항 방향

메뉴 냄비물회, 회덮밥 각 15,000원, 어린이 미역국 6,000원

전화 033-533-2676

어달항 활어회센터

동해 묵호항 북쪽에 위치한 회센터로 실내가 넓고 시설이 잘 되어 있다. 회정식을 시키면 오징어회, 꽁치, 타코야키 등 풍성한 밑반찬이 나오고 메인으로 모듬회, 마무리로 매운탕, 알밥이 나온다. 인근 대진 회센터도 괜찮다.

위치 동해시 어달동 190, 동해 북쪽

교통 ❶ 동해에서 13-1, 14-1, 32-4번 시내버스 이용, 어달항 하차 **❷** 승용차로 동해에서 묵호항 지나 어달항 방향

메뉴 물회 15,000원, 회정식 30,000원, 잡어매운탕 중 40,000원, 활어회 시가

전화 033-532-8584

대우칼국수

고추장을 풀어 붉고 맵게 먹는 장칼국수로 알려진 식당이다. 걸쭉하게 나오는 장칼국수를 후루룩 먹다 보면 어느새 바닥이 보이고 이마에 땀이 솟는다. 장칼국수 국물에 밥을 말아 먹을 사람은 밥이 제공되지 않으니 편의점에서 즉석밥을 데워 와도 좋다.

위치 동해시 일출로 10

교통 동해시외버스터미널에서 발한 21-1번 버스 이용, 우리은행 앞 하차, 도보 3분

메뉴 장손칼국수 5,000원, 장칼국수, 콩칼국수, 비빔칼국수 각 6,000원

전화 033-531-3417

동해의 숙소

해목 펜션

동해시 어달 해변 안쪽에 위치한 펜션으로 넓은 잔디밭을 갖추고 있다. 조용히 펜션에서 쉬기 좋고 가까운 해변에 나가 물놀이나 산책을 해도 즐겁다. 저녁은 인근 어달항 회센터로 가서 신선한 회를 맛보자.

위치 동해시 어달동 128-1, 동해시 북쪽
교통 ❶ 동해에서 13-1, 14-1, 32-4번 시내버스 이용, 어달 해변 하차 ❷ 승용차로 동해에서 묵호항 지나 어달 해변 방향
요금 비수기 주중 50,000~130,000원
전화 033-531-5851, 017-244-2720
홈페이지 www.hemok.com

하늘터 펜션

동해시 심곡동에 위치한 펜션으로 산중에 있어 조용히 시간을 보내고 싶은 사람에게 적합하다. 망상 해변이 가까워 해변을 걷거나 물놀이하기 좋다. 동해 시내나 추암, 무릉 계곡을 둘러보기에도 불편함이 없다.

위치 동해시 심곡동 335-9, 동해시 북쪽
교통 ❶ 동해에서 31-1번 시내버스 이용, 약천마을 하차. 펜션 방향 도보 10분 ❷ 승용차로 동해에서 7번 국도 이용, 약천마을 방향
요금 비수기 주중 100,000원, 주말 130,000원
전화 033-534-7540, 010-9136-7090
홈페이지 www.szpension.co.kr

하늘과 파도소리 펜션

어달 해변 부근에 위치한 펜션으로 아래층에 신라횟집, 위층에 펜션이 있다. 어달 해변과 가까워 수영복 차림으로 해변으로 나갈 수 있어 편리하다. 물놀이 후에는 펜션 아래층 횟집에서 회를 맛보거나 해변을 산책해도 좋다.

위치 동해시 어달동 184-11, 동해시 북쪽
교통 ① 동해에서 13-1, 14-1, 32-4번 시내버스 이용, 어달 해변 하차 **②** 승용차로 동해에서 묵호항 지나 어달 해변 방향
요금 비수기 주중 30,000~250,000원
전화 033-535-3616, 010-8781-3616
홈페이지 seanskyps.co.kr

풍경 펜션

망상 해변 부근에 위치한 펜션으로 객실에서 바다가 보이고, 실내가 예쁘게 꾸며져 있어 편안히 지낼 수 있다. 망상 해변과 가까워 해변을 산책하거나 물놀이하기에도 좋다. 인근에 묵호항과 무릉 계곡이 있다.

위치 동해시 망상동 330-3, 동해시 북서쪽
교통 ① 동해에서 12-4, 13-3, 15-3, 31-1, 31-3번 시내버스 이용, 망상 해변 하차 **②** 승용차로 동해에서 7번 국도 이용, 망상 해변 방향
요금 비수기 주중 50,000~120,000원
전화 010-9533-2010
홈페이지 www.pkpension.com

비치갤러리

대진 해변 부근에 위치한 펜션으로 바다가 보이는 유럽풍 목조 건물이 멋지다. 대진 해변에서 산책을 하거나 물놀이하기 좋고 대진항 회센터에서 맛있는 회를 맛보아도 즐겁다. 인근 망상 해변이나 묵호항으로 가기도 편리하다.

위치 동해시 대진동 177-6, 동해시 북쪽
교통 ① 동해에서 13-1, 14-1, 32-4번 시내버스 이용, 대진 삼거리 하차 **②** 승용차로 동해에서 묵호항 지나 대진 해변 방향
요금 비수기 주중 50,000~180,000원
전화 033-533-0992
홈페이지 www.beachgallery.kr

씨에버 펜션

동해 시내와 가까워 쇼핑과 교통편이 편리하다. 펜션 앞 감추 해변은 작지만 한산하여 가족끼리 물놀이하거나 낚시를 즐기기 좋다. 북쪽 묵호항이나 남쪽 추암으로 가기도 편리하다.

위치 동해시 용정동 4-16, 동해시 남쪽
교통 ❶ 동해에서 15-3, 32-3번 시내버스 이용, 여성회관 하차 ❷ 승용차로 동해에서 용정동, 감추 해변 방향
요금 비수기 주중 70,000~80,000원
전화 033-531-3430, 010-2828-3430
홈페이지 www.sea-ever.com

무릉 계곡 힐링 캠프장

무릉 계곡 버스 종점 아래 있는 캠프장으로 야영 데크와 취사실, 화장실, 샤워장 등의 편의시설을 갖추고 있다. 무릉 계곡과 가까워 무릉 계곡에서 놀거나 삼화사 구경을 가기에도 좋다.

위치 동해시 삼화로 538
교통 ❶ 동해에서 12-1, 12-4번 버스 이용, 무릉 계곡 종점 하차, 캠프장 방향 도보 15분 ❷ 승용차로 동해에서 7번 국도 이용, 북평동 방향, 북평동 전 42번 국도 이용, 삼화동·무릉 계곡 방향
요금 비수기 주중 데크 8,000~10,000원, 주말 15,000~20,000원
전화 033-539-3700 | **홈페이지** mureungvalley.or.kr

숙소 리스트

이름	위치	전화
동해 보양온천 컨벤션 호텔	동해시 망상동 396-18	033-534-6682
뉴동해 관광호텔	동해시 천곡동 484	033-533-9215
도노 호텔	동해시 천곡동 889	033-534-1004
경일 민박	동해시 동해대로 6271 (망상동)	033-534-3421
도라지 민박	동해시 터일길 121-11 (망상동)	033-534-3172

1일차 시작!

1 망상 해변
여름이면 해변에서 물놀이, 다른 계절에는 산책

2 동해 약천온천
중탄산나트륨천에서 여행의 피로를 푼다.

3 까막바위
왜구를 물리친 호장의 전설을 간직한 바위

🏠 숙박

2일차 시작!

1 묵호항
분주한 항구의 활기를 느끼면서 회센터, 건어물가게 구경하기

2 천곡천연동굴
전국 유일하게 도심 속에 있는 석회석 동굴을 탐험한다.

3 북평오일장
매달 3, 8, 13, 18, 23, 28일이 장날로 우시장, 잡화시장이 볼 만하다.

4 만경대와 호해정
전망 좋은 곳에 자리한 정자에 올라 주위를 둘러보자.

5 추암
촛대바위와 추암 해변, 조각공원을 둘러본다.

🏠 숙박

동해 2박 3일 코스 ★ 애국가 화면에 등장하는 추암의 일출 여행

TV 방송의 시작과 끝을 알릴 때 등장하는 장면이 바로 동해 추암의 일출이다. 촛대바위 사이로 태양이 걸리듯 떠오르는 일출 풍경을 보면 추암을 제일의 일출 명소로 꼽을 만하다. 망상 해변은 강원도 대표 해변 중의 하나로 오토캠핑장이 있어 바닷가 야영을 즐길 수 있다. 산으로 눈을 돌리면 여름철 피서지 로도 인기 있는 두타산과 청옥산의 무릉 계곡이 있다. 두타산과 청옥산은 별것 아닌 듯 보여도 설악산 에 오르는 것만큼이나 힘이 드니 주의하자.

3일차

시작!

1 무릉 계곡
아름다운 계곡길을 걸어 본다.

2 삼화사
호젓한 산사를 산책한다.

귀가

4 동해 보양온천
알칼리성 온천에서 여행의 피로를 푼다.

3 쌍폭포와 용추폭포
시원하게 쏟아지는 폭포수를 감상한다.

삼척

산과 해변이 조화를 이룬
동해 남부 관광의 중심

두타산과 환선굴, 대금굴, 맹방 해변, 해양레일바이크 등 산과 동굴, 해변, 레포츠까지 고루 갖춘 삼척은 강원도 동해 남부 관광의 중심이라 할 만하다. 이사부사자공원, 죽서루, 엑스포타운, 준경묘와 영경묘, 강원종합박물관, 해신당공원 등 볼거리가 너무 많다.

삼척

Access

🚌 시외·고속 ❶ 동서울종합터미널에서 삼척시외버스터미널까지 3시간 5분 소요, 06:30~21:35, 약 30분 간격, 요금 우등 25,200원, 일반 20,000원
❷ 서울경부고속터미널에서 삼척고속터미널까지 3시간 30분 소요, 06:30~23:00, 약 40분 간격, 요금 프리미엄 29,500원, 우등 26,700원, 일반 18,100원

🚆 기차 ❶ 청량리역에서 기차로 동해역, 동해역에서 발한(21-1번) 버스 이용
❷ 바다열차로 강릉역, 정동진역, 동해역 등에서 삼척해변역까지 1시간 6분 소요, 강릉역 출발 시간 07:51(주말), 10:47, 14:46, 요금 특실 16,000원, 일반 14,000원. 문의 033-573-5474

🚗 승용차 서울에서 성남, 성남에서 경기광주JC, 경기광주JC에서 광주─원주 고속도로 이용, 원주JC에서 영동고속도로 이용, 강릉JC에서 동해고속도로(삼척─속초) 이용, 삼척 방향

INFORMATION **삼척 종합관광안내소** 033-575-1330 | **삼척시 관광정책과** 033-570-3545~6 | **강원도 관광 안내** 033-1330 | **전국 관광 안내** 1330

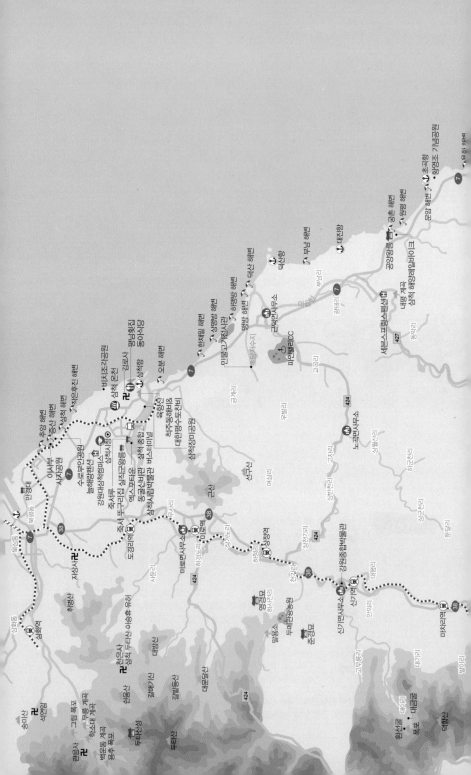

삼척

이사부사자공원 異斯夫獅子公園

삼척 증산동 바닷가에 위치한 공원으로 신라 장군 이사부가 나무 사자를 앞세우고 우산국 울릉도와 독도를 평정한 것을 기념하고 있다. 공원 내에 다양한 모양의 나무 사자상이 있고 전망대에서 동해 바다가 훤히 내려다보인다. 사계절 썰매장도 운영하니, 아이들과 방문하면 좋다.

위치 삼척시 증산동 15-2, 삼척 북쪽
교통 ❶ 삼척에서 11, 24번 시내버스 이용, 후진 종점 하차. 공원 방향 도보 5분 ❷ 승용차로 삼척에서 증산동, 이사부사자공원 방향
요금 썰매장 5,000원
시간 09:00~22:00(동절기 21:00), 썰매장 09:00~18:00(동절기 17:00)
전화 033-573-0561~2

증산 해변 甑山 海邊

조용하고 아담한 해변으로, 물이 맑고 수심이 얕아 해수욕을 즐기기 좋다. 증산 해변은 북쪽으로 동해 추암과 접해 있어서 추암 촛대바위를 한눈에 볼 수 있는 곳으로 알려져 있다. 인근에 이사부사자공원과 수로부인공원이 있다.

위치 삼척시 증산동 30, 삼척 북쪽
교통 ❶ 삼척에서 11, 24번 시내버스 이용, 후진 종점 하차. 해변 방향 도보 5분 ❷ 승용차로 삼척에서 증산동, 이사부사자공원 방향
전화 033-570-4530

수로부인공원 水路夫人公園

〈삼국유사〉 '수로부인전'에 등장하는 '해가'라는 설화의 배경이 되는 곳이다. 조용한 증산마을과 임해정 옆으로 펼쳐지는 해변 절경이 어우러져 멋진 전경을 선사하고, 동해 추암 촛대바위를 볼 수 있는 장소로 알려져 사진 촬영지로도 인기가 많다.

위치 삼척시 증산동 30-25, 삼척 북쪽
교통 ❶ 삼척에서 11, 24번 시내버스 이용, 후진 종점 하차. 공원 방향 도보 10분 ❷ 승용차로 삼척에서 증산동, 수로부인공원 방향

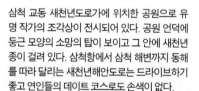

비치조각공원

삼척 교동 새천년도로가에 위치한 공원으로 유명 작가의 조각상이 전시되어 있다. 공원 언덕에 둥근 모양의 소망의 탑이 보이고 그 안에 새천년 종이 걸려 있다. 삼척항에서 삼척 해변까지 동해를 따라 달리는 새천년해안도로는 드라이브하기 좋고 연인들의 데이트 코스로도 손색이 없다.

위치 삼척시 교동 86-3, 삼척 북동쪽
교통 승용차로 삼척에서 교동, 비치조각공원 방향
전화 033-572-2011

죽서루 竹西樓

삼척 성내동 오십천가에 위치한 정자로 정면 7
칸, 측면 2칸, 팔작지붕의 건축물로, 예부터 관동
팔경 중 하나로 꼽혔다. 산과 물이 조화를 이루는
절벽에 자리한 정자가 운치 있다. 죽서루에서 오
십천과 엑스포타운 일대가 한눈에 보인다.

위치 삼척시 성내동 9-3, 삼척 서쪽
교통 ❶ 삼척에서 10, 14, 15, 30번 시내버스 이용, 삼척의료
원 하차. 죽서루 방향 도보 5분 **❷** 승용차로 삼척에서 죽서
루 방향
전화 033-570-3670

실직군왕릉 悉直郡王陵

삼척 성북동 야산에 위치한 능으로 삼척 김씨의
시조이자 신라 경순왕의 손자 김위옹이 잠들어
있는 곳. 실직군왕은 신라 경순왕이 고려 태조에
항복하면서 책봉받은 작위. 인근 삼척시 사직동
에는 김위옹의 부인 밀양 박씨의 묘인 실직군왕
비릉도 있다.

위치 삼척시 성북동 213-5, 삼척 서쪽
교통 ❶ 삼척에서 10, 14, 15, 30번 시내버스 이용, 선국삼거
리 하차. 왕릉 방향 도보 5분 **❷** 승용차로 삼척에서 죽서루
방향. 죽서루 지나 실직군왕릉 방향
전화 033-570-3224

삼척시립박물관 三陟市立博物館

삼척 엑스포타운 내에 위치한 박물관으로 삼척
의 역사와 문화를 소개한다. 제1전시실은 선사역
사실로 원삼국시대에 출토된 토기류, 기타 유적,
제2전시실은 민속 · 예능실로 삼척의 세시 풍속,
민속놀이, 제3전시실은 생업생활실로 삼척의 생
활 양식을 보여 준다.

위치 삼척시 성남동 167-8, 엑스포타운 내
교통 엑스포타운에서 박물관 방향 도보 3분
시간 09:00~18:00(동절기 17:00)
전화 033-575-0768
홈페이지 www.scm.go.kr

동굴신비관 洞窟神秘館

엑스포타운 내에 있는 동굴신비관은 세계의 유명 동굴, 영화 속 동굴, 동굴의 생태 자료 등으로 꾸며져 있다. IMAX관에서는 환상의 동굴을 주제로 한 영상을 관람한다. 동굴탐험관과 신비관을 둘러보고 대금굴이나 환선굴을 찾아가면 석회석 동굴을 이해하는 데 도움이 될 것이다.

위치 삼척시 성내동 9-3, 삼척 서쪽
교통 ❶ 삼척에서 10, 14, 15, 30번 시내버스 이용, 삼척의료원 하차. 죽서루 방향 도보 5분 ❷ 승용차로 삼척에서 죽서루 방향
요금 3,000원
전화 033-570-4471

척주동해비 & 대한평수토찬비

삼척 육향산 정상에 위치한 비석으로 삼척 부사 허목이 세운 것이다. 척주동해비는 조선시대 현종 2년(1661년) 동해 풍랑의 피해를 막기 위해 동해를 칭송하는 글을 짓고, 비문을 새겨 세운 것이다. 평수토찬비 역시 같은 의미로 세운 비석인데, 후에 유실되어 1904년에 다시 세운 것이다.

위치 삼척시 정상동 108, 삼척 육향산 정상
교통 ❶ 삼척에서 10, 15번 시내버스 이용, 정라동 주민센터 하차. 육향산 정상까지 도보 5분 ❷ 승용차로 삼척에서 정상동, 척주동해비 방향

삼척 온천 三陟 溫泉

삼척관광호텔 내에 위치한 알칼리성 온천으로 온천욕을 하고 나면 피부가 한결 매끄러워지는 것을 느낄 수 있다. 황토사우나, 참숯사우나, 반신욕장 등 온천 내 시설이 잘 되어 있어 여행의 피로를 풀기에 좋다. 온천 후 한식 뷔페(저녁)를 추천!

위치 삼척시 정상동 351-1, 삼척 동쪽
교통 ❶ 삼척에서 10번 시내버스 이용, 삼척 온천 하차 ❷ 승용차로 삼척에서 삼척 온천 방향
요금 온천 대인 5,000원, 소인 4,000원 / 한식 뷔페(2F) 점심 9,900원, 저녁 12,900원
전화 033-573-9696 | 홈페이지 www.scspavill.co.kr

삼척 장미 공원 三陟 薔薇 公園

삼척을 통과해 바다로 나가는 오십천 가에 있는 공원으로, 8만 5,000m² 규모의 땅에 218종 13만 그루 1천만 송이의 장미를 심은 세계 최대 장미 공원이다. 다양한 종류의 장미로 장식된 장미 터널과 분수대, 포토존 등이 갖춰져 있다. 밤에는 조명이 더해져 화려한 꽃 축제가 벌어진다.

위치 삼척 오십천로
교통 삼척시외버스터미널에서 오십천로 이용, 동쪽 삼척 장미 공원 방향, 도보 5분

맹방 해변 孟芳 海邊

물이 맑고, 1~2m 정도로 수심이 비교적 얕아 가족 피서지로 좋다. 깨끗한 백사장과 울창한 소나무 숲이 있는 것도 장점이다. 씨스포빌리조트 위로 상맹방 해변, 아래로 하맹방 해변, 맹방 해변이 이어진다.

위치 삼척시 근덕면 하맹방리 221, 삼척 남동쪽
교통 ❶ 삼척에서 21, 23번 시내버스 이용, 근덕재제소 하차, 맹방 해변까지 도보 15분. 또는 20, 21, 22, 23번 시내버스 이용, 하맹방리 하차. 하맹방 해변까지 도보 10분 ❷ 승용차로 삼척에서 7번 국도 이용, 맹방 해변 방향
전화 근덕면사무소 033-572-3011

민물고기전시관

내수면개발사업소 내에 위치한 전시관으로 연어 일생관, 체험관, 수초터널, 생태관 등으로 되어 있다. 전시관 내에서 천연기념물 어름치와 황쏘가리, 쉬리, 꺽지, 버들개 등 민물고기 44종을 볼 수 있다.

위치 삼척시 근덕면 하맹방리 831, 삼척 남동쪽
교통 승용차로 삼척에서 맹방 해변 방향. 연봉동에서 민물고기전시관 방향
시간 09:00~18:00(동절기 17:00)
전화 033-570-3566

덕산 해변 德山 海邊

덕봉산을 경계로 북쪽은 맹방 해변, 남쪽은 덕산 해변인데 덕산 해변이 좀 더 한가한 편이다. 주변 경관이 수려하고, 150여 가구의 민박촌이 형성되어 있다. 덕산항에 가서 싱싱한 회를 맛보는 것도 좋다.

위치 삼척시 근덕면 덕산리 107, 삼척 남동쪽
교통 ❶ 삼척에서 21, 23번 시내버스 이용, 덕산리 마을회관 하차. 해변 방향 도보 5분 ❷ 승용차로 삼척에서 7번 국도 이용, 맹방 해변 방향. 맹방 해변 지나 덕산 해변 방향
전화 근덕면사무소 033-572-3011

공양왕릉 恭讓王陵

삼척 궁촌리 바닷가 야산에 위치한 고려시대 왕릉으로 공양왕이 잠들어 있다. 공양왕은 고려시대 최후의 왕으로 이성계에게 실권을 빼앗긴 후 폐위되었고, 원주로 유배되어 공양군이 되었다가 삼척에서 생을 마쳤다.

위치 삼척시 근덕면 궁촌리 178, 삼척 남동쪽

교통 ❶ 삼척에서 21, 23, 24번 시내버스 이용, 궁촌1리 하차. 왕릉 방향 도보 5분 ❷ 승용차로 삼척에서 7번 국도 이용. 근덕면 궁촌리 방향

전화 033-572-2011

해양레일바이크

동해의 해안선을 따라 복선으로 운행되는 레일바이크가 인기를 끌고 있다. 레일바이크를 타고 아름다운 동해를 감상하며 소나무 숲을 지나고 터널을 통과하는 색다른 경험을 할 수 있어 즐겁다. 가족끼리 연인끼리 친구끼리 함께 타면 더욱 좋다.

위치 삼척시 근덕면 궁촌리~용화리

교통 궁촌 ❶ 삼척에서 21, 23, 24번 시내버스 이용, 궁촌1리 하차 ❷ 승용차로 삼척에서 7번 국도 이용, 근덕면 궁촌리 방향 용화 ❶ 삼척에서 24번 시내버스 이용, 용화 하차 ❷ 승용차로 삼척에서 7번 국도 이용, 근덕면 용화리 방향

*궁촌 - 용화 간 무료 셔틀버스 운행(20~30분 소요)

요금 주간 2인승 20,000원, 4인승 30,000원

신청 인터넷 예매 및 현장 판매(성수기나 주말에는 인터넷 예매 필수)

코스 궁촌해수욕장 - 추천천 - 해송길(원평해수욕장) - 억새군락지 - 황영조 기념관 및 유리공원(계획) - 초곡1, 2 3 터널 - 용화해수욕장(약 5.4km, 1시간 소요)

시간 09:00, 10:30, 13:00, 14:30, 16:00(둘째, 넷째 주 수요일 휴관)

전화 033-576-0656

홈페이지 www.oceanrailbike.com

장호 해변 將湖 海邊

경치가 아름다워 강원도의 나폴리라 불린다. 타원형 백사장이 아름답고, 물이 맑으며 수심이 낮아 아이들이 놀기 좋다. 인근 용화 해변을 둘러보거나 용화 쪽에서 출발하는 해양레일바이크를 이용하기도 편리하다.

위치 삼척시 근덕면 장호리 291, 삼척 남동쪽

교통 ❶ 삼척에서 24번 시내버스 이용, 장호 하차. 해변 방향 도보 3분 ❷ 승용차로 삼척에서 7번 국도 이용, 근덕면 장호리 방향

전화 033-575-1330

황영조 기념공원 黃永祖 記念公園

1992년 제25회 바르셀로나 올림픽 마라톤에서 우승한 황영조 선수를 기념하기 위해 조성된 공원이다. 황영조 기념관에서는 황영조 선수의 성장 과정, 대회 출전 과정, 올림픽 우승 기념 사진과 자료 등을 전시한다.

위치 삼척시 근덕면 초곡리 51, 삼척 남동쪽

교통 ❶ 삼척에서 24번 시내버스 이용, 황영조 기념공원 하차 ❷ 승용차로 삼척에서 7번 국도 이용, 근덕면 궁촌리 방향

시간 09:00~18:00(동절기 17:00)

전화 033-576-0009

해신당공원 海神堂公園

해신당, 어촌민속전시관, 남근조각공원, 습지생태공원 등이 있는 공원이다. 해신당은 처녀신을 모신 작은 사당으로, 옛날 신남마을의 처녀 애랑이 바다에 빠져 죽은 뒤 물고기가 잡히지 않자 남근을 깎아 처녀의 원혼을 달래는 제사를 지낸 것에서 유래했다. 해신당에서 모티브를 얻어 만든 남근조각공원에는 다양한 남근 조각이 전시되어 있어 얼굴을 붉히게도 하지만 이곳에 얽힌 전설을 생각하면 재미있다.

위치 삼척시 원덕읍 갈남리 28-1, 삼척 남동쪽

교통 ❶ 삼척에서 24번 시내버스 이용, 해신당 또는 신남 하차. 신남에서는 도보 5분 ❷ 승용차로 삼척에서 7번 국도 이용, 원덕읍 갈남리 해신당공원 방향

요금 성인 3,000원, 청소년 2,000원, 어린이 1,500원

시간 09:00~18:00(동절기 17:00)

전화 033-572-4429

월천 속섬

월천리에 위치한 작은 섬으로 소나무가 울창하게 심어져 있다. 세계적인 사진작가 마이클 케냐가 월천 속섬을 촬영한 작품이 발표되면서 화제가 되었다. 월천 해변 방향에서 속섬을 보면 마치 바다 위의 배처럼 소나무 숲이 떠 있는 듯 아름답다. 이곳은 사진 애호가들이 즐겨 찾는 사진 촬영 포인트이기도 하니 월천 속섬을 배경으로 멋진 여행 사진을 찍어 보자.

위치 삼척시 원덕읍 월천리 171-1, 삼척 남동쪽
교통 ❶ 호산 또는 고포에서 50번 시내버스 이용, 월천 3리 하차. 해변 방향 도보 3분 ❷ 승용차로 삼척에서 7번 국도 이용, 원덕읍 월천리, 월천 해변 방향

임원항 臨院港

이른 아침이면 고기잡이 나간 배들이 들어와 사람들로 북적이는 항구다. 평상시에도 싱싱하고 저렴한 활어를 판매하는 임원항 회센터가 있어 관광객들이 즐겨 찾는 곳이다. 임원항 남쪽에는 물이 맑고 수심이 얕아 아이들이 놀기 좋은 임원 해변이 있어 가 볼 만하다.

위치 삼척시 원덕읍 임원리 157, 삼척 남동쪽
교통 ❶ 삼척에서 24번 시내버스 또는 호산발 임원행 버스 이용, 임원 하차 ❷ 승용차로 삼척에서 7번 국도 이용, 원덕읍 임원리 방향

천은사 天恩寺

두타산 서북쪽에 위치한 사찰로 신라시대 경덕왕 17년(758년) 인도에서 온 3명의 승려인 두타삼선이 백련대라는 이름으로 창건하였고, 고려 문신 이승휴가 이곳에서 〈제왕운기〉를 저술하였다. 고즈넉한 산사에서 조용히 시간을 보내기 좋다.

위치 삼척시 미로면 고천리 785, 삼척 서쪽
교통 ❶ 삼척에서 30번 시내버스 이용, 천은사 하차. 천은사 방향 도보 15분 ❷ 승용차로 삼척에서 미로면 내미로리, 천은사 방향
전화 033-572-0221

준경묘 濬慶墓

조선 태조의 5대조 목조의 부친 양무장군묘로 백우금관(百牛金棺)의 전설이 전해진다. 한 도승이 목조에게 준경묘터를 보고 백 마리의 소를 잡고 금관을 씌우면 5대 후손이 왕이 될 것이라고 했는데 형편이 어려워 백 마리 소[百牛] 대신 흰 소[白牛], 금관 대신 노란 귀리관을 씌워 대신했다고 한다. 백우금관이 효험이 있었는지 5대 후손인 태조가 조선을 건국했다. 묘 입구에서 묘까지는 산을 넘고 산길을 걸어야 하는데 길가에 황장목이라고 하는 아름드리 소나무 숲이 있어 삼림욕을 하는 듯한 편안함을 준다.

위치 삼척시 미로면 활기리 산149, 삼척 남서쪽

교통 ❶ 삼척에서 31-1번 시내버스 이용, 활기리 하차. 산쪽 준경묘 방향 도보 30분 ❷ 승용차로 삼척에서 도경교차로 방향. 도경교차로에서 38번 국도 이용, 미로면 천기리 방향. 천기리 지나 활기리, 영경묘 방향

코스 준경묘 입구 – 깔딱고개(해발 약 800m) – 준경묘 1.6km, 30분 | **전화** 033-570-3223

영경묘 永慶墓

조선 태조의 5대조 목조의 모친 이씨의 묘. 묘 주변에 아름드리 소나무가 울창하고 묘의 방향은 남쪽이어서 남편이 묻혀 있는 준경묘를 바라보는 듯하다. 영경묘에서 남쪽 산길을 넘어 준경묘로 갈 수 있다.

위치 삼척시 미로면 하사전리 산53, 삼척 남서쪽

교통 ❶ 삼척에서 30-1번 시내버스 이용, 하사전리 하차. 산쪽 영경묘 방향 도보 5분 ❷ 승용차로 삼척에서 도경교차로 방향. 도경교차로에서 38번 국도 이용, 미로면 하정리 방향. 하정리 지나 하사전리, 영경묘 방향

전화 033-572-2011

강원종합박물관 江原綜合博物館

동서양의 고건축 양식을 응용해 지은 독특한 건물의 박물관으로 자연사전시실, 도자기전시실, 금속공예전시실, 공룡전시실, 세계민속전시실 등 다양한 전시실에 세계 각국의 유물 20,000여 점을 전시하고 있다.

위치 삼척시 신기면 신기리 375-4, 삼척 남서쪽

교통 ❶ 삼척에서 31-2번 시내버스, 60, 70번 좌석버스 이용, 신곡초교 하차. 박물관 방향 도보 5분 ❷ 승용차로 삼척에서 도경교차로 방향. 도경교차로에서 38번 국도 이용, 신기면 신기리, 강원종합박물관 방향

요금 대인 9,000원, 소인(초중고) 7,000원

전화 033-541-1523

홈페이지 www.museum.gangwon.kr

대금굴 大金窟

덕항산 북쪽 계곡에 위치한 석회석 동굴로 2003년 발견되어 2007년 일반에 개방되었다. 산 중턱에 입구가 있어 모노레일을 타고 올라간다. 관람 시간은 1시간 30분 정도가 걸리는데, 동굴 안폭포, 종유석, 석순 등이 신기하다. 찾는 관광객이 많아 늘 사람들로 붐빈다.

위치 삼척시 신기면 대이리 189, 삼척 남서쪽

교통 ❶ 삼척에서 60, 90-1번 좌석버스 이용, 대이리 종점하차 ❷ 승용차로 삼척에서 도경교차로 방향. 도경교차로에서 38번 국도 이용, 신기면 신기리, 강원종합박물관 방향. 강원종합박물관 지나 대금굴 방향

요금 성인 12,000원, 청소년 8,500원, 어린이 6,000원(모노레일 포함)

신청 인터넷 예약(추천) 또는 현장 판매

시간 09:00~17:00(동절기 09:30~16:30), 모노레일 30분 간격, 정원 40명

전화 033-541-7600

홈페이지 samcheok.smartix.co.kr

환선굴 幻仙窟

대금굴 위쪽에 위치한 석회석 동굴로 약 5억 3천만 년 전에 생성되었으며 동양에서 가장 큰 규모를 자랑한다. 동굴 안에서 종유석, 석순, 석주 등을 관찰할 수 있어 신비로움을 자아낸다. 굴 입구가 산 중턱에 있어 모노레일을 이용하는 것이 편리하다.

위치 삼척시 신기면 대이리 189, 대이리 동굴지대 내

교통 대이리 매표소에서 환선굴 모노레일 정류장까지 도보 5분, 산 중턱 환선굴 입구까지 도보 20분

요금 입장료_성인 4,500원, 청소년 2,800원, 어린이 2,000원 / 모노레일(편도)_성인 4,000원, 어린이 3,000원

시간 08:30~18:30(동절기 08:30~17:30, 매표 마감 16:00)

전화 033-541-9266

도계유리마을

2007년 삼척시가 폐광지 대체 산업으로 육성하기 위해 만들었다. 16개 공방에서 광산의 폐석을 이용해 유리공예품을 만들고 이를 전시, 판매한다. 관람객을 대상으로 한 간단한 유리공예 체험도 실시한다.

위치 삼척시 도계읍 흥전리 113-3, 삼척 남서쪽
교통 ❶ 삼척에서 70, 90-1번 좌석버스 이용, 도계 하차. 유리마을까지 도보 20분 ❷ 승용차로 삼척에서 도경교차로 방향. 도경교차로에서 38번 국도 이용, 도계 방향
시간 10:00~18:00
전화 033-541-6259
홈페이지 cafe.naver.com/glassvill

덕풍 계곡 惠豊 溪谷

응봉산 서북쪽에 위치한 계곡으로 덕풍마을에서 풍곡마을까지 6km에 달한다. 응봉산에서 발원한 하천이 굽이굽이 이어져 아름다운 폭포와 계곡, 소를 이뤄 물놀이하러 오는 사람이 많다. 이곳은 삼척 시내에서 한참 떨어진 오지이므로 안전에 유의한다.

위치 삼척시 가곡면 풍곡리 128-63, 삼척 남쪽
교통 승용차로 삼척에서 7번 국도 이용, 호산 해변 방향. 호산삼거리에서 416번 지방도 이용, 가곡면 풍곡리, 덕풍 계곡 방향 | 전화 033-575-1330

하이원 추추 파크

석탄 산업으로 유명했던 도계 인근에 위치한 기차 테마파크다. 레일바이크(코스터)는 산악형으로 스카이스테이션 → 추추스테이션(편도), 소형 미니 증기기관차인 미니트레인은 추추스테이션↔생태연못, 지그재그 산악 기차인 스위치백트레인은 추추스테이션↔나한정역까지 운행한다. 백두대간의 풍경을 즐기며 산악 기차 체험을 하기 좋은 곳이다.

위치 삼척시 도계읍 심포남길 99 하이원 추추 파크
교통 승용차로 태백시에서 통리역 방향, 통리역에서 하이원 추추 파크 방향 또는 삼척시에서 도계 방향, 도계 지나 하이원 추추 파크 방향
요금 레일바이크 2인 28,000원, 인클라인트레인 6,000원, 스위치백트레인 10,000원, 미니트레인 4,000원
시간 09:00~18:00(레일바이크, 기차별 운행 시간 홈페이지 예약 참조)
전화 033-550-7788 | 홈페이지 www.choochoopark.com

삼척의 맛집

임원항 회센터

삼척 임원항 내에 위치한 회센터로 임원항 입구 오른쪽에 있다. 바다 쪽으로 쭉 늘어선 가건물이 활어시장 겸 식당 역할을 한다. 수조에 담긴 싱싱한 생선을 눈으로 확인하고 회로 맛볼 수 있어 안심이 되는 곳.

위치 삼척시 원덕읍 임원리 157, 삼척 남동쪽
교통 ❶ 삼척에서 24번 시내버스 또는 호산발 임원행 버스 이용, 임원 하차 **❷** 승용차로 삼척에서 7번 국도 이용, 원덕읍 임원리 방향
메뉴 돔, 히라스, 오징어 등 시가

동아식당

삼척 정하동 새천년도로가에 위치한 식당으로 성게백반, 곰치국, 도루묵찜, 장치찜 등이 맛이 있다. 성게백반을 시키면 노란 성게와 계란 노른자, 깨, 참기름이 둘러져 나오는데, 거기에 따끈한 밥을 넣고 비빈 뒤, 김에 싸서 먹는다.

위치 삼척시 정하동 125-1, 새천년도로
교통 ❶ 삼척에서 10, 15번 시내버스 이용, 정라동주민센터 하차 **❷** 승용차로 삼척에서 정라동 방향
메뉴 성게백반 12,000원, 곰치국 15,000원, 도루묵찜 소 30,000원, 장치찜 소 30,000원
전화 033-574-5870

죽서뚜구리집

엑스포타운 내에 위치한 뚜구리탕 식당으로 뚜구리는 정식 명칭이 동사리인 민물고기로 수컷이 산란기 때 '구구' 하는 소리를 내서 구구리, 꾸구리, 뚜구리라 불린다고 한다. 뚜구리를 갈아 끓인 것이 뚜구리탕인데 시원하고 맛이 있다.

위치 삼척시 성내동 28-1, 삼척 엑스포타운 동굴신비관 옆
교통 엑스포타운에서 동굴신비관 방향 도보 5분
메뉴 뚜구리탕 7,000원, 수제비뚜구리탕 8,000원
전화 033-574-5535

평남횟집

삼척항 부근에 위치한 횟집으로 푸짐하게 나오는 모듬회가 인기가 있다. 모듬회를 시키면 광어, 우럭 등 제철 생선으로 모듬회가 나오고 장어, 오징어, 조개, 새우, 꽁치 등 밑반찬이 다양하다. 얼큰한 매운탕으로 마무리한다.

위치 삼척시 정하동 48, 삼척항 부근
교통 ① 삼척에서 10, 15번 시내버스 이용, 삼척항 하차 ② 승용차로 삼척에서 삼척항 방향
메뉴 모듬회 중 80,000원, 돔, 광어, 우럭, 히라스 등 시가
전화 033-572-8551

일억조식당

임원항 내에 위치한 곰치국 전문 식당. 곰치는 바닷물고기로, 조리하면 흐물거리는 것이 마치 아귀를 닮았다. 예전에는 잔가시가 많고 생김새가 흉해 잘 먹지 않았으나 현재는 시원한 곰치국물 맛이 일품이어서 인기를 끌고 있다.

위치 삼척시 원덕읍 임원리 139-1, 임원항 내
교통 ① 삼척에서 24번 시내버스 또는 호산발 임원항 버스 이용, 임원 하차 ② 승용차로 삼척에서 7번 국도 이용, 원덕읍 임원리 방향
메뉴 황태해장국 7,000원, 해물뚝배기 10,000원, 곰치국 15,000원
전화 033-572-1567

경북회관

도계읍사무소 앞에 위치한 식당으로 20년 전통을 자랑한다. 돌솥생선구이정식을 시키니 잘 구운 가자미 한 마리, 된장찌개, 인삼, 대추를 넣고 지은 돌솥밥, 여러 산나물, 김치 등의 반찬이 나온다. 생선과 반찬 모두 맛이 있고 정성껏 지은 돌솥밥 하나만으로도 입맛이 돈다.

위치 삼척시 도계읍 도계리 373-9, 삼척 남서쪽
교통 ① 삼척에서 70, 90-1번 좌석버스 이용, 도계읍사무소 하차 ② 승용차로 삼척에서 도경교차로 방향, 도경교차로에서 38번 국도 이용, 도계 방향
메뉴 갈비탕 10,000원, 묵은지 김치찜 10,000원, 돌솥생선구이정식 12,000원 | **전화** 033-541-8825

삼척의 숙소

덕풍 계곡 펜션

덕풍 계곡 내에 위치한 펜션으로 펜션 앞 덕풍
계곡에서 낚시를 하거나 물놀이하기 좋다. 덕풍
계곡을 따라 산책을 하기 좋고 숲 속에서 한가로
운 시간을 보내는 것도 즐겁다. 덕풍 계곡 안으
로 들어가는 길은 계곡가의 좁은 길이므로 운전
에 유의한다.

위치 삼척시 가곡면 풍곡리 468, 삼척 남쪽
교통 승용차로 삼척에서 7번 국도 이용. 호산 해변 방향.
호산삼거리에서 416번 지방도 이용, 가곡면 풍곡리, 덕풍
계곡 방향
요금 비수기 주중 90,000~120,000원
전화 033-572-9083
홈페이지 www.deokpung.com

로즈밸리 펜션

삼척 원덕읍 임원리 검봉산 자연휴양림 부근에
위치한 펜션으로 흰색과 붉은색의 유럽풍 목조
건물이 예쁘다. 펜션 앞 로즈정원, 녹정원에서
산책하기 좋고 펜션 내 로즈카페에서 차를 마셔
도 즐겁다. 인근 검봉산 자연휴양림이나 임원항
으로 나기기도 편리하다.

위치 삼척시 원덕읍 임원리 1094-2, 삼척 남동쪽
교통 승용차로 삼척에서 7번 국도 이용. 원덕읍 임원리 방
향. 임원 중학교 지나 검봉산 자연휴양림 방향
요금 비수기 주중 120,000~200,000원
전화 033-573-3539
홈페이지 www.rosevalley.co.kr

허브 펜션

삼척 근덕면 용화리에 위치한 펜션으로 유럽풍 목조 건물이 예쁘고 펜션 앞마당에 작은 수영장이 있어 가족끼리 물놀이하기 좋다. 넓은 잔디밭을 산책하거나 의자에 앉아 책을 읽어도 괜찮다. 인근 용화역으로 나가서 해양레일바이크를 이용할 수도 있다.

위치 삼척시 근덕면 용화리 395-1, 삼척 남동쪽
교통 ❶ 삼척에서 24번 시내버스 이용, 용화 하차. 펜션 방향 도보 15분 **❷** 승용차로 삼척에서 7번 국도 이용, 근덕면 용화리 방향. 용화에서 허브 펜션 방향
요금 비수기 주중 60,000~120,000원
전화 033-573-1822
홈페이지 herbps.co.kr

장호비치 펜션

장호 해변이 바로 보이는 최적의 위치를 자랑하는 펜션으로 펜션에서 바라보는 해변의 전경이 멋있다. 물 맑고 수심이 얕은 장호 해변에서 물놀이하기 좋고, 장호항 방파제에서 낚시로 저녁거리를 마련해도 즐겁다.

위치 삼척시 근덕면 장호리 300-4, 장호 해변
교통 ❶ 삼척에서 24번 시내버스 이용, 장호리 하차 **❷** 승용차로 삼척에서 7번 국도 이용, 근덕면 장호 해변 방향
요금 비수기 주중 70,000~180,000원
전화 033-575-9585, 018-201-9585
홈페이지 www.janghobeach.co.kr

⭐숙소 리스트

이름	위치	전화
삼척 온천 관광호텔	삼척시 정상동 351-1	033-573-9696
세븐스프링스 펜션	삼척시 근덕면 동막리 765-2	011-9262-3181
양지터 민박	삼척시 근덕면 하맹방리 219	033-573-1365
경주 민박	삼척시 근덕면 하맹방리 19	033-573-5767
한샘이 한옥 민박	삼척시 가곡면 풍곡리 441-1	011-376-5416
달나루 게스트하우스	삼척시 뒷나루길 301-38	010-6880-0574

1일차 시작!

1 이사부사자공원 & 증산 해변
울릉도와 독도를 평정한 이사부
장군의 기개를 돌아본다.

2 수로부인공원
'해가' 설화의 무대인 수로부
인공원에서 바다를 조망한다.

3 비치조각공원
바닷가 조각공원을 둘러보고
동해 바다를 조망한다.

4 실직군왕릉
신라 경순왕의 손자 김위옹을 만
난다.

5 삼척 온천
알칼리성 온천에서 여행의 피
로를 푼다.

2일차 시작!

1 죽서루
관동8경 중 하나인 죽서루에서 오
십천을 바라본다.

2 동굴탐험관 & 동굴신비관
석회석 동굴의 신비를 직접 느
껴 본다.

3 맹방 해변
해변에서 물놀이를 하거나 해
변가를 거닐어 보자.

4 해양레일바이크
바다가 보이는 기찻길을 레일바
이크로 달린다.

5 해신당공원
해신당, 어촌민속전시관, 남근
조각공원을 돌아본다.

숙박

숙박

454

삼척 2박 3일 코스 ★ 죽서루와 맹방 해변, 대금굴, 준경묘의 삼척 사색 여행

강원도 남동쪽에 위치한 삼척은 의외로 볼거리가 많은 곳이다. 죽서루, 엑스포타운이 있는 삼척 시내, 넓은 해변이 인상적인 맹방 해변, 대금굴과 환선굴이 있는 대이리군립공원, 준경묘와 영경묘가 있는 활기리 일대, 궁촌리와 용화리를 운행하는 해양레일바이크까지 하루 이틀에 돌아보기에는 너무 아쉽다. 연일 관광객으로 붐비는 대금굴과 환선굴에서는 석회석 동굴의 진수를 만날 수 있고, 동해안의 해안선을 따라 복선으로 운행되는 해양레일바이크를 타고 동해를 바라보며 달리는 기분도 좋다.

 3일차

시작!

1 대금굴과 환선굴
환상적인 석회석 동굴을 만난다.

약 20분

2 강원종합박물관
자연사전시실, 도자기전시실 등에 전시된 세계 각국의 다양한 유물을 본다.

약 20분

귀가

3 준경묘 & 영경묘
조선 창건의 전설이 담긴 묘를 만난다.

테마
여행

강원도 걷기 여행

강원도 여행의 백미는 두 발로 걷는 도보 여행

산 좋고 물 좋은 강원도는 어느 곳을 걸어도 절로 기분이 좋아진다. 그
중 강원도의 산과 물을 따라 걷는 화천, 양구, 평창, 정선, 강릉 지역의
걷기 코스와 동해를 따라 걷는 강원도 해안 코스를 소개한다. 강원도 곳
곳에 보석 같은 걷기 코스가 많으니 각 시군 관광 홈페이지를 참고하자.

화천의 수변 · 생태 체험 · 비수구미 코스

화천 걷기 여행 코스는 수변 코스, 생태 체험 코스, 비수구미 코스로 나 뉜다. 수변 코스는 화천천을 따라 아 름다운 풍경을 감상하며 걷기 여행 의 즐거움을 느낄 수 있고, 생태 체 험 코스는 빙어 낚시나 카약 체험 등 계절마다 특색 있는 다양한 체험을 즐길 수 있다. 비수구미 코스는 청정 자연을 그대로 간직한 비수구미 마 을을 둘러보는 코스로 파로호 호반 과 산, 계곡, 강으로 둘러싸인 마을 의 그림 같은 풍경이 주는 낭만을 만 끽할 수 있다.

● 수변 코스
● 생태 체험 코스

수변 코스

화천읍 시가지 → 화천교 인공폭포 → 대이리 레저도로 → 꺼먹다리 → 딴산 → 산천어 월드파크 → 화천발 전소 → 살랑골 → 위라리 칠층석탑 → 화천읍 시가지

생태 체험 코스

아쿠아틱 리조트 → 원천리 하늘빛 호수마을 → 연꽃단지 → 아쿠아틱 리조트

비수구미 코스

해산터널 → 비수구미 → 법성골

● 비수구미 코스

양구 소지섭길(51k)

소지섭길은 지난 반세기 동안 사람의 발길이 닿지 않아 원시 자연을 고스란히 간직한 강원도 DMZ 일대를 배경으로 2010년 출간된 소지섭의 포토에세이집을 모티브로 개발되었다. 소지섭이 가장 좋아하는 숫자라는 51을 이 길의 총 길이로 정하고, 포토에세이집의 촬영지와 자연 경관이 뛰어난 곳을 중심으로 6개 코스를 개발했다. 바쁘고 지루한 도심 일상을 벗어나 쉬어갈 수 있는 곳이다.

1코스 8km 소지섭길 두타연 갤러리 → 이목정대대 → 이목교 → 생태탐방로 → 출렁다리 → 두타연 | 2코스 12km 도솔대대앞 → 대우산 → 가칠봉 → 제4땅굴 | 3-1코스 8.2km 도솔산지구 전투 위령비 → 도솔산 정상 → 용늪전망대 → 대암산 정상 | 3-2코스 7.8km 광치 자연휴양림 → 옹녀폭포 → 솔봉삼거리 → 솔봉 → 양구생태식물원 | 4코스 7km 국토정중앙천문대 → 국토정중앙점 → 봉화산 정상 | 5코스 8km 하리교 옆 공터 → 습지변 산책로 → 습지데크로 → 희망의 다리 → 한반도섬 → 부교 → 용의머리 → 용머리공원 → 청소년수련관 → 매봉교

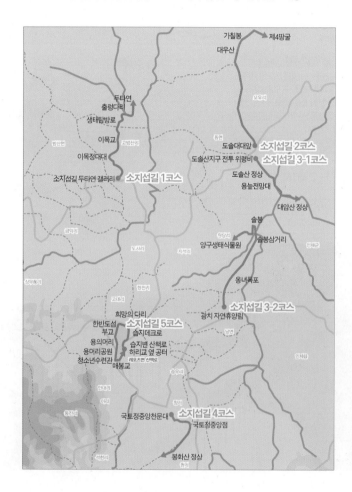

평창 월정사 · 상원사 숲길

오대산 월정사와 상원사의 숲길을 걷는다. 천년
의 숲길은 월정사 일주문에서 월정사까지 왕복
하는 전나무 숲길이고, 오대산 옛길은 월정사에
서 상원사에 이르는 울창한 숲길이다. 각자의 체
력과 일정에 맞게 코스를 선택한다. 어떤 코스든
울창한 숲 속에서 삼림욕을 하며 평화로운 한때
를 보낼 수 있어 좋다.

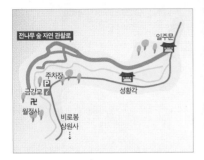

구분	코스	길이 · 시간
천년의 숲길	월정사 → 일주문	1km 왕복 40분
오대산 옛길 1 (월정사 → 상원사)	월정사 회사거리 → 보매기(1.1km) → 섶다리(1.2km) → 동피골 주차장(오대산장, 2.3km) → 상원교(1km) → 신선골(0.7km) → 상원사 탐방지원센터(1.3km) → 상원사(0.4km)	8km 3시간
오대산 옛길 2 (월정사 → 동피골)	월정사 회사거리 → 보매기(1.1km) → 섶다리(1.2km) → 동피골 주차장(오대산장, 2.3km)	4.6km 1시간 45분
오대산 옛길 3 (동피골 → 상원사)	동피골 주차장(오대산장) → 상원교(1km) → 신선골(0.7km) → 상원사탐방지원센터(1.3km) → 상원사(0.4km)	3.4km 1시간 15분

정선 하늘길

하이원 호텔이 있는 백운산과 함백산 주변을 걷
는 길이다. 강원랜드 · 마운틴 · 하이원 코스가
있다. 마운틴 코스는 관광 곤돌라를 이용한다. 한
여름 백운산과 함백산 주변에는 야생화가 만발
해 그림 같은 풍경을 만들어 낸다.

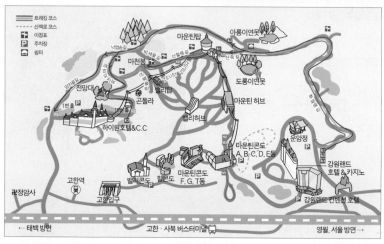

구분		코스	난이도	시간
하늘길	강원랜드 1코스	강원랜드호텔 → 화절령길 → 산죽길 → 마운틴탑 → 산철쭉길 → 백운산 마천봉 정상	중급	3시간
	강원랜드 2코스	강원랜드호텔 → 화절령길 → 낙엽송길 → 양지꽃길 → 골프장 2번 홀	중급	3시간
	강원랜드 3코스	강원랜드호텔 → 화절령길 → 낙엽송길 → 처녀치마길 → 전망대 → 골프장 18번 홀	중급	3시간
	마운틴 1코스	마운틴콘도 C동 주차장 출구 맞은편 ~ 산책로 1 · 2 · 3	초급	40분
	마운틴 2코스	마운틴콘도 → 곤돌라 → 마운틴탑 → 산철쭉길 → 백 운산 마천봉 정상	중급	1시간 20분
	마운틴 3코스	마운틴콘도 → 곤돌라 → 마운틴탑 → 산죽길 → 화절 령길 → 강원랜드호텔	초급	2시간
	하이원 1코스	하이원호텔 지하 하이랜드 외부 출구 맞은편 ~ 산책로	초급	15분
	하이원 2코스	골프장 18번 홀 하늘길 입구 → 처녀치마길 → 얼레지 꽃길 → 백운산 마천봉 정상	중급	2시간
	하이원 3코스	골프장 2번 홀 하늘길 입구 → 양지꽃길 → 낙엽송길 → 화절령길 → 강원랜드호텔	중급	3시간

강원도 해안누리길

해안누리길은 국토해양부가 만든 전국 해안 걷기 코스로 아름다운 우리 해안을 마음껏 즐기며 걷는다는 의미다. 많은 해안을 지닌 강원도는 고성 관동별곡 800길, 속초 영금정길, 양양군의 해오름길, 동해 망상해변길, 삼척시의 맹방해변길 등 9개의 코스가 선정되었다. 이들 해안길은 동해의 아름다운 풍경을 보며 여유롭게 걸을 수 있어 즐겁다. 일부 도로 구간에서 교통사고에 유의하고 길을 잃었을 때에는 뒤로 돌아가서 표시를 확인하고 앞으로 나아간다.

위치	구분	코스	길이 · 시간
고성군	관동별곡 800리길 1구간	현내면 명호리 통일전망대 → 명파해변(3.8km) → 금강산콘도(3.7km) → 대진항(1.7km) → 초도해변(1.6km) → 초도리 화진포광장(4km)	14.8km 4시간
	관동별곡 800리길 2구간	초도리 화진포광장 → 화진포교(1.8km) → 삼거리(거진 방향, 2.5km) → 거진항(2km)	6.3km 1시간 30분
	관동별곡 800리길 8구간	죽왕면 송지호철새관망타워 → 송지호교(1km) → 삼포해변(2.7km) → 백도항(2km) → 청학정(2km)	7.7km 2시간
속초시	영금정길	장사동 장사항 → 영랑호식당 → 영랑호 일주도로(1.5km) → 속초YMCA(5.4km) → 속초시외버스터미널(1km) → 동명동 영금정(1.5km)	9.4km 2시간
양양군	해오름길	강현면 낙산사 → 낙산대교(5.5km) → 오산해변(3.5km) → 동호해변(3.7km) → 여운포교(2.5km) → 하조대(4.8km)	20km 6시간 30분
강릉시	아들바위 가는 길	주문진읍 향호리 청소년해양수련관 → 향호리(1.8km) → 소돌항 방파제(1.5km) → 주문진항(2km) → 연곡(5.7km) → 사천진(2km) → 서근진(3.2km)	16.2km 4시간
	관동별곡 800리길 솔향기길	경포동 경포대 → 오죽헌(3km) → 경포호(4km) → 호텔현대(1.4km) → 송정해변 · 휴게소(2.8km) → 남항진(3.8km)	15km 4시간
동해시	망상해변길	망상동 망상해변 → 동해해양연구센터(2.7km) → 까막바위(4.3km) → 묵호항(1.9km) → 묵호역(1.6km)	10.5km 2시간 30분
삼척시	맹방해변길	근덕면 상맹방리 서울성북구수련원 → 하맹방해변(2.6km) → 덕봉대교(1.8km) → 덕산항(2.1km)	6.2km 1시간 30분

강원도 MTB 여행

MTB를 타고 강원도의 산하를 누빈다

강원도의 산하를 자전거를 타고 돌아보는 것도 색다른 재미다. 숙소 주변의 가까운 거리나 자전거 이용이 가능한 관광지에서 무료 대여해 주는 자전거를 이용해 가볍게 즐기거나 미리 코스를 살펴보고, 준비물을 챙겨 본격적인 MTB 여행을 계획하는 것도 좋다. 산길이나 도로를 달리는 경우가 많으므로 헬멧이나 안전 장비를 갖추고 안전에 유의한다.

화천 MTB 여행

화천은 MTB로 관광지를 둘러볼 수 있는 자전거 코스가 잘 되어 있다. 화천생활체육공원에서 출발하는 파로호 산소 100리길, BELL PARK 코스, 오음리 코스 중 본인에게 맞는 적당한 길이와 시간의 코스를 선택하고 중간중간 충분한 간식과 음료를 섭취하며 무리하지 않는다.

MTB 대여소 산소 100리길 자전거 대여소, MTB와 헬멧 대여
요금 1일 10,000원 지불, MTB 반환 시 화천사랑상품권 10,000원으로 환불
시간 09:30~17:30
전화 033-440-2836, 033-440-2852

종류	코스	길이 · 시간
파로호 산소 100리길	화천생활체육공원 → 위라리 칠층석탑 → 화천댐 → 산천어 월드파크 → 딴산 → 화천교 → 붕어섬 → 원천초교 → 아쿠아틱 리조트 → 연꽃단지 → 폰툰다리 → 화천생활체육공원	42.2km 약 3시간
BELL PARK 코스	화천생활체육공원 → 미륵바위 → 딴산 → 풍산초교 → 해산 전망대 → 평화의댐 → 세계평화의 종 공원 → 파로호 카페리호 → 구만리선착장 → 화천생활체육공원	47km 약 4시간
오음리 코스	화천생활체육공원 → 미륵바위 → 파로호 안보전시관 → 구만리고개 → 간동면사무소 → 오음리 → 에네미고개 → 사명산 → 죽엽산 → 베트남참전용사 만남의 장 → 화천생활체육공원	70km 약 5시간

홍천 MTB 여행

홍천에는 크고 작은 산들이 많아 산악 자전거 여행을 하기에 좋다. 홍천 MTB 코스로는 여내골, 며느리고개, 응봉산, 대학산 등 4개 코스가 있어 실력과 체력에 따라 알맞은 코스를 선택하면 된다. MTB 여행 시, 지도를 가져가면 유용하고, 임도에 들어서면 식당이나 매점을 볼 수 없으니 간식이나 물도 잘 챙겨야 한다. 만약의 사고를 대비해 진행 중인 위치를 파악하며 가는 것도 안전한 MTB 여행의 요령!

교통 ❶ 종합운동장_승용차로 홍천 북동쪽 종합운동장 방향 ❷ 양지말_승용차로 홍천에서 44번 국도 이용 하오안리, 양지말 먹거리촌 도착 ❸ 응봉산 임도 입구(444번 지방도)_승용차로 홍천에서 444번 지방도 이용, 동면사무소, 속초저수지, 속초초등학교 노천분교 지나 대학산 방향. 응봉산 임도 입구 도착 ❹ 대학산 임도 입구(444번 지방도)_승용차로 홍천에서 444번 지방도 이용, 동면사무소, 속초저수지, 속초초등학교 노천분교 지나 대학산 방향. 대학산 임도 입구 지나 대학산 임도 입구 도착

구분	코스	길이
1코스 여내골	종합운동장 → 여내골 임도 → 8번 군도 → 풍천리 임도 → 56번 국도 → 구성포리 → 신내사거리 → 종합운동장	62.8km
2코스 며느리고개	양지말 → 홍천컨트리클럽 → 방문자센터 → 며느리고개 정상 → 여내골 마을 → 오안초등학교 → 양지말	44.6km
3코스 응봉산	응봉산 임도 입구(444번 지방도) → 응봉산 임도 → 솔치재터널 → 어론2리 마을회관 → 응봉산 임도 입구(444번 지방도)	37.6km
4코스 대학산	대학산 임도 입구(444번 지방도) → 화방이마을 → 406번 지방도 → 대학산 임도 → 대학산 임도 입구(444번 지방도)	28km

인제 MTB 여행

레포츠 천국 인제의 산악 자전거 MTB 코스는 인제 원대리에 위치한다. 인제 원대리 MTB 코스는 원대교 지나 양지막국수에서 하늘내린농원, 갈대밭 정상, 반장교, 원남고개 등을 돌아 양지막국수에 이르는 본 코스와 원남고개에서 자작나무 숲 지나 갈대밭 정상까지의 A코스, 원남고개에서 물망골을 거쳐 갈대밭 정상까지의 B코스, 원대막국수에서 물망골까지의 C코스가 있다. 원대리 코스에는 중간에 상점이나 식당이 없으므로 음료와 간식을 준비하고 비상시를 대비해 수시로 위치를 점검하고, 체력 안배에 주의한다.

교통 인제 원대리_ 승용차로 인제에서 내린천 수변공원 지나 원대리 방향

구분	코스	길이
본 코스	양지막국수(원대교) → 하늘내린농원(4.7km) → 갈림길(구 횡성분교 방향 통제, 4.6km) → 갈림길(정자리 방향 통제, 4km) → 갈대밭 정상(1km) → 반장교(8.9km) → 뱃터고개(3.2km) → 원남고개 → 원대막국수 → 양지막국수(5km)	31.4km
A코스	원남고개 → 자작나무 숲 → 갈림길(B코스 분기점) → 갈대밭 정상	5km
B코스	원남고개 → 물망골(C코스 분기점) → 갈림길(구 횡성분교 방향 통제) → 갈림길(B코스 분기점) → 갈대밭 정상	10.1km
C코스	원대막국수 → 물망골(C코스 분기점)	2.3km

강원도 레포츠 여행

강원도 대자연에서 펼쳐지는 **레포츠의 향연!**

강원도는 산과 바다, 강과 계곡을 모두 가지고 있기 때문에 즐길 수 있는 레포츠도 다양하다. 대표적인 레포츠가 한탄강, 내린천, 동강에서의 래프팅이다. 고무 보트에 몸을 맡기고 급류를 타는 묘미는 타본 사람만이 알 수 있다. 래프팅 말고도 바나나보트, 수상스키 같은 수상스포츠와 ATV, 번지점프 같은 레포츠도 해 볼 만하다.

철원 레포츠 여행

철원에서는 래프팅, 번지점프, 카트 등 다양한 레포츠를 즐길 수 있다. 그중 한탄강의 기암괴석과 아름다운 강 풍경을 즐길 수 있는 래프팅은 철원 레포츠의 중심이다. 번지점프는 한탄강을 가로지르는 높이 52m의 태봉대교에서 할 수 있는데, 몸에 줄을 묶고 허공을 날면 세상을 다 가진 듯하다.

종류		요금	주요 래프팅업체
래프팅	직탕 ↔ 승일교	30,000원	한레저 (동송읍 장흥리, 033-455-0557) 철원관광레저 (동송읍 장흥리, 033-455-0033) 쌍룡레저 (동송읍 장흥리, 033-455-6123) 한탄강종합레저 (동송읍 장흥리, 033-455-1196) 강산레포츠 (갈말읍 군탄리, 033-452-1577) 래프팅한탄강 (갈말읍 군탄리, 033-455-4233) 임꺽정레저 (갈말읍 군탄리, 033-455-9055) 한탄강래프팅 (갈말읍 군탄리, 033-452-8006)
	직탕 ↔ 순담	45,000원	
	직탕 ↔ 군탄교	55,000원	
	승일교 ↔ 순담	30,000원	
	순담 ↔ 군탄교	30,000원	
	승일교 ↔ 군탄교	45,000원	
번지점프(태봉대교)		1인 30,000원 커플 100,000원	백마리조트 (033-452-8294)
카트		일반 카트 10,000원 레이싱 카트 25,000원	카트조이 (갈말읍 군탄리, 033-452-3822)
서바이벌		1인 30,000원	래프팅, 번지, 카트 업체나 펜션에 문의
ATV		20,000원 내외	래프팅, 번지, 카트 업체나 펜션에 문의

＊요금은 업체별로 다르거나 변동될 수 있음.

춘천 레포츠 여행

춘천에서 춘천 송암레저타운, 강촌 등지에서 레포츠를 즐길 수 있다. 춘천 송암레저타운에서는 의암호와 의암호 안의 섬 주변을 카누로 둘러볼 수 있고, 강촌에서는 수상스포츠와 자전거, ATV 등 다양한 레포츠를 체험할 수 있다.

1) 강촌

북한강가에 위치한 강촌에서 자전거, ATV, 번지점프, 수상스포츠 등을 즐길 수 있다. 자전거, MTB 등을 이용할 때에는 교통사고에 유의하고 강변 자전거도로와 임도 등을 이용한다. MTB로 봉화산을 지날 때 만약을 위해 2인 이상 동행하고 과속과 비포장의 굽은 길은 주의한다.

위치 강촌테마랜드_춘천시 남산면 강촌리, 구 강촌역 동쪽, 강촌랜드_춘천시 남산면 강촌리, 구 강촌역과 강촌역 사이

교통 ❶ 춘천에서 3, 5, 50, 50-1, 55, 56번 시내버스 이용, 강촌역 하차 ❷ 경춘선으로 상봉이나 춘천에서 강촌역 도착 ❸ 승용차로 춘천에서 70번 지방도 이용, 팔미교차로에서 46번 국도 이용

전화 강촌유원지_033-262-4464, 강촌테마랜드_010-8646-9431, 번지점프_033-262-2228

종류	코스/내용	요금
자전거	1코스 : 강촌철교 밑~말골 입구, 1km	1인용 1시간 3,000~5,000원 2인용 10,000원
	2코스 : 강촌 입구~구곡폭포 주차장, 2.5km	
	3코스 : 강촌교~등선교 아래 강변, 2.3km	
	4코스 : 강촌역 아래~백양역~경강역, 8.1km	
MTB	창촌중학교 → (이후 포장) → 구 강촌역 → 백양역 → 경강역전 → 서천 → 도치골 → (이후 비포장) → 문의골 → 큰골 → 슬어니고개 → 가정3리 → 미나리폭포 → 구곡폭포 주차장 → 창촌중학교, 44km(포장 11km, 비포장 33km)	–
스쿠터	스쿠터	15,000원
번지점프	25m 번지점프	25,000원
	42m 스카이다이빙 점프	35,000원
카트, 서바이벌, ATV	카트	15,000원
	서바이벌(50발씩 3게임, 장비 · 군복 · 안전 교육)	25,000원
	ATV(1시간 자유 운행)	25,000원
수상 스포츠	바나나보트	15,000원(6인 80,000원)
	땅콩보트	20,000원(4인 70,000원)
	플라이피쉬	25,000원(4인 70,000원)
	보팅	20,000원(4인 70,000원)
	웨이크보드	22,000원(4인 70,000원)
	수상스키	20,000원(4인 70,000원)

*업체별로 구간, 요금이 다르거나 변동될 수 있음.

2) 춘천 물레길

춘천 물레길은 의암호와 의암호 안의 섬 주변을 카누로 여행할 수 있는 자연 생태 탐방 프로그램으로 평일 6회, 주말 8회 출발하고 출발 전 안전 교육 15분, 승선 준비 15분, 카누 여행 1시간으로 진행된다. 카누 1대의 최대 탑승 인원은 3명. 중도에서 주말에 카누 캠핑을 즐길 수도 있는데 성인 2명, 소인 2명 등 총 4인까지 가능하고 중도에 텐트를 설치하고 자유롭게 카누를 체험할 수 있다.

위치 춘천시 송암동, 송암레저타운 내

교통 ❶ 춘천에서 65번, 150번 시내버스 이용, 송암레저타운 하차. 선착장 방향 도보 5분 **❷** 승용차로 춘천에서 공지천 지나 송암레저타운 방향

요금 카약_1시간 30,000원(2인 탑승), 만 5세~12세 1인 5,000원 추가, 만 13세 이상 1인 10,000원 추가 중도 카누캠핑_100,000원(4인, 성인 2인·소아 2인, 주말만, 텐트 지참)

신청 인터넷 홈페이지 접수 및 전화 접수

시간 춘천 물레길_1회 07:30~09:00(주말), 2회 09:00~10:30, 3회 10:30~12:00, 4회 12:00~13:30, 5회 13:30~15:00, 6회 15:00~16:30, 7회 16:30~18:00, 8회 18:00~19:00(주말), 매주 월요일 휴무, 카누 캠핑_5월~11월, 토요일 10시~일요일 14시

전화 070-4150-9463

홈페이지 www.mullegil.org

코스	길이	소요 시간	난이도	내용
1코스 붕어섬 길 물레길 운영사무국 → 붕어섬 → 물레길 운영사무국	3km	1시간	하 (초급자용)	붕어섬 감상
2코스 의암댐 길 물레길 운영사무국 → 의암댐 → 물레길 운영사무국	3km	1시간	하 (초급자용)	의암댐 감상
3코스 삼악산 길 물레길 운영사무국 → 삼악산 입구 → 물레길 운영사무국	3km	1시간	하 (초급자용)	삼악산 입구 감상
4코스 중도 길 물레길 운영사무국 → 중도 사잇길 → 물레길 운영사무국	5km	2시간	중 (중급자용)	중도 사잇길 탐험
5코스 애니박물관 길 물레길 운영사무국 → 중도 사잇길 → 애니박물관	8km	2시간 30분	상 (상급자용)	중도 사잇길 탐험, 의암호 건너 애니박물관까지

홍천 레포츠 여행

홍천을 동서로 가로지르는 홍천강은 남노일강변 유원지, 반곡밤벌 유원지, 모곡밤벌 유원지를 거쳐 청평호와 연결된다. 홍천강 중 래프팅을 즐길 수 있는 구간은 북방면 노일리에서 서면 반곡리, 서면 개야리에서 서면 모곡리, 서면 마곡리 충의대교에서 경기도 계간 등이다. 래프팅 외 마곡 유원지에서 수상스키, 웨이크보드 등을 즐길 수 있고, 홍천 일대에서 ATV를 타거나 서바이벌 게임도 해 볼 만하다.

종류	장소/코스	시간/내용	요금	업체
ATV	모곡 청구 유원지	1시간, 자유 운행	30,000원	모곡레저타운
	동면 신봉리 수타계곡	기본형 1시간 30분 고급형 1시간 30분	35,000원 60,000원	챌린저레포츠
서바이벌	모곡 청구 유원지	3게임	35,000원 내외	모곡레저타운
	동면 신봉리	기본 3게임 기본 6게임	35,000원 60,000원	챌린저레포츠
	서면 굴업리 홍천밸리	1시간 30분 내외	10~20명 25,000원 부가세 별도	에이스레포츠
래프팅	북방면 노일 유원지~ 팔봉산 밤골 유원지	2시간~2시간 30분	25,000원	팔봉산레포츠
	팔봉산 밤골 유원지~ 서면 개야강변 유원지	2시간~2시간 30분	25,000원	팔봉산레포츠
수상스키	서면 마곡리 충의대교 ~경기도 계간	이론+강습 2회 프리라이딩	60,000원 22,000원	몽키수상레저
바나나보트	서면 마곡리 충의대교 ~경기도 계간	5~7인승	20,000원	몽키수상레저
플라이피쉬	서면 마곡리 충의대교 ~경기도 계간	2~6인승	20,000원	몽키수상레저
모터보트	구곡폭포 방향, 북한강 방향, 청평댐 방향	–	60,000~ 220,000원	몽키수상레저
캐나디언 카누	마곡 유원지	카누투어+캠핑	비수기 150,000원 성수기 200,000원	캐나디언 카누
	마곡 유원지	카누투어+게스트룸+ 캠핑바비큐	500,000원	캐나디언 카누

＊업체별로 구간, 요금이 다르거나 변동될 수 있음.

인제 레포츠여행

1) 내린천 수변공원 일대

레포츠의 천국 인제의 내린천 수변공원 일대와
합강정의 X-Game 리조트 등에서 레포츠를 즐
길 수 있다. 내린천 수변공원 일대에서 래프팅,
서바이벌, ATV, 카약 등을 즐길 수 있는데 여러
업체가 있으므로 가이드의 자격과 시설, 안전 장
비 여부 등을 따져 신중하게 선택하자.

위치 인제군 인제읍 고사리 수변공원, 원대교 부근

교통 ❶ 인제 또는 현리에서 원대리행 농어촌버스 이용, 수
변공원 하차 ❷ 승용차로 인제에서 31번 국도 이용, 수변공
원 도착

래프팅 코스

코스	길이 · 시간	난이도	요금	비고
내린천계곡~원대교(수변공원)	7km, 2시간 30분	하	대인 35,000원 소인 30,000원 *구간, 업체에 따라 다를 수 있음	차선 코스
내린천 캠프~밤골(종착점)	13km, 4시간	상		장거리 코스
궁동유원지~원대교(수변공원)	10km, 3시간	중		장거리 코스, 우천 후
하추리~밤골(종착점)	8km, 3시간	중		우천 후
하추리~고사리 쉼터	10km, 3시간	중		우천 후
원대교(수변공원)~밤골(종착점)	6km, 2시간 30분	중		우선 코스
원대교(수변공원)~고사리 쉼터	8km, 2시간 30분	중		우선 코스

* 내린천계곡(기린솔섬유원지)~궁동유원지~하추리~원대교~밤골~고사리 쉼터

레포츠업체

업체	주소 · 전화	요금
내린천 모험레저 www.moheom.co.kr	인제군 인제읍 덕산리 677 033-463-0031~2	래프팅 35,000원 서바이벌 30,000원 ATV 35,000원 아르고 & 카약 별도 문의
한얼레포츠 hanulleports.com	인제군 인제읍 고사리 204-11 070-7761-2006	
레저1번지 www.1bungi.co.kr	인제군 인제읍 고사리 236 010-8709-5723	
레저홀릭 www.leholic.co.kr	인제군 인제읍 고사리 238 010-3135-0228	
하나레저 www.hanaleisure.co.kr	인제군 인제읍 고사리 487-3 033-462-7414	
쿨레포츠 coolleports.com	인제군 인제읍 고사리 540-3 033-463-6487	
태원레포츠 www.twleports.com	인제군 인제읍 고사리 540-3 033-461-7836	
탑레저 www.top5599.com	인제군 인제읍 고사리 541-2 010-9147-5599	
내린천 래프팅 www.korearaft.com	인제군 기린면 서2리 2 033-461-5859, 033-462-5859	

* 업체별로 구간, 요금이 다르거나 변동될 수 있음.

2) 인제 X-Game 리조트

인제 북동쪽 합강정 부근에 위치한 종합레포츠장으로 63m 번지점프, 50m 슬링샷, ATV, 래프팅, 서바이벌, 서든어택, 집트렉 등을 즐길 수 있다. 63m 번지점프, 50m 슬링샷, ATV는 합강정 X-Game 리조트에서, 래프팅은 내린천에서, 집트렉은 원대수변공원에서, 서든어택과 서바이벌은 밀리터리 테마파크에서 실시된다.

위치 인제군 인제읍 합강리, 합강정 부근 X-Game 리조트
교통 ❶ 인제에서 합강정행 농어촌버스 이용, 합강2리 하차, 도보 5분 ❷ 승용차로 인제에서 합강정 방향
전화 033-461-5216, 033-462-5217
홈페이지 www.injejump.co.kr

종류	구분	요금
63m 번지점프	발목	70,000원
	허리	50,000원
50m 슬링샷	1인	20,000원
ATV(사륜오토바이)	대인, 30분	35,000원
래프팅	대인	35,000원
	소인	30,000원
서바이벌	대인 1인	35,000원
	단체	별도 문의
서든어택	대인	19,000원
집트렉	모험 코스	30,000원
	체험 코스	25,000원
	도전 코스	35,000원
아르고(수륙양용차)	소양호	30,000원

평창 레포츠 여행

평창에서는 휘닉스파크, 알펜시아리조트, 용평 리조트 등에서 자체적으로 진행하는 다양한 레포츠를 즐길 수 있고 그 외 레포츠 업체에서 진행하는 ATV, 래프팅, 패러글라이딩 등도 이용하기 좋다. 평창 래프팅은 금당계곡, 뇌운계곡, 동강에서 즐길 수 있다.

종류	코스/장소	시간/내용	요금	업체
래프팅	뇌운계곡 (평창군 평창읍 하일리)	7km, 3시간 30분	대인 30,000원 소인 25,000원	동강레포츠, 유미레저
	금당계곡 (평창군 대화면 개수리)	7km, 3시간	대인 30,000원 소인 25,000원	
	덕천취수장(정선군 신동읍 덕천리)~ 진탄나루(평창군 미탄면 마하리)	12km, 4시간	대인 40,000원 소인 35,000원	
	문희마을 절매나루(평창군 미탄면 마하리)~진탄나루(평창군 미탄면 마하리)	5km, 1시간 30분	대인 25,000원 소인 20,000원	
	진탄나루(평창군 미탄면 마하리)~ 섭세강변(영월읍 삼옥리)	13km, 3시간	대인 40,000원 소인 35,000원	
패러 글라이딩	2인승 체험 비행 평창 해피 700 활공장	개인 2인승 A, B(10분), C(30분)	110,000원 150,000원 200,000원	조나단패러 글라이딩 스쿨
		연인 2인승(10분)	190,000원	
		가족 2인승(10분, 4인 기준 한 가족당)	380,000원	
카약	절매 코스	5km, 3시간	대인 45,000원 소인 40,000원	동강스포츠
ATV	평창군 대관령면 용산1리	–	1시간 35,000원	코리아레저 스쿨
개썰매	평창군 평창읍 조동리	800m 플라스틱 개썰매, 머셔 체험	12,000원 25,000원	700 레포츠
승마	평창군 평창읍 조동리	6분	6,000원	700 레포츠

＊업체별로 구간, 요금이 다르거나 변동될 수 있음.

정선 레포츠 여행

정선에서 즐길 수 있는 레포츠로는 동강 래프팅, 사륜오토바이인 ATV, 서바이벌, 낚시, 스노클링, MTB 등이 있다. 래프팅 하면 단연 동강 래프팅을 먼저 꼽는 만큼 코스도 다양하다. 여러 레포츠업체를 잘 비교해 보고 선택하고, 레포츠 체험시 안전에 유의한다.

종류	코스	시간/내용	요금	업체
래프팅	세대(정선읍 봉양리)~ 광하교(정선읍 용탄리)	7km, 2~3시간	대인 30,000원 소인 25,000원	좋은친구들 레포츠
	광하교(정선읍 용탄리)~ 정선읍 귤암리	8km, 2~3시간	대인 30,000원 소인 25,000원	
	세대(정선읍 봉양리)~ 정선읍 귤암리	15km, 4~5시간	대인 40,000원 소인 35,000원	
루어낚시	동강	반일, 미끼 별도	10,000원	좋은친구들 레포츠

＊업체별로 구간, 요금이 다르거나 변동될 수 있음.

영월 레포츠 여행

영월에서는 래프팅, 서바이벌, ATV, 패러글라이딩, 트래킹 등을 즐길 수 있다. 동강의 아름다움을 감상할 수 있는 어라연 구간의 래프팅이 인기이고, 서바이벌과 ATV는 동강 주변에서 체험할 수 있다. 패러글라이딩은 봉래산 활공장을 출발해 동강가에 착륙한다.

종류	코스/장소	시간/내용	요금	업체
래프팅	어라연 : 문산나루터(영월읍 문산 리)~섭세나루터(영월읍 삼옥리)	12km, 3시간	대인 35,000원 소인 30,000원	가지오래프팅 통나물래프팅 ＊업체에 따라 코스 다를 수 있음
	별마로 : 섭세나루터(영월읍 삼옥 리)~삼옥나루터(영월읍 삼옥리)	8km, 2시간 30분	대인 30,000원 소인 25,000원	
	크로스 : 문산나루터(영월읍 문산 리)~삼옥나루터(영월읍 삼옥리)	20km, 5시간 30분	대인 60,000원 소인 50,000원	
패러 글라이딩	봉래산 활공장	–	70,000~ 130,000원	영월콘돌스클럽

＊업체별로 구간, 요금이 다르거나 변동될 수 있음.

강릉 레포츠 여행

강릉 정동진 바닷가 언덕에 위치한 썬크루즈 리조트는 해맞이공원, 조각공원, 전망대, 숙소를 갖추고 있고, 리조트 산하 요트 클럽에서 요트 투어, 카약, 스피드 보트, 패러세일링, 제트스키 등을 운영한다.

위치 강릉시 강동면 정동진리 50-10, 강릉 남동쪽

교통 ❶ 강릉에서 109번 좌석버스 이용, 썬크루즈 종점 하차, 또는 112번 시내버스 이용, 썬크루즈 하차 ❷ 승용차로 강릉에서 7번 국도 이용, 강동면 방향, 강동면 지나 해안도로 이용, 정동진 방향

전화 033-610-7000

홈페이지 www.esuncruise.com

구분		코스/내용	요금
요트 투어	델라루즈 코스	요트 선착장 → 천연동굴 → 해안단구 → 부채바위 → 모래시계공원 → 요트 선착장 /08:00~17:00, 1시간 간격 출발	대인 60,000원 소인 40,000원
	썬크루즈 · 정동진 · 애니 코스	요트 임대(델라루즈 420, 440, 500)	400,000~2,000,000원 (4인 기준)
카약	카약 투어	투어(1인/1시간)	20,000원
	카약 대여	1인/30분	10,000원
스피드 보트	A코스	4인 기준(7~8월 운영)	50,000원
	B코스	4인 기준(7~8월 운영)	80,000원
패러세일링		1인(7~8월 운영)	80,000원
제트스키		1인(7~8월 운영), 2인 동반 탑승 가능	100,000원

태백 레포츠 여행

태백에서 즐길 수 있는 레포츠는 카트,
ATV, 눈썰매 등이 있다. 카트와
ATV는 태백 레이싱 파크에서,
눈썰매는 태백 석탄박물관 옆
눈썰매장이나 오투 리조트에
서 즐긴다.

구분	위치/전화	요금
카트 · ATV	태백 레이싱파크 내, 033-581-2400	20,000원 내외
눈썰매	태백 석탄박물관 옆 눈썰매장	10,000원 내외
	오투 리조트 내, 033-580-7000	18,000원

＊업체별로 구간, 요금이 다르거나 변동될 수 있음.

고성 레포츠 여행

고성에서 즐길 수 있는 레포츠로는 배 낚시, 보트
타기, 스킨스쿠버 등이 있다. 각 항구마다 낚싯배
를 대여해 낚시를 할 수 있고, 보트는 보트 한 척
당 50,000원 내외의 요금으로 각 해변에서 이용
가능하다. 스킨스쿠버는 항구에서 전문 스쿠버
업체를 이용해 체험 다이빙(50,000~80,000원)
이나 스쿠버 다이빙을 체험할 수 있다.

종류	항구명	업체
스킨스쿠버 ＊요금 : 체험 다이빙 50,000~80,000원	고성 거진항	거진리조트
	고성 반암항	반암리조트 www.banamresort.com
	고성 가진항	백상어 다이빙리조트 www.scuba.ne.kr
	고성 공현진항	네모선장리조트 www.nemocaptain.com
	고성 오호항	송지호아이파크리조트
	고성 백도항	백도수중 다이브리조트 www.bdiver.com
	고성 문암2리항	킹스포츠 문암리조트 www.scubaez.com
	고성 교암항	교암 다이브리조트 www.kyoamdive.com
	고성 아야진항	아야진 다이브리조트 cafe.daum.net/ayajindiveresort
	고성 청간해변	청간정 스쿠버리조트 www.cgscuba.co.kr
	고성 천진항	속초수중
	고성 봉포항	봉포 다이빙리조트 www.bongposdr.co.kr

강원도 등산 여행

땀 흘리며 올라선 정상, 시원한 바람이 살랑대다

강원도의 명산을 꼽자면 설악산, 오대산, 태백산, 치악산 등을 들 수 있을 것이다. 산을 오르며 장엄한 강원도의 산하를 느낄 수 있으나 일부 코스는 험하거나 장거리라서 오르기 힘든 경우도 있다. 가벼운 산행을 원한다면 삼악산, 소양호 주변 산, 팔봉산, 민둥산, 태백의 금대봉, 분주령, 대덕산, 두타산, 청옥산 등을 오르면 어떨까. 자신의 체력에 맞는 코스를 정하고, 윈드재킷(겨울에는 방한복), 음료, 간식 등 준비물도 잘 챙겨야 한다. 등산로에 있는 위치 푯말도 잘 살핀다.

삼악산

춘천 남서쪽 북한강변에 있는 산으로 삼악은 주봉인 용화봉(654m)과 함께 청운봉(546m), 등선봉(632m)을 말한다. 산정에는 삼국시대 이전 맥국과 후삼국시대 궁예가 산성을 쌓은 흔적이 남아 있다. 등선 입구의 등선 폭포가 호쾌하게 떨어지고, 정상에서 내려다 보는 춘천과 강촌의 풍경과 북한강의 물줄기가 여유롭다.

위치 춘천시 서면 덕원두리, 춘천 남서쪽 북한강변
교통 ❶ 등선 입구_강촌역, 강촌 입구, 춘천에서 3, 5, 50, 50-1, 51, 55, 56, 86번 시내버스 이용, 등선 폭포 입구 하차 삼악산장_춘천에서 51번, 81번 이용, 상원사 하차 ❷ 등선 폭포 입구_46번 국도 이용, 삼악산장_403번 지방도 이용
코스 등선 폭포 입구 – 등선 폭포 – 삼악산 정상(1시간 30분) / 상원사 입구 – 삼악산장 – 상원사 – 삼악산 정상(1시간 20분, 등산로 가파름)
전화 033-262-2215

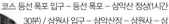

소양호 주변 산들

춘천 소양호 주변에는 오봉산(779m), 가리산(1,051m), 바위산(858m), 매봉(800.3m)이 있어 소양호를 여행할 때 오르면 정상에서 소양호를 한눈에 내려다볼 수 있다. 청평사 북쪽에 있는 오봉산은 산중에 비로봉, 보현봉, 문수봉, 관음봉, 나한봉 등 다섯 봉이 있다고 하여 붙여진 이름이다. 소양호 남쪽 북면 물노리에 가리산, 북면 조교리에 바위산, 매봉이 있다. 이들 산은 모두 소양강댐에서 여객선으로 접근하여 오를 수 있어 여객선도 타고 등산도 하는 두 가지 재미를 한번에 즐길 수 있다.

구분	코스	길이/시간
오봉산	청평사 선착장 – 청평사 – 688봉 – 오봉산 – 산불감시초소 – 경운산 – 785봉 – 끝봉 – 청평사 – 청평사 선착장	9.6km, 5시간
	청평사 선착장 – 청평사 – 688봉 – 오봉산 – 배후령	5.5km, 3시간
가리산	춘천 물노리 선착장 – 양지말 – 은주사 – 뱃터갈림길 – 가리산 – 뱃터갈림길 – 은주사 – 양지말 – 물노리 선착장	13.2km, 5시간
	춘천 물노리 선착장 – 가리산 – 가삽고개 – 가리산휴양림 – 천현리 – 역내리	12km, 4시간 30분
바위산	춘천 조교리 선착장 – 850봉 – 바위산 – 수산재 – 중밭골 – 춘천 조교리 선착장	10km, 5시간
	춘천 조교리 선착장 – 850봉 – 바위산 – 수산재 – 매봉 – 매봉 남봉 – 홍천 고개	13km, 6시간 30분
매봉	춘천 조교리 선착장 – 중밭골 – 중밭삼거리 – 매봉 – 지유삼거리 – 무애골 – 조교리 선착장	7km, 4시간 30분

팔봉산

홍천 서면에 있는 산(327.4m)으로 그리 높지는 않으나 암산이라서 힘이 들고 산행 시 주의해야 한다. 팔봉산이란 이름은 8개의 봉우리가 있다 하여 붙여진 것으로 동쪽 끝의 1봉부터, 서쪽 홍천강가의 8봉까지 순서대로 이어진다. 그중 2봉이 가장 높고, 4봉에서 보는 홍천강, 삼악산의 풍경이 가장 멋있다.

위치 홍천군 서면 어유포리, 홍천 서쪽
교통 ❶ 춘천에서 1, 2, 3번 시내버스, 홍천에서 70-1, 73, 74번 농어촌버스 이용, 팔봉산 유원지 하차 ❷ 승용차로 서울에서 서울–춘천고속도로 이용, 남춘천 IC에서 팔봉산 방향 70번 지방도 이용. 또는 홍천에서 44번 국도 이용, 남면에서 우회전 494번 지방도 이용, 비발디파크 지나 팔봉산 유원지 도착 | 요금 성인 1,500원, 청소년 1,000원
전화 팔봉산관리사무소 033-430-4281
홈페이지 www.hongcheon.gangwon.kr/2009/mount

구간	길이	소요 시간	비고
제1봉~제3봉	1.5km	약 1시간 30분	암릉과 급경사가 있으므로 주의
제1봉~제5봉	2.1km	약 2시간	
제1봉~제7봉	2.3km	약 2시간 30분	
제1봉~제8봉	2.6km	약 3시간	8봉은 험하므로 5·6·7봉으로 하산

태백산

태백 남서쪽에 위치한 산(1,567m)으로 산 정상에 예부터 하늘에 제사를 지내던 천제단이 있어 영험한 산으로 알려져 있다. 산 정상 주변의 주목 군락과 철쭉이 아름답고 산세가 험하지 않아 오르기 어렵지 않다. 천상의 화원이라 불리는 금대봉~대덕산 구간은 탐방 예약제(5~10월)로 운영 중이다.(예약은 국립공원 홈페이지 참고)

위치 태백시 소도동 335, 태백 남서쪽
교통 ❶ 태백에서 7, 8번 시내버스 이용, 태백산 당골 종점 하차. 또는 태백에서 3, 6, 8번 시내버스 이용, 백단사 입구 또는 유일사 입구 하차 ❷ 승용차로 태백에서 35번 국도 이용, 상장삼거리에서 31번 국도 이용, 태백산 방향. 당골·백단사 입구 또는 유일사 입구 도착
요금 무료
전화 033-550-0000
홈페이지 taebaek.knps.or.kr

구분	코스	길이/시간
유일사 코스	유일사 입구 – 유일사 – 장군봉 – 천제단	4km, 2시간
백단사 코스	백단사 입구 – 반재 – 망경사 – 천제단	4km, 2시간
당골 코스	당골 광장 – 반재 – 망경사 – 천제단	4.4km, 2시간 30분
문수봉 코스	당골 광장 – 제당골 – 문수봉 – 천제단	7km, 3시간
금천 코스	금천 – 문수봉 – 부쇠봉 – 천제단	7.8km, 4시간

치악산

원주 북쪽에 위치한 산으로 정상은 비로봉(1,288m)이고 남쪽에 향로봉(1,043m)이 있다. 비로봉 북쪽에 구룡사, 향로봉 남쪽에 상원사 등의 고찰이 있고 선녀탕 계곡, 세렴 폭포, 촛대바위, 영원 폭포 등의 볼거리가 많다. 구룡사에서 비로봉으로 향하는 사다리병창길은 험하기로 이름이 나 있으나 나머지 코스는 크게 힘들이지 않고 오를 수 있다.

위치 원주시 소초면 학곡리 900, 원주시 북쪽
교통 ❶ 원주에서 2, 41, 41−1번 시내버스 이용, 치악산국립공원 하차 ❷ 승용차로 원주에서 42번 국도 이용, 옻칠기·한지공예관 지나 치악산국립공원 종점 도착
요금 2,500원
전화 033−732−5231
홈페이지 chiak.knps.or.kr

구간	길이/시간	난이도	코스
구룡탐방지원센터 − 세렴 폭포 코스	3 km, 1시간 45분	하	구룡탐방지원센터~구룡사~대곡야영장~세렴 폭포
구룡탐방지원센터 − 비로봉 코스	5.7 km, 3시간 30분	상	구룡탐방지원센터~구룡사~대곡야영장~세렴 폭포~사다리병창~비로봉
구룡탐방지원센터 − 성남탐방지원센터 코스	23.8 km, 10시간	상	구룡탐방지원센터~비로봉~향로봉~남대봉~성남탐방지원센터
황골탐방지원센터 − 비로봉 코스	4.1 km, 2시간 30분	중	황골탐방지원센터~입석사~비로봉
행구동탐방지원센터 − 향로봉 코스	2.8 km, 1시간 30분	하	행구동탐방지원센터~보문사~향로봉
부곡탐방지원센터 − 비로봉 코스	8.9 km, 3시간	중	부곡탐방지원센터~곧은재~비로봉
금대분소(탐방지원센터) − 남대봉코스	5.2 km, 2시간 40분	상	금대분소(탐방지원센터)~영원사~남대봉
성남탐방지원센터 − 남대봉 코스	5.9 km, 2시간 30분	중	성남탐방지원센터~상원사~남대봉

민둥산

정선 남동쪽에 위치한 민둥산(1,117m)은 정상 주위에 나무 대신 억새 들판이 펼쳐져 있다. 억새꽃은 10월 중순에서 11월 초순까지 피어 은빛 물결을 이룬다. 민둥산역 부근 증산초교나 민둥산 동쪽 능전마을에서 오르는 길이 있다.

위치 정선군 남면 무릉리, 정선 남동쪽
교통 ❶ 정선에서 민둥산역행 농어촌버스 또는 서울 청량리에서 기차 이용, 민둥산역 하차. 등산로 입구 증산초교까지 도보 25분 ❷ 승용차로 정선에서 59번 국도 이용, 덕우리 방향. 남면에서 38번 국도 이용, 민둥산 방향
코스 (민둥산역) − 증산초교 − 굴물골 − 민둥산(약 4km, 3시간) / 능전마을 − 무넝골 − 무골 − 밭구덕 − 민둥산(약 3km, 2시간 40분)
전화 033−562−3911

설악산

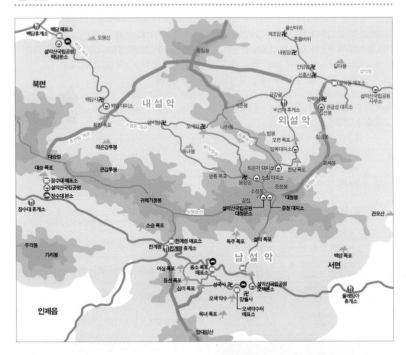

1) 내설악에서 설악산 오르기

설악산은 한계령을 기준으로 서쪽을 내설악, 동쪽을 외설악, 남쪽을 남설악이라 한다. 인제군에 속하는 내설악에서 설악산으로 오르는 코스는 백담사 코스, 남교리 코스, 대승 폭포 코스, 대청봉 코스등이 있다.

구분	코스	난이도	길이 · 시간
백담사 코스	백담탐방지원센터 – 백담사	하	6.5 km 1시간 30분
남교리 코스 (십이선녀탕–대승 폭포)	남교리 – 복숭아탕 – 대승령 – 대승 폭포 – 장수대 ＊반대로 산행하는 것이 편할 수 있음	중	11.3 km 6시간 30분
대승 폭포 코스	장수대 – 대승 폭포	하	0.9 km 1시간 20분
대청봉 코스_백담사	백담사 – 영시암 – 수렴동대피소 – 봉정암 – 소청봉 – 대청봉 – 희운각 – 비선대	상	20.4 km 14시간
대청봉 코스_한계령	한계령탐방지원센터 – 한계령 갈림길 – 서북능선 – 대청봉 – 희운각 – 비선대 – 소공원 ＊한계령탐방지원센터 – 한계령 갈림길 – 귀떼기청봉	상	19.3 km 11시간 40분

2) 외설악에서 설악산 오르기

설악동 소공원에서 외설악으로 오르는 코스는 단거리 코스와 장거리 코스로 나눌 수 있다. 단거리 코스는 비룡 폭포 코스, 권금성 코스, 금강굴 코스, 양폭 코스, 울산바위 코스, 용소 폭포 코스 등이 있고, 장거리 코스는 대청봉 코스_설악동, 대청봉 코스_한계령, 대청봉 코스_공룡능선, 대청봉 코스_오색 등이 있다.

구분	코스	난이도	길이/시간
비룡 폭포 코스	소공원 – 육담 폭포 – 비룡 폭포	하	2.4km, 50분
권금성 코스	소공원 – 케이블카 – 권금성	하	1.5km, 30분
금강굴 코스	소공원 – 와선대 – 비선대 – 금강굴	하	3.6km, 1시간 40분
양폭 코스	소공원 – 와선대 – 비선대 – 귀면암 – 양폭대피소	하	6km, 3시간 50분
울산바위 코스	소공원 – 신흥사 – 흔들바위 · 계조암 – 울산바위	하	3.8km, 2시간 20분
대청봉 코스 설악동	소공원 – 비선대 – 희운각 – 대청봉 – 설악 폭포 – 오색 *반대로 등산하는 것이 편할 수 있음	상	16km, 11시간 20분
대청봉 코스 한계령	소공원 – 비선대 – 희운각 – 대청봉 – 서북능선 – 한계령 갈림길 – 한계령탐방지원센터 *반대로 등산하는 것이 편할 수 있음	상	19.3km, 13시간 20분
대청봉 코스 공룡능선	소공원 – 금강굴 – 마등령 – 공룡능선 – 희운각 – 대청봉 – 오색 *반대로 등산하는 것이 덜 힘듦	상	22.1km, 16시간 30분

3) 오색에서 남설악 오르기

오색을 출발하여 내설악의 용소 폭포 코스, 고래골 코스, 십이폭포 코스, 흘림골 코스, 점봉산 코스, 대청봉 코스 등 트래킹에서 등산까지 다양한 코스가 있다. 점봉산, 대청봉 코스는 장거리이고 난이도가 중 이상이므로 각자의 체력, 여유 시간 등에 맞게 코스를 선택하고 충분한 간식, 음료를 준비한다. 위급 시를 대비해 산행 중 위치 푯말의 번호를 기억해 둔다.

구분	코스	난이도	길이/시간
용소 폭포 코스	오색약수터탐방지원센터 – 성국사 – 용소 폭포 – 용소폭포탐방지원센터	하	3.2km, 1시간 10분
고래골 코스	오색약수터탐방지원센터 – 고래골 – 옥녀 폭포	하	3km, 1시간 30분
십이폭포 코스	오색약수터탐방지원센터 – 성국사 – 선녀탕 – 독주암 – 형제바위 – 십이 폭포	하	3.4km, 1시간 30분
흘림골 코스	흘림골탐방지원센터 – 여심 폭포 – 깔딱고개 – 등선대 – 등선폭 – 주전 폭포 – 십이 폭포 – 금강문 – 선녀탕 – 성국사 – 오색약수터탐방지원센터	중	11.6km, 4시간
점봉산 코스_오색	오색약수터탐방지원센터 – 성국사 – 용소 폭포 – 주전골 – 망대암산 – 점봉산 – 홍포수막터 – 안터 – 오색민박촌	중	12km, 6시간
대청봉 코스_오색	오색 – 설악 폭포 – 대청봉 – 설악 폭포 – 오색	중	10km, 8시간
대청봉 코스_오색	오색 – 설악 폭포 – 대청봉 – 희운각 – 비선대 – 소공원	상	16km, 11시간 20분
대청봉 코스_오색	오색 – 대청봉 – 희운각 – 공룡능선 – 마등령 – 금강굴 – 소공원	상	22.1km, 16시간 30분
대청봉 코스_한계령	한계령탐방지원센터 – 한계령갈림길 – 서북능선 – 대청봉 – 희운각 – 비선대 – 소공원	상	19.3km, 13시간 20분

두타산 & 청옥산

무릉계곡에서 두타산(1,353m)과 청옥산(1,404m)으로 오를 수 있는 등산로가 여럿 있다. 두타산은 무릉계곡에서 시작해 시계 방향으로 두타산성, 산성터 등을 거쳐 두타산 정상에 오를 수 있고, 두타산 정상에서 박달재를 거쳐 청옥산 정상에 오른 뒤, 연칠성령, 칠성 폭포를 거쳐 무릉계곡으로 내려오는 방법도 있다. 두타산이든 두타산과 청옥산 종주든 생각보다 힘든 코스이니 체력 안배에 신경 쓰고, 충분한 간식과 음료를 준비한다.

위치 동해시 삼화동 859, 동해 남서쪽
교통 ❶ 동해에서 12-1, 12-4, 무릉계곡 종점 하차 ❷ 승용차로 동해에서 7번 국도 이용, 북평동 방향, 북평동 전, 42번 국도 이용, 삼화동 방향, 삼화동에서 무릉계곡 방향
요금 입장료 성인 2,000, 청소년 1,500원, 어린이 700원
야영장 1박 7,000원
전화 033-534-7306

구분	코스	난이도	길이/시간
1코스 두타산	무릉계곡 매표소 – 산성갈림길 – 두타산성 – 787고지 – 산성터 – 주능분기점 – 정상 – 박달재 – 쌍폭 – 무릉계곡 매표소	중	16.5km, 8시간 소요
2코스 두타산-청옥산	무릉계곡 매표소 – 산성갈림길 – 두타산성 – 787고지 – 산성터 – 주능분기점 – 두타산 정상 – 박달재 – 청옥산 정상 – 연칠성령 – 칠성 폭포 – 문간재 – 무릉계곡 매표소	상	19.6km, 9시간 소요

오대산

설악산과 더불어 강원도의 명산 중의 하나인 오대산을 오르는 코스는 크게 오대산 정상인 비로봉 코스와 진고개 코스로 나뉜다. 비로봉 코스에는 상원사에서 비로봉에 이르는 비로봉 코스, 비로봉과 상왕봉을 거치는 상왕봉 코스가 있고, 진고개 코스에는 동대산에 오르는 동대산 코스, 노인봉에 올라 소금강으로 내려오는 소금강 코스, 동대산과 두로봉을 거치는 두로봉 코스가 있다.

진고개 출발
위치 평창군 대관령면 병내리
교통 진부에서 택시 또는 승용차 이용

상원사 출발
위치 평창군 진부면 동산리
교통 ❶ 진부터미널에서 상원사행 농어촌버스 이용, 상원사 종점 하차 ❷ 승용차로 평창에서 31번 국도 이용, 장평 방향, 장평에서 6번 국도 이용, 진부 방향, 병안삼거리에서 오대산 방향, 월정사 거쳐 상원사 도착
요금 월정사 · 상원사 입장료 3,000원
전화 033-332-6417
홈페이지 국립공원 오대산 odae.knps.or.kr

구분	코스	난이도	길이/시간
비로봉 코스	상원사~중대사~적멸보궁~비로봉	중	3.5km, 1시간 40분
상왕봉 코스 (비로봉, 상왕봉)	상원사~비로봉~상왕봉~두로령~북대사~상원사	상	14km, 5시간 20분
동대산 코스	동피골~동대산~진고개	중	4.4km, 2시간 10분
소금강 코스	진고개~노인봉~낙영 폭포~백운대~만물상~구룡 폭포~식당암~연화담~십자소~무릉계	상	13.3km, 7시간
두로봉 코스	진고개~동대산~두로봉~두로령	상	10km, 4시간 40분

두타산

오대산 상원사

강원도 캠핑&자연휴양림 여행

강원도의 청정 자연을 온전히 체감하는 방법, 캠핑!

자연이 그대로 살아 있는 강원도 산속에서 캠핑을 하거나 자연휴양림에서 하룻밤을 보내면 도시에서 찌든 피로가 일순 날아가는 듯하다. 강원도의 강이나 해변에 있는 오토캠핑장도 산속 못지않게 운치 있는 하룻밤을 제공해 준다. 캠핑장과 자연휴양림은 가족이 함께 가면 더욱 좋아 자주 찾게 된다. 가격도 저렴하고, 시설도 좋은 국립자연휴양림이나 오토캠핑장을 이용하면 더 좋다.

- **자연휴양림과 오토캠핑장의 기본 시설**

구분	숙소	야영장	취사장/ 화장실	산책로/ 물놀이장	전기	카라반 (캠핑카)	주차장
자연휴양림	숲 속의 집(단독), 산림문화휴양관(공동)	O	O	O, 일부	일부	X	O
오토캠핑장	일부 캐빈하우스, 롯지 등	O	O	X	O	O	O

복주산 자연휴양림

국립 복주산 자연휴양림은 철원군에 속하지만 철원에서 가자면 화천 방향으로 다소 돌아가야 하는 곳에 위치하고 있다. 복주산 기슭에 자리한 숲 속의 집, 산림문화휴양관이 산세와 어우러져 아름답고, 등산로를 따라 올라가면 북서쪽으로 잠곡저수지가 한눈에 들어온다.

위치 철원군 근남면 잠곡리 산133-1, 신철원 동쪽 복주산 기슭

교통 ❶ 철원군 김화읍 와수리에서 방화동행 시내버스 이용, 방화동 하차. 도보 5분(와수리 → 방화동 09:00, 12:20, 14:40, 18,30/ 방화동 → 와수리 09:20, 12:40, 15:00, 18:50) ❷ 승용차로 신철원에서 북쪽으로 43번 국도 타고 우회전, 463번 도로, 서면에서 56번 도로 타고 우회전, 463번 도로 잠곡저수지 지나 복주산 자연휴양림 도착

요금 입장료 1,000원 숲 속의 집 3인~12인실 이상 비수기(주중) 37,000~90,000원, 성수기(주말) 39,000~160,000원 산림문화휴양관 3인~12인실 이상 비수기 37,000~90,000원, 성수기 39,000~157,000원 야영데크 4,000~7,000원 만들기 체험 목걸이 3,000원, 솟대 2,000원, 열쇠고리 1,500원

전화 복주산 033-458-9426, 자연휴양림 콜센터 1588-3250

홈페이지 국립자연휴양림관리소 www.huyang.go.kr

강원숲체험장

춘천댐 서쪽 가덕산(858m) 자락에 위치한 강원숲체험장은 27동의 산막, 숲 속의 집, 세미나실, 클레이사격장, 등산로 등을 갖춘 자연 생태 체험장이다. 강원숲체험장으로 들어오는 길에 오월유원지가 있어 아이들이 놀기 좋다.

위치 춘천시 서면 오월리(삿갓봉길) 산46-1, 춘천댐 서쪽

교통 ❶ 춘천에서 38번, 92번 시내버스 이용, 오월유원지 하차, 오월리 방향 도보 20분 ❷ 승용차로 춘천에서 소양2교, 신매대교 지나 70번 지방도 이용, 춘천댐 지나 강원숲체험장 방향

요금 숲 속의 집 산막(4인) 주중 50,000원, 주말(금ㆍ토, 공휴일, 공휴일 전날) 60,000원, 성수기(7~8월) 70,000원 | 다인 숙소(6인) 주중 70,000원, 주말 90,000원, 성수기(7~8월) 110,000원 | 다인 숙소(10인) 주중 100,000원, 주말 130,000원, 성수기(7~8월) 160,000원 클레이사격 일반 1라운드 기준 25,000원, 숙소 이용객 1라운드 기준 20,000원

시간 클레이사격 09:00~18:00(12:00~13:00 점심시간, 17:00까지 접수)

전화 033-243-5340

홈페이지 gangwondotour.com

집다리골 자연휴양림

춘천댐 서쪽, 지암리 종점 집다리골에 위치한 도립자연휴양림으로 화악산 촛대봉(1,125m) 동쪽 자락에 있다. 해발 400m에 있는 계곡에 숲 속의 집 31동, 물놀이장 2개소, 등산로 등을 갖추고 있어 사계절 가족 휴양지로 인기를 얻고 있다.

위치 춘천시 사북면 지암리(화악지암 1길) 산5, 춘천댐 서쪽
교통 ❶ 춘천에서 38번 시내버스 이용, 지암리 종점 하차, 집다리골 자연휴양림 방향 도보 20분 **❷** 춘천에서 소양2교, 신매대교 거쳐 70번 지방도 이용, 춘천댐 지나 지암리 방향
요금 숲 속의 집 산막(4인) 주중 50,000원, 주말 60,000원, 성수기(7~8월) 70,000원 | 다인 숙소(7인) 주중 60,000원, 주말 70,000원, 성수기(7~8월) 90,000원 | 다인 숙소(10인) 주중 90,000원, 주말 110,000원, 성수기(7~8월) 130,000원
전화 033-243-1443
홈페이지 gangwondotour.com

용화산 자연휴양림

춘천 북쪽 용화산(875m)과 수풀무산(700m) 남쪽 기슭에 있는 국립자연휴양림으로 비교적 평지에 있어 산책하기 편하다. 자연휴양림 내에서 수풀무산과 용화산으로 오르는 등산로가 있다. 수목이 우거진 자연 속에서 조용히 쉬려는 사람에게 이만한 곳이 없다.

위치 춘천시 사북면 고성리(용화산길) 산102, 춘천 북쪽
교통 ❶ 춘천에서 37번 시내버스 이용, 양통 종점 하차. 용화산 자연휴양림까지 도보 30분 **❷** 춘천에서 소양2교, 신북읍 거쳐 403번 지방도 이용, 고탄리삼거리에서 407번 지방도 이용, 용화산 방향
요금 입장료 1,000원, 숲 속의 집 비수기(주중) 37,000~90,000원, 성수기(주말) 39,000~160,000원 산림문화휴양관 비수기(주중) 37,000~90,000원, 성수기(주말) 39,000~157,000원 야영데크 4,000~7,000원
전화 033-243-9261
홈페이지 국립자연휴양림관리소 www.huyang.go.kr

춘천숲 자연휴양림

춘천 금병산과 남쪽 금학산 중간에 있는 시립자연휴양림으로 산세가 높지 않아 가족과 함께 오기에 좋다. 야영장과 숲 속의 집, 산림문화휴양관 등 숙박 시설이 잘 되어 있고 자연휴양림 뒷산으로 오르는 등산로도 잘 정비되어 있다. 서울-춘천고속도로의 개통으로 수도권에서의 접근성이 한층 더 좋아졌다.

위치 춘천시 동산면 군자리(종자리로) 산403, 춘천 금병산 남쪽

교통 ❶ 춘천에서 2번 시내버스 이용, 군자3리 하차. 자연휴양림 방향 도보 15분 ❷ 승용차로 서울에서 서울-춘천고속도로 이용, 남춘천IC에서 춘천숲 자연휴양림 방향. 또는 춘천에서 5번 국도 또는 70번 지방도 타고 서울-춘천고속도로 지나 86번 지방도로

요금 입장료 1,500원 야영장 7~8월 3,000원, 9~6월 주말·공휴일 2,500원, 주중 2,000원 숲 속의 집 7~8월 60,000~90,000원, 9~6월 주말·공휴일 50,000~75,000원, 주중 35,000~50,000원 산림문화휴양관 7~8월 60,000~80,000원, 9~6월 주말·공휴일 50,000~70,000원, 주중 35,000~40,000원

전화 033-264-1156

홈페이지 www.ccforest.or.kr

가리산 자연휴양림

홍천 북쪽 가리산(1,051m)과 등골산(854m) 사이의 계곡에 있는 군립자연휴양림으로 산막, 야영장, 풋살경기장 등을 갖추고 있다. 가리산 중턱 가삽고개를 넘으면 춘천 소양호로 갈 수 있고 가리산 정상에서 북쪽으로 소양호, 남쪽으로 홍천 일대가 한눈에 보인다. 휴양림 옆 맑은 계곡에서 물놀이를 할 수도 있다.

위치 홍천군 두촌면 천현리 산134-1, 가리산 동쪽

교통 ❶ 홍천에서 20, 23번 농어촌버스 이용, 가리산 종점 하차 ❷ 홍천에서 44번 국도 이용, 두촌면 방향. 홍천군 청소년수련원 보고 좌회전, 가리산 자연휴양림 도착

요금 입장료 2,000원 산막 비수기 주중 40,000~80,000원, 주말(휴일)·성수기 60,000~120,000원, 소형 산막 20,000원 야영데크 4,000원 풋살경기장 1시간_주중 15,000원, 주말(휴일) 20,000원, 8시간_주중 100,000원, 주말(휴일)120,000원

전화 033-435-6035

홈페이지 www.garisan.kr

삼봉 자연휴양림

가칠봉, 응복산, 사삼봉에 둘러싸인 계곡부에 위치하여 날씨가 좋은 날에는 가칠봉 정상에서 오대산과 설악산 국립공원의 멋진 경관을 볼 수 있다. 전나무, 주목 등 침엽수와 거제수나무, 박달나무 등 활엽수가 울창한 숲을 이루고, 천연기념물 74호인 열목어가 서식할 만큼 맑고 깨끗한 계곡을 가지고 있다.

위치 홍천군 내면 광원리 662-4, 홍천 동쪽

교통 ① 내면 창촌에서 9번, 9-1번 농어촌버스 이용, 삼봉 입구 하차. 삼봉 자연휴양림 방향 도보 30분 **②** 승용차로 홍천에서 44번 국도 이용, 구성포 교차로에서 56번 국도 이용, 서석면, 율전리, 내면, 원당삼거리 거쳐 삼봉 자연휴양림 도착

요금 입장료 1,000원 숲 속의 집 비수기(주중) 37,000 ~90,000원, 성수기(주말) 39,000~160,000원 산림문화휴양관 비수기(주중) 37,000~90,000원, 성수기(주말) 39,000~157,000원 야영데크 4,000~7,000원

전화 033-435-8536

홈페이지 국립자연휴양림관리소 www.huyang.go.kr

숲체원

횡성 동쪽에 위치한 숲체원은 복권 기금의 지원을 받는 한국녹색문화재단에서 운영하는 자연휴양림으로 국내 최고의 시설을 자랑한다. 태기산 남쪽 해발 800m 고지에 있어 사철 맑은 공기를 마실 수 있고, 숙소, 강의장, 야외무대, 식당, 산책로, 등산로 등 편의 시설이 잘 갖춰져 있어 가족, 친구 누구와 와도 좋다. 숙박이나 프로그램 신청은 물론 일반 방문의 경우도 일주일 전 홈페이지를 통해 신청해야 한다.

위치 횡성군 둔내면 삽교리 1767-1, 횡성 동쪽

교통 ① 횡성에서 둔내순환버스 이용, 삽교2리 하차. 숲체원까지 도보 40분 **②** 승용차로 횡성에서 6번 국도 이용, 둔내 방향, 둔내사무소에서 둔내자연휴양림, 청태산 자연휴양림 거쳐 숲체원 방향

요금 2~8인실 비수기 30,000~110,000원, 성수기(7월 20일~8월 20일, 주말) 50,000~120,000원, 성인 1식 6,000원, 청소년 1식 4,500원

학교 체험 활동 1박 기준 초등학교 27,200원, 중학교 27,300원, 고등학교 29,800원(숙박+체험+식사), 기타 홈페이지 참조

전화 033-340-6300

홈페이지 hoengseong.fowi.or.kr

청태산 자연휴양림

청태산(1,200m) 북쪽 자락에 있는 국립자연휴양림으로 전나무, 잣나무 등 인공림과 천연림이 잘 조화된 울창한 산림을 자랑한다. 숙박 시설과 풋살경기장, 계곡 수영장, 산책로, 등산로 등이 있다. 휴양림 내 나무클라이밍은 로프를 이용해 아름드리 나무에 오르고 나무와 나무 사이를 이동하는 어드벤처 체험으로, 인기가 높다.

위치 횡성군 둔내면 삽교리 산 1-4, 횡성 동쪽, 영동고속도로 아래

교통 ❶ 횡성에서 둔내순환버스 이용, 삽교2리 하차. 청태산 자연휴양림까지 도보 20분 ❷ 승용차로 횡성에서 6번 국도 이용, 둔내 방향, 둔내사무소에서 삽교2리 거쳐 청태산 자연휴양림 방향

요금 입장료 1,000원 숲 속의 집 비수기(주중) 37,000 ~90,000원, 성수기(주말) 39,000~160,000원 산림문화휴양관 비수기(주중) 37,000~90,000원, 성수기(주말) 39,000~157,000원 야영데크 4,000~7,000원

전화 033-343-9707

홈페이지 국립자연휴양림관리소 www.huyang.go.kr

횡성 자연휴양림

횡성 북동쪽 포동리에 위치한 사설 자연휴양림으로 펜션과 오토캠핑장을 갖추고 있다. 산속에 있어 조용하고 휴양림 곳곳의 개울에서 물장난하기 좋다. 인근 횡성호나 횡성 온천 등으로 나들이를 나가기도 편리하다.

위치 횡성군 갑천면 포동리 산31-1

교통 ❶ 횡성에서 2~4번 시내버스 이용, 포동1리 하차. 자연휴양림 방향 도보 20분 ❷ 승용차로 횡성에서 6번 국도 이용, 정금 방향. 정금 보건진료소 지나 포동리 방향. 포동교 전 자연휴양림 방향

요금 펜션 단층 비수기(주중) 50,000~140,000원, 비수기(주말) 70,000~180,000원, 성수기 80,000~200,000원 | 복층 비수기(주중) 70,000~200,000원, 비수기(주말) 90,000~250,000원, 성수기 110,000~300,000원 오토캠핑 비수기 35,000원, 성수기 40,000원

전화 033-344-3391

홈페이지 www.hsrf.co.kr

둔내 자연휴양림

청태산 북서쪽 자락에 위치한 민간 자연휴양림으로 전나무, 잣나무, 낙엽송이 울창한 산림을 이룬다. 부대 시설로 통나무집, 눈썰매장, 식당, 산책로, 등산로 등을 갖추고 있다. 자연휴양림 입구에 둔내 유스호스텔이 있어 숙박이나 수영장, 식당 등을 이용하기 편하다.

위치 횡성군 둔내면 삽교리 1151, 횡성 동쪽, 영동고속도로 아래

교통 ❶ 횡성에서 둔내순환버스 이용, 삽교2리 하차. 둔내 자연휴양림까지 도보 15분 ❷ 승용차로 횡성에서 6번 국도 이용, 둔내 방향, 둔내사무소에서 둔내 자연휴양림 방향

요금 입장료 2,000원 통나무집 비수기 90,000~200,000원, 준성수기(주말, 연휴 전날) 130,000~250,000원, 여름·겨울 성수기 150,000~250,000원 눈썰매장 5,000원

전화 둔내 자연휴양림 033-343-8155, 둔내 유스호스텔 033-343-6488

홈페이지 www.dunnae.co.kr

주천강 강변 자연휴양림

태기산에서 발원한 주천강이 흐르는 곳에 있는 민간 자연휴양림으로 황토별장, 산골마을로 구분된 숙소와 야영장, 수영장 등을 갖추고 있다. 여름이면 야영장 옆 주천강의 시원한 물에 발을 담그고, 인근 야산을 산책해도 즐겁다.

위치 횡성군 둔내면 영랑리 116, 홍천 동쪽, 영동고속도로 아래

교통 ❶ 횡성에서 둔내순환버스 이용, 영랑리 하차. 휴양림까지 도보 15분 ❷ 승용차로 횡성에서 6번 국도 이용, 둔내 방향. 현천삼거리에서 411번 지방도 이용, 영랑교 앞에서 좌회전. 주천강 강변 자연휴양림 도착

요금 입장료 2,000원 황토별장·산골마을 비수기(주중) 100,000~200,000원, 비수기(주말) 120,000~250,000원, 성수기(주중) 120,000~250,000원, 성수기(주말) 140,000~280,000원, 극성수기(주중) 140,000~280,000원, 극성수기(주말) 160,000~300,000원 야영 비수기~극성수기 25,000~45,000원 수영장 5,000원

전화 033-345-8225, 1544-2333

홈페이지 www.joochun.com

하추 자연휴양림

인제 남동쪽 하추 계곡 상류에 위치한 군립자연
휴양림으로 숲 속의 집, 야영데크 등의 숙박 시
설은 물론 등산로와 웰빙 트래킹 코스가 있어 산
책하기 좋다. 특히 트래킹 코스 내 야생화 단지
가 조성되어 볼거리가 풍부하다.

위치 인제군 인제읍 하추리 산64, 하추 계곡 상류

교통 ❶ 인제 또는 현지에서 하추리행 농어촌버스 이용,
하추리 하차. 도보 10분 ❷ 승용차로 인제에서 31번 국도
이용, 수변공원 방향. 수변공원 지나 하추리 방향

요금 산림문화휴양관 비수기(주중) 40,000원, 비수기(주
말) 50,000원, 성수기 60,000원 숲 속의 집 비수기(주중)
40,000~60,000원, 비수기(주말) 50,000~70,000원, 성
수기 60,000~90,000원 야영데크 10,000원

전화 033-461-0056

홈페이지 www.hachuhuyang.go.kr

백운산 자연휴양림

원주시 남쪽 백운산 자락에 위치한 국립자연휴
양림으로 병꽃나무, 산벚나무 등의 산림이 울창
하고 금낭화, 매발톱, 노루귀 등 야생화도 쉽게
볼 수 있다. 자연휴양림 옆에 용소골 계곡이 있
어 아이들과 물놀이하기 좋고 산책로와 등산로
가 잘 정비되어 있어 숲길을 걷기도 즐겁다.

위치 원주시 판부면 서곡리 산166, 원주시 남쪽

교통 ❶ 원주에서 32번 시내버스 이용, 용소골 하차. 휴양
림 방향 도보 15분 ❷ 승용차로 원주에서 서곡리 방향, 백
운산 자연휴양림 도착

요금 입장료 1,000원 숲 속의 집 비수기(주중) 37,000
~90,000원, 성수기(주말) 39,000~160,000원 산림문
화휴양관 비수기(주중) 37,000~90,000원, 성수기(주말)
39,000~157,000원 야영데크 4,000~7,000원

전화 033-766-1063

홈페이지 국립자연휴양림관리소 www.huyang.go.kr

치악산 자연휴양림

원주 백운산 동쪽 자락에 위치한 시립자연휴양
림으로 휴양림 주변에 기암괴석이 즐비하고, 산
책로를 걷거나 등산로에 오르면 치악산 줄기가
한눈에 들어오는 기가 막힌 전망을 감상할 수도
있다.

위치 원주시 판부면 금대리 산100, 원주시 남동쪽

교통 ❶ 원주에서 21, 22, 23, 24, 25번 시내버스 이용, 애신
분교 하차. 도보 15분 ❷ 승용차로 원주에서 5번 국도 이
용, 판부면 방향

요금 입장료 2,000원 숙박 시설 비수기(주중) 20,000
~80,000원, 비수기(주말) 40,000~150,000원, 성수기
40,000~150,000원 야영 2,000~3,000원

전화 033-762-8288

홈페이지 www.chiakforest.com

치악산국립공원 야영장

1) 구룡 오토캠핑장

원주시 북쪽 소초면 학곡리 치악산 구룡지구 내에 위치한 오토캠프장으로 4동의 카라반 사이트 포함 68곳의 야영지를 갖추고 있다. 캠프장 옆 구룡사 계곡에서 물놀이를 즐기고 치악산이나 구룡사를 둘러보기 좋다. 인터넷 예약 후 이용한다. 여름철 성수기에는 서둘러 예약한다.

위치 원주시 소초면 학곡리 900, 치악산 구룡지구 내
교통 ❶ 원주에서 2, 41, 41-1번 시내버스 이용, 치악산국립공원 하차 ❷ 승용차로 원주에서 42번 국도 이용, 옻칠기·한지공예관 지나 치악산국립공원 종점 도착
요금 오토캠프장 비수기_ 승용차 9,000원, 승합차 14,000원, 성수기_ 승용차 11,000원, 승합차 17,000원 카라반 비수기 60,000원, 성수기 80,000원
전화 야영장 033-732-4635, 사무실 033-732-5231
홈페이지 치악산국립공원 chiak.knps.or.kr

2) 대곡야영장

치악산 구룡지구 내에 위치한 야영장으로 구룡사에서 도보 10분 거리에 있다. 구룡사 입구에서 야영 장비를 옮겨야 하는 번거로움이 있으나 깊은 산속에서의 호젓한 시간을 보낼 수 있다. 구룡사와 치악산을 둘러보기 편리하다는 것도 장점. 선착순 이용이므로 성수기엔 서두르자.

위치 원주시 소초면 학곡리 1044-2, 치악산 구룡지구 내
교통 ❶ 원주에서 2, 41, 41-1번 시내버스 이용, 치악산국립공원 하차. 구룡사에서 도보 10분 ❷ 승용차로 원주에서 42번 국도 이용, 옻칠기·한지공예관 지나 치악산국립공원 종점 도착
요금 비수기 1,600원, 성수기 2,000원
전화 033-731-1289
홈페이지 치악산국립공원 chiak.knps.or.kr

3) 금대 오토캠핑장

원주 남동쪽 판부면 금대리 금대지구 내에 위치한 오토캠핑장으로 55곳의 야영 사이트를 갖추고 있다. 캠프장 위쪽으로 영원사가 있고 캠프장 주위로 밤나무가 많아 가을이면 풍성하게 열린 밤을 볼 수 있다. 인터넷 예약 후 이용한다.

위치 원주시 판부면 금대리 1333-2, 치악산 금대지구 내
교통 승용차로 원주에서 5번 국도 이용, 금대리 방향. 금대교 건너 금대분소 방향
요금 비수기_ 승용차 9,000원, 승합차 14,000원, 성수기_ 승용차 11,000원, 승합차 17,000원
전화 033-763-5232
홈페이지 치악산국립공원 chiak.knps.or.kr

광치 자연휴양림

대암산 남서쪽 해발 800m 광치령에 위치한 군립자연휴양림으로 광치 계곡을 포함하여 다양한 계곡과 폭포를 형성하고 있어 경관이 수려하다. 대암산으로 산행을 가기도 편하다.

위치 양구군 남면 가오작리 5-1, 양구 동북쪽
교통 ❶ 양구에서 가오작리행 농어촌버스 이용, 가오작2리 하차. 도보 40분 ❷ 승용차로 양구에서 31번 국도 이용, 남면사무소 거쳐 광치 계곡 방향
요금 입장료 2,000원 산림문화휴양관 비수기(주중) 40,000원, 비수기(주말) 55,000원, 성수기 60,000원 숲속의 집 비수기(주중) 60,000~110,000원, 비수기(주말) 70,000~130,000원, 성수기 80,000~140,000원, 바비큐 그릴 무료(석쇠, 숯불 지참)
전화 033-482-3115
홈페이지 www.kwangchi.or.kr

용대 자연휴양림

태백산맥 북쪽의 진부령 정상 부근에 위치한 국립자연휴양림으로 참나무, 피나무, 박달나무, 소나무 등이 우거져 울창한 산림을 이루고, 크고 작은 계곡을 따라 맑고 깨끗한 물이 흐른다.

위치 인제군 북면 용대리 산262-1, 인제 북동쪽
교통 ❶ 동서울종합터미널 또는 인제, 원통에서 속초행 시외버스 이용. 용대삼거리 하차. 휴양림 방향 도보 30분(휴양림 입구에서 휴양림까지 비포장) ❷ 승용차로 인제에서 44번 국도 이용, 한계리 방향. 한계교차로에서 46번 국도 이용, 용대리 방향. 용대삼거리에서 용대 자연휴양림 방향
요금 입장료 1,000원 숲 속의 집 비수기(주중) 37,000 ~90,000원, 비수기(주말) · 성수기 39,000~160,000원 산림문화휴양관 비수기(주중) 37,000~90,000원, 비수기(주말) · 성수기 39,000~157,000원
전화 033-462-5031
홈페이지 국립자연휴양림관리소 www.huyang.go.kr

가리왕산 자연휴양림

정선 가리왕산 남쪽 자락에 위치한 국립자연휴양림으로 주목, 구상나무, 마가목 등으로 울창한 숲 속에 자리한다. 휴양림을 가로질러 흐르는 회동 계곡의 시원한 물에서 물놀이를 즐기기 좋고, 숲 탐방로가 있어 산책을 해도 즐겁다.

위치 정선군 정선읍 회동리 2-1, 정선 북동쪽
교통 ❶ 정선에서 회동리행 농어촌버스 이용, 회동리 종점 하차 ❷ 승용차로 정선에서 42번 국도 이용, 용탄삼거리 방향. 용탄삼거리에서 424번 지방도 이용, 회동리 방향
요금 입장료 1,000원 숲 속의 집 비수기(주중) 37,000 ~90,000원, 비수기(주말) · 성수기 39,000~160,000원 산림문화휴양관 비수기(주중) 37,000~90,000원, 비수기(주말) · 성수기 39,000~157,000원
전화 033-562-5833 | **홈페이지** www.huyang.go.kr

방태산 자연휴양림

인제 방태산(1,443m) 북쪽 자락에 위치한 국립자연휴양림으로 피나무, 박달나무, 소나무, 참나무 등 다양한 수종이 울창한 산림을 이룬다. 계곡에는 열목어, 메기, 꺽지 등이 헤엄치고 숲 속에는 멧돼지, 노루, 토끼, 다람쥐 등의 야생동물이 서식한다.

위치 인제군 기린면 방동리 산282-1, 인제 남동쪽

교통 ❶ 인제 또는 현리에서 방동리행 농어촌버스 이용, 방동약수 하차. 자연휴양림까지 도보 40분 ❷ 승용차로 인제에서 31번 국도 이용, 기린면 방향. 진방삼거리에서 418번 지방도 이용, 진동 계곡 방향

요금 입장료 1,000원 숲 속의 집 비수기(주중) 37,000~90,000원, 비수기(주말)·성수기 39,000~160,000원 산림문화휴양관 비수기 37,000~90,000원, 성수기 39,000~157,000원 야영데크 4,000~7,000원

전화 033-463-8590

홈페이지 국립자연휴양림관리소 www.huyang.go.kr

두타산 자연휴양림

평창군과 정선군 경계에 해발 1,394m의 두타산 자락에 위치한 국립자연휴양림으로 관광 자원이 풍부하고, 오대산에서 발원한 맑은 물이 흐르는 청정 계곡과 박달나무, 잣나무, 피나무 등 다양한 수종의 산림이 어우러져 고요하고 아름다운 풍경을 만들어 낸다.

위치 평창군 진부면 수항리 산10, 평창 북동쪽

교통 ❶ 진부터미널에서 수항리행 농어촌버스 이용, 수항보건소 하차. 휴양림 방향 도보 20분 ❷ 승용차로 평창에서 31번 국도 이용, 장평 방향. 장평에서 6번 국도 이용, 진부 방향. 진부면에서 59번 국도 이용, 두타산 자연휴양림 방향

요금 입장료 1,000원 숲 속의 집 비수기(주중) 37,000~90,000원, 비수기(주말)·성수기 39,000~160,000원 산림문화휴양관 비수기(주중) 37,000~90,000원, 비수기(주말)·성수기 39,000~157,000원 야영데크 4,000~7,000원

전화 033-334-8815

홈페이지 국립자연휴양림관리소 www.huyang.go.kr

도사곡 자연휴양림

정선 두위봉(1,466m) 동쪽 도사곡 계곡에 위치한 군립자연휴양림으로 숲 속의 집, 야영장, 체육 시설, 등산로 등을 갖추고 있다. 맑은 물이 흐르는 도사곡 계곡에서 도롱뇽, 가재, 개구리 등을 볼 수 있고, 철쭉으로 유명한 두위봉에 올라도 좋다.

위치 정선군 사북읍 사북리 447-1, 정선 남동쪽

교통 ❶ 정선 남면 또는 고한 · 사북에서 도사곡행 농어촌 버스 이용, 도사곡 하차. 휴양림 방향 도보 15분 ❷ 승용차로 정선에서 59번 국도 이용, 덕우리 방향. 남면에서 38번 국도 이용, 민둥산 · 고한 · 사북 방향

요금 숲 속의 집 비수기 30,000~200,000원, 성수기 60,000~350,000원 야영데크 10,000원

전화 033-592-9400

홈페이지 dosa.jsimc.or.kr

미천골 자연휴양림

양양 서면 서림리 응복산과 조봉 서쪽에 위치한 국립자연휴양림으로 물 맑기로 소문난 미천골에 있다. 숲 속의 집, 산림문화휴양관, 야영장 등을 갖추고 있고, 휴양림 내에 신라시대 고적인 선림원지가 자리한다. 한여름이면 미천골 계곡에서 물놀이하는 사람이 많다.

위치 양양군 서면 서림리 산89, 남서쪽

교통 승용차로 양양에서 44번 국도 이용, 서면 방향. 서면 사무소 지나 56번 국도 이용, 서림리 · 미천골 자연휴양림 방향

요금 입장료 1,000원 숲 속의 집 비수기(주중) 37,000~90,000원, 비수기(주말) · 성수기 39,000~160,000원 산림문화휴양관 비수기(주중) 37,000~90,000원, 비수기(주말) · 성수기 39,000~157,000원 야영데크 4,000~7,000원

전화 033-673-1806

홈페이지 국립자연휴양림관리소 www.huyang.go.kr

평원 & 지역휴양림 여행

동강 전망 자연휴양림

정선과 영월의 중간이자 정선 시내와 남쪽 신동읍의 중간 위치의 산속에 자리하고 있다. 인근에는 동강이 흐른다. 넓은 부지에 오토캠핑장 18개면과 동강 전망대, 구불구불한 동강을 형상화한 상징 광장, 취사장, 화장실 등의 편의 시설과 교육 시설인 동강 자생식물 관찰원을 두고 있다.

위치 정선군 신동읍 고성리 산 17

교통 승용차로 정선에서 정선시외버스터미널을 지나 솔치 삼거리에서 동강로 이용, 남쪽 동강 전망 자연휴양림 방향

요금 야영데크 비수기(주중) 10,000원, 비수기(주말) 20,000원, 성수기 20,000원

전화 070-4225-2336

홈페이지 donggang.jsimc.or.kr

태백 고원 자연휴양림

태백 백병산(1,259m) 남쪽에 위치한 시립자연휴양림으로 겨울에는 아름다운 설경을, 여름에는 서늘한 기후를, 봄·가을에는 맑은 공기와 함께 삼림욕을 즐길 수 있다. 휴양림을 가로지르는 계곡물이 시원하고 백병산 자락의 울창한 숲이 마음을 편안하게 한다.

위치 태백시 철암동 산90-1, 동남쪽
교통 ❶ 태백에서 1번 시내버스 이용, 휴양림 입구 하차. 휴양림 방향 도보 25분 ❷ 승용차로 태백에서 31번 국도 이용, 구문소 방향. 구문소에서 철암역 방향
요금 입장료 2,000원 숲 속의 집 비수기(주중) 30,000 ~90,000원, 비수기(주말) 40,000~130,000원, 성수기 50,000~200,000원 산림문화휴양관 비수기(주중) 30,000~50,000원, 비수기(주말) 40,000~80,000원, 성수기 50,000~100,000원 야영장 4,000원(성수기만 운영)
전화 033-582-7440
홈페이지 forest.taebaek.go.kr

임해 자연휴양림

강릉 남동쪽 강동면 안인진리 바닷가에 위치한 시립자연휴양림으로 강릉 통일공원 내에 있다. 통일공원 내 안보전시관을 지나 자연휴양림에 다다르면 하늘동, 바다동, 전망대 등이 나타난다. 다른 휴양림과 달리 바다를 조망할 수 있어 더욱 즐거운 곳.

위치 강릉시 강동면 안인진리 산39-1, 강릉 통일공원 내
교통 ❶ 강릉에서 111, 111-1, 112, 113, 119번 시내버스 이용, 통일공원 하차. 안보전시관 지나 도보 15분 ❷ 승용차로 강릉에서 7번 국도 이용, 강동면 방향, 강동면 지나 해안도로, 강릉 통일공원 방향
요금 비수기(주중) 40,000~60,000원, 비수기(주말)·성수기 60,000~80,000원
전화 033-644-9483
홈페이지 강릉개발공사 gtdc.co.kr

소금강 오토캠핑장

오대산국립공원 내 뛰어난 경관을 자랑하는 소
금강 계곡에 위치하여 금강사, 만물상 등 멋진
절경을 즐기며 캠핑을 할 수 있다. 9동의 카라반
사이트를 포함한 250동의 야영 사이트가 있다.
한여름이면 소금강 계곡에서 물놀이하기 좋고
강릉이나 속초로 나가기도 편해 매우 붐빈다.

위치 강릉시 연곡면 삼산리 56, 소금강 계곡 내

교통 ❶ 강릉에서 303번 시내버스 이용, 소금강 종점 하차
❷ 승용차로 강릉에서 7번 국도 이용, 연곡면 방향. 연곡교
차로에서 6번 국도 이용, 소금강 방향. 소금강 입구 삼거리
에서 소금강 방향

요금 야영장 비수기 1,600원, 성수기 2,000원 오토캠프장
비수기_ 승용차 9,000원, 승합차 14,000원, 성수기_ 승용
차 14,000원, 승합차 17,000원

시기 5~11월(12~4월 휴장)

전화 033-661-4161

홈페이지 오대산국립공원 odae.knps.or.kr

대관령 자연휴양림

울창한 소나무 숲이 인상적인 자연휴양림으로
대관령 기슭에 1988년 전국 최초로 조성되었
다. 대관령 깊은 숲 속에 있어 공기가 맑고 한여
름에도 시원하다. 숲속수련장, 숲체험로, 야생
화정원 등이 조성되어 볼거리가 가득하다.

위치 강릉시 성산면 어흘리 산 2-1, 서남쪽

교통 ❶ 강릉에서 214, 503, 503-1번 시내버스 이용, 어흘
리 종점 하차. 휴양림 방향 도보 30분 ❷ 승용차로 강릉에
서 35번 국도 이용, 성산면 방향. 성산면에서 456번 지방
도 이용, 대관령 방향. 대관령 박물관 지나 대관령 자연휴
양림 방향

요금 입장료 1,000원 숲 속의 집 비수기(주중) 37,000~
90,000원, 비수기(주말)ㆍ성수기 39,000~160,000원 산
림문화휴양관 비수기(주중) 37,000~90,000원, 비수기(주
말)ㆍ성수기 39,000~157,000원 야영데크 4,000~7,000원

전화 033-641-9990

홈페이지 국립자연휴양림관리소 www.huyang.go.kr

검봉산 자연휴양림

삼척 검봉산(681.6m) 북동쪽 자락에 위치한 국립자연휴양림으로 숲 속의 집, 산림문화휴양관, 야영장 등의 시설을 갖추고 있다. 휴양림에서 검봉산으로 등산을 할 수도 있고, 임원 해변이 차로 5~10분 거리에 있어 여름철 해변을 찾는 경우 이용하기 좋다.

위치 삼척시 원덕읍 임원리 산1, 삼척 남동쪽

교통 승용차로 삼척에서 7번 국도 이용, 원덕읍 임원 방향. 임원에서 검봉산 자연휴양림 방향

요금 입장료 1,000원 숲 속의 집 비수기(주중) 37,000~90,000원, 비수기(주말)·성수기 39,000~160,000원 산림문화휴양관 비수기(주중) 37,000~90,000원, 비수기(주말)·성수기 39,000~157,000원 야영데크 4,000~7,000원

전화 033-574-2553

홈페이지 국립자연휴양림관리소 www.huyang.go.kr

양양 오토캠핑장

양양 동쪽 손양면 송전리에 위치한 캠핑장으로 소나무 숲이 있는 2만여 평의 공간에 3,000여 명이 동시에 야영을 즐길 수 있다. 캠핑장 건너편 오산 해변은 길이 900m, 폭 60m의 비교적 수심이 낮은 해변으로 가족끼리 물놀이하기 좋고 남쪽에 오산리 선사유적박물관이 있어 둘러보기 좋다.

위치 양양군 손양면 송전리 26, 양양 동쪽

교통 ❶ 양양에서 동호리·수산리행 농어촌버스 이용, 동호리 하차. 캠핑장까지 도보 10분 ❷ 승용차로 양양에서 7번 국도 이용, 동호리 방향

요금 야영 비수기 20,000원, 성수기 40,000원(1박, 4인 기준), 인원 추가 5,000원 캠핑카 10,000원

전화 033-672-3702

홈페이지 www.camping.kr

망상 오토캠핑리조트

동해시 북서쪽 망상동 바닷가에 위치한 오토캠
핑리조트로 훼밀리 롯지, 캐빈하우스, 아메리칸
코테지 등의 숙박 시설과 캠핑카인 카라반, 오
토캠핑장 등을 갖추고 있다. 리조트 내 소나무
숲 속을 거닐고, 리조트 앞 가곡 해변이나 가까
운 망상 해변에서 물놀이를 해도 즐겁다.

위치 동해시 망상동 393-39, 동해 북서쪽

교통 ❶ 동해에서 31-3, 41, 43, 91번 시내버스, 91번 좌석
버스 이용, 석두골 하차. 굴다리 이용, 오토캠핑리조트 도
착 ❷ 승용차로 동해에서 7번 국도 이용, 망상동 방향. 망
상 해변에서 오토캠핑리조트 방향

전화 033-534-3110, 033-534-3185, 3186

홈페이지 www.campingkorea.or.kr

롯지 & 카라반, 야영

구분	종류	요금
훼밀리 롯지	A~D형	비수기 주중 55,000~220,000원, 주말 77,000~275,000원 성수기 110,000~385,000원
캐빈하우스	A, B형	비수기 주중 55,000~77,000원, 주말 77,000~110,000원 성수기 110,000~165,000원
아메리칸 코테지	A~C형	비수기 주중 88,000~110,000원, 주말 132,000~165,000원 성수기 198,000~220,000원
카라반	A~C형	비수기 주중 44,000~66,000원, 주말 66,000~88,000원 성수기 110,000~132,000원
오토캠핑장	1사이트/1대	비수기 주중 22,000원, 주말 27,500원 성수기 33,000원
망상 컨벤션센터	대 · 중 · 소 회의실	33,000~220,000원

강원도 해변 여행

강원도 여행에서 놓칠 수 없는 즐거움, 바다 여행

강원도 여행에서 빼놓을 수 없는 것이 바로 바다다. 동쪽으로 동해에 면하여 있기 때문에 크고 작은 수많은 해변이 자리한다. 강원도의 대표 해변을 꼽자면 낙산, 경포, 망상, 맹방 등을 들 수 있고, 하조대와 정동진, 증산 (추암 부근) 등은 일출 명소다. 피서철 유명한 해변이 사람들로 붐빌 때에는 잘 알려지지 않은 작은 해변을 찾아보는 것도 방법.

명파 해변

남한 최북단에 위치한 해변으로 통일전망대 길목에 있어 통일전망대 관람객이 많이 찾는데, 상시 개방되는 것이 아니라 매년 군부대와의 협의 아래 여름철 한시적으로 개방된다. 비교적 한산한 편이라 여유롭게 해수욕을 즐길 수 있다.

위치 고성군 현내면 명파리 230, 통일안보공원 북쪽
교통 ❶ 고성(간성) 또는 속초에서 1, 1-1번 시내버스 이용, 명파리 종점 하차. 도보 10분 ❷ 승용차로 고성에서 7번 국도 이용, 통일안보공원 지나 명파리 방향
전화 현내면사무소 033-682-0301

마차진 해변

통일안보공원 부근 금강산 콘도 북쪽에 위치한 조용한 해변으로 육지와 연결된 무송대라는 작은 섬이 절경을 이룬다. 물살이 약하고 수심도 낮아 아이들이 놀기 좋다. 인근 통일안보공원을 둘러보아도 좋다.

위치 고성군 현내면 배봉리 233, 통일안보공원 부근
교통 ❶ 고성(간성) 또는 속초에서 1, 1-1번 시내버스 이용, 대진버스 종점 하차. 도보 5분 ❷ 승용차로 고성에서 7번 국도 이용, 통일안보공원 방향
전화 033-680-3361

반암 해변

고성(간성) 북쪽에 위치한 해변으로 반암항, 반암마을과 인접하여 해변 접근이 편리하다. 가족끼리 놀기 적합하고, 반암항에서 보트를 타고 바다 구경을 갈 수도 있다. 단, 한적한 해변의 경우 안전요원의 수가 적거나 없는 경우가 있으니 주의한다.

위치 고성군 거진읍 반암리 12, 고성(간성) 북쪽
교통 ❶ 고성(간성) 또는 속초에서 1, 1−1번 시내버스 이용, 반암리 하차 ❷ 승용차로 고성에서 7번 국도 이용, 간성에서 반암리 방향
전화 033−680−3357

백도 해변

속초와 고성(간성)의 중간쯤 위치한 타원형 해변으로 해변 앞의 작은 섬인 백도의 이름을 따 백도 해변이라 불린다. 수심이 낮아 가족끼리 물놀이를 즐기거나 백사장에서 일광욕을 하기 좋다. 인근 자작도 해변, 봉수대 해변도 한산하여 가 볼 만하다.

위치 고성군 죽왕면 문암진리 19−3, 고성 남쪽
교통 ❶ 고성(간성) 또는 속초에서 1번 시내버스 이용, 문암리 하차. 도보 10분 ❷ 승용차로 고성 또는 속초에서 7번 국도 이용, 문암리 방향
전화 033−680−3357

송지호 해변

송지호 동남쪽 바닷가에 위치한 해변으로 길이가 4km에 달하고, 바닷물이 깨끗하다. 주변의 송지호와 울창한 송림, 바다 위 죽도라는 바위섬이 어우러져 멋진 경관을 자랑한다. 고성에서 인기 있는 해변 중 하나로, 인근에 송지호와 송지호오토캠핑장이 있다.

위치 고성군 죽왕면 오호리 1−4, 고성 남쪽
교통 ❶ 고성(간성) 또는 속초에서 1번 시내버스 이용, 오호리 하차. 도보 5분 ❷ 승용차로 고성 또는 속초에서 7번 국도 이용, 오호리 방향
전화 033−632−0301

삼포 해변

고성 송지호 남쪽에 위치한 길이 약 800m, 너비 약 50m의 직선형 해변이다. 넓은 백사장에서 족구나 배구를 하기 좋고, 텐트 칠 공간도 넉넉하다. 대형 튜브를 빌려 물놀이를 하거나 바다가 보이는 그늘막에서 책을 읽어도 좋다. 북쪽으로 봉수대 해변이 있다.

위치 고성군 죽왕면 삼포리 1, 송지포 남쪽
교통 ❶ 고성(간성) 또는 속초에서 1번 시내버스 이용, 삼포리 하차. 도보 5분 ❷ 승용차로 고성 또는 속초에서 7번 국도 이용, 삼포리 방향
전화 033−680−3357

교암 해변

해안도로와 연접한 곳으로, 교암리 마을 앞에 있는 해변이라 번잡한 유흥업소를 볼 수 없어 한 적한 느낌이 난다. 수심이 낮은 곳에서 물놀이 를 하거나, 주변 업체를 통해 스킨스쿠버를 즐 길 수도 있다. 해변에 들렀다 청간정이나 천학 정을 둘러보기도 편하다.

위치 고성군 토성면 교암리 12, 고성 남쪽
교통 ❶ 고성(간성) 또는 속초에서 1번 시내버스 이용, 교 암리 하차. 도보 5분 ❷ 승용차로 고성 또는 속초에서 7번 국도 이용, 교암리 방향
전화 고성관광문화체육과 033-680-3361

화진포 해변

고성 화진포 동쪽 바닷가에 위치한 해변으로 기 암괴석과 주변 풍광이 수려하여 김일성 별장과 이승만 별장 등이 있다. 조개껍데기와 바위가 부서져 만들어진 백사장은 밟으면 소리가 나고, 수심이 얕아 해변으로 최적인 곳이다. 화진포의 성이 있는 야산에는 소나무가 울창하다.

위치 고성군 현내면 초도리 99, 화진포 동쪽
교통 ❶ 고성(간성) 또는 속초에서 1, 1-1번 시내버스 이용, 초도 하차. 화진포 해양박물관 거쳐 화진포 해변까지 도보 10분 ❷ 승용차로 고성에서 7번 국도 이용, 화진포 방향
전화 033-680-3352

속초 해변

속초 해변은 남쪽으로 외옹치 해변과 연결되고, 설악산과 가까워 설악동으로 내려오는 등산객 들도 많이 찾는 해변이다. 깨끗한 바닷물, 질 좋 은 모래사장과 드라마 촬영지를 중심으로 한 아 름다운 산책 코스도 만날 수 있다. 청초호, 속초 시내, 아바이마을과도 가깝다.

위치 속초시 조양동 1450, 속초 동쪽
교통 ❶ 속초에서 1번 시내버스 이용, 속초고속버스터미 널 하차. 도보 10분 ❷ 승용차로 속초에서 7번 국도 이용, 속초 해변 방향
전화 033-639-2665

설악 해변

양양 낙산사, 낙산 해변 북쪽에 위치한 해변으 로 사람들로 붐비는 낙산 해변에 비해 한산하 다. 백사장에서 모래찜질을 하거나 바다에서 물 놀이를 하고 인근의 명찰 낙산사에도 꼭 들러 보 자. 설악 해변 북쪽에 있는 정암 해변도 한가하 고 좋다.

위치 양양군 강현면 용호리 126, 낙산 해변 북쪽
교통 ❶ 속초 또는 양양에서 9, 9-1, 9-2번 시내버스, 오색 행 농어촌버스 이용, 설악 해변 하차 ❷ 승용차로 양양에 서 7번 국도 이용, 설악 해변 방향
전화 033-670-2606

죽도 해변

하조대 남쪽 죽도정 부근에 위치한 타원형 해변으로, 죽도정이 있는 죽도가 방파제 역할을 해 물살이 약하고 수심이 낮아 아이들이 놀기 좋다. 인근 죽도 정상에 있는 죽도정이나 죽도항도 둘러볼 만하다.

위치 양양군 현남면 시변리 33-6, 하조대 남쪽
교통 ❶ 양양에서 지경리행 농어촌버스 이용, 두창시변리 하차, 도보 5분 ❷ 승용차로 양양에서 7번 국도 이용, 두창시변리, 죽도 방향

낙산 해변

양양 북동쪽에 자리한 낙산 해변은 강릉 경포대와 함께 동해안의 대표 해변으로 손꼽는 곳이다. 백사장이 넓고, 주위에 고찰인 낙산사와 고적지가 있어 많은 사람들이 찾는다. 설악산국립공원을 찾는 사람들도 함께 찾기도 한다.

위치 양양군 강현면 주청리 1, 양양 북동쪽
교통 ❶ 양양에서 9, 9-1, 9-2 시내버스, 석교 · 오색행 농어촌버스 이용, 낙산 하차, 도보 5분 ❷ 승용차로 양양에서 7번 국도 이용, 낙산 해변 방향
전화 033-670-2518

오산 해변

양양 오산리 선사유적지, 양양오토캠핑장 건너편에 위치한 해변으로 남쪽에 쏠비치리조트가 있다. 양양오토캠핑장에 텐트를 치고 바닷가로 놀러 가기 편리하고 오산리 선사박물관을 둘러보아도 좋다. 양양 시내와도 가까워 식당에 가거나 필요한 물품을 사러 가기도 편리하다.

위치 양양군 손양면 송전리 1, 양양 남쪽
교통 ❶ 양양에서 동호리, 수산리행 농어촌버스 이용, 도보 10분 ❷ 승용차로 양양에서 7번 국도 이용, 송전리, 오산 해변 방향
전화 033-670-2398

동호 해변

양양 남동쪽 손양면 동호리에 위치한 직선의 해변으로 길이 500m, 폭 55m 정도의 아담한 해변이다. 백사장 모래의 질의 좋다고 알려져 있으니 맨발로 거닐어 보자. 펜션이 자리잡고 있지만 많이 알려진 곳은 아니어서 조용한 느낌이 든다.

위치 양양군 손양면 동호리 1-21, 양양 남동쪽
교통 ❶ 양양에서 동호리행 농어촌버스 이용, 동호리 하차 ❷ 승용차로 양양에서 7번 국도 이용, 동호리 방향
전화 033-672-9797

하조대 해변

낙산사에서 남쪽으로 해안선을 따라 내려오다 보면 하조대 해변에 닿게 된다. 바위섬과 송림이 어우러진 경치가 뛰어나 여름이면 야영하는 사람들이 많고, 낚시를 즐기는 사람들도 많이 찾는다. 일출 명소로도 유명하니, 방문했다면 부지런히 일어나 일출을 맞아 보자.

위치 양양군 현북면 하광정리 80, 양양 남동쪽
교통 ❶ 양양에서 대치 · 어수전 · 지경리행 농어촌버스 이용, 하광정리 하차. 도보 5분 ❷ 승용차로 양양에서 7번 국도 이용, 하조대 방향
전화 033-670-2516

남애3리 해변

죽도정 남쪽 남애 해변은 휴휴암 남쪽에 있는 직선 해변이고, 남애3리 해변은 남애항 북쪽에 위치한다. 타원형의 남애3리 해변은 수심이 낮아 물놀이하기 좋고 남애항은 강릉의 심곡항, 삼척의 초곡항과 더불어 동해안 3대 미항으로 꼽힌다.

위치 양양군 현남면 남애리 6, 죽도정 남쪽
교통 ❶ 양양 지경리행 농어촌버스, 양양 광진리 또는 주문진에서 325번 시내버스, 주문진에서 326번 시내버스 이용, 남애초교 하차. 도보 5분 ❷ 승용차로 양양에서 7번 국도 이용, 남애항 방향

주문진 해변

강릉의 최북단에 위치한 해변으로 백사장이 넓고 물이 깨끗해 가족 피서지로 좋은 곳이다. 주문진항에서 저렴한 가격으로 싱싱한 회도 맛볼 수 있다. 주문진 해변과 연결된 소돌 해변에는 아라나비라는 이름의 집와이어가 설치되어 인기를 끌고 있다.

위치 강릉시 주문진읍 향호리 33, 강릉 북쪽
교통 ❶ 강릉 · 안목에서 300, 301, 302번, 강릉에서 315번, 주문진에서 323, 325번 시내버스 이용, 신영초교 하차. 도보 10분 ❷ 승용차로 강릉에서 7번 국도 이용, 주문진 방향
전화 033-640-4535

연곡 해변

주문진 남쪽, 연곡천 하구에 위치한 직선형 해변으로, 경사가 완만하고 백사장이 넓어 피서지로 그만이다. 송림 보호구역이 아니라면 솔밭 야영도 가능하다. 연곡 해변 위로는 커피로 유명한 카페 보헤미안이 있는 영진 해변이 있다.

위치 강릉시 연곡면 동덕리 142, 주문진 남쪽
교통 ❶ 강릉에서 300, 301, 302, 303번 시내버스 이용, 연곡 하차. 도보 15분 ❷ 승용차로 강릉에서 7번 국도 이용, 연곡 해변 방향
전화 033-640-4607

경포 해변

강릉 경포호 북쪽 바닷가에 위치한 해변으로 동해안의 대표 해변이라고 할 수 있다. 해변에서 물놀이하기 좋고 해변 뒤에 소나무 숲이 있어 가족 피서지로 인기가 높다. 경포 앞바다에서 즐기는 모터보트, 바나나보트 등의 수상 레포츠가 재미 있고 경포호, 선교장, 오죽헌 등과 가까워 둘러보기 편하다.

위치 강릉시 안현동 산1, 강릉 북쪽

교통 ❶ 강릉에서 202, 202-1, 312번, 안목에서 202-1번 시내버스 이용, 경포 해변 하차. 도보 5분 ❷ 승용차로 강릉에서 경포 해변 방향

전화 033-640-5129

안목 해변

강릉 동쪽 견소동 바닷가에 위치한 해변으로 안목 해변을 따라 여러 카페가 자리잡으면서 강릉의 커피 명소로 알려지게 되었다. 커피거리의 시작은 해변의 자판기라는 사실! 해변 바로 옆의 강릉항(구 안목항)에서는 제철 물고기를 잡아 귀항하는 어선들을 볼 수 있다.

위치 강릉시 견소동 286, 강릉 동쪽

교통 ❶ 강릉에서 102, 214, 221, 501, 502, 503번 안목 해변행 시내버스 이용, 안목 종점 하차. 도보 5분 ❷ 승용차로 강릉에서 안목 해변 방향

전화 033-640-4616

정동진 해변

바다와 가장 가까이에 있는 간이역, 정동진에 위치한 정동진 해변은 모래시계공원과 조각공원, 썬크루즈리조트가 있는 관광 명소다. 정동진 해돋이 관광열차가 운행되면서 사계절 내내 더 많은 사람들이 찾고 있다.

위치 강릉시 강동면 정동진리 303, 정동진역 부근

교통 ❶ 강릉에서 111, 111-1, 112, 113번 시내버스 이용, 정동진 하차. 도보 5분 ❷ 승용차로 강릉에서 7번 국도 이용, 정동진 방향

전화 033-640-5422

옥계 해변

넓은 백사장과 송림 지역을 갖춘 옥계 해변은 수온이 따뜻한 편이라 여름철 휴양지로 적당하다. 유명 해변에 비해 한적하고, 인근의 금진 해안에 가면 싱싱한 회와 해산물을 맛볼 수 있어 많은 사람이 찾고 있다.

위치 강릉 옥계면 금진리 218, 강릉 남동쪽

교통 ❶ 동해시에서 43번 시내버스 이용, 금진2리 하차 ❷ 승용차로 강릉에서 7번 국도 이용, 강동면 방향. 강동면 지나 해안도로 이용, 정동진, 금진 해변 방향

전화 옥계면사무소 033-640-4605

망상 해변

동해안 해변 중 가장 넓은 규모를 자랑하는 동해안의 대표 해변 중 하나로, 찾는 사람이 많은 만큼 주차장, 야영장 등 피서객을 위한 편의 시설을 잘 갖추고 있다. 캠핑족이 증가하면서 망상 오토캠핑리조트를 찾는 가족 단위의 관광객이 사계절 끊이지 않는다.

위치 동해시 망상동 393-16, 동해 북서쪽
교통 ❶ 동해에서 12-4, 13-3, 15-3, 31-1, 31-3번 시내버스 이용, 망상 해변 하차 ❷ 승용차로 동해에서 7번 국도 이용, 망상 해변 방향
전화 033-530-2867

대진 해변

어달 해변에서 북쪽으로 연결된 대진마을에 자리한 해변으로 자연 경관이 멋지고, 주변에 횟집이 많아 많은 사람들이 찾는 곳이다. 망상 해변과도 가깝다. 대진항 수산물센터에서 신선한 회를 맛보고, 관광 낚시배를 타보는 것도 좋은 추억거리가 된다.

위치 동해시 대진동 204, 동해시 북쪽
교통 ❶ 동해에서 13-1, 14-1, 31-3, 32-2, 32-3번 시내버스 이용, 대진 하차. 도보 3분 ❷ 승용차로 동해에서 7번 국도 이용, 망상 해변 방향

어달 해변

동해 묵호항 북쪽에 위치한 해변으로 동해시에서 가까워 찾아가기 쉽다. 해안도로를 따라 바다를 감상하는 드라이브 코스와 인근 어달항과 묵호항에서 맛보는 싱싱한 먹거리로 유명하다. 해수욕도 즐기고, 싱싱한 회도 맛보자.

위치 동해시 어달동 52, 동해시 북쪽
교통 ❶ 동해에서 13-1, 14-1, 32-4번 시내버스 이용, 어달 해변 하차 ❷ 승용차로 동해에서 묵호항 지나 해안도로 이용, 어달 해변 방향

추암 해변

해안절벽과 촛대바위, 크고 작은 바위섬들이 추암 해변의 운치를 더해 준다. 한국관광공사가 지정한 '한국의 가볼 만한 곳'에 선정되기도 했을 만큼 아름다운 곳이다. 애국가 첫 소절의 배경 화면으로 등장하는 촛대바위는 동해 일출의 첫 번째로 꼽히는 장관을 연출한다.

위치 동해시 추암동 69, 동해 남동쪽
교통 추암역에서 도보 5분
전화 추암 관광안내소 033-521-5396, 033-530-2869

증산 해변

삼척 북쪽 수로부인공원과 이사부사자공원 사이에 위치한 해변으로 길이 약 100m, 폭 약 30m이다. 물이 맑고 수심이 낮아 아이들이 물놀이하기 좋고 북쪽으로 동해 추암이 가장 잘 보이는 곳으로도 알려져 있다.

위치 삼척시 증산동 30, 삼척 북쪽

교통 ❶ 삼척에서 11, 24번 시내버스 이용, 후진 종점 하차. 도보 5분 ❷ 승용차로 삼척에서 증산동, 이사부사자공원 방향

전화 033-570-4530

맹방 해변

삼척 남동쪽 하맹방리 바닷가에 위치한 해변으로 백사장 끝이 바위로 둘러싸여 반달 모양을 이루고, 울창한 소나무 숲으로 산책로가 있어 삼림욕도 겸할 수 있다. 씨스포빌 리조트 위로 상맹방, 아래로 하맹방, 맹방 해변이 이어진다.

위치 삼척시 근덕면 하맹방리 221, 삼척 남동쪽

교통 ❶ 삼척에서 21, 23번 시내버스 이용, 근덕제재소 하차. 맹방 해변까지 도보 15분. 또는 20, 21, 22, 23번 시내버스 이용, 하맹방리 하차. 하맹방 해변까지 도보 10분 ❷ 승용차로 삼척에서 7번 국도 이용, 맹방 해변 방향

전화 033-572-3011

삼척 해변

삼척 북쪽에 위치한 해변으로 삼척 시내에서 가까워 찾아가기 쉬어 해마다 많은 관광객이 찾고 있다. 백사장에 고운 모래가 펼쳐져 있고, 다른 해변보다 수심이 얕고 느려 남녀노소 해수욕을 즐기기에 좋다.

위치 삼척시 갈천동 14-24, 삼척 북쪽

교통 ❶ 삼척에서 10, 11, 24번 시내버스 이용, 삼척 해변 하차 ❷ 바다열차로 강릉이나 삼척에서 삼척해변역 하차 ❸ 승용차로 삼척에서 삼척 해변 방향

전화 033-570-3544

덕산 해변

덕산 해변은 삼척의 남동쪽에 위치하고 있다. 덕봉산을 경계로 덕봉산 위쪽은 맹방 해변, 남쪽은 덕산 해변인데 덕산 해변 쪽이 한가한 편이다. 경관이 수려하고, 인근에 덕산항과 큰 규모의 민박촌이 형성되어 있다. 해수욕을 즐기거나 해변을 산책해도 즐겁다.

위치 삼척시 근덕면 덕산리 107, 삼척 남동쪽

교통 ❶ 삼척에서 21, 23번 시내버스 이용, 덕산리 마을회관 하차. 도보 5분 ❷ 승용차로 삼척에서 7번 국도 이용, 맹방 해변 방향. 맹방 해변 지나 덕산 해변 방향

전화 033-572-3011

궁촌 해변

궁촌 해변은 해수와 민물이 교차하는 지점으로, 물이 맑고 수심이 낮아 가족이 함께 물놀이를 즐기기에 더없이 좋은 곳이다. 궁촌 해양레일바이크역, 공양왕릉과 가까워 레일바이크를 타고 주변 경관을 감상하거나 능을 둘러보기가 편하다.

위치 삼척시 근덕면 궁촌리 156, 삼척 남쪽
교통 ❶ 삼척에서 21, 23, 24번 시내버스 이용, 궁촌1리 하차. 도보 5분 ❷ 삼척에서 7번 국도 이용, 궁촌리 방향
전화 033-572-3011

용화 해변

궁촌 해변 남쪽에 위치한 길이 1km, 폭 약 40m의 타원형 해변이다. 물살이 약하고 수심이 낮아 물놀이하기 좋고 해변가의 소나무 숲에서 쉬기도 좋다. 인근 용화 해양레일바이크역에서 레일바이크를 이용해도 좋다.

위치 삼척시 근덕면 용화리 521, 궁촌 해변 남쪽
교통 ❶ 삼척에서 24번 시내버스 이용, 용화 하차. 도보 5분 ❷ 승용차로 삼척에서 7번 국도 이용, 용화 해변 방향
전화 033-572-3011

장호 해변

삼척 남동쪽에 위치한 해변으로 경치가 아름다워 강원도의 나폴리라 불린다. 아름다운 백사장과 맑은 물을 자랑한다. 인근 용화 해변을 둘러보거나 용화역에서 출발하는 해양레일바이크를 이용하기도 편리한 위치에 있다.

위치 삼척시 근덕면 장호리 291, 삼척 남동쪽
교통 ❶ 삼척에서 24번 시내버스 이용, 장호 하차. 도보 3분 ❷ 승용차로 삼척에서 7번 국도 이용, 근덕면 장호리 방향
전화 033-575-1330

월천 해변

삼척 임원항 남쪽에 위치한 해변으로 강원도 최남단에 있다. 월천 해변 앞바다에는 소나무 숲이 멋진 솔섬이 있어 사진 찍기 좋다. 해변에 들렀다가 임원항에서 활어를 맛보자. 월천 해변은 낚시꾼들이 즐겨 찾는 곳이기도 하다.

위치 삼척시 원덕읍 월천리 74, 임원항 남쪽
교통 ❶ 삼척 호산에서 50번 시내버스 이용, 월천3리 하차 ❷ 승용차로 삼척에서 7번 국도 이용, 임원항 지나 월천 해변 방향
전화 033-572-6011

강원도 템플스테이

청정 자연 속 조용한 산사로, 나를 찾아 떠나는 여행

사찰은 본래 산수가 좋은 곳에 자리 잡기 마련이어서 사찰에 들어서기만

해도 몸과 마음이 평온해짐을 느끼게 된다. 사찰에서 실시하는 템플스테

이를 통해 복잡한 속세의 때를 벗고 순수했던 나로 돌아가 보자.

청평사

973년 고려 광종 24년에 승려 승현이 백암선원이라 칭하며 창건하였고, 조선 명종 5년인 1550년 승려 보우가 청평사로 이름을 바꾸었다. 템플스테이는 크게 예불, 공양(사찰 음식), 자율 정진 등으로 구성되며 속세에서 묻은 때를 벗고 자아를 찾는다는 모토로 진행된다.

위치 춘천시 북산면 청평리 674, 소양댐 북쪽

교통 ❶ 춘천에서 18~1번 시내버스 이용, 청평사 종점 하차. 청평사까지 도보 30분 **❷** 여객선으로 소양강댐에서 청평사 선착장까지(09:30~17:30, 청평사 막배 18:00) **❸** 승용차로 춘천에서 46번 국도 이용, 소양 6교 건너 배후령 터널 통과, 간척사거리에서 우회전 배치고개 방향, 배치고개 너머 청평사

요금 입장료 2,000원, 소양강댐 여객선 왕복 6,000원, 편도 3,000원, 템플스테이 50,000원(1박 2일)

전화 033-244-1095, 템플스테이 033-244-0017

홈페이지 cheongpyeongsa.co.kr

법흥사

신라시대인 643년 선덕여왕 12년에 승려 자장이 흥녕사라는 이름으로 창건했다. 템플스테이는 평일 자율 휴식형, 주말 몽당연필(꿈+당당함+인연+필연), 영박 2일(템플스테이+영월 관광) 등의 프로그램으로 구성된다. 사찰을 오가는 길에 잠시 맑은 물이 흐르는 법흥 계곡을 들러도 좋다.

위치 영월군 수주면 법흥리 422-1, 영월 북서쪽

교통 ❶ 주천에서 345, 350번 시내버스 이용(각 1일 1회), 주천 또는 영월에서 법흥사행 농어촌버스 이용, 법흥사 종점 하차 **❷** 승용차로 영월에서 38번 국도 이용, 남면 방향. 남면에서 88번 지방도 이용, 주천 방향. 주천에서 법흥 계곡, 법흥사 방향

요금 평일 자율휴식형 40,000원, 주말 몽당연필(1박 2일) 60,000원, 영박 2일(관광 포함) 110,000원

전화 033-374-9177

홈페이지 www.bubheungsa.or.kr

구룡사

신라시대 668년 문무왕 8년에 의상대사가 세운 사찰로 당시 이름은 아홉 구(九)자를 쓰는 구룡사(九龍寺)였으나 조선 중기 이후 사찰 입구에 있는 거북 모양의 바위 때문에 거북 구(龜)자를 쓰는 구룡사가 되었다. 템플스테이를 하는 동안 예불, 공양, 참선, 다도, 108염주 만들기, 한지 공예 등을 체험하게 된다.

위치 원주시 소초면 학곡리 1029, 원주시 북쪽

교통 ❶ 원주에서 2, 41, 41~1번 시내버스 이용, 치악산국립공원 하차. 도보 15분 **❷** 승용차로 원주에서 42번 국도 이용, 옻칠기 · 한지공예관 지나 치악산국립공원 종점 도착

요금 휴식형 1박 60,000원

전화 033-732-4800

홈페이지 www.guryongsa.or.kr

백담사

신라시대 647년 진덕여왕 1년에 승려 자장에 의해 창건된 사찰로 처음에는 한계령 부근에 있어 한계사라고 했고, 1456년 현재의 위치에 백담사라는 이름으로 재건되었다. 휴식형, 명상형, 체험형, 청소년으로 구분된 템플스테이 프로그램이 있으니 본인에게 맞는 프로그램을 찾아 사찰에서 자신만의 시간을 가져 본다.

위치 인제군 북면 용대리 690, 인제 북동쪽

교통 ❶ 동서울종합터미널 또는 인제, 원통에서 백담사행 시외버스 이용, 백담사 입구에서 셔틀버스(033-462-3009) 이용, 백담사 도착. 셔틀버스 09:00~16:00(하행 막차 17:00), 30분 간격, 18분 소요(도보 2시간), 편도 요금 2,000원 ❷ 승용차로 인제에서 44번 국도 이용, 한계리 방향. 한계교차로에서 46번 국도 이용, 용대리 방향

요금 휴식형 1박 50,000원, 2박 100,000원

전화 033-462-5565, 5035

홈페이지 www.baekdamsa.org

월정사

평창 오대산 남동쪽에 위치한 사찰로 신라시대 643년 선덕여왕 12년에 승려 자장이 오대산을 문수보살이 머무는 성지라 여겨 창건하였다. 템플스테이는 예불, 공양, 성보박물관 관람, 108배 및 참선, 사물 울림, 다담 등으로 구성된다. 쉬는 시간에 울창한 월정사 전나무 숲을 걸어도 좋다.

위치 평창군 진부면 동산리 63, 평창 북동쪽

교통 ❶ 진부터미널에서 월정사행 농어촌버스 이용, 월정사 하차 ❷ 승용차로 평창에서 31번 국도 이용, 장평 방향. 장평에서 6번 국도 이용, 진부 방향. 병안삼거리에서 오대산 방향, 월정사 도착

요금 입장료 3,000원, 템플스테이 당일형 30,000원, 휴식형 1박 50,000원, 체험형(2박3일) 200,000원

시간 월정사 성보박물관 09:30~18:00(11~3월 17:00, 매주 화요일 휴관)

전화 033-339-6800, 템플스테이 033-339-6606~7

홈페이지 www.woljeongsa.org

건봉사

고성 북서쪽에 위치한 사찰로 신라시대 520년 법흥왕 7년에 승려 아도가 원각사란 이름으로 창건했다. 템플스테이를 통해 예불, 108배, 참선, 발우공양, 새벽 숲길 산책, 다도 체험 등 불교 문화를 체험하고, 고요한 자연 속에서 나를 돌아보는 뜻깊은 시간을 보낸다.

위치 고성군 거진읍 냉천리 36, 고성 북서쪽

교통 승용차로 고성에서 해상리, 거쳐 냉천리 건봉사 방향 (통일전망대에서 건봉사 방향이면 검문소를 통과)

요금 휴식형 1박 40,000원

전화 033-682-8100

홈페이지 www.geonbongsa.org

낙산사

신라시대 671년 문무왕 11년에 의상대사에 의해 창건된 낙산사는 3대 관음기도 도량이자 관동팔경 중 하나. 템플스테이를 통해 예불, 공양, 108염주 만들기, 범종 체험, 다담, 명상, 발우공양, 해맞이 등을 체험할 수 있다.

위치 양양군 강현면 전진리 55, 양양 북동쪽

교통 ❶ 양양에서 9, 9-1, 9-2 시내버스, 석교 · 오색행 농어촌버스 이용, 낙산 하차. 낙산사 방향 도보 15분 ❷ 승용차로 양양에서 7번 국도 이용, 낙산사 방향

요금 입장료 3,000원, 템플스테이 휴식형 1박 40,000원, 체험형 1박 50,000원

전화 033-672-2417

홈페이지 www.naksansa.or.kr

삼화사

동해시 무릉 계곡 내에 위치한 사찰로 신라시대 642년 선덕여왕 11년에 승려 자장이 흑련대라는 이름으로 창건했다. 사찰에 머무르면서 예불, 공양, 다담, 명상, 발우공양 같은 프로그램을 체험하면서 심신을 맑게 하는 시간을 갖는다.

위치 동해시 삼화동 176, 무릉 계곡 내

교통 ❶ 동해에서 12-1, 12-4, 무릉 계곡 종점 하차. 삼화사 방향 도보 15분 ❷ 승용차로 동해에서 7번 국도 이용, 북평동 방향. 북평동 전, 42번 국도 이용, 삼화동 방향. 삼화동에서 무릉 계곡 방향

요금 입장료 2,000원, 템플스테이 휴식형 1박 50,000원. 체험형 1박2일 70,000원

전화 033-534-7661, 템플스테이 033-534-7676

홈페이지 www.samhwasa.or.kr

수타사

신라시대 708년 성덕왕 7년 우적산 일월사로 창건되었으나 조선시대 1457년 세조 3년에 현재의 위치로 옮기며 수타사라는 이름을 얻게 되었다. 템플스테이를 통해 일상에서 벗어나 고요한 산사의 하루를 체험해 본다.

위치 홍천군 동면 덕치리 9, 공작산 서쪽

교통 ❶ 홍천에서 51, 51-1, 53-1번 농어촌버스 이용, 수타사 종점 하차. 도보 10분 ❷ 승용차로 홍천에서 홍천강 건너 464번 지방도 이용, 월드아파트 지나 덕치리 · 수타사 방향

요금 1박 2일 성인_주중 40,000원, 주말 50,000원, 청소년_주중 30,000원, 주말 40,000원

전화 033-436-6611

홈페이지 www.sutasa.org

여행
정보

1. 강원도 기본 알기

▎ 위치 정보　　　강원도는 서울과 황해도 동쪽, 경상도 북쪽, 함경도 남쪽에 위치하고 있고 태백 산맥을 중심으로 서쪽이 영서, 동쪽이 영동으로 구분된다. 위도로 북위 37°02′~38°37′, 경도로 동경 127°05′~129°22′사이에 위치하고, 동서 길이 약 150km, 남북 길이 약 243km, 동쪽은 약 314km에 걸쳐 해안선을 이룬다. 강원도의 총면적은 20,569km²이고 그중 남한에 속한 강원도 면 적은 16,866.39km²이며, 강원도 인구는 1,549,780명(2012년)이다. 남한의 도 중에서 유일하게 분단된 곳으로 남쪽 강원도의 도청 소재지는 춘천, 북쪽 강원도의 도청 소재는 원산이다.

▎ 지형과 기후　　　강원도 서부는 평탄한 지대가 있고, 중부는 태백산맥이 지나는 산악 지역, 동부 는 동해와 접해 해안가를 이룬다. 북쪽부터 설악산, 오대산, 두타산, 태백산 등 크고 작은 산이 많아 강원도 하면 산골을 연상케 한다. 기후는 강원도 서부는 겨울에 북서풍의 영향으로 춥고 여름은 내 륙이면서 태백산맥을 넘어온 바람이 고온 건조해지는 푄 현상으로 동부에 비해 더 덥다. 중부는 태 백산맥 고지대에 위치하므로 서부와 동부에 비해 겨울에는 춥고 여름에는 서늘하다. 동부는 겨울 이 태백산맥이 북서풍을 막아 주고 동해와 접해 있어 서부에 비해 따뜻하고, 여름은 해풍의 영향으 로 시원하다. 연평균 기온은 강원도 서부의 춘천이 10.5℃, 동부의 강릉은 12.1℃, 연평균 강수량 은 서부의 춘천이 1,224.9mm, 중부의 대관령이 1,581mm, 동부의 강릉이 1,282.1mm이다.

▎ 교통 정보　　　도로 교통은 태백산맥을 넘어 동서를 연결하는 진부령(인제~간성), 미시령(인 제~속초), 한계령(인제~양양), 진고개(진부~연곡), 대관령(횡계~강릉), 구룡령(홍천~양양), 백 봉령(임계~동해)과 영동고속도로, 서울~양양고속도로, 동해고속도로, 중앙고속도로, 동해안을 남 북으로 연결하는 7번 국도 등이 있다. 철도 교통으로는 서울~강릉의 KTX, 서울~춘천의 경춘선, 영주~강릉의 영동선, 제천~태백의 태백선, 증산~정선(아우라지)의 정선선, 동해~삼척의 삼척선 등이 있다. 영동선, 태백선, 정선선 등의 열차는 서울 청량리에서 출발한다.

▎ 산업 정보　　　강원도의 대표적인 산업은 감자바우로 대표되는 농업과 동해안의 수산업, 산악 지역에서 생산되는 석탄과 시멘트 등의 광업, 관광 산업으로 나뉜다. 강원도의 농업이 예전에는 척 박한 산지에서 생산되는 감자, 옥수수가 주종이었다면 요즘은 높은 산지를 개간해 생산되는 고랭 지 채소가 인기를 끈다. 수산업은 오징어, 명태로 대표되는데 명태는 한겨울 강원도 산간 지역의 덕 장에 걸려 황태로 만들어진다. 광업은 오랫동안 정선과 영월, 태백 등지에서 석탄을 캤으나 채산성 이 맞지 않아 폐광한 곳이 많고, 시멘트 생산을 위한 석회석 광산들이 명맥을 유지하고 있다.

2. 강원도 여행 준비하기

목적지 정하기 → 교통편 정하기 → 숙소 정하기 → 일정 짜기 → 여행 가방 꾸리기

목적지 정하기

여행을 떠나기에 앞서 제일 먼저 해야 할 것이 목적지 정하기다. 목적지는 산, 계곡, 강, 바다, 동굴 등 자연을 즐기기 위한 경우와 능, 사찰 등의 역사 유적 찾기, 체험이나 휴식 등의 특정 목적이나 여행 비용에 따라 달라진다.

▶ 자연 　산, 계곡, 폭포, 강, 바다, 동굴

❶ 산 : 설악산, 오대산, 태백산, 치악산, 팔봉산, 두타산, 청옥산

❷ 계곡 : 순담 계곡, 용담 계곡, 두타연, 병지방 계곡, 진동 계곡, 미산 계곡, 소금강 계곡, 무릉 계곡

❸ 폭포 : 삼부연 폭포, 구곡 폭포, 팔랑 폭포, 직연 폭포, 쌍 폭포, 용추 폭포

❹ 강, 하천 : 홍천강, 내린천, 동강

❺ 해변 : 낙산 해변, 경포 해변, 정동진 해변, 망상 해변, 맹방 해변

❻ 동굴 : 백룡동굴, 고씨굴, 화암동굴, 용연동굴, 대금굴과 환선굴, 천곡천연동굴

▶ 역사 문화 　능, 정자, 고택, 사찰, 유적지

❶ 능, 정자, 고택 : 영월 장릉, 준경묘, 영경묘, 고석정, 청령포, 청간정, 경포대, 선교장, 오죽헌, 죽서루

❷ 사찰 : 구룡사, 수타사, 백담사, 월정사, 상원사, 낙산사, 신흥사, 건봉사

❸ 유적지 : 화진포의 성, 이기붕 별장, 오산리 선사유적지

▶ 특정 목적 　견문, 체험, 휴식

❶ 견문 : 애니메이션 박물관, 김유정 문학촌, 이효석 문학관, 박경리 문학공원, 감성테마 문학공원, 방산 자기박물관, 동강사진박물관, 태백 석탄박물관, 동굴탐험관 · 신비관, 통일전망대

❷ 체험 : 국토정중앙천문대, 별마로천문대, 석탄유물종합전시관, 태백 체험공원, 고성 왕곡민속마을, 정선 레일바이크, 삼척 해양레일바이크

❸ 휴식 : 곰배령, 대관령 삼양목장, 숲체원, 바람의 언덕, 검룡소, 삼척 온천

▶ 비용 　예산의 많고 적음

❶ 많음 : 용평리조트, 휘닉스파크 등 휴양 리조트와 동해안

❷ 적음 : 국립자연휴양림 내 캠핑장과 철원, 춘천, 원주 등 수도권 인접 여행지

교통편 정하기

강원도로 향하는 교통편은 시외버스, 고속버스, 기차, 항공기 등의 대중교통과 승용차 같은 개인 교통을 이용하는 방법이 있다. 시외버스와 고속버스의 경우 수도권에서는 동서울종합터미널과 강남고속터미널에서 강원도 대부분의 지역으로 갈 수 있고, 기차는 서울 청량리역에서 일부 강원도 지역으로 운행한다. 항공기는 부산, 제주공항에서 양양국제공항으로 갈 수 있다. 아래 내용을 참고하여 각자의 상황에 따라 알맞은 교통편을 선택하자.

- **편의성과 비용 측면** 시외버스, 고속버스, 기차
- **이동의 편리와 사생활 측면** 승용차
- **빠른 이동 측면** 항공기

숙소 정하기

강원도의 숙소는 호텔, 리조트, 모텔, 여관, 펜션, 민박, 캠핑장 등 다양하다. 여행지와 가까운 곳에 묵을 것인지, 여행지 인근 도심에 묵을 것인지를 결정하여 본인의 일정과 상황에 따라 선택하면 된다. 비용 측면으로 보자면 호텔과 리조트가 많이 들고, 모텔과 펜션이 중간 수준이고, 여관, 민박, 캠핑장이 적게 든다.

- **호텔** 강원도의 호텔은 일부 특급 호텔을 제외하면 대부분 관광 호텔이다. 관광 호텔의 경우, 펜션과 가격이 비슷하므로 취사나 바비큐를 하지 않는다면 사우나, 수영장, 레스토랑 등의 편의 시설이 갖춰져 있는 관광 호텔을 이용하는 것이 낫다.

- **리조트** 강원도의 리조트와 콘도는 스키장이 있는 산악 지대와 동해안에 있는 해변 지역으로 나눌 수 있다. 겨울에는 스키장이 있는 곳을, 여름에는 동해안을 조망할 수 있는 곳을 이용해 보자.

- **펜션** 대형 TV에 월풀까지 갖춘 최신 시설의 펜션부터 단출한 민박 수준의 펜션까지 다양하다. 여행지, 숙소 취향, 인원, 부대시설, 비용 등에 맞춰 적당한 펜션을 선택하는 것이 좋다.

- **민박** 강원도 여행에서 화려한 펜션보다 진짜 강원도 사람을 만날 수 있는 수수한 민박을 이용해 보는 것도 즐거운 일이다. 민박을 즉석에서 결정하기 어렵다면 대개 한 마을의 여러 집이 민박을 운영하므로 둘러보고 정해도 괜찮다.

- **게스트하우스** 여행자의 숙소, 게스트하우스는 공용 숙소라서 불편한 점이 있으나 여행을 좋아하는 사람들과 교류할 수 있다는 점에서 한 번쯤 이용해 볼 만하다. 게스트하우스를 선택할 때는 위치, 조식 제공 여부, 비수기 · 성수기 요금 등을 파악하고 정하는 것이 좋다.

찜질방, 사우나 찜질방과 사우나는 사우나를 하고 숙소로도 이용할 수 있어, 미리 숙소를 정하지 않았거나 주머니가 가벼운 여행자들이 찾기도 한다. 공용 시설뿐이므로 소지품 분실이나 불미스러운 일에 주의한다. 2~3인 이상 여행한다면 차라리 여관, 펜션 등을 이용하는 것이 바람직하다.

일정 짜기

강원도 여행 일정은 당일에서 며칠에 걸쳐까지 다양하게 짤 수 있다. 근년에 도로 사정이 좋아져 시간이 많이 단축됐지만 동해안 여행이라 하면 아직도 먼 느낌이다. 수도권과의 인접에 따라 강원도 서부 지역을 당일~1박 2일, 강원도 중부 지역을 1박 2일~2박 3일, 강원도 동부 지역을 2박 3일~3박 4일의 정도의 일정으로 짜면 좋을 것이다.

- **당일 또는 1박 2일** 강원도 서부 지역(철원, 화천, 춘천, 홍천, 횡성, 원주)
- **1박 2일 또는 2박 3일** 강원도 중부 지역(양구, 인제, 평창, 정선, 영월, 태백)
  *상대적으로 먼 정선, 영월, 태백은 2박 3일~3박 4일도 좋다.
- **2박 3일 또는 3박 4일** 강원도 동부 지역(고성, 속초, 양양, 강릉, 동해, 삼척)
  *도로 사정이 좋아진 속초, 양양은 생각보다 더 가까워졌다.

여행 가방 꾸리기

여행 가방을 꾸리기에 앞서, 여행을 떠나는 계절을 잘 살피면 여행 가방을 꾸리는 데 도움이 된다. 한여름 휴가철이라면 작열하는 태양을 피해야 하므로 챙이 넓은 모자와 선크림은 필수이고 긴팔 옷, 긴 바지, 수영복, 모기약 등을 준비하면 좋다. 봄과 가을이라면 언제 나빠질지 모르는 날씨에 대비해 윈드 재킷, 우산, 비옷, 모자 등을 준비하자. 겨울이라면 추위에 대비해 두툼한 방한복, 털모자, 장갑, 내복 등을 챙기자.

여행 비용은, 국내 여행에서는 비용이 부족하더라도 인근 은행이나 입출금기를 이용하거나 카드를 이용하면 되기 때문에 크게 유념할 점은 없지만 자잘한 비용 지출을 감안하여 현금과 카드를 3 : 2 비율로 준비하면 좋다.

강원도에서는 강, 계곡, 바다 등을 접할 수 있으므로 대낚시나 릴낚시가 있다면 꼭 챙겨 가서 낚시를 해 보자. 미끼는 강과 계곡이라면 읍면 마을에서, 해변이라면 근처 낚시점에서 구할 수 있고, 낚싯대 하나로도 즐거운 한때를 보낼 수 있다. 그 밖에 필요한 물품은 현지의 재래시장이나 대형 할인점에서 살 수 있으므로 굳이 큰 가방을 꾸려 갈 필요가 없다. 여행 가방에 공간이 여유 있다면 강원도 여행 책 한 권도 잊지 말자.

3. 대중교통 이용하기

*대중교통 운행 여부, 노선, 시간, 요금 등은 해당 운송업체 상황에 따라 변동될 수 있음.

시외버스

동서울종합터미널과 상봉종합버스터미널에서 강원도로 향하는 시외버스가 출발한다. 일부 강원도 지역을 운행하는 상봉종합버스터미널에 비해 강원도 전역을 운행하는 동서울종합터미널을 이용하는 것이 더 편리하다.

동서울종합터미널 1688-5979, www.ti21.co.kr, 예매 txbus.t-money.co.kr

행선지	경유지	시간	소요 시간
신철원터미널 033-452-2551	장현, 내촌(포천), 가산, 포천, 신북(경기), 양문, 운천, 강포리, 신철원	06:00~21:40	2시간
화천시외버스터미널 033-442-2902	청평, 가평, 강촌, 춘천, 지촌, 어리고개, 원천, 화천	06:35~19:35	2시간 40분
춘천시외버스터미널 033-241-0285 www.chuncheonterminal.co.kr	무정차 : 춘천 직통 경유 : 강촌 - 춘천 또는 춘천(종점/경유) - 화천 등	06:00~24:00	1시간 10분
홍천종합버스터미널 033-432-7891	양평, 용문, 광탄, 단월, 용두, 양덕원, 홍천	06:15~22:20	1시간 50분
횡성시외버스터미널 033-343-2450	양평, 용문, 광탄, 단월, 용두, 갈운리, 풍수원, 횡성	06:50~17:15	2시간
원주시외버스터미널 033-747-4181 www.wonjuterminal.co.kr	문막, 원주	06:10~22:25	1시간 30분
양구시외버스터미널 033-481-3456	남면, 양구	06:30~19:35	2시간
인제시외버스터미널 033-463-2847	홍천, 신남, 인제(종점/경유), 원통, 한계령, 오색, 낙산, 속초	06:30~19:50	1시간 30분
평창시외버스터미널 033-332-2407	장평, 대화, 방림, 평창(종점/경유), 미탄, 정선	07:10~18:55	2시간 30분

행선지	경유지	시간	소요 시간
정선시외버스터미널 033-563-9265	장평, 대화, 방림, 평창, 미탄, 정선	07:10~18:55	3시간 20분
영월시외버스터미널 033-374-2451	영월(종점/경유), 신고한, 태백	07:00~22:00	2시간 20분
태백시외버스터미널 1688-3166 www.bustaja.com	신고한, 태백	06:00~23:00	3시간 10분
간성(고성)시외버스터미널 033-681-2233	원통, 백담사, 장신, 간성(종점/경유), 거진, 대진	06:35~21:10	2시간 30분
속초시외버스터미널 033-633-4230 sokchoterminal.co.kr	무정차 : 속초 직통 경유 : 인제, 오색, 양양, 낙산, 물치, 속초	06:25~23:00	2시간 10분
양양시외종합터미널 033-671-4411	강릉, 하조대, 양양(종점/경유), 낙산, 물치	06:30~18:40	2시간 40분
강릉시외버스터미널 033-643-6092 www.gangneungterminal.co.kr	강릉(종점/경유), 정동진	06:31~23:05	2시간 30분
동해시외버스터미널 033-533-2020 www.donghaeterminal.co.kr	동해(종점/경유), 삼척	06:30~21:35	2시간 50분
삼척시외버스터미널 033-572-2098	동해, 삼척(종점/경유), 임원, 호산	07:10~20:05	3시간 10분

고속버스

서울경부고속터미널에서 강원도 지역으로 향하는 고속버스가 출발한다. 고속버스는 시외버스와 달리 경유지가 없어 빠른 시간 내에 목적지에 도착할 수 있다. 단, 강원도 전역을 운행하는 시외버스와 달리 고속버스는 일부 강원도 지역만 운행한다.

서울경부고속버스터미널 1688-4700, www.exterminal.co.kr, 예매 www.kobus.co.kr

행선지	시간	소요 시간
신철원터미널 033-452-2551 https://www.cwg.go.kr/	07:00~19:40	2시간 10분
춘천시외버스터미널 033-241-0285 http://www.chuncheonterminal.co.kr/	06:50~21:00	1시간 30분
영월시외버스터미널 033-374-2451 http://www.yeongwolterminal.co.kr/	10:00~20:30	2시간 30분
원주고속버스터미널 033-744-2290 www.wonjuterminal.com	06:00~23:00	1시간 30분
속초고속버스터미널 033-631-3181 sokcho.dongbubus.com	06:30~23:30	2시간 30분
양양시외종합터미널 033-671-4411	06:30~23:30	2시간 55분
강릉고속버스터미널 033-641-3184 gangneung.dongbubus.com	06:00~23:30	2시간 40분
동해종합터미널 033-531-3400 www.donghaeterminal.co.kr	06:30~23:30	3시간 5분
삼척고속터미널 033-573-9444	06:30~23:30	3시간 30분

기차

서울역에서 강릉까지 KTX, 청량리역에서 춘천, 원주, 정선, 영월, 태백, 강릉, 동해까지 기차가 운행된다. 춘천은 전철 경춘선과 ITX-청춘이 전철화되어 더욱 편리해졌고 강릉과 삼척 사이에는 바다열차가 운행되어 동해 바다를 구경하며 여행을 할 수 있다.

*표에 KTX 표시가 없는 것은 누리로(무궁화)임.

🚋 **기차** 코레일 1544-7788, www.letskorail.com

출발지 – 행선지	경유지	시간	소요 시간
서울–강릉 KTX	청량리, 상봉, 만종, 평창	05:11~22:01	1시간 50분
청량리 – 춘천 (경춘선)	강촌, 김유정역, 남춘천	18:25~20:25	57분
용산 · 청량리 – 춘천 (ITX청춘)	강촌, 김유정역, 남춘천	06:00~22:44	1시간 10분
청량리 – 원주	양평, 용문 등	06:40~23:25	1시간 10분
청량리 – 정선 (아리랑호)	청량리, 제천, 영월, 아우라지	08:20	3시간 50분
청량리 – 고한 (태백선)	청량리, 정선 민둥산, 사북	07:00~23:25	3시간 40분
청량리 – 영월	원주, 제천	07:05~23:25	2시간 30분
청량리 – 태백	원주, 제천, 영월, 민둥산, 사북, 고한	07:05~23:25	3시간 40분
청량리 – 정동진 KTX	횡성, 평창, 진부	07:22~20:15	1시간 37분
청량리 – 동해 KTX	횡성, 평창, 진부, 정동진, 묵호	07:22~20:15	2시간 20분
강릉 – 삼척 (바다열차)	정동진, 동해, 추암, 삼척 해변	07:51(주말), 10:47, 14:46	1시간 6분

항공기

제주에서 양양, 부산에서 양양으로 갈 수 있으나 편수는 많지 않다. 그렇지만 일정에 따라 교통 소요 시간을 단축하고 싶거나 편안한 이동을 원한다면 이용해 볼 만하다.

공항

출발지 – 행선지	전화/홈페이지	출항 일시 / 소요 시간
제주국제공항 – 양양국제공항	양양국제공항 033-670-7317 www.airport.co.kr/yangyang/index.do	1시간
부산국제공항 – 양양국제공항	부산국제공항 1666-2676 www.airport.co.kr/gimhae/index.do	월요일~일요일 (10:10~18:50, 1일 1편) 1시간

승용차

서울과 수도권에서 강원도로 향하는 고속도로는 영동고속도로와 서울-양양고속도로가 있고, 남부 지방에서는 중부고속도로와 중앙고속도로를 이용하는 것이 편리하다. 국도 중에는 남서에서 북동으로 향하는 44번 국도, 서에서 동으로 향하는 6번, 38번 국도, 동해안을 따라 북에서 남으로 향하는 7번 국도 등이 유용하다. 단, 산간 도로나 강변 도로 중에 급커브, 급경사 등이 많으니 운전에 유의한다.

서울과 수도권

행선지	경로
철원	❶ 동부간선도로나 43번 국도 이용, 의정부 · 포천 방향, 운천 거쳐 신철원 도착 ❷ 올림픽대로 이용, 구리톨게이트 지나 47번 국도 이용, 퇴계원 지나 일동 방향, 43번 국도 이용, 포천 · 운천 방향
화천	❶ 성산대교 출발, 내부순환도로 이용, 구리 · 남양주 · 대성리 · 춘천 거쳐 화천 도착 ❷ 천호대교 출발, 북부간선도로 이용, 남양주경찰서(도농3거리) · 대성리 · 춘천 거쳐 화천 도착 ❸ 서울-양양고속도로 이용, 춘천 JC에서 중앙고속도로 이용, 고속도로 빠져 나와 계속 직진(5km 정도), 소양2교 건너 화천 도착
춘천	❶ 서울에서 춘천까지 서울-양양고속도로 이용 ❷ 서울에서 46번 국도 이용, 춘천 방향. 팔미교차로에서 70번 지방도 이용
홍천	❶ 서울에서 6번 국도 이용, 양평 거쳐 44번 국도 이용, 홍천 도착 ❷ 서울에서 서울-양양고속도로 이용, 조양 JCT에서 중앙고속도로 이용, 홍천 IC 또는 조양 JCT에서 동홍천 IC
횡성	서울에서 6번 국도 이용, 양평 거쳐 횡성 도착. 또는 서울에서 중부고속도로 이용, 호법 JC에서 영동고속도로 이용, 만종 JC에서 중앙고속도로 이용, 횡성IC에서 횡성 도착
원주	서울에서 경부고속도로 신갈 JC 또는 중부고속도로 호법 JC에서 영동고속도로 이용, 영동고속도로 만종 JC에서 원주시 방향, 원주 도착
양구	서울에서 서울-양양고속도로 이용, 춘천 JC에서 중앙고속도로, 중앙고속도로 춘천 JC에서 46번 국도 이용, 추곡터널 지나 양구 도착. 또는 서울에서 구리 거쳐 46번 국도 이용, 춘천 · 추곡터널 거쳐 양구 도착
인제	서울에서 서울-양양고속도로, 춘천-홍천고속도로 이용, 동홍천 IC에서 44번 국도, 인제 방향, 인제 도착
평창	경부고속도로 신갈 IC 또는 중부고속도로 호법 JC에서 영동고속도로 이용, 새말 IC에서 42번 국도 이용, 안흥 방향. 방림삼거리에서 31번 국도 이용, 평창 도착

행선지	경로
정선	서울에서 경부고속도로 신갈 IC, 중부고속도로 호법 JC에서 영동고속도로 이용, 진부 IC에서 59번 국도 이용, 정선 방향, 정선 도착
영월	서울에서 경부고속도로 신갈 JC 또는 중부고속도로 호법 JC에서 영동고속도로 이용, 만종 JC에서 중앙고속도로 이용, 제천 IC에서 38번 국도 이용, 영월 도착
태백	서울에서 경부고속도로 신갈 JC 또는 중부고속도로 호법 JC에서 영동고속도로, 영동고속도로 만종 JC에서 중앙고속도로 이용, 중앙고속도로 제천 IC에서 38번 국도 이용하여 석항 방향, 석항에서 31번 국도 이용, 태백 방향
고성	서울에서 서울–양양고속도로 이용, 춘천 방향, 동홍천 IC에서 44번 국도 이용, 인제 방향, 인제 지나 46번 국도(진부령길) 이용, 고성 방향
속초	서울에서 서울–양양고속도로 이용, 동홍천 IC에서 44번 국도 이용, 인제 방향, 용대리에서 56번 지방도(미시령로) 이용, 속초 방향
양양	❶ 서울에서 서울–양양고속도로 이용, 홍천 방향, 동홍천 IC에서 44번 국도 이용, 인제, 한계령 거쳐 양양 방향 ❷ 서울에서 경부고속도로 신갈 JC나 중부고속도로 호법 JC에서 영동고속도로 이용, 강릉에서 양양 방향
강릉	서울에서 경부고속도로 신갈 JC 또는 중부고속도로 호법 JC에서 영동고속도로 이용, 강릉 방향, 강릉 JC에서 동해고속도로 이용, 강릉 IC에서 강릉 방향
동해	서울에서 경부고속도로 신갈 JC 또는 중부고속도로 호법 JC에서 영동고속도로 이용, 강릉에서 동해고속도로 이용, 동해 방향
삼척	서울에서 경부고속도로 신갈 JC, 중부고속도로 호법 JC에서 영동고속도로 이용, 강릉에서 동해고속도로 이용, 삼척 방향

강원도 내 시내버스와 농어촌버스

강원도 산간 지역으로 갈수록 시내버스 또는 농어촌버스의 운행 횟수가 적으나 아침 일찍 서둘러 움직이면 관광지를 둘러보고 돌아갈 때쯤 회차 버스가 도착할 시간이 되니 안심이다. 만약을 위해 지역의 콜택시 전화번호도 알아 두자.

주요 시내버스와 농어촌버스 노선

구분	주요 노선
철원	▲ 동송·지포리행 농어촌버스 지포리(신철원 우체국 앞) – 갈말읍사무소 – 길병원 – 군탄리 – 삼성리 – 문혜삼거리 – 문혜리 – 고석정 – 장흥3리(직탕 폭포, 태봉대교 부근) – 장흥초교 – 장방산 입구 – 장흥3리 – 오덕3리 – 6166부대 – 학보상회 – 화지리(도피안사, 학저수지 부근) – 철원 농협 – 이평리 – 차고지

구분	주요 노선
화천	▲ 21번 사창리행 농어촌버스(1일 6회, 08:00~19:10) 화천시내버스터미널 – 논미리 – 구면소 – 원천리(동구래마을 입구) – 서오지리 – 지촌2리(연꽃 단지 부근) – 오탄리 – (용담 계곡) – 송정동 – 덕고개 – 사창리터미널 ＊사창리에서 21번 봉오리행 농어촌버스 이용, 다목리(감성테마 문학공원) 경유 ▲ 13번 안동포행 농어촌버스(1일 4회, 08:10~19:40) 화천시내버스터미널 – 아오리 – 가손이(꺼먹다리 부근) – 어룡동마을 입구(딴산, 어류생태관 부근) – 흠사리 – 호음동 – 평동 – 전연동 – 명승동 – 상승마을 – 우장동 – 안동포 – 평화의 댐
춘천	▲ 150번 소양강댐행 시내버스 춘천역 – (소양강처녀상) – 인형극장(인형박물관, 육림랜드, 강원도립화목원 부근) – 춘천월드온천(겨울연가 잣나무숲길, 춘천막국수체험박물관) – 윗샘밭 종점(세월교, 막국수・닭갈비 거리 부근) – 소양강댐 정상 – 옥광산
홍천	▲ 70–1번 팔봉산・대명리조트행 농어촌버스(1일 3회, 09:30~15:30) 홍천터미널 – 한전 앞 – 화랑아파트(무궁화공원 부근) – 검문소 – 화랑마을 – 하화계리 – 삼호아파트 – 오 리나무정 – 하오안리 – 양지마을(양지말 화로구이) – 농공단지 – 상오안리 – 월천리 – 양덕원터미널(청춘불 패 양덕원시장) – 길골 승강장 – 화지3리 – 대명리조트 – 참살이마을 – 팔봉산 주차장 ▲ 51번 수타사행 농어촌버스(1일 2회, 09:30, 13:30) 홍천터미널 – 신장 매표소 – 종합복지문화관 – 동면 입구 – 주공아파트 – 구우시장 – 월드아파트 – 검율승 강장 – 여우고개 – 덕치 – 성수 – 속초1리 – 동면터미널 – 용각 – 민박촌 – 수타사 입구 – 수타사 종점
횡성	▲ 2–1번 외갑천행 시내버스(1일 2회, 13:05, 17:05) 원주시외버스터미널 – 원주역 – 곡교리(홍천먹거리촌) – 횡성시외버스터미널 – 삼일광장(횡성 시내) – 북천마을 회관(종합운동장 부근) – 대관대교(횡성댐 부근) – 삼거리(삼거저수지, 횡성온천 부근) ▲ 2번 수동・안흥행 시내버스(1일 3회, 06:16~16:01) 원주 관설동 종점 – 원주역 – 곡교리(횡성먹거리촌) – 횡성시외버스터미널 – 두곡리(미술관 자작나무 숲 부근) – 우항리(횡성한우프라자) – 안흥면사무소(안흥찐빵) – 수동마을 종점
원주	▲ 5–1번 박경리 문학공원행 시내버스 관설동 종점 – 박경리 문학공원 – 구곡현대아파트 입구(한지테마파크 부근) – 환경청사거리(원주따뚜공연장 부 근) – 원주역사박물관 – 풍물시장(원주감영 부근) – 원주시외버스터미널 – 단계현진아파트 ▲ 41번 구룡사행 시내버스 관설동 종점 – 박경리 문학공원 – 구곡현대아파트 입구(한지테마파크 부근) – 환경처사거리(원주따뚜공연장 부 근) – 풍물시장(원주감영 부근) – 원주역 – 학곡리(학곡저수지) – 치악산드림랜드 – 치악산 입구(옻・한지박물관) – 구룡사 종점
양구	▲ 해안행 농어촌버스(1일 3회, 07:20~19:00) 양구 기점(박수근 미술관 부근) – 양구시외버스터미널 – 승공대(선사박물관 부근) – 곰취 시내버스 정류장(팔랑리 입구) – 해안 종점(양구통일관, 전쟁기념관 부근)
인제	▲ 현리행 농어촌버스 이용(1일 4회, 08:00~18:30) 인제터미널 – 인제읍사무소 – 합강2리(합강정, X–Game 리조트 부근) – 고사리 – (내린천) – 수변공원 – 하추리 – 서리교 – 궁동 – 기룡사(기린솔섬유원지) – 현리터미널 ▲ 남교(심이선녀탕), 백담사, 용대삼거리, 진부령/한계령 방향은 동서울 또는 인제, 원통에서 시외버스 이용
평창	▲ 봉평・무이예술관행 농어촌버스(1일 6회, 08:55~19:10) 장평터미널 – 백옥포 – 창동2리(봉평, 이효석문학관 부근) – 원길2리(흥정계곡, 허브나라 부근) – 평창무이예술관 ▲ 월정사・상원사행 농어촌버스(1일 6회, 09:20~17:30) 진부터미널 – 동산(한국자생식물원 부근) – 민박촌 – 오대산 입구(매표소) – 월정사 입구 – 오대산장 – 상원사 ▲ 마차・미탄・마하행 농어촌버스(1일 3회, 06:50~14:55) 영월 세경대 – 덕포시장(영월역 부근) – 관풍헌 – 장릉 – 영월곤충박물관 – 영월군 마차(북면사무소 부근) – 평창 군 미탄 – 동강어름치마을(평창동강 민물고기 생태관, 백룡동굴 부근)

구분	주요 노선
정선	▲ 나전 · 여량행 농어촌버스(1일 2회, 14:05, 15:05) 정선버스터미널 – 정선읍사무소 – 외반점 – 명주내(아라리인형의 집) – 북평종합터미널(나전역) – 마산재(여량면, 아우라지역 부근) ▲ 풍촌행 농어촌버스(1일 5회, 10:10~19:10) 정선버스터미널 – 정선읍사무소 – 봉양5리(정선역 부근) – 여성회관(정선아라리촌) – 덕우리 – 석곡1리 – 천포(화암동굴, 정선향토박물관) – 화암면사무소 – 화표동(화표주 부근) – (소금강) – 한치 – 몰운(몰운대 부근) – 풍촌(정선미술관 부근) – 호명 종점
영월	▲ 주천 · 수주 · 무릉 · 법흥행 농어촌버스(1일 2회, 11:10, 19:20) 영월 세경대 – 시내(영월시외버스터미널 부근) – 장릉 – 영월곤충박물관 – 중학교(한반도면) – 주천초중고(주천터미널) – 수주우체국(수주면) – 무릉 – 호아지리박물관(요선정, 요선암) – 법흥사 입구 – 법흥사 종점 ▲ 구인사 · 고씨굴행 농어촌버스(1일 5회, 07:45~18:35) 영월 세경대 – 영월버스터미널 – 관풍헌 – 덕포시장(영월역 부근) – 고씨굴(영월동굴생태관, 영월아프리카미술박물관) – 영춘면보건소(영춘면) – 온달산성(온달산성 국민관광지) – 구인사
태백	▲ 1번 철암 · 통리행 시내버스 태백터미널 – 자유시장 – 태백영프라자(황지) – 자연사박물관 – 구문소 – 철암역 – 철암초교(단풍군락지) – 태백고원자연휴양림 입구 – 경동아파트(통리) – 송이재 – 태백터미널 ▲ 13번 조탄 · 검룡소행 시내버스(1일 2회, 06:10, 19:00) 태백터미널 – 태백골 – 구와우(해바라기마을) – 피재(삼수령, 매봉산 · 바람의 언덕 부근) – 안창죽 입구 – 검룡소 입구 종점
고성	▲ 1번 속초 · 간성(고성)행 시내버스(12:38~20:13) 동해상사 속초영업소 – 설악산 입구(해맞이공원) – 속초고속터미널 – 부영아파트(청초호, 엑스포공원) – 갯배 입구(청호동 아바이마을) – 영금정 입구 – 영랑교 – 청간리(청간정) – 교암2리(천학정) – 송암리(자작도해변) – 오호리(송지호변) – 송지호공원(철새관망타워) – 가진리(가진항) – 신안리(간성터미널) – 동해상사 간성영업소 ▲ 1번 명파행 시내버스(1일 3회, 06:20~18:00) 동해상사 속초영업소 – 설악산 입구(해맞이공원) – (위와 정류장 같음) – 가진리(가진항) – 신안리(간성터미널) – 반암리(반암해변) – 거진우체국(거진시외버스터미널) – 거진등대 입구(거진항) – 죽정1리(금강산자연사박물관) – 대진중고(화진포, 화진포해양박물관, 화진포해변) – 현내면사무소(초도해변) – 대진항 – 대진시내버스 종점(마차진해변) – 출입신고소 – 명파리 종점(명파해변)
속초	▲ 3번 척산온천 · 학사평행 시내버스 속초 강원여객(장사항) – 영랑교(영랑호) – 영금정 입구(동명항, 영금정, 속초등대전망대) – 갯배 입구(청호동 아바이마을) – 속초소방서(석봉도자기미술관, 청초호 호수공원) – 척산온천 – 파인리조트 – 한옥마을(속초시립박물관) – 콩꽃마을(설악워터피아, 설악씨네라마) – 학사평(테디베어팜 부근) ▲ 7-1번 설악동 소공원행 시내버스 속초 강원여객(장사항) – 영랑교(영랑호) – 영금정 입구(동명항, 영금정, 속초등대전망대) – 갯배 입구(청호동 아바이마을) – 속초소방서(석봉도자기미술관, 청초호 호수공원) – 조양우체국(청초호, 엑스포공원) – 속초고속버스터미널(속초해변) – 대포항 – 설악산 입구(해맞이공원) – 한옥마을(학무정) – 야영장 입구(설악동 야영장) – 설악동 소공원 종점
양양	▲ 양양 · 영랑동행 시내버스 양양 임천리 – 양양터미널 – 기정리 – 낙산(낙산사, 낙산해변) – 설악해변 – 정암해변 – 물치(물치항, 물치해변) – 속초 설악산 입구(해맞이공원) – 속초고속버스터미널 – 부영아파트(청초호, 엑스포공원) – 갯배 입구(청호동 아바이마을) – 영금정 입구(동명항, 영금정, 속초등대전망대) – 속초 강원여객(장사항) ▲ 지경리행 시내버스(1일 3회, 07:30~19:50) 양양시외버스터미널 – 양양시장 – 양양청년회의소 – 하왕도리(양양국제공항 부근) – 하광정리(하조대, 하조대해변) – 기사문(기사문항) – 잔교(기사문해변) – 잔교리(잔교리해변) – 북분리(북분리해변) – 두차시변리(죽도해변, 죽도정) – 인구1리(인구해변) – 광진리(휴휴암) – 광진(남애해변) – 남애2리(남애항, 남애3리해변) – 지경리 종점(지경리해변)

구분	주요 노선
강릉	▲ 300번 주문진행 시내버스 강릉 동진버스 강릉영업소 – 구터미널(강릉역 부근) – 신영극장(중앙시장 부근) – 하나대투증권(강릉임영관 부근) – 근로복지회관(강릉종합운동장 부근) – 오죽헌 앞(오죽헌, 시립박물관) – 영진(영진해변, 카페 보헤미안) – 주문진버스터미널 – 중앙공원(주문진행) – 주문진해변 – 주문진 버스 기점 ▲ 202–1번 경포대행 시내버스 강릉 동진버스 강릉영업소 – 구터미널(강릉역 부근) – 신영극장(중앙시장 부근) – 서부시장(강릉임영관 부근) – 교동주유소 – 강릉터미널 – 율곡중학교(강릉종합운동장 부근) – 오죽헌 앞(오죽헌, 시립박물관) – 선교장(선교장, 매월당기념관) – 운정동(순두부마을) – 경포대(경포대, 에디슨과학박물관) – 경포해변 종점 ▲ 112번 금진행 시내버스(1일 6회, 06:30∼18:30) 강릉 동진버스 강릉영업소 – 종합경기장 – 서부시장(강릉임영관 부근) – 신영극장(중앙시장 부근) – 중앙시장 – 안인(안인해변) – 통일공원(강릉통일공원, 임해자연휴양림) – 함정전시관 – 등명낙가사 – 하슬라아트월드 – 등명해변 – 정동진 – 모래시계공원 – 썬크루즈리조트 – 심곡(심곡항) – 금진항 종점
동해	▲ 91번 삼척·동해·망상·옥계행 시내버스 삼척종합터미널 – 강원대 삼척캠퍼스 – 북평국가산업단지 – 북평주민센터(북평오일장) – 동해항 – 현충탑(천곡자연동굴 부근) – 동해시청 로터리 – 동해터미널 – 우리은행(묵호항) – 망상역(노봉해변) – 망상해변 – 석두골(망상오토캠핑리조트) – 주수1리(옥계항) – 옥계면사무소 – 현내리 시장 종점 ▲ 12–4번 무릉계곡행 시내버스(1일 7회, 06:38∼18:46) 동해 강원여객 영업소 – 묵호여중 – 발한삼거리(묵호항) – 동해터미널 – 동해시청 로터리 – 천곡동굴 – 동해항 – 북평주민센터(북평오일장) – 북평고교 – 삼화교 – 쌍룡아파트 – 무릉계곡 종점
삼척	▲ 24번 삼척·호산행 시내버스(1일 10회, 05:50∼19:00) 삼척버스정류소 – 교동주민센터 – 현대상가(죽서루, 엑스포타운 부근) – 삼척역 – 상맹방리(상맹방해변) – 히맹방리(하맹방해변) – 궁촌1리(궁촌 해양레일바이크 정거장, 공양왕릉) – 황영조기념공원(초곡항 부근) – 용화(용화 해양레일바이크 정거장) – 장호(장호항, 장호해변) – 해신당공원 – 신남(신남항) – 임원항 – 호산(원덕읍사무소, 호산항) – 호산시외버스터미널 종점 ▲ 60번 대금굴행 좌석버스(1일 6회, 06:10∼18:50) 삼척버스정류장 – 교동주민센터 – 삼척의료원(죽서루, 엑스포타운 부근) – 미로면사무소 – 천기리 – 신곡초교(강원종합박물관) – 고무릉 – 대금굴 종점

택시

강원도 오지로 갈수록 대중교통편이 적으니 버스 배차 시간이 길 경우에는 지역의 콜택시를 이용하면 시간 절약이 된다. 특히, 인원이 3∼4명이 되고 산행이나 트래킹을 한다면 택시를 이용해 목적지에 접근하는 것이 편리하다.

지역별 콜택시 안내

지역	택시 회사
철원	신철원택시부 033-452-5300, 개인콜택시(신철원) 033-452-0488, 동송개인콜택시 033-455-4646, 동송택시부 033-456-1900, 신수리택시부(서면) 033-458-3330
화천	개인택시사무실(화천) 033-442-0508, 화천콜택시 033-441-9696, 사창리개인콜택시 033-441-0648, 화진콜택시(사창리) 033-441-4844

지역	택시 회사
춘천	강원해피콜(춘천) 033-818-2222, 콜택시(춘천) 033-912-5456, 강촌콜택시 033-261-5959, 콜택시(강촌) 033-911-5252
홍천	홍천콜택시 033-434-2211, 노란지붕콜택시(홍천) 033-433-7777, 양덕원택시 033-432-3377
횡성	횡성콜택시 033-343-9575, 유공콜택시(횡성) 033-345-5678, 콜택시(횡성) 033-343-9188
원주	드림콜택시 033-746-8000, 033-742-8267, 원주콜택시 033-766-5000
양구	양구콜택시 033-482-8233, 양구개인콜택시 033-482-7788
인제	인제콜택시 033-462-3122, 033-462-1043, 원통콜택시 033-462-1015, 원통개인콜택시 033-462-9595
평창	평창콜택시 033-334-9700, 033-333-4000, 횡계콜택시 033-335-5595, 횡계개인콜택시 033-335-6263
정선	정선콜택시 033-563-4422, 정선콜택시(남면) 033-591-8767, 카지노콜택시(사북) 033-592-7979, 임계콜택시 033-562-2400
영월	영월콜택시 033-375-8282, 개인콜택시(영월) 033-372-1833, 033-373-1112
태백	태백콜택시 033-552-0808, 합동콜택시(태백) 033-552-1212, 태백콜택시(통리 부근) 033-553-1282
고성	수성콜택시(간성) 033-681-8855, 개인콜택시(간성) 033-681-0042, 토성개인콜택시(봉포리) 033-631-4700
속초	속초우선콜택시 033-635-6353, 대명운수콜택시 033-635-1242, 스마트택시 033-636-8259
양양	양양콜택시 033-672-2300, 하조대콜택시(양양) 033-672-5050, 낙산콜택시(양양) 033-672-1919
강릉	강릉콜택시 033-653-2288, 강릉개인콜택시 033-643-8686, 명주콜택시(주문진) 033-662-2253, 주문진콜택시 033-661-8686
동해	동해콜택시 033-521-0000, 033-531-3000, 동해개인콜택시 033-532-5566
삼척	삼척콜택시 033-575-6400, 콜택시(동해) 033-574-6400, 천일도계콜택시 033-541-9191

4. 시티투어 즐기기

강원도의 명소를 가장 편안하게 돌아보는 방법

강원도 시티투어

강원도 각 시군에서 운영하는 시티투어를 이용하면 강원도의 명소를 편리하게 돌아볼 수 있다. 게다가 시티투어에는 대개 문화해설사가 동행하기 때문에 관광지에 대한 설명을 들을 수 있어 더욱 뜻깊은 여행이 된다. 자가용이 없는 여행자라면 교통편까지 해결되는 참 유용한 관광 상품이다. 여름 성수기나 주말에는 일찍 마감되는 경우가 있으므로 미리 신청하자.

화천 시티투어

화천군의 명소를 둘러보는 시티투어를 이용하면 편안하게 문화해설사의 설명을 들으며 화천의 관광지와 자연을 즐길 수 있다. 화천 시티투어는 1, 3, 5주차 토요일에 산소길, 화천시장, 물빛누리호, 평화의 댐, 토속어류생태체험관을 둘러보는 A코스, 2, 4주차 토요일에 월남파병용사 만남의 집, 화천시장, 칠성 전망대, 산천어 커피 박물관을 둘러보는 B코스로 되어 있다.

요금 A코스 8,000원(화천 출발 6,000원), B코스 8,000원(중식, 입장료, 승선권 등 별도)
시간 춘천역 10시 30분
신청 화천군 홈페이지 신청 또는 당일 춘천역 현장 접수
전화 033-440-2852
홈페이지 tour.ihc.go.kr

종류	코스
A 감성 코스 (1,3,5주차, 토)	춘천역 → 산소길 → 화천시장 → 물빛누리호 → 평화의 댐 → 토속어류생태체험관 → 춘천역
B 평화코스 (2,4주차, 토)	춘천역 → 월남파병용사만남의집 → 화천시장 → 성전망대 → 산천어커피박물관 → 춘천역

춘천 시티투어

낭만의 도시, 춘천의 시티투어는 월요일에서 일요일까지 운행되고, 요일마다 조금씩 코스가 다르다. 주요 행선지는 월요일의 청평사, 화요일의 구곡 폭포, 수요일의 국립춘천박물관, 목요일의 김유정문학촌과 레일바이크, 금요일의 의암호와 물레길 카누 타기, 토요일의 강원도립화목원, 일요일의 남이섬 등을 들 수 있다. 매일 오전 10시 30분에 춘천역을 출발해 오후 5시 30분 전후 다시 춘천역에 도착한다.

요금 6,000원(중식, 입장료, 승선권 등 별도)
시간 춘천역 10:30 출발
신청 춘천시 홈페이지, 모두관광여행사 예약(잔여 좌석 있을 시, 현장 접수 가능)
전화 모두관광여행사 033-242-1113
휴관 박물관(월요일), 강원도립화목원(매달 첫째 주 월요일)
홈페이지 춘천관광 tour.chuncheon.go.kr

종류	코스
월	춘천역 → 소양강댐 → 청평사 → 옥광산 → 소양강 스카이워크 → 소양강처녀상 → 춘천역
화	춘천역 → 김유정 문학 마을 → 강촌 레일바이크 → 구곡 폭포 → 국립춘천박물관 → 소양강 스카이워크 → 소양강처녀상 → 춘천역
수	춘천역 → 물레길 → 의암 스카이워크 → 옥광산 → 강원도립화목원 → 소양강 스카이워크 → 소양강처녀상-춘천역
목	춘천역 → 김유정 문학 마을 → 강촌 레일바이크 → 소양강댐 → 강원도립화목원 → 소양강 스카이워크 → 소양강처녀상 → 춘천역
금	춘천역 → 옥광산 → 김유정 문학 마을 → 등선폭포 → 제이드 가든 → 소양강 스카이워크 → 소양강처녀상 → 춘천역
토	춘천역 → 춘천 막국수 체험 박물관→ 소양강댐 → 청평사 → 강원도립화목원 → 소양강 스카이워크 → 소양강처녀상 → 춘천역
일	춘천역 → 소양강 스카이워크 → 소양강처녀상 → 김유정 문학 마을 → 강촌 레일바이크 → 토이로봇관 → 장절공신숭겸묘 → 춘천역

＊시티투어 외에도 춘천역에서 150번 시내버스를 이용하면 춘천인형극장, 춘천월드온천, 윗샘밭 종점, 소양강댐 정상, 옥광산 등 춘천 북서쪽을 여행하는 데 편리하다.

◻️ 주말 특별 토 · 일요일 춘천시티투어

종류	코스 / 시간
주말 특별 토요일	춘천역 → 물레길 또는 의암호 스카이워크 → 김유정 문학마을 → 강촌 레일바이크 → 구곡폭포 → 소양강처녀상 → 소양강 스카이워크 → 춘천역
주말 특별 일요일	춘천역 → 춘천 막국수 체험 박물관 → 소양강댐 → 청평사 → 옥광산 → 소양강처녀상 → 소양강 스카이워크 → 춘천역

＊시티투어 외에도 춘천역에서 150번 시내버스를 이용하면 춘천인형극장, 춘천월드온천, 윗샘밭 종점, 소양강댐 정상, 옥광산 등 춘천 북서쪽을 여행하는 데 편리하다.

◻️ 원주 시티투어

원주 시티투어는 원주 이야기, 특별한 사색길, 남한강 역사문화길, 고품격 레저아트, 자연을 벗 삼아, 다이내믹댄싱카니발과 함께하는 시티투어 등으로 운영된다. 코스별로 특색이 있어 어느 코스를 선택해도 즐겁게 둘러볼 수 있다. 테마 종류별 출발일은 홈페이지를 참고하자.

탑승 원주 엘리트체육관 앞 투어 버스 승강장
요금 5,000~19,400원
시기 매년 4월~12월
시간 10:00 출발
신청 원주문화원 홈페이지(지역 문화 체험 활동 등 봉사 활동 시간 부여)
전화 원주문화원 033-764-3794, 6796
홈페이지 www.wjmunwha.or.kr

종류	코스
원주 이야기	역사박물관→반곡역→박경리 문학 공원→한지테마파크
특별한 사색길	고판화박물관→성황림→용소막 성당
남한강 역사문화길	충효사 → 흠원창 → 법천사지 → 거돈사지
고품격 레저아트	소금산 출렁다리 → 뮤지엄 SAN
자연을 벗삼아	조엄 기념관 → 동화마을 수목원 → 반계리 은행나무
다이내믹댄싱카니발과 함께하는 시티투어	한지테마파크 → 강원감영 → 미로예술시장 · 중앙로 · 문화의 거리 → 따뚜 공연장

＊종류별 출발일 홈페이지 참조

양구 시티투어

양구에서 운영하는 시티투어를 이용하면 대중교통이 불편한 양구의 여행지를 편리하게 돌아볼 수 있다. 양구시티투어에는 두타연, 펀치볼, DMZ펀치볼둘레길, 신나는 여행, 재밌는 여행 등의 테마로 되어 있어 양구를 다양하게 즐기기 좋다.

위치 춘천역 1번 출구(10:30, DMZ펀치볼 09:30), 양구 명품관(11:20)
요금 8,000원~15,000원(입장료, 중식 등 별도)
시기 신나는/즐거운 여행 화~일요일, 두타연 화~토요일, 펀치볼 화~금ㆍ일요일(DMZ펀치볼 9~10월 10인 이상 시 운영)
신청 양구 시티투어 홈페이지(예약 인원 10인 이상일 때 진행)
전화 033-253-4567
홈페이지 www.ygcitytour.kr

종류	코스
두타연	춘천역 → 명품관 → 박수근 미술관 → 두타연 → 선사ㆍ근현대사 박물관 → 명품관 → 춘천역
펀치볼	춘천역 → 명품관 → 통일관 → 제4땅굴ㆍ을지전망대 → 자연생태공원 → 춘천역
DMZ펀치볼둘레길	춘천역 → 펀치볼 → DMZ펀치볼둘레길(오유밭길) → 통일관 → 제4땅굴ㆍ을지전망대 → 박수근 미술관 → 춘천역
신나는 여행	춘천역 → 인문학 박물관 → 한반도 스카이 → 자연생태공원 → 명품관 → 춘천역
재밌는 여행	춘천역 → 박수근 미술관 → 백자 박물관 → 두타연 → 명품관 → 춘천역

정선 시티투어

정선 시티투어는 하이캐슬리조트, 마운틴콘도, 컨벤션호텔, 민둥산역, 정선역에서 출발하는 아리랑 열차 연계형과 진부역, 파크로쉬 리조트, 파인포레스트에서 출발하는 KTX 연계형이 있다. 이들 코스는 정선 오일장, 화암 동굴, 화암 약수 등 정선 주요 관광지를 돌아본다.

위치 아리랑 열차 연계형 하이캐슬리조트(11:10), 마운틴콘도, 컨벤션호텔, 민둥산역, 정선역(12:20) KTX 연계형 진부역(11:00), 파크로쉬 리조트&파인포레스트(11:00)
요금 아리랑 열차 연계형, KTX 연계형 각 20,000원(중식, 입장료 등 별도)
시기 정선 장날(2, 7, 12, 17, 22, 27), 휴일 운행
신청 정선시티투어 홈페이지
전화 033-592-0555
홈페이지 정선시티투어.com

종류	코스
아리랑 열차 연계형	정선 아리랑 시장 → 장날 정선 아리랑극/비장날 스카이워크 아라리촌 → 화암동굴/소금강길 화암약수 → 정선역 & 민둥산역
KTX 연계형	스카이워크 → 정선 아리랑 시장 → 레일바이크 → 아우라지/주례마을/정선 아리랑 배우기 → 백석폭포

*정선 아리랑 열차+시티투어, KTX강릉선+시티투어 상품도 있으니 참고

태백 시티투어

태백 시티투어는 태백역, 구문소 & 고생대 자연사 박물관, 철암역, 철암 탄광 역사촌, 중식 & 황지 자유시장, 검룡소, 용연 동굴, 태백역, 철암역을 둘러보는 태백 산따라 물따라 코스, 태백역, 검룡소, 통리 오일장, 드라마 촬영장, 철암 탄광 역사촌, 365 세이프 타운, 구문소, 태백역을 둘러보는 통리 오일장 코스로 운영된다.

요금 6,000원(식대, 입장료 등 별도)
시기 1~12월 매일 10:00(통리 오일장 5, 15, 25일)
신청 태백시 홈페이지 또는 전화 접수(1일 7명 이상 운행)
전화 태백종합관광안내소 033-550-2828
홈페이지 tour.taebaek.go.kr

종류	코스
태백 산따라 물따라	태백역 → 구문소 & 고생대 자연사 박물관 → 철암역 → 철암 탄광 역사촌 → 황지 자유 시장 → 검룡소 → 용연동굴 → 태백역 → 철암역
통리 오일장 (5, 15, 25일)	태백역 → 검룡소 → 통리 오일장→ 드라마 촬영장 → 철암 탄광 역사촌 → 365 세이프 타운 → 태백역
추억 여행 (20인 이상)	태백역 → 드라마 촬영지 → 철암 탄광 역사촌 → 태백 체험 공원 & 추억의 도시락 체험 → 황부자 며느리 친정 가는 길 → 황지 연못 & 황지 자유시장

▶ 삼척 시티투어

삼척 시티투어는 해양 레일바이크, 중앙시장, 대금굴을 둘러보는 종일 코스, 해양 레일바이크-임원회센터-수로부인 헌화공원-초곡동굴&촛대바위길을 둘러보는 해안 코스, 도계유리나라&피노키오나라-대금굴을 둘러보는 내륙 코스가 있다. 대중교통으로 장소를 찾아다니기 불편하므로 시티투어버스를 이용하는 것이 편리하다.

위치 탑승 죽서루(09:20), 삼척종합터미널, 쏠비치
요금 6,000원(식사비, 입장료 등 별도)
시간 종일 2~8월, 해안 9~11월 일·월·수·금, 내륙 9~11월 화·목·토
신청 삼척시 홈페이지 또는 죽서루, 쏠비치 관광 안내소(잔여석에 한함)
전화 주중 033-570-3846, 주말 033-570-3651, 575-1050
홈페이지 citytour.samcheok.go.kr

종류	코스
종일	해양 레일바이크 → 중앙시장 → 대금굴
해안 (9~11월 일·월·수·금)	해양 레일바이크 → 임원회센터 → 수롤부인 헌화공원 → 초곡동굴 & 촛대바위길
내륙 (9~11월 화·목·토)	도계유리나라 & 피노키오나라 → 대금굴